清华开发者书库

The Practical Developing Guide for Cocos2d-x

Cocos2d-x游戏实战指南

李宁◎著
Li Ning

清华大学出版社

北京

内 容 简 介

本书深入系统地讲解了 Cocos2d-x 3.10 游戏开发的理论与实践，书中内容涵盖了 Cocos2d-x 3.x 各方面的知识点与示例分析。这些内容包括如何搭建 Cocos2d-x 的开发环境（iOS 和 Android 平台）、Cocos2d-x 的工程结构、核心类和相关的 API、标签、菜单、控件、本地化、事件处理机制、网络技术、动作、调度、绘图 API、动画、存储技术、Sprite3D、瓦片地图、粒子系统、物理引擎、骨骼动画、Objective-C、Swift、C++和 Java 交互的方式。本书的第 18 章提供了一个完整的案例——星空大战，这个案例是一款完整的射击类游戏，类似于雷电游戏。该游戏使用了本书介绍的基本知识点，通过这个案例，读者可以更进一步巩固基本理论知识。

图书在版编目（CIP）数据

Cocos2d-x 游戏实战指南/李宁著. —北京：清华大学出版社，2016
（清华开发者书库）
ISBN 978-7-302-44784-9

Ⅰ．①C… Ⅱ．①李… Ⅲ．①手机软件－游戏程序－指南 Ⅳ．①TP317.67-62

中国版本图书馆 CIP 数据核字（2016）第 190017 号

责任编辑：盛东亮
封面设计：李召霞
责任校对：焦丽丽
责任印制：王静怡

出版发行：清华大学出版社
　　　　　网　　　址：http://www.tup.com.cn，http://www.wqbook.com
　　　　　地　　　址：北京清华大学学研大厦 A 座　　　邮　　编：100084
　　　　　社　总　机：010-62770175　　　　　　　　　邮　　购：010-62786544
　　　　　投稿与读者服务：010-62776969，c-service@tup.tsinghua.edu.cn
　　　　　质量反馈：010-62772015，zhiliang@tup.tsinghua.edu.cn
　　　　　课件下载：http://www.tup.com.cn，010-62795954
印　装　者：北京密云胶印厂
经　　销：全国新华书店
开　　本：186mm×240mm　　　印　张：33.75　　　字　数：759 千字
版　　次：2016 年 11 月第 1 版　　　印　次：2016 年 11 月第 1 次印刷
印　　数：1～2500
定　　价：79.00 元

产品编号：068048-01

前 言

PREFACE

  Cocos2d-x 是目前最热门的 2D/3D 开源游戏引擎，国内外已经有很多游戏开发厂商使用 Cocos2d-x 开发自己的游戏产品。在写作本书时，Cocos2d-x 的最新版本是 Cocos2d-x 3.10，可能在读者拿到本书时，Cocos2d-x 的版本会再次升级，不过这并不影响您使用本书，因为 Cocos2d-x 3.x 的 API 是比较稳定的，基本能向下兼容。

  从理论上来说，Cocos2d-x 可以同时实现桌面游戏（Windows、Mac OS X 和 Linux）和移动游戏（iOS 和 Android），不过考虑到 Cocos2d-x 的主要应用场景是手机，所以本书着重介绍了 Cocos2d-x 在 Android 和 iOS 设备上的开发和实现。这里推荐使用 Mac OS X 系统，因为 Cocos2d-x 与 XCode 的兼容性特别好，而且很容易调试；此外，Mac OS X 可以同时开发 iOS 和 Android 版的游戏，而 Windows 只能开发 Android 版本的游戏。

  本书的编写历经 9 个月，于 2016 年 4 月完成初稿。期间经历了 Cocos2d-x 的多次版本升级，为力求让本书采用的技术保持最新，在完成初稿的最后时刻，将 Cocos2d-x 升级到 3.10。而且，笔者特意为本书精心做了一个 Demo，通过 Demo 中的菜单，可以进入每一章和每一节的代码演示界面，这也大大方便了读者观看本书的代码演示。

  本书的源代码和勘误都将通过微信公众号提供，读者可以扫描下方的二维码加公众号。

  本书作者的技术博客网址为 http://geekori.com。QQ 交流群号为 264268059。

  本书配套视频教程：http://edu.51cto.com/pack/view/id-16.html。

李 宁

2016 年 9 月

目 录
CONTENTS

第 1 章

初识 Cocos2d-x

已经从事移动游戏开发或即将进入该领域的读者对 Cocos2d-x 一定不陌生。Cocos2d-x 是近年来比较流行的 2D 跨平台游戏引擎①。尤其是在国内的 IT 领域，Cocos2d-x 几乎是无人不知、无人不晓。Cocos2d-x 在国内之所以如此火爆，除了使用 C++ 开发带来的卓越的性能和用户体验外，还因为该游戏引擎的开发团队主要成员都是中国人。这一点也许改变了长期以来 IT 核心技术一直无缘中国的窘境。

尽管很多人已经对 Cocos2d-x 的基本情况有所了解，但本章作为 Cocos2d-x 的开篇，仍然需要为那些对 Cocos2d-x 还一知半解的读者解开心中的疑惑。不仅如此，本章还对 Cocos2d-x 的突出优点——跨平台进行深入的探讨。希望对那些喜欢跨平台技术的读者有所启发。

如果读者对跨平台、游戏引擎和 Cocos2d-x 的概念已经非常了解了，可以跳过本章，继续学习下一章的内容。

本章要点

❑ 跨平台开发模式的种类和优缺点；
❑ 分析各种类型的跨平台游戏引擎的优缺点；
❑ Cocos2d-x 的历史；
❑ Cocos2d-x 的特点。

1.1 跨平台的由来

不管读者是否开发过游戏，相信大家都一定对"游戏引擎"这个词不陌生。游戏引擎在很多年前就存在了，不过最近几年突然在前面加上了"跨平台"三个字。尽管给游戏引擎带了个"头套"，不过还是可以认为：这仍然是原来的游戏引擎，只是时代变了。

也许十多年前的游戏开发人员不会考虑那么多，因为那时是 Windows 一统天下。游戏

---

① 尽管 Cocos2d-x 是以 2D 起家，但现在 Cocos2d-x 已经支持 3D 了。不过本书仍然沿用最初的习惯，将 Cocos2d-x 称为 2D 游戏引擎。

引擎大多数时候是指基于微软 DirectX 的游戏引擎，这样的游戏引擎，毫无疑问是运行在 Windows 操作系统下的。尽管在 Linux、Mac OS① 等操作系统下已有与 DirectX 类似的 OpenGL。不过，由于当时 Linux 和 Mac OS 操作系统的用户数相对于 Windows 操作系统来说很少（其他系统的用户数就更少了），所以当时很少有人做 Linux 和 Mac OS 操作系统的游戏。而在当年，尽管第一代智能手机（以 Nokia 为老大的时代）可以运行手机游戏，但那时的智能手机远不能和现在的 iPhone 或 Android 相提并论。所以，十多年前的移动游戏仍属于发展的初期，远未达到一定的规模，所以当时专门开发移动游戏的公司也没有现在多。基于这些原因，十多年前的游戏市场主要指基于 Windows 的 PC 游戏市场。而当年的程序员要比现在的程序员容易得多，因为在 Windows 下开发游戏，大多数人都会使用 Visual C++来开发，而且程序员只需要在 Windows 下测试游戏即可。

然而自从苹果公司在乔帮主②的带领下于 2007 年发布第一款 iPhone 以来，一切都改变了。开发游戏不再单单指 Windows 平台，而又多了一个 iOS 平台，随着后来的 Android、Windows Phone 等更多的移动系统的加入，我们所开发的游戏就遇到了需要在多个平台上部署的窘境。当然，最直接的方法是根据所部署的平台，使用不同的开发工具、语言和相关技术。不过这将会使开发成本骤然增加。例如，只为 Windows、Android 和 iOS 三种平台开发游戏，就需要使用 C++，Java 和 Objective-C 三种语言以及不同的 IDE。从理论上说，为这三个平台开发同一款游戏的成本会是只为单一平台开发该款游戏的成本的三倍，如果考虑到有些资源可以共享的情况，至少也在两倍以上。

尽管发布的平台越多，盈利就可能越多；但盈利并不是成倍增长的，而开发成本一般却成倍增长，而且由于各个团队的进度很难统一，所以极难保证各个平台的版本在同一时间发布。

为了解决这些棘手的问题，很多技术专家开发出了尽可能少编码，但却可以在多个平台上运行的技术，这就是跨平台技术。Cocos2d-x 就是其中之一。不过 Cocos2d-x 的跨平台模式只是众多跨平台模式中的一个，那么还有哪些跨平台模式呢？这些跨平台开发模式有什么优点值得我们去使用呢？"金无足赤、人无完人。"这些跨平台开发模式也会有不足，那么这些不足是否可以通过技术或人为的手段弥补呢？要回答这些问题，就请接着阅读下一节的内容，后面的内容更精彩！

1.2　跨平台开发模式的种类和优缺点

随着近几年各种操作系统平台的增多，跨平台的讨论也越演越烈。因为广大程序员可不想同时开发功能几乎完全相同的多平台版本；对于那些创业公司或实力不够的中小型公

---

① 现在使用的 Mac OS 是 Mac OS X，这里的 X 是罗马数字，也就是阿拉伯数字中的 10，目前最新的是 10.11.4。以前还有 Mac OS 9、Mac OS 8 等。不过在 iOS 出现之前，Mac OS 的用户数相对于 Windows 来说，微不足道。

② 国人给前苹果 CEO 乔布斯起的绰号。乔帮主，金庸名著《天龙八部》的男主角乔峰。乔峰曾任丐帮帮主，在得知自己是契丹后裔后，被迫退位。苹果公司创始人史蒂夫·乔布斯曾被苹果放逐，二人身世沉浮，有相似之处，传奇不凡。

司,由于没有能力雇佣大量的程序员去开发和维护不同平台的多个版本,所以对跨平台技术的需求,表现得更加强烈。

尽管对跨平台的需求越来越强烈,但由于各个操作系统的环境不同,跨平台技术也进化出了不同的开发模式,这些开发模式有些开发效率很高,有些在不同的平台部署很容易,还有些运行速度很快。也就是说,各种跨平台开发模式各有利弊,这也给很多想学习和使用跨平台技术的程序员造成了困惑。本节将对目前所有的跨平台模式进行一下总结——当前的各种跨平台技术(包括跨平台应用和游戏开发)都可以归到这几种开发模式中。

如果从运行原理和开发方式划分,跨平台开发模式可分为如下 4 种。

❑ 依靠虚拟机实现的跨平台技术;

❑ 依靠 Web(Javascript、HTML5 等)实现的跨平台技术;

❑ 依靠同一种语言拥有不同平台的编译器(如 C 和 C++)实现的跨平台技术;

❑ 为各个平台单独生成目标文件(包括源代码文件和二进制文件)实现的跨平台技术。

下面就分别介绍这 4 种跨平台开发模式的细节以及其优缺点。

1.2.1 虚拟机与跨平台技术

从事 Java 开发的程序员都知道,Java 是在 20 世纪 90 年代中期由 James Gosling(Java 之父)发明的。其基本原理就是在不同的操作系统平台上运行 JVM,从而实现一处编译,到处运行的效果。也就是说,Java 的跨平台是通过 JVM 可在不同平台上运行实现的。JVM 也是世界上第一个被广泛使用的依靠虚拟机实现跨平台的技术。但事实上,虚拟机的历史远比 JVM 的历史长得多[①],不过虚拟机历史不在本书的讨论范围内,所以不再详细介绍。

从 PC 时代,JVM 就已被广泛使用。在 21 世纪初,开始进入智能手机时代。于是,除了 Java SE 和 Java EE,又多了一个 Java ME 分支。Java ME 技术专门用于在智能手机上运行程序。也就是说,任何型号、任何品牌的智能手机,只要手机中内置了 Java ME(也就是移动版的 JVM),理论上就可以运行在 Java ME 上编写的 Java 程序,从而实现了 Java 在移动平台上的跨平台(其实这时主要的移动操作系统只有 Symbian,其他的系统占的比例很小)。

不过,现在已经很少有人使用 Java ME 了,究其原因,除了 Java ME 的运行效率比较低外,还由于其运行在沙盒中,功能比较有限。

就目前来讲,单独依靠运行在操作系统之上的 VM 实现大范围跨平台的技术已经不存在了,尽管 Android 的 Dalvik 是 JVM 的一个变种,理论上,任何能运行 Dalvik 虚拟机的操作系统都可以运行 APK 程序,不过就目前来看,好像只有 Android 内置了 Dalvik 虚拟机,像 iOS、Windows Phone 这些系统出于利益的考虑和性能的考虑,几乎不可能内置 Dalvik 虚拟机,所以,Dalvik 虚拟机顶多实现了 Android 不同版本以及安装 Android 的不同型号智能设备之间的跨平台。

---

① 据文献记载,20 世纪 60 年代初,IBM 的一些研究人员为了测试在不同条件下实验的结果,又不想弄很多台计算机,于是发明了 VM 用于模拟不同条件的计算环境。

　　除了 Java 以及与其相关的各种虚拟机外。微软的.Net 也属于一种虚拟机技术。实际上,微软虚拟机叫 Common Language Runtime（CLR）。不过 CLR 和 JVM（Dalvik）的命运一样,都不能保证（也许应该说"一定不能保证"更确切）在各种操作系统平台都安装了CLR。尽管在非 Windows 平台上有个叫 Mono 的实现,不过这也只是在 PC 平台,在移动平台（至少在 iOS 平台）是玩不转的。

　　就像从猿进化到人一样（达尔文是这么认为的）,虚拟机也在不断地进化。既然不能保证各个操作系统平台都运行 JVM、Dalvik、CLR 或其他虚拟机,那么何不将虚拟机嵌入本地程序中,也就是虚拟机已经进化到了内嵌虚拟机。这里的嵌入是指将虚拟机（二进制或源代码）作为相应操作系统平台的本地程序的一部分。也就是在虚拟机的外面包了一层本地程序。例如,如果想让类似 Python、Ruby 这样的脚本语言运行在 Android 和 iOS 平台上。Android 很好办,可以在 Android 上安装 Python 或 Ruby 解释器（类似于虚拟机）,但在 iOS上,Apple 有可能不允许安装这样的解释器（据说是为了安全考虑,Flash 就这样给拿掉了）。为了在 Android 和 iOS 上都可以很好地运行这些脚本语言,可以采用一种折中的方法。也就是说,从表面上看,运行在 Android 和 iOS 平台上的应用仍然是原生的程序。例如,Android 是 APK,iOS 是从 App Store 可以下载的程序。不过这些原生程序与普通的原生程序不同的是,前者除了包含应用逻辑外,还内嵌了一个相应的解释器或虚拟机,通常是以Library 形式嵌入的。如果虚拟机或解释器是用 C++ 写的。Android 可用 NDK 嵌入,iOS对 C++ 支持的更好,所以更容易嵌入。而应用逻辑（至少是一部分）就会直接用脚本语言编写,然后用嵌入解释器或虚拟机进行解析,有的为了提高运行效率,可能会再次编译成二进制代码。如果脚本语言需要调用相关平台本地的 API,中间就由嵌入解释器或虚拟机作为沟通的桥梁。

　　不管是应用开发,还是游戏开发,已经广泛采用了这种嵌入虚拟机技术。例如,后面要介绍的虚幻引擎（Unreal Engine）就在移动平台上使用了一种叫虚幻虚拟机（Unreal Virtual Machine）的技术。还有一个 AGK 游戏引擎,也是使用了内嵌虚拟机技术,只是前者使用的语言叫虚幻脚本（Unreal Script）,而后者使用的是 Basic 语言。对于跨平台应用开发来说,最近很流行的 Xamarin 也是内嵌虚拟机的一个典型应用。Xamarin 底层是基于 Mono 实现的。通过 C♯ 可以开发 Android、iOS 平台上的应用。其运行原理是在 Android、iOS 等平台的本地应用中嵌入一个 Mono 虚拟机,然后将 C♯ 代码编译成可在 Mono 虚拟机上运行的代码（类似于 Java 的 Byte Code）,当然,Mono 虚拟机最后会将这些代码编译成二进制形式以提高运行效率。所以,通过 Xamarin 生成的 APK 和 iOS 本地程序通常要比直接使用Java 和 Objective-C 开发出来的相应平台的本地应用的尺寸要大一些。

　　为了区分内嵌虚拟机,不妨将前面介绍的直接运行在操作系统平台上的虚拟机称为系统虚拟机。目前,在移动平台,使用系统虚拟机实现跨平台开发已经不太可能了。但使用内嵌虚拟机还是很有前途的。因为通过为内嵌虚拟机加一层本地应用外衣后,就和普通的本地应用完全一样,虚拟机从技术上来看,只相当于本地应用的一个 Library,所以这类应用很容易通过应用市场的审核。

下面再通过图 1-1 和图 1-2 看一下系统虚拟机和内嵌虚拟机与操作系统及本地应用的关系。

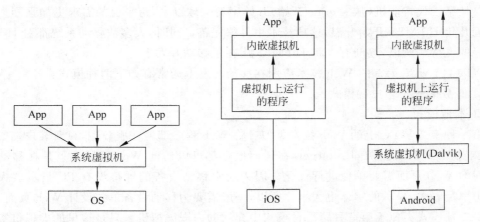

图 1-1　系统虚拟机工作原理　　　　　　图 1-2　内嵌虚拟机工作原理

在图 1-1 中,系统虚拟机是直接运行在 OS 之上的,而所有的 App 并不直接与 OS 交互,而是中间隔了一层系统虚拟机。因此,如果系统虚拟机无法运行在某个 OS 上,就意味着运行在系统虚拟机上的程序无法在该 OS 上运行。而对于图 1-2 来说,由于运行程序的虚拟机内嵌在 App 中,而 App 并未改变在各个平台上的运行方式。也就是说,在 iOS 平台,App 是直接运行在 OS 上的,而在 Android 平台,App 需要运行在 Dalvik 虚拟机上。这样就保证无论在什么 OS 上,内嵌虚拟机都可以运行,所以内嵌虚拟机屏蔽了 OS 平台的差异性,是更完美的跨平台解决方案。

内嵌虚拟机在技术上几乎没有什么缺点,只要虚拟机本身做得很好,就可以完美地运行程序。如果说不足,就是由于在本地应用中嵌入了虚拟机,所以生成的本地应用的尺寸会更大(从图 1-2 中也可以看出这一点)。而且,由于运行要依赖内嵌虚拟机,可能运行效率会受到一定的影响。不过通过某些优化,例如将运行时编译成二进制代码,会在很大程度上缩小与真正的本地应用运行效率上的差距。

1.2.2　Web 与跨平台技术

当虚拟机技术并不能完全实现跨平台时,人们又想出了另外一种技术,这就是 21 世纪初开始兴起的 Web 技术。从本质上,Web 技术也应属于一种虚拟机技术。因为 Web 中的 HTML、JavaScript、CSS 等技术并不能直接运行在 OS 上。要想在 OS 上运行这些程序,必须依赖 Web 浏览器中相应的解析引擎,例如 JavaScript 引擎。而如果要展现 UI,就要直接依赖 Web 浏览器了,因此 Web 浏览器就可以看做是 Web 技术的虚拟机。

在 Web 刚诞生时,曾有很多人认为 Web 是软件的未来。可以实现所谓的瘦客户端。大多数应用逻辑在服务端运行,本地只用于展现 UI 和执行简单的逻辑。不过随着时间的推移,这个设想并没有完全实现。尽管像 Google 这样的国际巨头在 Web 技术上不断进行突破,但本地应用仍然大行其道,并没有任何衰减的趋势。个人认为,至少在可预见的未来,Web 技术仍然会和本地应用长期共存。

自从第二代智能机(从 iPhone 开始)开始席卷全球以来,跨平台的需求更加强烈。而且由于近几年 HTML5 开始升温,这项技术也日臻完善。同时,大多数移动系统都对 HTML5 有很好的支持。所以,逐渐有人将 HTML5 用在了移动开发上。

将以 HTML5 为首的 Web 技术应用在移动开发上通常有如下两种模式:

❑ 服务端——客户端模式;

❑ 本地模式。

第一种模式与 PC 上的 Web 技术类似。将 Web 程序部署在服务端,只要客户端安装了 Web 浏览器,并且可以访问 Internet,在任何地点都可以访问 Web 程序。只是在移动系统中访问的 Web 页面需要单独进行优化。因为通常移动设备的屏幕没有 PC 显示器大。即使分辨率足够大,显示的字体也太小。所以,一般需要为移动设备单独设计 Web 页面。

第二种模式类似于第一种跨平台模式中介绍的内嵌虚拟机。只是这里的虚拟机实际上是指移动设备上的 Web 浏览器。也就是说,将所有的 Web 页面(至少是大部分)打包进移动系统的本地应用(APK、iOS 应用等),然后在内部调用移动系统的 Web 浏览器对 HTML5、JavaScript、CSS 等代码进行解析。如果 JavaScript 需要访问本地 API,如 Camera API,仍然需要通过 Web 浏览器作为中转进行调用。这一点与内嵌虚拟机完全相同。对于显示的 UI,通常是在 Web 浏览器中显示的 Web 页面,而不是本地应用的 UI。当然,有的应用只是部分使用了 Web 技术。例如,UI 仍然是本地应用的 UI,只是某些经常变动的逻辑使用了 JavaScript,并且通过这些 JavaScript 代码对本地应用的 UI 进行控制。

如果直接利用移动平台本身的 API 进行开发,效率比较低,因为需要大量协调 JavaScript 和本地代码的关系。近几年涌现出了大量基于 Web 技术的跨平台游戏引擎和应用开发框架。例如,WebVision 是一种基于 Web 技术的跨平台 3D 游戏引擎。而本书要介绍的 Cocos2d-x 有一个分支,称为 Cocos2d-html5,也是一个基于 HTML5 的 2D 游戏引擎。对于应用开发,PhoneGap 是一种应用较广泛的开发框架。通过 PhoneGap,可以完全使用 JavaScript 开发出强大的应用,至于 JavaScript 与本地 API 交互的问题,PhoneGap 已经做了封装,程序员一般并不需要关注这方面的细节问题。

由于 Web 浏览器是目前所有的移动系统都内置的"虚拟机"(估计现在不会有不支持 Web 浏览器的移动系统吧),因此有很多人认为 Web 技术是移动平台的未来。因为 JavaScript 是唯一可以保证在任何移动系统中都可以运行的脚本语言。不过按着瓦肯人[①] 的理性思维方式,这种设想是完全不符合逻辑的。尽管使用 Javascript 开发程序可能比 Java、C++ 等语言更快速,并且 Web 浏览器在各个移动系统中都存在,但问题是这些 Web 浏

---

① 瓦肯人:科幻电影《星际迷航》中拥有一对尖耳朵的类人外星种族,也是与人类第一个接触的外星种族,被称为人类的导师。瓦肯人以纯逻辑思维压制自己的情感,以便处事不会受到情感的影响,这与人类容易感情用事形成鲜明的对比!

览器对 JavaScript、HTML5 等 Web 技术的支持并不统一，也就是说，并不是同一个 Web 程序在任何的 Web 浏览器中运行和实现的效果都完全相同，所以 Web 技术在移动系统中全面铺开还为时尚早。而且出于利益的考虑，像 Apple 这样的企业有可能会限制 Web 浏览器的某些功能。因为放任 Web 技术在 iOS 中的蔓延，很有可能会威胁 Apple 对应用程序的控制权。就像过去的皇权时代，当某个大臣手握重兵时，就可能会威胁到皇权，皇帝通常就要削弱这位大臣的权力。对于控制欲很强的个人、组织或企业来说，这种事时有发生。即使前面说的问题都不存在，以 Web 技术为主的应用和游戏在较低端的移动设备上的运行效率也会比较低。只有在高端移动设备上的表现才可以勉强接受，这也限制了 Web 技术的跨平台覆盖率。因此，尽管 Web 在技术上实现跨平台没有任何问题，但由于各种因素的制约，目前通常是以 Web 技术作为跨平台的一种辅助手段，而并不是全部。

1.2.3　跨平台编译技术

前面介绍的两种跨平台模式必须要依赖虚拟机或浏览器，使用这种方式运行程序一般会牺牲一些性能。不过由于一些语言在不同的 OS 平台都实现了相应的编译器，例如 C/C++，所以理论上，只要编译器可以将该语言编译成相应 OS 平台的本地代码，就可以实现跨平台，而且性能会得到很大的提升。

对于游戏领域，本书主要介绍的 Cocos2d-x 就是跨平台编译的一个典型案例。Cocos2d-x 使用 C++ 作为主要的开发语言。由于 C++ 在 Windows、Mac OS X、Linux、Android、iOS 等平台上都有相应的编译器，所以用 Cocos2d-x 编写的游戏完全可以运行在这些平台上。当然，对于不同的 OS，使用 C++ 的方式会有不同。对于 Windows、Mac OS X 和 Linux，需要直接将 C++ 程序编译成本地应用。而对于 Android，是利用 NDK 技术，也就是说，基于 Cocos2d-x 的 Android 游戏的安装程序仍然是 APK，只是里面的应用逻辑并没有通过 Dalvik 虚拟机，而是通过 NDK 绕过 Dalvik 虚拟机直接在 Android 系统上运行的。iOS 与 Android 类似，也是将 C++ 代码嵌入到 iOS 标准的程序中。也就是说，Android 和 iOS 都是利用了 C++ 和 Java 或 Objective-C 混合编程的方式工作的。

对于通过编译的方式实现跨平台的解决方案还有很多，例如，QT 就是其中之一。QT 主要用于开发跨平台的应用程序，是一套从 UI 到 API 的全方位跨平台解决方案。

尽管跨平台编译技术在运行效率上非常高，但问题是有一些 OS 并不允许直接运行本地（Native）应用，或对本地应用支持的不太好。这样就不能保证经过编译后的二进制代码在所有的 OS 上都可以完美地运行。而且由于不同 OS 之间的差异，对于支持跨平台编译的 Library 的要求也比较高。因为这些 Library 要对不同 OS 的差异化 API 进行抽象。而且，目前支持跨平台编译的语言比较少，目前比较成熟的只有 C 和 C++，以及刚加入进来的 Go 语言。而且这些语言与动态语言，甚至是 Java、C♯语言比起来，开发效率有些低。因此，尽管跨平台编译技术在一定程度上解决了跨平台问题，但仍然不够完美，对开发人员的要求也比较高。本质上并没有将 OS 之间的差异完全屏蔽掉。不过这种技术仍然是目前跨平台开发的主流。

1.2.4 为每个平台定制本地应用

到现在为止,读者已经对前三种跨平台模式的优缺点非常了解了。这三种跨平台模式都可以在一定程度上解决跨平台的问题。虚拟机模式目前主要采用的是嵌入式虚拟机(主要指移动平台),而 Web 模式可以采用服务端/客户端的方式,也可以采用本地运行 Web 页面的方式。跨平台编译可以根据不同平台生成相应的目标文件(主要指二进制形式的可运行文件)。不过这三种模式都有一些缺陷。例如,嵌入式虚拟机会使编译后的目标程序的尺寸变大,而且由于在运行时业务逻辑需要嵌入式虚拟机进一步处理,也会牺牲一定的效率,而且由于使用了嵌入式虚拟机,这相当于在原生程序中使用了第三方的 Framework,增加了调试难度,同时也增加了出错的概率。对于 Web 技术,与内嵌虚拟机有类似的毛病,而且由于各大平台的 Web 浏览器使用的标准不统一,Web 技术实际上并没有完全实现曾经承诺过的跨平台运行。而跨平台编译尽管运行效率非常高,但可选择的语言比较少,目前使用最多的是 C++,尽管 C++ 十分强大,但单就开发效率来看,先别说 Python、Ruby 等动态语言,就连 Java、C♯ 都比 C++ 高效。而且,还不是所有的 OS 都允许运行本地程序。

既然前三种跨平台开发模式都存在或多或少的缺点,这些缺点有的是运行效率较低,有的是开发效率较低,有的是不能保证所有的 OS 平台都允许这种跨平台开发模式。那么,有没有一种方法可以鱼和熊掌兼得呢?也就是拥有高开发效率、高运行效率,还能保证每一个 OS 都允许这种跨平台开发模式。答案是肯定的,这就是第 4 种跨平台开发模式:为每个平台单独定制本地应用。

可能有很多读者看到这个开发模式,估计会认为又回到起点了。跨平台开发模式的本质就是在减少工作量的情况下尽可能开发可以在多个 OS 平台上运行的应用或游戏。如果为每个平台单独定制本地应用,就相当于 iOS 平台使用 Objective-C(可以与 C++ 混合开发)、Android 用 Java 和 NDK、Windows Phone 用 C♯ 进行开发。这岂不是还要雇佣更多的人完成这些工作。

实际上,这种说法只说对了一半。没错!为每个平台单独定制本地应用就是使用这个平台标准的开发模式,因为这种方式可以 100% 保证在任何的 OS 上都可以运行。但这些代码并不是通过人工编写的,而是自动生成的。当然,这里的自动生成不一定非得生成源代码,也可以直接生成可运行的二进制代码,如 APK 文件。但是用什么来生成了这些源代码或二进制文件呢?实际上,这就是程序员要编写的部分,也就是一种中间语言(可以是任何语言,如 Java、C♯ 或自己设计的脚本语言)。总之,就是通过一种中间语言编写业务逻辑,然后将这种中间语言转换为不同 OS 平台上的相应源代码或二进制文件。这里的转换不仅仅是编程语言之间的转换,还包括根据需要生成一些配置文件,甚至包括图像以及其他二进制文件格式的转换。不过,这种转换技术需要建立在一个假设的基础上,就是假设这种中间语言可以实现任何需要实现跨平台的 OS 上的所有功能。这有些类似于数学中的等价替换的证明方法,也就是说,要证明某个命题时,如果发现直接证明该命题很费劲,那么就可以将这个命题转换为另外一种简单的好证明的命题,而且这两个命题是等价的。如果证明了后者,就相当于证明了前者。

为了更好地说明问题,这里举个例子。先拿最简单的显示对话框的例子来解释这种跨平台开发模式。下面是 iOS(Objective-C)、Android(Java)和 C# 显示对话框的代码。

iOS

```
UIAlertView * alert = [[UIAlertView alloc] initWithTitle:@ "提示" message: @ "我的信息"
delegate:self cancelButtonTitle:@"确定" otherButtonTitles:nil];
[alert show];
```

Android

```
new AlertDialog.Builder(this).setTitle("提示").setMessage("我的信息").
setNegativeButton("确定", null).show();
```

C#

```
MessageBox.Show("我的信息","提示");
```

毫无疑问,iOS、Android 和 C# 显示对话框的代码不一样,如果要用人工编写(这里只是举个例子,只是编写对话框当然很简单,可以将其想象为成千上万行代码),肯定要学习三种不同的写法,或雇佣三个不同领域的程序员。尽管显示这三个对话框的代码几乎没什么相似性,当然,显示效果也不同。但对话框的基本元素是一样的。也就是这三个对话框都有 Title、Message 和一个“确定”按钮。因此,可以设计一种中间语言用于描述这三个元素,然后再从这种中间语言中提取信息(这三个元素),最后利用这些信息分别生成上面三段代码。例如,有下面的一行中间语言代码。

```
Dialog.show("提示", "我的信息", new Button("确定"));
```

尽管这行代码与 iOS、Android 和 C# 的代码都不一样,但同样拥有 Title、Message 和“确定”按钮,因此很容易将上面这行代码生成前面三段显示对话框的代码。

在游戏领域会更容易使用这样的技术。因为大多数游戏只是使用了各种图形渲染技术,并没使用太多与当前运行设备紧密关联的技术,例如,访问摄像头、NFC、各种特殊的控件等。当然,有些网络游戏可能会使用蓝牙或 WiFi 进行联网操作。不过,这些通信技术在各种类型设备之间的差异很小,所以很容易抽象化。而对于游戏的主界面、各种场景界面。无论是 Android 游戏、iOS 游戏,甚至是基于 JavaScript 和 HTML5 的 Web 游戏,效果都差不多。例如,可能很多读者玩过“愤怒的小鸟”,这款游戏目前的版本很多,单从运行的平台就可分为 Android 版本、iOS 版本、Windows Phone 版,Flash 版、Web 版、传统的 PC 版等。这些版本的“愤怒的小鸟”在表现效果效果上都和图 1-3 所示的效果类似(可能

图 1-3 愤怒的小鸟

有的场景不同,但基本玩法和游戏角色是一样的),可能最大的区别就是游戏的显示区域大小不同(因为屏幕的大小不同),其他方面几乎是一样的。可能不同平台在玩法上略有区别,如有的需要用鼠标,有的需要用手指。不过这些差别比起各种平台的应用来说可以忽略不计。

由于"愤怒的小鸟"在各个平台上的表现效果非常接近,所以非常容易将其各个功能进行抽象化,使其用一种编程语言或技术进行描述,然后转换成各种平台的目标文件(如 Android、iOS、Windows Phone、Web、Flash、Windows、Mac OS X、Linux 等)。例如,在"愤怒的小鸟"游戏中有两个主要的动作,一个是用弹弓弹射出小鸟,另外一个就是当小鸟撞击到小猪的堡垒时,堡垒有可能部分或全部倒塌。编写过类似游戏的读者都应该知道,这种效果是通过物理引擎实现的。但各个平台的物理引擎使用的语言可能不相同。例如,Android 版的游戏可以使用基于 Java 或 C/C++ 的物理引擎,而纯 Web 版的游戏就只能使用基于 JavaScript 的物理引擎了。不管是使用 Java、C、C++、还是 JavaScript,物理引擎使用的算法都类似,只是描述算法的语言不同罢了。因此从理论上来说,使用基于任何语言的物理引擎编写的游戏的代码之间是可以互相转换的。基于这种理论基础,可以很容易利用现成的语言或专门设计一种语言用于抽象化游戏所涉及的各种技术(如物理引擎的各种算法),然后发布时可以为特定的平台专门生成特定的源代码或可运行的二进制代码。

毫无疑问,通过前面的描述,可以很容易地看出这种跨平台技术几乎是完美的,因为如果可以为某个特定 OS 平台专门定制本地应用或游戏,就没有跨不了的平台。而且各个 OS 平台也不可能排除或禁止这些应用和游戏,或由于某些限制,使跨平台应用或游戏在某个 OS 平台受到限制。那么可能有的读者会问,既然现在这种跨平台方式如此完美,那么有没有哪种开发工具采用了这种跨平台方式呢? 实际上,斩获国际上无数大奖的 Unity 3D① 就采用了类似的方式。从 Unity 3D 中的名字就可以看出,Unity 中文的意思是统一体的意思,估计起这个名字的含义就是将每一个平台都统一起来。

Unity 3D 可以使用如下三种语言来开发游戏:

❏ C♯

❏ Javascript

❏ Boo

Unity 3D 采用了 Mono 作为跨平台支持。这里的 C♯ 当然不会像 Windows 中的微软官方的 C♯ 那样强大。这个 C♯ 只是运行在 Mono 上的一种在功能上有所限制的语言。当然,基本的语法和微软官方的 C♯ 是完全一样的。JavaScript 当然也在功能上做了一些扩展,用于更好地满足游戏开发的需要。而 Boo 也是一种脚本语言,语法类似于 Python。可运行在.NET Framework 或 Mono 上。

当用 Unity 3D 编写完游戏后,单击主窗口中 File→Build & Run 菜单项,会弹出如图 1-4 所示的窗口。很明显,在该窗口中可以选择游戏要运行的平台。经过测试,大多数平

---

① Unity 3D 是著名的跨平台游戏开发工具,不过目前已经向 2D 游戏市场进军,以后叫 Unity 2D/3D 或直接叫 Unity 可能更合适。不过为了符合以前的习惯,本书仍然称其为 Unity 3D。

台（如 Android、Flash 等）都直接生成了二进制文件，如 Android 的 APK 文件。而 iOS 会生成 XCode 工程，包括相应的 Objective-C 和 C++代码。如果选中 Development build 选项，Unity 3D 在生成完代码后，会自动将 iOS 游戏源代码编译成二进制代码。

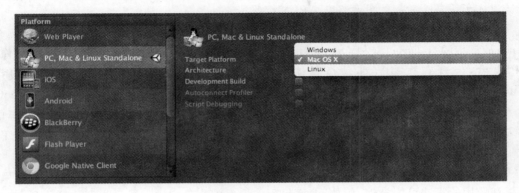

图 1-4　Unity 3D 实现跨平台的窗口

事实上，尽管这种跨平台方式从理论上可以实现得很完美，但必须对各种平台进行抽象，游戏抽象相对简单，不过对于应用的抽象稍微复杂些。因为对于各种应用程序来说，很有可能大量访问 OS 平台特有的功能，如手机中的各种硬件模块。但这些硬件模块在 PC 和 Web 上很可能是没有的，所以对这些功能抽象需要新的理论和很多技巧。到目前为止还没有开发工具可以用这种方式来实现跨平台应用。

1.3　跨平台游戏引擎

游戏引擎主要用于快速开发游戏，跨平台实际上并不单指某种技术，而是一类开发模式。在这些模式下包含了若干种的技术实现（同一种模式可能会有不同类型的技术实现）。在 1.2 节可能大家已经体会到这一点了。而将跨平台和游戏引擎结合起来是在近几年才开始的。在本节将主要介绍一些游戏引擎和跨平台的关系。

1.3.1　什么是跨平台游戏引擎

计算机游戏已经有很多年的历史了，不过以前的单机版游戏（这里是指 DOS 或早期的 Windows 游戏）都是直接调用的图形 API 进行图像渲染。这样在游戏规模不大，或表现力不强的情况下勉强可以接受。不过随着后来网络游戏的流行，游戏的规模和开发难度甚至比摩尔定律[①]预测的芯片性能增长速度还快。这样直接调用操作系统底层的图像 API 基本上是不可能在有限的时间内完成这些复杂任务的。

---

① 摩尔定律是由英特尔创始人之一戈登·摩尔提出来的："集成电路上可容纳的晶体管数目，约每隔 24 个月便会增加一倍。"经常被引用的"18 个月"是由英特尔首席执行官 David House 所说："预计 18 个月会将芯片的性能提高一倍（即更多的晶体管使其更快）。"

学过图形学的读者应该都了解，对于复杂的图像变换（尤其是 3D 效果的图像变化）需要大量依靠矩阵的运算（主要需要数学中的线性代数的知识）。而这些矩阵运算对于数学专业的人来说也并不算简单，更何况是只有一些数学基础的程序员了。因此，编写游戏的方式开始进入了第二个阶段：图像渲染 API 规范阶段。

从本质上讲，图像渲染 API 规范并不是软件，而是一些用于渲染图像的 API 的集合。当前，最常用的有 DirectX 和 OpenGL。实际上，这两个分别表示了两套用于渲染图像的 API 集合，但现在大多数都是指具体的实现了。其中前者是微软开发的，只能用于 Windows 平台，而后者是跨平台的。OpenGL 还有一个专门用于移动平台的 OpenGL ES①。通过使用 DirectX 或 OpenGL 编写游戏，程序员通常是不需要自己进行矩阵运算的，因为 DirectX 和 OpenGL 将这些工作都代劳了。也就是说，DirectX 和 OpenGL 的主要工作就是进行大量的矩阵运算。

尽管有了 DirectX 和 OpenGL 的帮助，开发效率仍然太低，因为对于很多游戏，渲染的效果和使用的算法可能类似，例如，前面提到的愤怒的小鸟中用弹弓射小鸟的动作和有一款扔纸团的游戏的抛出动作类似。这些效果通常是使用类似的算法实现的。但每一款游戏都要重复实现这样的特效太浪费资源了，因为很多有经验的游戏程序员就将游戏中常用的特效提炼出来，形成了各种 Library，这些 Library 中的很大一部分就是本节要介绍的游戏引擎，当然，还有一部分是一些辅助的库，例如物理引擎。而这些游戏引擎基本都是基于 OpenGL 或 DirectX 的，也就是说，游戏引擎是在封装了 OpenGL 或 DirectX 的基础上实现了游戏中常用特效的 Library。

从前面的描述可以看出，开发游戏的技术经过了如下三个阶段，我们可以将这三个阶段比喻成编程语言的三个阶段。

❑ 第一阶段：直接调用 OS 中的图形 API 编写游戏。这个阶段相当于编程语言经历的汇编语言阶段。在这一阶段只能编写一些很简单的程序（至少以现在的眼光看是这样）。

❑ 第二阶段：使用图形渲染 API 编写游戏。这一阶段直接使用 OpenGL 或 DirectX 来编写游戏，这一阶段相当于编程语言经历的结构化语言阶段（以 C 语言为主），在这一阶段可以完成更复杂的游戏，但开发效率仍然不够高。

❑ 第三阶段：使用游戏引擎编写游戏。这一阶段相当于编程语言经历的面向对象语言阶段（例如 Java、C♯ 等）。大多数游戏引擎屏蔽了 OpenGL 和 DirectX 的复杂性，所以程序员一般并不需要了解 OpenGL 和 DirectX 的原理就可以轻松编写游戏。由于有了游戏引擎以及一些辅助工具的帮助，只需很少的程序员就可以完成非常复杂的游戏，这在以前是不可想象的。

现在游戏市场上的绝大多数游戏都使用了各种各样的游戏引擎。它们的区别只是有的

---

① 在 OpenGL 的基础上经过一些列的裁剪后得到的精简版本。对硬件性能的要求比 OpenGL 要低，目前主要用于移动平台，如 Android、iOS 等。

使用了通用的游戏引擎(如 Cocos2d-x、Unity 3D 等),有的使用了自己开发的游戏引擎(拥有这种实力的游戏公司并不多)。

既然读者已经了解了什么是游戏引擎,那么再加入一个跨平台,应该也不难理解,因为在 1.2 节已经非常详尽地讨论了什么是跨平台技术。

游戏引擎除了可以屏蔽 OpenGL 和 DirectX 的复杂性外,对于跨平台游戏引擎,还可以屏蔽(至少是部分屏蔽)各个 OS 平台之间的差异,甚至是 OpenGL 和 DirectX 之间的差异。现在有一定规模的游戏引擎(如 Cocos2d-x),都形成了一套 API 标准。也就是面向程序员的类、方法都是固定的,而不同的是游戏引擎内部的具体实现。所以像 Cocos2d-x 这样的游戏引擎,无论里面使用的是 OpenGL,还是 DirectX,对于游戏引擎的用户是感觉不到的。这样就很容易在不同的 OS 平台上使用不同的图形渲染 API 来实现,而使用游戏引擎的游戏代码基本上不需要修改就可以使用不同的图形渲染 API。即使有的 OS 平台不能直接使用 C++编写的程序,也可以将各种编程语言实现的游戏引擎的接口做得类似(如类名、方法名都相同),这样在移植时大多数时候只是语言之间的转换而已。例如,Cocos2d-html5 就与 Cocos2d-x 的接口类似,只是前者是基于 Javascript 的,后者是基于 C++的。

1.3.2　有哪些游戏引擎可以跨平台

在 1.2 节已经深入探讨了现今所使用的各种跨平台技术,也提到过一些跨平台的游戏引擎。本质上来说,跨平台应用和跨平台游戏的开发模式是一样的,都可以采用前面介绍的 4 种开发模式,不过使用内嵌虚拟机的游戏引擎不多。除了 Web 游戏引擎外,大多数游戏引擎都采用了跨平台编译技术。尽管 Unity 3D 可以为不同平台生成相应的目标文件,但在底层仍然需要跨平台编译技术支持。所以说,跨平台编译技术是跨平台游戏引擎实现的核心。除了少数 OS 平台不允许运行本地程序外,在大多数 OS 上运行的游戏引擎在底层基本都是 C++实现的。

跨平台游戏引擎除了 Cocos2d-x 和 Unity 3D 外,还有很多其他的游戏引擎也可以跨平台。只不过这两个游戏引擎比较著名,而且对硬件的要求不高,所以知道的人比较多。

先拿基于虚拟机的游戏引擎来说,jMonkeyEngine 就是一款比较不错的基于 Java 的 3D 游戏引擎,可以运行在任何支持 Java 环境的 OS 平台上,包括 Android。不过可惜的是,jMonkeyEngine 是不能在 iOS、Windows Phone 等平台上运行的。

还有另外一种叫 App Game Kit(AGK)的游戏引擎(也包括相关的开发工具),该游戏引擎使用 Basic 语言来开发游戏。使用了内嵌虚拟机的方式运行游戏。也就是说,Basic 语言经过编译后,会生成字节码(专门的字节码,不是 Java Byte Code),然后会连同字节码解析器一起打包进一个可执行文件,如 exe、APK 等。AGK 可以开发 2D 和 3D 游戏,支持物理引擎。目前支持 Windows、Mac OS X、iOS、Android 和 BlackBerry 五个平台。

如果要说效果经验绝伦,可能前面介绍的所有游戏引擎都比不过 Unreal Engine(虚幻引擎),有很多经典的游戏都是使用 Unreal Engine 做的。Unreal Engine 以前的版本可以实现 PC 的跨平台,不过最近也开始进入跨移动平台的行列。但由于 Unreal Engine 所带的

Library 过大，对硬件性能要求比较高。目前只能运行在高端的移动设备上。如 iPhone5、Android 高端手机等。由于 Unreal Engine 的授权费比较贵，所以一般中小型游戏公司和个人很少有用 Unreal Engine 开发游戏的。但 Unreal Engine 的渲染效果的确很酷。

当然，可以跨平台的游戏引擎还远远不止这些。由于篇幅所限，本节就不一一介绍了。从 1.4 节开始，就逐渐进入本书的正题，探讨 Cocos2d-x 所涉及的各种技术和技巧。

1.4 Cocos2d-x 横空出世

前面几节已经详细介绍了跨平台和游戏引擎的概念，同时也介绍了一些可以跨平台的游戏引擎。不过本书将主要介绍 Cocos2d-x。由于 Cocos2d-x 是一款开源的 2D 游戏引擎，所以读者不仅仅能使用 Cocos2d-x 开发出绚丽的游戏，还能了解其中的实现原理。而且还可以任意扩展 Cocos2d-x。本节首先会介绍 Cocos2d-x 的由来以及 Cocos2d-x 的特点。这些内容将会使读者对 Cocos2d-x 有一个初步的认识。

1.4.1 Cocos2d-x 的前世今生

Cocos2d-x 可分为两部分解释，一部分是 Cocos2d，另一部分是 x，现在先来说第一部分。Cocos2d 实际上是一个系列的游戏引擎。Cocos2d 最初的版本是阿根廷人 Ricardo 和他的团队用 Python 语言编写的。由于 Python 版的 Cocos2d 最初是在 Córdoba 市附近的 Los Cocos 开发的，因此，Cocos2d 最初的名字叫 Los Cocos，不过随后不久就更名为 Cocos2d。

2008 年，乔布斯公布了发展 iPhone 游戏的想法，因此 Cocos2d 团队决定抓住商机，在 2008 年 6 月宣布跟 iPhone 平台进行接轨，并在当月就公布了用 Objective-C 编写的 Cocos2D for iPhone 0.1 版，它与 Python 版的 Cocos2D 拥有相同的设计思路。截止到 2008 年 12 月，App Store 上已有超过 40 个用 Cocos2D 引擎开发的游戏。

在 Cocos2d 发布的随后几年里，诞生了各种语言的移植版本，例如，ShinyCocos（Ruby bindings）、Cocos2D-Android（Java based）、CocosNet（Mono based）等。紧接着，具有历史意义的 Cocos2d-x（C++）诞生了。由于 Cocos2d-x 是使用 C++ 语言实现的，所以理论上，Cocos2d-x 可以运行在任何支持 C++ 的 OS 平台上。这也是 Cocos2d 首次实现了跨平台。

英国的设计大师 Michael Heald 还为 Cocos2d 和 Cocos2d-x 设计了新的 Logo，如图 1-5 所示（此前 Cocos2D 的 Logo 是一个奔跑的椰子）。

不仅 Cocos2d 家族的产品快速发展，一些辅助游戏开发的工具也如雨后春笋般涌现。这将会使游戏开发的时间大大缩短。例如，游戏中经常使用

图 1-5 Cocos2d 和 Cocos2d-x 的 Logo

的粒子系统，如果只使用代码一点点试，估计复杂的粒子(Particle)效果可能需要数小时甚至更长时间才能完成。而使用可视化粒子设计器 Particle Designer，可能在几分钟之内就能完成。

1.4.2　Cocos2d-x 的特点

Cocos2d-x 有如下几个特点：

- 跨平台。由于 Cocos2d-x 使用了 C++ 开发，所以 Cocos2d-x 可以运行在大多数 OS 平台上。而且 Cocos2d-html5 也可以跨更多的 OS 平台。理论上，只要 Web 浏览器支持 HTML5，就可以运行 Cocos2d-html5。
- 高开发效率和运行效率。从低端到高端的移动设备都可以运行基于 Cocos2d-x 的游戏。
- 开源(基于 MIT 协议)，有完善的文档。
- 支持 LUA 和 JavaScript 脚本语言。
- 支持大量的第三方辅助开发工具。同时 Cocos2d-x 官方还开发了 CocoStudio，可用于对场景、动画和数据进行编辑。
- 可以非常容易地集成第三方的 Library 和插件。
- 有大量的成功案例，拥有高可靠性和高稳定性。
- 拥有社区支持和触控科技的资金支持。

1.5　小结

　　跨平台是近年突然热起来的概念。这也说明现在的 OS 平台大战已经进入白热化阶段。OS 平台多了，自然就需要同时在多个 OS 平台上部署自己的应用或游戏。否则少了几个 OS 平台，尤其是那些市场占有率非常大的 OS(如 Android、iOS)，恐怕自己的应用或游戏会少很多用户，影响力也会大打折扣。然而，跨平台说起来容易，不过实现真正的跨平台也不是很容易就能办到的，因为各个 OS 平台之间的差异是很大的。不过从总体上来说，Cocos2d-x 跨平台做得还不错，而且开发效率、运行效率都比较高。在国内外很多开发 2D 游戏的程序员都使用 Cocos2d-x(世界上有超过 40 万的程序员使用 Cocos2d-x)，所以了解并掌握 Cocos2d-x 的开发方法和技巧，对于一个游戏程序员至关重要。从第 2 章开始，将深入浅出地学习与 Cocos2d-x 相关的各种技术。

第2章

搭建和使用跨平台

Cocos2d-x 开发环境

在这一章主要学习如何搭建 Cocos2d-x 的跨平台开发环境,这里的跨平台不仅包括当下流行的移动平台(如 Android、iOS 等),还包括传统的 PC 操作系统平台,如 Windows、Mac OS X、Linux 等。从这一点可以看出,Cocos2d-x 不仅仅可以开发基于移动平台的游戏,还可以开发基于传统 PC 平台的游戏,而且在不同平台之间的迁移,绝大多数代码是不需要修改的,也就是说,Cocos2d-x 已经接近完美地实现了源代码级别的跨平台游戏开发。

本章要点

❏ 让 Eclipse 支持 C++ 11;

❏ cocos 命令的使用;

❏ 创建 Cocos2d-x 3.10 的跨平台工程;

❏ 编译 Cocos2d-x 3.10 for iOS/Mac 程序;

❏ 编译 Cocos2d-x 3.10 for Android 程序;

❏ 在 Eclipse 中查看 Cocos2d-x 工程源代码;

❏ 编译 Cocos2d-x 3.10 for Win32 程序;

❏ 编译和运行 Cocos2d-x 3.10 自带的 Demo。

2.1 使用 Cocos2d-x 开发游戏需要准备些什么

使用 Cocos2d-x 开发游戏要求的开发环境并不复杂。由于 Cocos2d-x 使用了 C++ 作为主要的开发语言,所以开发环境中至少需要一个 C++ 的编译环境。如果使用的是 Cocos2d-x 3.0 或更高版本(如本书用的 Cocos2d-x 3.10),需要 C++ 编译环境支持 C++ 11。

除了 C++ 编译环境外,还需要选择一个 IDE。根据不同的 OS 平台,可以选择不同的 IDE。如果选择了 Windows 平台。通常可以使用微软的 Visual Studio。建议读者使用 Visual Studio 2012 或 Visual Studio 2013。当然,如果是习惯了 Eclipse 的读者,也可以使用 Eclipse 作为自己的 IDE。

如果读者选择使用 Linux,那么通常只能用 Eclipse 了(其他的 IDE 可能也行,不过笔者并未进行尝试,有兴趣的读者可以尝试其他的 IDE,例如 QT Creator)。不过,Linux 下的开发环境比较完整,有现成的 GCC 可以使用,所以在 Linux 下使用 Eclipse 开发 C++(NDK)程序要比 Windows 下方便得多。Eclipse 关于 C++ 11 的支持还需要设置一下,会在下一节详细介绍。

自从 iPhone、iPad 等 Apple 设备开始流行以来,使用 Mac OS X 的读者可能也越来越多。这在 2007 年以前是很少见的①。笔者就是在 Mac OS X 上完成这本书的写作的。很可能正在阅读本书的读者使用的也是 Mac OS X,那么选择 Mac OS X 作为自己的开发平台就理所当然了。

毫无疑问,在 Mac OS X 上 XCode 是首选的 IDE。不过使用 XCode 只能开发运行在 iOS 上的应用和游戏。要想开发 Android 版的游戏,仍然需要 Android SDK、NDK 的支持,当然,直接在 Eclipse 中开发和编译会更容易。在本章后面的内容会详细介绍如何配置 Eclipse 的 Cocos2d-x 开发环境。

从前面的描述可以得知,Cocos2d-x 可以在 Windows、Linux 和 Mac OS X 三个平台上开发。至于选择哪个平台和 IDE,可以根据自己的需要和习惯决定。对于习惯使用 Eclipse 的程序员,这三个平台都可以选择,不过建议选择 Mac OS X。因为 Mac OS X 中的 XCode 不仅包含了较新的 C++开发环境,而且在 Mac OS X 上可以开发基于 iOS 的应用和游戏,苹果的笔记本和一体机也可以安装 Windows。所以,使用苹果的产品就意味着可以同时开发基于 iOS、Android、Windows Phone 等平台的应用和游戏;而 Linux 通常只能使用 Eclipse 进行开发。当然,如果习惯了 Windows 和 Visual Studio 的读者,可以选择 Visual Studio 2012 或 Visual Studio 2013。由于 Cocos2d-x 是基于 C++的,所以可以使用 Visual Studio 先开发 PC 版的游戏,然后可以很容易地移植到其他平台(如 iOS、Android 等)。

2.2　Cocos2d-x 3.10 开发环境的最低要求

2.1 节介绍了使用 Cocos2d-x 3.10 需要的基本开环境,在这一节再具体介绍一下需要的编译环境、OS 平台、IDE 的最低版本。只要达到这个要求,就可以使用 Cocos2d-x 3.10 开发游戏了。注意,这些最低要求同时考虑了 Windows、Linux 和 Mac OS X 三个平台,如果读者只想开发基于某一个 OS 的游戏,可以不考虑其他平台的要求。例如,如果只想开发在 iOS 平台上运行的游戏,可以不考虑 Android SDK 的版本。

SDK 的最低要求

❏ JDK 1.6

❏ AndroidSDK 2.3

---

① Apple 在 2007 年推出了第一个 iOS 版本,同时也发布了第一代 iPhone。由于开发 iOS 程序只能在 Mac OS X 上完成,所以从那一年开始,Mac OS X 的市场占有率也随着 iOS 的市场占有率的增加而节节攀高。在 2007 年以前,使用苹果笔记本的开发人员非常少(尤其是在国内),不过最近两年,MacBook Pro、MacBook Air 等苹果设备的使用越来越广泛。

❑ Android NDK r8e

移动 OS 平台的最低要求：

❑ Android 2.3

❑ iOS 5.0

❑ Marmalade N/A

❑ BlackBerry N/A

开发平台的最低要求：

❑ MacOS X 10.7

❑ Windows 7

❑ Linux Ubuntu 12.04（可能需要升级 GCC，升级方法见 2.4 节的内容）

编译环境的最低要求：

❑ XCode4.6（仅针对 Mac OS X）

❑ Eclipse 3.7（建议使用 4.x 以上版本）

❑ GCC 4.7（仅针对 Linux）

❑ Visual Studio 2012（仅针对 Windows）

下面是写作本书时的测试环境：

❑ Mac OS X 10.11.3

❑ Windows 8.1

❑ Ubuntu Linux 12.04

❑ Visual Studio2013

❑ JDK1.7

❑ Android SDK 6.x

❑ Android NDK r8e（Windows 下是 Android NDK r9b）

❑ GCC 4.7

❑ Eclipse 4.4

❑ XCode7.3

❑ iOS9

2.3　让 Eclipse 支持 C++ 11

在 Mac OS X 或 Linux 下使用 Eclipse 作为 IDE，会很容易配置 C++的开发环境。但读者会发现，即使使用最新的 Mac OS X 或 Linux 版本，在 Eclipse 中的 GCC C++编译环境仍然不支持 C++ 11。当通过 gcc --version 命令查看 GCC 版本时，如果 GCC 版本小于 4.7，则说明 GCC C++编译环境确实不支持 C++ 11（或者只支持 C++ 11 的部分特性）。但如果 GCC 是 4.7 或以上版本，则可以肯定 GCC 是支持 C++ 11 的。只是需要添加"－std＝c＋＋11"选项即可。

首先,打开 Eclipse,新创建一个 Eclipse C++工程。然后,打开工程设置窗口(通常单击工程右键菜单中最后一个菜单项 Properties,即可显示该窗口)。接下来在左侧的列表中找到 C/C++ Build→Settings,选中该项。在右侧会显示相应的设置窗口。在 Tool Settings 页面左侧的树中选择 GCC C++ Compiler→Miscellaneous,然后在右侧会显示一个 Other flags 文本框,在该文本框最后输入"－std＝c＋＋11"即可,如图 2-1 中黑框中所示。

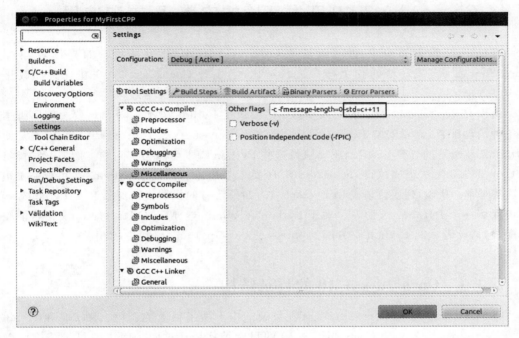

图 2-1　设置"－std＝c＋＋11"选项

如果读者使用的是 Mac OS X,只需下载最新的 XCode 即可。如果读者使用的是 Ubuntu Linux 内置的小于 4.7 的 GCC 版本,可以使用下面的方式升级成 GCC 4.7(建议使用 Ubuntu Linux12.04 或 12.10)。

首先应使用下面的命令下载 GCC4.7。

```
sudo apt－get install gcc－4.7
sudo apt－get install g++－4.7
```

下载完 GCC4.7 后,还需要使用下面的命令建立符号链接。因为默认情况下,/usr/bin 中相应的符号链接仍然指向旧版的 GCC。

```
cd /usr/bin
sudo rm g++
sudo rm gcc
sudo ln －s g++－4.7 g++
sudo ln －s gcc－4.7 gcc
```

如果当前用户是 root，可以将上述命令中的 sudo 去掉。

当成功完成上面的工作后，可以输入一些 C++ 11 的代码测试一下。例如，下面的代码使用了只有在 C++ 11 中才支持声明变量的 auto 关键字。

```
auto n = 10;
```

2.4　Cocos2d-x 3.10 开发环境的安装、配置和使用

在这一节将着重介绍如何配置 Cocos2d-x 3.10 的开发环境。如果读者与配置 Cocos2d-x 2.x 开发环境的相关操作进行对比，会发现 Cocos2d-x 3.10 在这方面改进了不少。

由于 Cocos2d-x 3.10 中的大多数脚本已改成了 Python 脚本①。所以，要想使用脚本进行各种自动配置，需要安装 Python。不过要注意，Cocos2d-x 3.10 中的 Python 脚本是使用 Python2.x 编写的，使用 Python3.x 执行这些 Python 脚本可能会有问题。例如，经过测试，Python 3.3.3 无法正确执行 Cocos2d-x 3.10 的某些脚本。而使用 Python2.7 可以完美地执行这些脚本。所以，建议读者使用 Python2.7。如果读者的机器上已经安装了 Python3.x，最好再保留一个 Python2.x 版本。关于 Python 在 Windows、Mac OS X 和 Linux 平台的安装和配置，请读者参阅 Python 官方网站（http://www.python.org）中的相关文档，这里不再赘述。

2.4.1　Cocos2d-x 3.10 的目录结构

Cocos2d-x 3.10 与 Cocos2d-x 2.x 在目录结构上做了很大的调整。图 2-2 和图 2-3 分别是 Cocos2d-x 2.2.2 和 Cocos2d-x 3.10 的目录结构。从这两个版本的目录结构可以看出。Cocos2d-x 3.10 简洁了不少。主要是将一些脚本和辅助文件放到了各自的目录中。此外，一些目录在名称和位置上做了调整。例如，在 Cocos2d-x 2.2.2 中的 cocos2dx 目录存放了 Cocos2d-x 中所有的核心源代码文件。而在 Cocos2d-x 3.10 中将 cocos2dx 目录重新命名为 cocos。还有就是在 Cocos2d-x 2.2.2 根目录有几个用于不同 Visual Studio 版本的 sln 文件②，而在 Cocos2d-x 3.10 中将这些 sln 文件移动到了 build 目录。当进行编译时，Cocos2d-x 2.2.2 会将生成的用于 Windows 的目标文件放到 Debug.win32 目录，而在 Cocos2d-x 3.10 中，该目录也移到了 build 目录中。当然，还有很多其他的变化，这些变化在涉及相关技术时会详细讲解。

---

① Cocos2d-x 2.x 使用的是 Shell 脚本和 Windows 的批处理文件，在 Cocos2d-x 3.0 及以上版本中则统一成了 Python 脚本。

② 架构工程可以导入 Cocos2d-x 所有的源代码文件，也就是说，如果要修改 Cocos2d-x 源代码，可以使用这些工程，如 cocos2d-win32.vc2012.sln 文件是 Visual Studio 2012 的解决方案文件。

 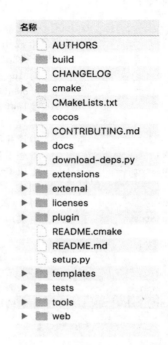

图 2-2　Cocos2d-x 2.2.2 的根目录结构　　图 2-3　Cocos2d-x 3.10 的根目录结构

2.4.2　使用 cocos 建立跨平台工程

在 Cocos2d-x 3.0 的测试版中仍然使用 create_project.py 创建跨平台工程，该脚本文件与 2.x 中 create_project.py 的使用方法类似。不过在 Cocos2d-x 3.0 正式版及以后的版本中（包括本书使用的 Cocos2d-x 3.10）不再使用 create_project.py 创建跨平台工程了，而使用了 cocos 命令及一些辅助脚本文件来完成这些工作[①]。

读者可以在如下的目录找到 cocos 命令文件及其相关脚本文件。

<Cocos2d－x－3.10 根目录>/tools/cocos2d－console/bin

如果读者在 Mac OS X 和 Linux 下，可以直接使用 cocos 命令或 cocos.py 脚本文件，如果读者在 Windows 下，需要执行 cocos.bat 批处理文件。这三个文件的执行效果是一样的。

为了了解 cocos 命令到底能做什么，可以先执行 cocos 命令。为了方便，可以将 cocos 命令所在的路径加到 PATH 环境变量中。

执行 cocos 命令后，会在终端输出如下的信息。

---

① Cocos2d-x 3.0 从第一个 Alpha 版本发布以来，创建跨平台的方法一直在不断变化，估计也有很多人为这事吐槽。不过 Cocos2d-x 3.0 RC 和 Final 版本似乎是稳定下来了，以后没有做大的改动。

可用的命令：

run	在设备或者模拟器上编译, 部署和运行工程
gen – libs	生成引擎的预编译库, 生成的库文件会保存在引擎根目录的 'prebuilt' 文件夹
luacompile	对 lua 文件进行加密和编译为字节码的处理
gui	shows the GUI
deploy	编译并在设备或模拟器上部署工程
package	管理 cocos 中的 package
compile	编译并打包工程
framework	管理工程使用的 frameworks
gen – simulator	生成 Cocos 模拟器
new	创建一个新的工程
jscompile	对 js 文件进行加密和压缩处理
gen – templates	生成用于 Cocos Framework 环境的模板

可用的参数：

– h, –– help	显示帮助信息
– v, –– version	显示命令行工具的版本号
–– ol ['en', 'zh', 'zh_tr']	指定输出信息的语言

示例：

cocos new	–– help
cocos run	–– help

很明显, 从 cocos 命令的输出信息可以初步了解, cocos 命令主要支持如下几个功能。

❏ 编译（compile）：编译当前工程（如 Android、iOS 等），并生成对应平台的二进制文件, 如编译 Android 工程最终会直接生成 apk 文件。

❏ 创建新的跨平台工程（new）：该功能可以创建一个同时支持多个平台的工程模板。

❏ 发布（deploy）：将编译好的工程发布到目标平台。例如, 对于 Android 工程来说, 该功能会将 apk 文件上传到 Android 模拟器或 Android 手机。但前提是这些 Android 设备已经连接到了当前的 PC 上。

❏ 运行（run）：该功能实际上是结合了 compile 和 deploy, 外加上直接在目标设备上运行已经安装的程序。

从 cocos 的这些功能可以看出, 如果程序已经编写完成, 编译、发布和运行程序根本不需要 IDE 的参与, 直接使用 cocos 命令即可完成所有的工作。

本节主要学习 cocos 命令中的 new 功能。因为 new 功能是学习 Cocos2d-x 的第一步, 也就是说, 学习 Cocos2d-x 之前, 首先要创建一个支持多平台的 Cocos2d-x 工程。关于 cocos 命令的其他功能会在后面的章节逐步学习。

尽管创建工程的命令从 create_project.py 变为 cocos, 但使用方法仍然有一些类似。cocos 命令也需要通过一些命令行参数完成相应的任务。下面是 cocos new 命令完整的命令行格式。

```
cocos new [ - h] [ - p PACKAGE_NAME] [ - d DIRECTORY] [ - t TEMPLATE_NAME]
            [ -- ios - bundleid IOS_BUNDLEID] [ -- mac - bundleid MAC_BUNDLEID]
            [ - e ENGINE_PATH] [ -- portrait] [ -- no - native]
            ( - l {cpp, lua, js} | -- list - templates | - k TEMPLATE_NAME)
            [PROJECT_NAME]
```

cocos new 命令中相应的命令行参数如下：

❑ -h：显示 cocos new 命令的帮助信息，该信息包含了 cocos new 命令中每个命令行参数的含义（英文描述）。

❑ -p：包名（PACKAGE_NAME），主要用于 Android 工程；如果不指定该命令行参数，默认值是 org. cocos2dx. hellocpp。

❑ -d：Cocos2d-x 工程所在的目录，cocos new 命令会将 Cocos2d-x 工程放到该目录中；如果不指定该命令行参数，默认为当前目录。

❑ -t：模板名称，如果不指定该命令行参数，cocos new 命令会使用默认的模板。Cocos2d-x 中用于建立工程的模板都在＜Cocos2d-x 根目录＞/templates 目录中。其中 cpp-template-default 目录是建立 C++ 工程的模板，lua-template-default 和 lua-template-runtime 目录是建立 Lua 工程的模板，其中 default 和 runtime 是模板名称。也就是-t 命令行参数后面要跟的内容。如果有一个 cpp-template-abcd 目录，那么使用该模板的命令行参数应为"-t abcd"。

❑ --ios-bundleid IOS_BUNDLEID：设置工程的 iOS Bundle ID（仅针对 iOS 工程）。

❑ --mac-bundleid MAC_BUNDLEID：设置工程的 Mac Bundle ID（仅针对 Mac OS X 工程）。

❑ -e：设置引擎路径，默认是 cocos 命令所在的引擎路径，路径名称必须是英文。

❑ --portrait：设置工程为竖屏（默认是横屏）。

❑ --no-native：设置新建的工程不包含 C++代码与各平台工程。

❑ -l：表示 Cocos2d-x 工程使用的语言，该命令行参数后只能跟 cpp、lua 和 js 中的一个，cpp 表示 C++语言，lua 表示 Lua 语言，js 表示 JavaScript 语言。该命令行参数必须指定。

❑ --list-templates：列出所有可利用的模板。

cocos new 命令的最后可以指定工程名，也可以不指定。如果不指定工程名，对于 CPP 工程来说，默认工程名为 MyCppGame，对于 Lua 工程来说，默认工程名是 MyLuaGame。

下面是一个典型的创建 C++工程的命令。

```
cocos new - p mobile. android. test. game - l cpp - d /MyStudio/Cocos2dx FirstCocos2dxGame
```

执行上面的命令后，cocos new 会在/MyStudio/Cocos2dx 目录中创建一个 FirstCocos2dxGame 目录，该目录中包含了 Cocos2d-x 3.10 支持的各种平台的工程目录，

FirstCocos2dxGame 目录结构如图 2-4 所示。

从图 2-4 所示的目录结构可以看出，cocos new 命令共建立了 7 个版本的 Cocos2d-x 工程。这 7 个版本的 Cocos2d-x 工程分别存在于如下的 7 个目录中。

❑ proj. android：Android 平台（Eclipse）。

❑ proj. android-studio：Android 平台（Android Studio）。

❑ proj. ios_mac：iOS 平台和 Mac OS X 平台（可以直接在 Mac OS X 上运行的 PC 版游戏）。

❑ proj. linux：Linux 平台（可以直接在 Linux 上运行的 PC 版游戏，非 Android 平台）。

❑ proj. win8. 1-universal：适合于 Win8. 1 平台的 Visual Studio 工程。

名称
▶ Classes
　 CMakeLists.txt
▶ cocos2d
▶ proj.android
▶ proj.android-studio
▶ proj.ios_mac
▶ proj.linux
▶ proj.win8.1-universal
▶ proj.win10
▶ proj.win32
▶ Resources

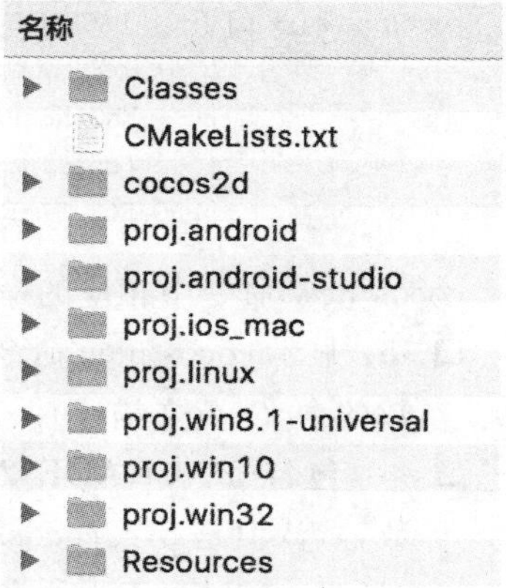

图 2-4　跨平台工程的目录结构

❑ proj. win10：适合于 Win10 平台的 Visual Studio 工程。

❑ proj. win32：Windows 平台（通常是 Win7 及以下版本的 Visual Studio 工程）。

从上面的描述可以了解到，目前 Cocos2d-x 3. 10 可以支持 2 个移动 OS（Android 和 iOS），3 个 PC OS（Windows、Mac OS X 和 Linux）。

除了工程目录，在 FirstCocos2dxGame 目录中还有 3 个目录：Classes、Resources 和 cocos2d。前两个目录毫无疑问，是存放共享的源代码文件和资源文件的。而 cocos2d 目录是 Cocos2d-x 3. 10 的副本，该目录包含了 Cocos2d-x 3. 10 中大多数文件和目录。由于 FirstCocos2dxGame 本身已经包含了 Cocos2d-x，所以 FirstCocos2dxGame 工程可以复制到任何位置，不依赖于其他 Library 即可单独编译和运行。

尽管 cocos new 可以自动生成 7 个版本的 Cocos2d-x 工程，但有些工程并不是直接就可以编译和运行的，还需要进行一些配置。在后面几节会介绍几种常用的工程的编译和运行方法。

2.4.3　编译和运行 Cocos2d-x 3. 10 for iOS/Mac 程序

在上一节已经使用 cocos new 命令建立了一个 FirstCocos2dxGame 工程。如果只想编译和运行相应平台的程序，并不需要使用任何 IDE。直接使用 cocos compile、cocos deploy 或 cocos run 命令即可，前两个命令先后使用，可以先编译，然后发布程序，但运行还需要手工来完成。而 cocos run 命令则一气呵成，先编译，然后发布，最后运行。

上述 3 个命令的用法如下：

```
cocos compile [ - h] [ - s SRC_DIR] [ - q] [ - p PLATFORM] [ -- list - platforms]
              [ -- proj - dir PROJ_DIR] [ - m MODE] [ - j JOBS] [ - o OUTPUT_DIR]
              [ -- ap ANDROID_PLATFORM] [ -- ndk - mode NDK_MODE]
              [ -- app - abi APP_ABI] [ -- ndk - toolchain TOOLCHAIN]
```

```
                  [ -- ndk - cppflags CPPFLAGS] [ -- android - studio] [ -- no - apk]
                  [ -- vs VS_VERSION] [ -- source - map] [ -- advanced]
                  [ - t TARGET_NAME] [ -- sign - identity SIGN_ID] [ -- no - res]
                  [ -- compile - script {0,1}] [ -- lua - encrypt]
                  [ -- lua - encrypt - key LUA_ENCRYPT_KEY]
                  [ -- lua - encrypt - sign LUA_ENCRYPT_SIGN]
cocos deploy [ - h] [ - s SRC_DIR] [ - q] [ - p PLATFORM] [ -- list - platforms]
                  [ -- proj - dir PROJ_DIR] [ - m MODE]
cocos run [ - h] [ - s SRC_DIR] [ - q] [ - p PLATFORM] [ -- list - platforms]
                  [ -- proj - dir PROJ_DIR] [ - m MODE] [ - b BROWSER] [ -- param PARAM]
                  [ -- port [SERVER_PORT]] [ -- host [SERVER_HOST]]
```

从上面给出的命令用法可以看出,这3个命令中有很多命令行参数是相同的。而且同名的命令行参数在这3个命令中的含义完全一样。下面是一些常用的命令行参数的含义。

- [-h]：显示帮助信息。
- [-s SRC_DIR]：指定工程目录。要注意的是,这里的 SRC_DIR 是指 Cocos2d-x 工程目录,而不是指具体平台的工程目录。默认值是当前目录。
- [-q]：减少输出的信息。
- [-p PLATFORM]：指定要编译、发布或运行的平台,PLATFORM 可指定的值有 android、ios、mac、web、win32。
- [-m MODE]：设置编译、发布和运行的模式。MODE 可指定的值有 debug 和 release,默认值是 debug。
- [--ap ANDROID_PLATFORM]：只用于 Android 平台,指定目标 Android 平台,ANDROID_PLATFORM 可指定的值是 10 到 23(以后可能会支持更高的 Android 版本)。实际上,ANDROID_PLATFORM 表示的就是 API Level,目前 Android 最高的 API Level 是 23(Android 6.0)。
- [--source-map]：仅用于 Web 平台,允许 source map。
- [--no-res]：仅用于 Lua 和 Javascript 工程,表示包中没有工程资源。
- [SERVER_PORT]：仅用于 Web 平台,指定运行 Web 应用的端口号,默认值是 8000。

如果读者开发的游戏不涉及 Lua、Javascript 和 Web,则后3个命令行参数并不需要使用。

现在进入 FirstCocos2dxGame 目录,执行下面的命令可以编译、发布和运行 iOS 平台的 FirstCocos2dxGame 程序。

```
cocos run - p ios
```

执行下面的命令可以编译、发布和运行 Mac OS X 平台的 FirstCocos2dxGame 程序。

```
cocos run - p mac
```

图 2-5 和图 2-6 分别是在 iOS 和 Mac OS X 平台运行的效果。

图 2-5　FirstCocos2dxGame for iOS　　　　图 2-6　FirstCocos2dxGame for Mac OS X

虽然 cocos run 命令可以很容易地运行 iOS 应用，但只能选择默认的 iOS 模拟器，如果要想选择其他 iOS 模拟器，就只有通过 XCode 来完成了，下面将介绍如何使用 XCode 来编译和运行 iOS 和 Mac OS X 程序。

首先读者需要使用 XCode 打开 FirstCocos2dxGame 目录中的 XCode 工程（proj. ios_mac 目录）。在 proj. ios_mac 目录中有一个 FirstCocos2dxGame. xcodeproj 工程文件，直接双击就会用 XCode 打开工程。

图 2-7 是 FirstCocos2dxGame 工程的结构，右侧是两个 Targets。

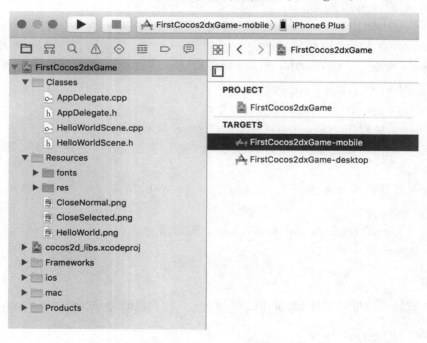

图 2-7　FirstCocos2dxGame 工程结构和 Targets

当打开 FirstCocos2dxGame 工程后，下一步就是运行程序。首先需要选择 Target。在工程的上方可以选择要编译和运行的目标。在如图 2-8 所示的列表中最前面两项是 iOS 和 Mac OS X 的 Target。读者可以任意选择，例如，如图 2-8 所示选择在 iPhone6s Plus 上编译和运行程序，也可以如图 2-9 所示选择在 Mac OS X 上编译和运行程序。

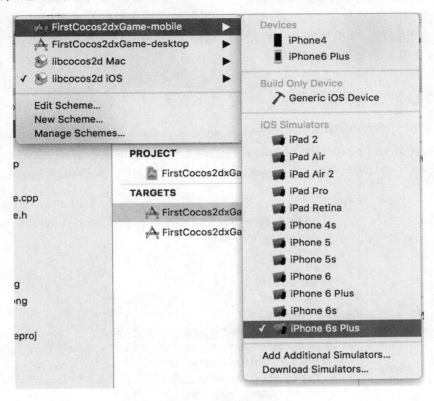

图 2-8　选择 iOS Target

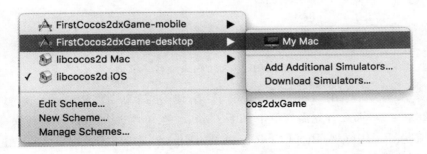

图 2-9　选择 Mac OS X Target

如果选择了 iOS Target，运行的效果与图 2-5 所示的效果完全一样。选择 Mac Target，运行效果则与图 2-6 所示的效果相同。

2.4.4　编译和运行 Cocos2d-x 3.10 for Android 程序

Cocos2d-x for Android 程序同样也可以用 cocos 命令编译、发布和运行。该命令的详细描述请见前面几节的介绍。本节只使用 cocos run 命令编译、发布和运行 Android 程序。现在，进入 FirstCocos2dxGame 目录，然后执行下面的命令即可完成对 FirstCocos2dxGame 的编译、发布和运行。如果 Android 手机已经通过 USB 数据线连接到 PC 上（只能连接一个 Android 设备），最后会直接在 Android 手机上运行 FirstCocos2dxGame 程序，运行效果与 iOS 和 Mac 平台的效果类似。

```
cocos run – p android
```

编译成功后，会在 FirstCocos2dxGame/proj. android/bin 目录生成 apk 文件，对于调试模式，apk 文件名为 FirstCocos2dxGame-debug. apk，bin 目录的内容如图 2-10 所示。cocos run 命令发布（上传）的程序就是这个 apk 文件，也可以手工上传、安装和运行。

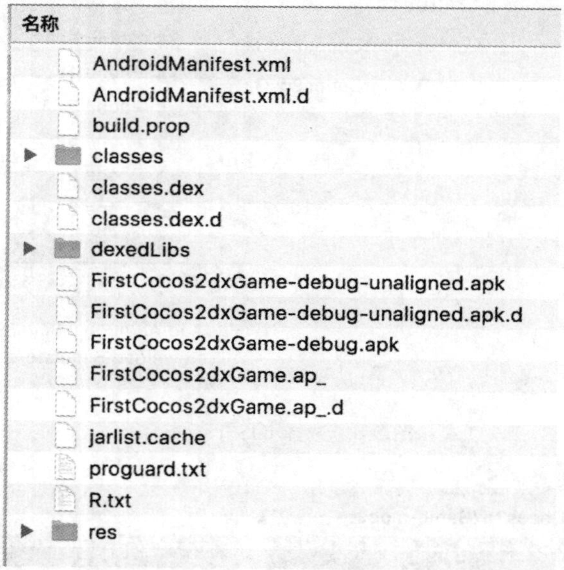

名称
AndroidManifest.xml
AndroidManifest.xml.d
build.prop
▶ 📁 classes
classes.dex
classes.dex.d
▶ 📁 dexedLibs
FirstCocos2dxGame-debug-unaligned.apk
FirstCocos2dxGame-debug-unaligned.apk.d
FirstCocos2dxGame-debug.apk
FirstCocos2dxGame.ap_
FirstCocos2dxGame.ap_.d
jarlist.cache
proguard.txt
R.txt
▶ 📁 res

图 2-10　生成的 apk 文件

如果读者打算使用 Eclipse（建议读者使用最新的 Eclipse）编辑和运行 FirstCocos2dxGame，那么首先需要单击 File→Import 菜单项进入 Import 对话框，并在上面的搜索框中输入 Existing Android Code Into Workspace，并选中该节点，然后单击 Next 按钮进入下一个设置页面，单击 Browse 按钮选中 FirstCocos2dxGame/proj. android 目录，导入即可。

要想在 Eclipse 中编译 FirstCocos2dxGame 工程（包括其中的 NDK 程序），还需要进行如下步骤的设置。

第 1 步：引用 Library 工程（libcocos2dx）

打开 FirstCocos2dxGame 工程的属性对话框，单击左侧的 Android 节点，会看到右下方 Library 区域下的列表第一项有个红叉，如图 2-11 所示。这是由于任何的 Cocos2d-x for Android 工程都需要引用一个额外的 Android 工程，该工程包含了 Cocos2d-x for Android 工程所需要的 Java 有多么文件。之所以出错，是因为 FirstCocos2dxGame 工程并没有引用这些工程的 Jar 文件，或这个工程并没有导入到 Eclipse 中。

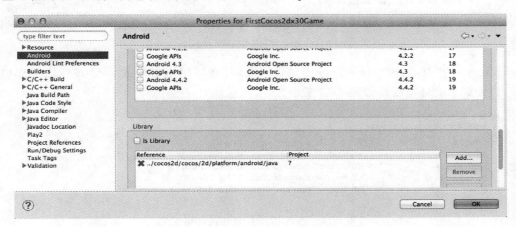

图 2-11　引用 Library

解决的方式是将该工程导入到 Eclipse。读者可以从如下的路径找到该工程。

`<Cocos2d-x 3.10 根目录>/cocos/platform/android/java`

导入该工程后（默认的工程名为 libcocos2dx），单击图 2-11 所示窗口右侧的 Add 按钮添加该工程即可（别忘了将原来的引用删除）。

第 2 步：编译 libcocos2dx 工程

libcocos2dx 工程默认使用的是 2.3.3，而 FirstCocos2dxGame 工程使用的是 Android4.0.3。libcocos2dx 工程应与 FirstCocos2dxGame 工程一致，也改成 Andrroid4.0.3。修改的方法是打开 libcocos2dx 工程属性窗口，左侧选择 Android，在右侧列表选择 Android4.0.3 即可。

第 3 步：引用 libcocos2dx

打开 FirstCocos2dxGame 工程属性窗口，切换到 Java Build Path，选择第 3 个标签页（Libraries），会看到 Android Dependencies 处已经引用了 libcocos2dx.jar，如图 2-12 所示。如果引用处是红叉，删除 Android Dependencies，再重新引用 libcocos2dx.jar 即可。

第 4 步：设置 PATH 和 NDK_ROOT 环境变量

在编译程序时，需要使用到 PATH 和 NDK_ROOT 环境变量。其中 PATH 的 `<Cocos2d-x 3.10 根目录>/tools/cocos2d-console/bin`。NDK_ROOT 的值是 Android NDK 的根目录，如/sdk/android/ndk/android-ndk-r10e。

设置这两个环境变量的方法是打开工程属性窗口，单击左侧的 C/C++ Build>

图 2-12　引用 libcocos2dx

Environment 节点，右侧会显示环境变量设置页面，然后单击右侧的 Add 按钮添加环境变量。设置好后的环境变量如图 2-13 所示。

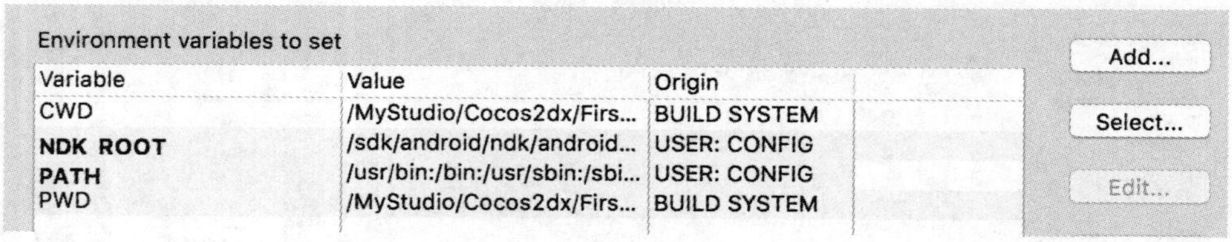

图 2-13　添加 Eclipse 使用的环境变量

第 5 步：指定编译 NDK 的 Python 脚本文件

在这一步需要为 CDT Builder(C++开发工具包)指定用于编译 C++程序的脚本或命令。前面介绍了可以使用 cocos compile 或 cocos run 命令编译和运行 Cocos2d-x 工程。因此，可以使用 CDT Builder 执行这些命令。读者可以打开工程属性窗口，单击左侧的 C/C++ Build 节点，取消右侧的 use default build command 复选框，在下面的文本框中输入如下的命令。其中 ${ProjDirPath} 表示当前工程的路径。

```
cocos run - s ${ProjDirPath} - p android
```

尽管上面的命令可以编译、发布并运行 Cocos2d-x 程序，但由于 Eclipse 本身也会运行一次程序，所以实际上，使用 CDT Builder 执行上面的命令会运行两遍程序。而且，编译 Java 代码，并生成 APK 文件是 Eclipse 的工作(实际上是 ADT 完成的)，而 CDT Builder 只要编译 NDK 程序，并生成相应的.so 文件即可。所以在这一步不会让 CDT Builder 执行上面的命令。

尽管这里不使用 CDT Builder 执行 cocos run 命令，但是即使不执行 cocos run 命令，也可以使用 CDT Builder 执行一些完成特殊任务的脚本，例如复制文件、修改文件内容等。

如果不使用 cocos 命令进行编译，那么就需要使用另外一个脚本文件来编译 Cocos2d-x 程序。这个脚本文件是 build_native.py(用于将 C++程序编译成.so 文件)。可以在 proj.android 目录找到该脚本文件。

现在打开工程属性窗口，单击左侧的 C/C++ Build 节点，在右侧取消 Use default build

command 复选项,并在 Build command 文本框中输入如下的内容。最后取消 Generate Makefiles automatically 复选项,并在 Build directory 文本框中输入 ＄{ProjDirPath}。设置后的效果如图 2-14 所示。

```
python ${ProjDirPath}/build_native.py
```

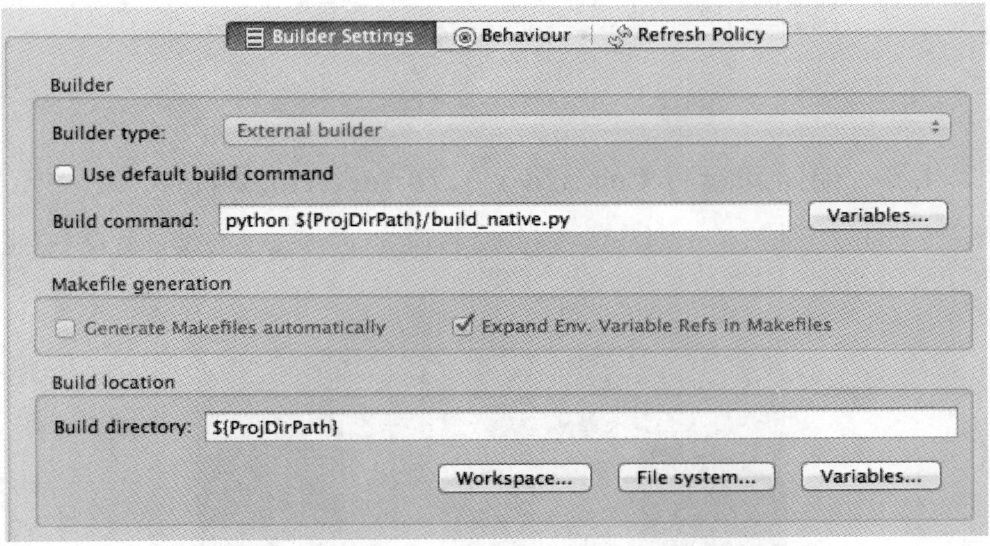

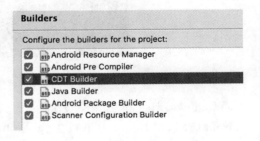

图 2-14 设置 CDT Builder 要执行的脚本

第 6 步:使用 CDT Builder

在默认情况下,FirstCocos2dxGame 工程没有使用 CDT Builder。为了使用 CDT Builder,打开 FirstCocos2dxGame 工程属性对话框,选中第 3 项 CDT Builder 即可,如图 2-15 所示。

第 7 步:编译

到这一步,编译 FirstCocos2dxGame 工程所需要的设置都已经完成了,现在编译 FirstCocos2dxGame 工程,Eclipse 首先会使用 NDK 进行编译,在 Console 视图中将输出相应的编译信息。Builders 的编译是同步的,也就是说,在前一个 Builder 编译完成之前,下一个 Builder 不会执行,因此只有在 NDK 完全编译完成后,才会编译 Android 程序。最后会将.so 文件打包进 APK,并安装在 Android 手机或模拟器上。

图 2-15 选中 CDT Builder

注意:如果安装 APK 出错,在图 2-16 所示的窗口取消 CDT Builder,再重新编译安装 Cocos2d-x 工程。因为这时.so 文件已经生成(在工程的 libs 目录中),所以不再需要 CDT Builder 了。

```
    [echo] Handling BuildConfig class...
[buildconfig] Generating BuildConfig class.

-pre-compile:

-compile:
    [javac] Compiling 29 source files to /sdk/cocos2d/cocos2d-x-3.10/cocos/platform
    [javac] 警告: [options] 源值1.5已过时，将在未来所有发行版中删除
    [javac] 警告: [options] 目标值1.5已过时，将在未来所有发行版中删除
    [javac] 警告: [options] 要隐藏有关已过时选项的警告，请使用 -Xlint:-options。
```

图 2-16 在 Eclipse 中编译 Cocos2d-x 工程

2.4.5 编译和运行 Cocos2d-x 3.10 for Win32 程序

在 Windows 下也同样可以使用命令行和 Visual Studio 编译运行 Win32 程序。也就是在 PC 上运行的游戏，运行的效果如图 2-17 所示。

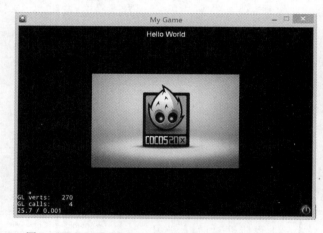

图 2-17 FirstCocos2dx30Game for Win32 的运行效果

Windows、Mac 和 Linux 支持的平台并不一样。在 Mac 下可以编译 iOS、Mac 和 Android 应用，在 Linux 下可以编译 Android 和 Linux 应用，而在 Windows 下，可以编译 Android 和 Win32 应用。读者可以使用 cocos run 命令指定一个不支持的平台，cocos 命令会输出当前所支持平台的信息。例如，在 Windows 下执行 cocos run -p ios 命令，会输出图 2-18 所示的信息。毫无疑问，Windows 下是不可能编译 iOS 程序的，所以会输出如下的信息，表明在 Windows 下只能编译 Win32 和 Android 平台的程序。

```
The target platform is not specified.
You can specify a target platform with "-p" or "--platform".
Available platforms : ['win32', 'android']
```

图 2-18 输出支持平台信息

如果读者想使用命令行编译 Win32 应用,可以执行下面的命令。

cocos run – p win32

如果读者的机器上安装了 Visual Studio(2012 或以上版本),就可以直接用 Visual Studio 打开 proj. win32 目录中 FirstCocos2dxGame. sln 文件,然后在 Visual Studio 中直接编译运行。

2.5 Cocos2d-x 3.10 例子代码的使用

Cocos2d-x 3.10 带有很完善的 Demo。我们可以在＜Cocos2d-x 3.10 根目录＞/build 目录下找到 cocos2d_tests. xcodeproj 文件,并用 XCode 打开。如果要在 Windows 下编译和运行 Demo,可以使用 Visual Studio 打开 cocos2d-win32. sln 文件,然后编译和运行。运行后的效果如图 2-19 所示。

读者可以单击某个菜单,看看 cpp-tests 的运行效果。例如,图 2-20 是一个动作效果测试。

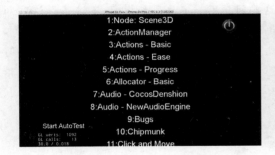
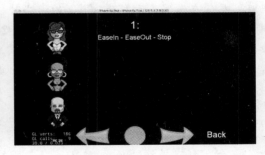

图 2-19　cpp-tests 的主界面　　　　　图 2-20　EaseOut 动作的效果

2.6 小结

尽管 Cocos2d-x 2. x 和 Cocos2d-x3. x 只差一个主版本号。但它们的实际差异还是比较大的。如果将 Cocos2d-x 2. x 的游戏移植到 Cocos2d-x 3.10 上,需要花费很多时间。在本书后面的章节,不仅深入讲解了 Cocos2d-x 3.10 的各种开发技术,还针对 3.10 与 2. x 的差异进行了讲解,以便读者可以尽快将基于 Cocos2d-x 2. x 的游戏移植到 Cocos2d-x 3.10 上。

第 3 章　Cocos2d-x 默认工程模板的

架构和源代码分析

通过第 2 章的学习,读者已经可以很熟练地掌握利用 Python 或 Shell 脚本文件建立 Cocos2d-x 跨平台工程的方法。而且,程序也可以很完美地运行了。不过,可能很多读者会有一些困惑,多个平台是如何利用共享的程序和资源实现跨平台的呢?每个平台的实现是否有差异呢?各种平台的实现是否有共同点呢?当然,最重要的是各个平台的入口点在哪里呢?尽管在编写基于 Cocos2d-x 的游戏时,这些问题不一定要了如指掌,不过了解这些知识,会使我们能更好地、更灵活地运用 Cocos2d-x 来编写游戏程序。为了解答这些问题,本章将向读者充分展示 Cocos2d-x 的跨平台实现原理以及各个平台上的基本架构,以及编写一个 Cocos2d-x 游戏程序的基本流程。本章及以后的章节如无特殊说明,Cocos2d-x 都是指 Cocos2d-x 3.10。

本章要点

☐ Cocos2d-x 的跨平台原理分析

☐ 如何创建场景(Scene)对象

☐ Cocos2d-x 程序的启动入口

☐ AppDelegate 的工作原理

☐ 控制横竖屏切换

3.1　Cocos2d-x 实现跨平台的原理

在分析 Cocos2d-x 工程的基本架构代码之前,需要先了解一下 Cocos2d-x 实现跨平台的原理。

由于 Cocos2d-x 的主要编程语言是 C++,所以毫无疑问,Cocos2d-x 游戏的核心代码一定是由 C++语言写成的。但由于各个平台的情况有所差异,所以每一个平台访问这些 C++代码的方式是不同的。例如,iOS 和 Mac OS X 需要使用 Objective-C,所以需要通过 Objective-C 来访问 C++代码,而 Android 一般需要从 Java 来访问 NDK 程序,再通过 NDK 程序来访问这些共享的 C++代码。不过从 Cocos2d-x 3.0 开始,除了 libcocos2dx. jar 中的一些 Java

Library 外,在 Android 工程中不再有任何的 Java 代码,而使用 Native Activity 代替了普通的 Activity。所以在 Cocos2d-x 3.0 中就直接通过 NDK 来访问共享的 C++ 代码。

在一个完整的 Cocos2d-x 游戏程序中,需要共享的 C++ 代码当然有很多,不过这不在本章的讨论范围内。而对于使用 Python 脚本文件自动生成的跨平台工程模板,需要共享的 C++ 源代码文件只有下面 4 个。

- ❑ AppDelegate. cpp
- ❑ AppDelegate. h
- ❑ HelloWorldScene. cpp
- ❑ HelloWorldScene. h

可能很多开发过 iOS 应用的读者会对 AppDelegate 似曾相识。在使用 XCode 自动生成的 iOS(iPhone/iPad) 工程模板中都会自动生成 AppDelegate. m 和 AppDelegate. h 文件。在 AppDelegate. m 中实现了 AppDelegate 类中的相应方法(默认都是空实现),这些方法用于处理 iOS 应用中各种状态的事件,如 iOS 应用启动完成后,会调用 didFinishLaunchingWithOptions 方法。可能以前从没开发过 iOS 应用的读者会对 Delegate 有一些困惑,实际上,Delegate 就相当于一个事件监听器,相当于 Java 中的 Listener。在 Delegate 中定义的全都是各种事件方法。

由于 Cocos2d-x 是从 Cocos2d for iOS 演化过来的,所以为了与 Cocos2d 保持一致性,尽管 Cocos2d-x 使用 C++ 开发,但有很多变量、参数、类的命名规范和使用方法模拟了 Objective-C,所以 Cocos2d-x 工程模板会生成 AppDelegate. cpp 文件,该文件与 iOS 工程中的 AppDelegate. m 文件类似,也是响应了一系列的事件。例如,最重要的事件方法是 applicationDidFinishLaunching。当 Cocos2d-x 的内部初始化工作都完成后,会调用该方法,通常在该方法中会初始化 OpenGL(ES) 视图,创建 Director(导演) 和 Scene(场景)。读者现在不必了解这些概念,只要知道它们是开发一个 Cocos2d-x 游戏必须的元素即可。在后面的章节会详细讨论这些必要元素的创建和使用方法。

工程模板中的另外两个文件 HelloWorldScene. cpp 和 HelloWorldScene. h 是可选的。目前这两个文件提供了创建 Scene 的方法。所以在 AppDelegate. applicationDidFinishLaunching 方法中会调用这些方法创建 Scene。当然,对于一个 Cocos2d-x 工程,可能会使用其他的方式创建 Scene。这两个文件也不一定存在。不过 AppDelegate. cpp 和 AppDelegate. h 文件是一定存在的[①]。

既然 AppDelegate 类(在 AppDelegate. cpp 文件中实现)只是一个事件监听器,那么就需要触发它,否则 Cocos2d-x API 不会真正被调用;当然,游戏也不会运行。由于不同平台的触发方式是不一样的(因为不同平台的启动方式不同)。所以不同平台使用 AppDelegate 的方式也略有不同,但总体的思路是一样的。

---

① AppDelegate. cpp 和 AppDelegate. h 可以改成任何名字,不过既然 Cocos2d-x 默认使用这两个文件名,为了保持一致,并不建议修改它们的名字。

其中,Mac OS X、Windows 和 Linux 平台都是桌面应用,所以这三个平台的入口点的代码基本是一样的,都是一个 main.cpp。而 iOS 和 Android 就稍微复杂些。对于 iOS 来说,在使用 Cocos2d-x API 之前,必须先要启动一个 iOS 应用,然后再显示一个用于 Open GL ES 渲染的 View。最后,再调用 AppDelegate.applicationDidFinishLaunching 方法完成 Cocos2d-x 最后的初始化工作。

我们知道,在 iOS 工程中,一开始自动生成了 AppDelegate.m 和 ViewController.m 文件,其中 AppDelegate.m 文件在前面已经介绍过了,相当于时间监听器。而另外一个 ViewController.m 文件,则用于管理 iOS 应用中的视图,而 iOS 应用的入口点是 main.m,这是一个 Objective-C 源代码文件。那么,在 Cocos2d-x for iOS 工程中,自然也有类似的源代码文件。其中 AppController.mm 相当于 iOS 工程中的 AppDelegate.m。可能是因为已经有了一个 AppDelegate.cpp 文件,所以为了避免与该文件弄混了,将用于 iOS 事件监听的源代码文件起名为 AppController.mm。实际上,这两个文件(AppDelegate.cpp 和 AppController.mm)都负责事件监听,只是 AppDelegate.cpp 中的事件方法是通过 AppController.mm 中的事件方法调用的。也就是说,尽管 Cocos2d-x 有自己的运行状态监听事件,但这些运行状态本质上是通过 iOS 返回的,这一点会在本章后面的内容中详细介绍。

Cocos2d-x for iOS 工程中的 RootViewController.mm 与 iOS 工程中的 ViewController.m 的作用是一样的,都用于管理 iOS 应用中的视图。而 Cocos2d-x for iOS 入口点仍然是 main.m,可能整个工程就这一个 Objective-C 源代码文件。不过读者可能会发现一个问题: iOS 工程中都是.m 文件,如 AppDelegate.m、ViewController.m 等;而 Cocos2d-x for iOS 工程中除了 main.m 和.cpp 文件[①]外,还有一些.mm 文件(如 AppController.mm、RootViewController.mm 等)。那么.mm 文件是什么呢?从文件中的源代码可以看出,它们基本都是 C++ 的代码。

实际上,在 iOS 工程中可以有如下三种文件类型,这些文件类型是通过文件扩展名区分的。不同的文件类型允许使用不同的语言。

- ❑ .m 文件:Objective-C 源代码文件。在这种文件中允许使用 Objective-C 和 C 语言。
- ❑ .cpp 文件:C++ 源代码文件。在这种文件中允许使用 C 和 C++ 代码。
- ❑ .mm 文件:混合文件类型。在这种文件中同时允许使用 C、C++ 和 Objective-C。

从这一点可以看出,之所以使用.mm 文件,是为了使用 C、C++ 和 Objective-C 进行混合编程。这是因为 iOS 平台的主要开发语言是 Objective-C,为了与 C++ 交互更为方便,所以才这样做的。

对于 Cocos2d-x for Android 工程来说,尽管也使用了 main.cpp 文件与 Cocos2d-x API 进行交互,但这个 main.cpp 并不是 Android 应用的入口点,而属于 NDK 的一部分,用于调用 Cocos2d-x API。实际上,表面上只创建了前面提到的 AppDelegate 对象,在该对象的创

---

① 头文件在这里忽略了,因为头文件中并没有实际的实现代码。

建过程中,会调用大量的 Cocos2d-x API,这一点在本章后面的内容中会看到。真正的
Android 应用入口点是 Native Activity,不过由于该 Native Activity 的源代码比较复杂,而
且读者一般也不需要了解其内部实现原理,所以这里不再深入探讨 Native Activity。

现在,我们已经全面了解了 Cocos2d-x 支持的 5 个平台(iOS、Android、Windows、Mac
OS X 和 Linux)是如何通过不同方式访问 Cocos2d-x API 的(从 AppDelegate 对象开始访
问)。除了 iOS 外,其他 4 个平台都通过 main.cpp 文件创建了 AppDelegate 对象。而
Windows、Mac OS X 和 Linux 中的 main.cpp 只是包含一个简单的入口点 main 函数(其实
就相当于控制台程序),而 Android 中的 main.cpp 属于 Android NDK。由 Native Activity
负责调用。iOS 要稍微复杂些,不过基本的规则与普通的 iOS 应用类似。图 3-1 描述了这 5
个平台专有和共享的源代码文件及其之间的关系。

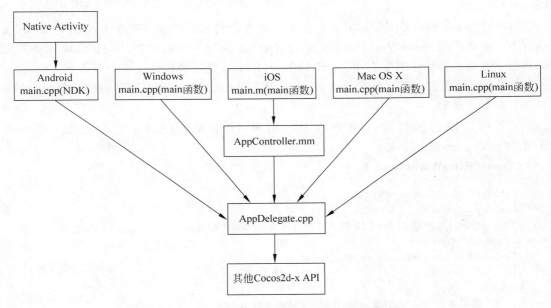

图 3-1 Cocos2d-x 程序在各个平台上的启动过程

从图 3-1 所示的启动过程很容易看出,Android 从 Native Activity 开始,iOS 从 main.m
开始,其他三个平台都从 main.cpp 开始,这三个平台直接通过 main 函数创建了
AppDelegate 对象(在 AppDelegate.cpp 文件中实现)。而 Android 通过 main.cpp 中实现
的 NDK 函数创建了 AppDelegate 对象。iOS 通过 main.m 与 AppController 交互,然后在
AppController 中再创建 AppDetegate 对象。而在 AppDategate 对象的创建过程中,会调用
大量的 Cocos2d-x API,以后响应的所有动作就都由 Cocos2d-x 来处理了。

现在,我们已经了解了 Cocos2d-x 实现跨 5 个平台的基本调用流程。其中 AppDelegate
类是 OS 平台与 Cocos2d-x 交互的桥梁,那么在创建 AppDelegate 时到底会发生什么呢? 这
个问题会在下一节给出详细的答案。

3.2　默认场景类 HelloWorldScene 的实现原理分析

在 Cocos2d-x 工程中默认生成了几个共享的 C++ 源代码文件，也就是说各个平台可以共享这些源代码文件。其中一个文件是 HelloWorldScene. cpp，该文件实现了 HelloWorldScene 类的相应方法，该类主要用于创建默认的场景（Scene），至于什么叫场景，会在下一章详细介绍，这里只要了解场景就相当于舞台剧的一幕即可。还有另外一个 AppDelegate. cpp 文件，在该文件中实现了 AppDelegate 类的相关方法。AppDelegate 是所有平台首先要使用的一个类。主要用于处理 Cocos2d-x 游戏运行过程中需要处理的一些事件。本节将主要分析 HelloWorldScene 的基本实现原理，以便读者了解如何创建场景（Scene）对象。

HelloWorldScene 是 Cocos2d-x 工程中与业务直接相关的类。对于真正的 Cocos2d-x 项目不一定要使用 HelloWorldScene。不过对于 Cocos2d-x 的初学者，从 HelloWorldScene 类开始学习是一个很好的办法，因为 HelloWorldScene 类已经包含了一个标准的 Cocos2d-x 游戏所必须的代码。所以要尽量理解 HelloWorldScene 类的实现原理，这对于以后的学习会有很大的帮助。

读者可以使用任何自己熟悉的 IDE 打开 HelloWorldScene. h 头文件。看一看 HelloWorldScene 类的定义。

Classes/HelloWorldScene. h

```
#ifndef __HELLOWORLD_SCENE_H__
#define __HELLOWORLD_SCENE_H__
// Cocos2d-x 工程中的 C++ 头文件一般都会包含 cocos2d.h
#include "cocos2d.h"
class HelloWorld : public cocos2d::Layer
{
public:
    // 创建场景(Scene)对象,createScene 是一个静态方法
    static cocos2d::Scene* createScene();
    // 初始化 HelloWorld,如果初始化成功,返回 true,否则返回 false
    virtual bool init();
    // 回调方法,当点击"Close"菜单后,会调用该方法关闭当前应用
    void menuCloseCallback(Object* pSender);
    // 建立静态 create 方法的宏,该 create 方法会调用 init 方法进行初始化
    CREATE_FUNC(HelloWorld);
}; #endif // __HELLOWORLD_SCENE_H__
```

HelloWorld 类的代码并不复杂。用过 C++ 的读者都应该清楚，C++ 存在一个重复 include 的问题，所以通常在头文件的开头和结尾使用 #ifndef、#define 和 #endif 三个宏指令来限制当前的头文件只能被 include 一次。这些内容都是 C++ 的基础知识，这里不再详细讨论。不过用 XCode 和 Eclipse 建立的 C++ 头文件都自动加上了这三个宏，所以我们只要

在♯endif前面添加相应的代码即可。

一般来讲,一个标准的Cocos2d-x C++头文件都会包含cocos2d.h,因为这个头文件已经包含了所有Cocos2d-x必需的头文件,所以只要包含这一个头文件即可。

HelloWorld类是Layer的子类,Layer表示一个层(Layer类似于Photoshop中Layer的概念,在下一章将详细介绍什么是Layer)。由于Layer类定义在cocos2d命名空间中,所以在引用Layer时前面需要加上"cocos2d::",表明Layer在cocos2d命名空间中。实际上,在HelloWorldScene.cpp文件的开始部分使用了USING_NS_CC宏,该宏的定义如下:

```
♯define USING_NS_CC using namespace cocos2d
```

从USING_NS_CC宏的定义可以看出,该宏使用了cocos2d命名空间。如果将USING_NS_CC宏放到HelloWorldScene.h文件中,则Layer前面不再需要加"cocos2d::"。

现在再来看HelloWorld类的代码,该类定义了4个方法,下面就来分别看一下这4个方法的功能和实现代码。

注意:Cocos2d-x 3.x与Cocos2d-x 2.x在类的命名上有一些不同。在Cocos2d-x 2.x中,大多数类都以"CC"开头,如CCLayer、CCScene等。但在Cocos2d-x 3.x中,已经将这些"CC"前缀去掉了。例如,CCLayer变成了Layer、CCScene变成了Scene。尽管带"CC"前缀的类仍然存在,但已被标注成deprecated。所以除了遗留的代码,应尽量使用不带"CC"前缀的类。

首先来看createScene方法,该方法是一个静态方法,用于创建并返回场景(Scene)对象指针。createScene方法的代码如下:

Classes/HelloWorldScene. cpp

```
Scene * HelloWorld::createScene()
{
    // 创建Scene对象,create方法以指针形式返回Scene对象
    auto scene = Scene::create();
    // 创建HelloWorld对象(一个Layer)
    auto layer = HelloWorld::create();
    // 将Layer作为Scene的一个孩子添加到Scene中
    scene->addChild(layer);
    // 返回Scene对象指针
    return scene;
}
```

createScene方法简单得很,只有4行代码。其中的主要工作是创建Scene和HelloWorld对象,并将HelloWorld对象添加到Scene中。不过不经常使用C++的读者可能对auto比较陌生,这个关键字是C++ 11中新加的,表示自动推断类型。也就是说,并不需要在定义变量时就指定该变量的数据类型,变量的数据类型可以在定义变量时根据初始化表达式(如Scene::create())进行推断。因此,在使用auto定义变量时,必须在定义该变量时初始化。而且使用auto关键字的C++代码必须使用支持C++ 11的C++编译器进行编译。

在很多类中都有一个静态方法 create，该方法用于创建其所在类的对象。这是 Cocos2d-x 中创建对象的标准写法。当然，也可以不这样做，不过在 Cocos2d-x 中有一个模拟 Objective-C 自动释放对象占用内存的功能，而 create 方法在这方面做了一些工作，如果不使用 create 方法，就需要我们自己来处理这些工作。当然，读者可以选择使用标准的 C++创建和释放对象占用的内存，也就是 new 和 delete 关键字。如果读者使用 new 和 delete 来完成这些工作，应在所有的地方使用它们，如何混合使用这两种方法，可能会对阅读程序的人产生困惑，也会使代码更难以维护。关于 Cocos2d-x 中的自动释放对象内存的功能还有很多细节需要了解，这些内容会在后面的章节详细讨论。

在 HelloWorld 类中有一个非常重要的 init 方法。该方法通常用于初始化当前类中所需的各种资源。例如，各种对象、声音、图像资源等。在定义 init 方法时使用了 virtual 关键字。该关键字表示 init 方法可以被子类的 init 方法覆盖（Override），当然，不加 virtual 关键字也可以，不过 HelloWorld 的子类将不能覆盖 init 方法。也就是无法实现多态了。不加 virtual 关键字也可以理解为 Java 方法中前面加 final 关键字。

由于在对象创建的过程中，需要判断初始化是否成功，所以 init 方法返回了一个 bool 类型。如果初始化成功，init 方法返回 true，否则返回 false。下面看一下 init 方法完整的代码。

Classes/HelloWorldScene. cpp

```cpp
bool HelloWorld::init()
{
    // 调用父类的 init 方法
    if ( !Layer::init() )
    {
        return false;
    }
    // 获取屏幕可视区域的尺寸
    Size visibleSize = Director::getInstance()->getVisibleSize();
    // 获取可是区域左上角的坐标
    Point origin = Director::getInstance()->getVisibleOrigin();
    // 在屏幕的右下角添加一个菜单项,也就是 close 按钮,单击该按钮,程序会退出
    auto closeItem = MenuItemImage::create(
                            "CloseNormal.png",
                            "CloseSelected.png",
                            CC_CALLBACK_1(HelloWorld::menuCloseCallback, this));
    // 确定 close 按钮的显示位置(在屏幕的右下角显示)
    closeItem->setPosition(Point(origin.x + visibleSize.width -
                                    closeItem->getContentSize().width/2 ,
                        origin.y + closeItem->getContentSize().height/2));
    // 创建 Menu 对象,需要将菜单项(close 按钮)添加到该菜单中
    auto menu = Menu::create(closeItem, NULL);
    // 将菜单的起始位置设为屏幕左上角
    menu->setPosition(Point::ZERO);
    // 将菜单对象添加到当前的 Layer(HelloWorld)中
```

```
this->addChild(menu, 1);

// 创建一个用于显示文本的 LabelTTF 对象,其中"Hello World"是要显示的内容,
// Marker Felt.ttf 是文本的字体,24 是文本的字号
auto label = LabelTTF::create("Hello World", "fonts/Marker Felt.ttf", 24);
// 设置文本显示在屏幕的正上方
label->setPosition(Point(origin.x + visibleSize.width/2,
                         origin.y + visibleSize.height -
                                    label->getContentSize().height));
// 将 LabelTTF 添加到当前的当前的 Layer(HelloWorld)中
this->addChild(label, 1);
// 创建一个用于显示 Logo 图像的 Sprite 对象
auto sprite = Sprite::create("HelloWorld.png");
// 将 Logo 图像显示在屏幕的中心
sprite->setPosition(Point(visibleSize.width/2 + origin.x, visibleSize.height/2 +
origin.y));
// 将 Sprite 对象添加到当前的 Layer(HelloWorld)中
this->addChild(sprite, 0);
return true;
}
```

从 init 方法的代码可以看出,该方法主要的功能是创建了如下三个对象。

❑ MenuItemImage:用于显示图像的菜单项。

❑ LabelTTF:用于显示文本,可以指定文本的字体和字号。

❑ Sprite:用于显示图像的精灵对象。

关于这些类的用法本节暂不讨论,这些内容会在后面章节中详细介绍。这里只要了解这些类的基本功能,以及 init 方法要完成的主要工作即可。读者也可以试着修改 init 方法中的代码,看看效果。例如,修改在 LabelTTF 中显示的文本、字号及文本显示的位置。

关于 init 方法,有一点需要注意,除非当前类的父类没有 init 方法,否则应该在 init 方法的开头部分调用父类的 init 方法,如果父类的 init 方法返回 false,则说明初始化失败了,这时当前的 init 方法直接返回 false 即可,后面的内容不用再执行了。

在 Cocos2d-x 生成的工程模板中,close 按钮(MenuItemImage 对象)是唯一响应单击动作的。MenuItemImage::create 方法用于创建 MenuItemImage 对象,该方法的第 3 个参数需要传递一个回调方法,当单击 close 按钮时,该方法会被调用。在本例中传入的是 menuCloseCallback 方法,该方法的代码如下:

Classes/HelloWorldScene.cpp

```
void HelloWorld::menuCloseCallback(Object * pSender)
{
    Director::getInstance()->end();
#if (CC_TARGET_PLATFORM == CC_PLATFORM_IOS)
    exit(0);
#endif
```

```
}
```

大多数平台只需要调用 Director∷getInstance()→end()方法就可以关闭当前应用,但对于 iOS 平台,还需要调用 exit 函数。所以,在 menuCloseCallback 方法的最后,使用宏指令当在 iOS 平台下执行了 exit(0)。

读者可能会有一个疑问,并没有看到哪里调用 init 方法,而且 HelloWorld 中的 create 方法在哪里定义呢?实际上,玄机都在 HelloWorld 类定义时使用的 CREATE_FUNC 宏中。在 HelloWorld 类中调用 CREATE_FUN 宏的代码如下:

```
CREATE_FUNC(HelloWorld);
```

实际上,CREATE_FUNC 宏就是用来产生 create 方法的,代码如下:

＜Cocos2d-x 根目录＞/cocos/base/CCPlatformMacros. h

```
#define CREATE_FUNC(__TYPE__) \
static __TYPE__ * create() \
{ \
    __TYPE__ * pRet = new __TYPE__(); \
    if (pRet && pRet->init()) \
    { \
        pRet->autorelease(); \
        return pRet; \
    } \
    else \
    { \
        delete pRet; \
        pRet = NULL; \
        return NULL; \
    } \
}
```

如果将 CREATE_FUN 宏中的“__TYPE__”替换成 HelloWorld,那么 CREATE_FUN 宏将产生如下的 create 方法。这个 create 方法将直接插入 HelloWorld 类的定义部分(HelloWorldScene. h 文件中)。

```
static HelloWorld * create()
{
    HelloWorld * pRet = new HelloWorld();
    if (pRet && pRet->init())
    {
        pRet->autorelease();
        return pRet;
    }
    else
    {
        delete pRet;
```

```
            pRet = NULL;
            return NULL;
        }
    }
```

从 create 方法的代码可以看出，首先创建了 HelloWorld 对象，然后调用了 HelloWorld. init 方法，由于使用了 Cocos2d-x 的自动释放内存机制，所以如果 init 方法调用成功，会调用 autorelease 方法给 HelloWorld 对象的计数器加 1。如果调用 init 方法失败，会使用 delete 删除前面创建的 HelloWorld 对象，并返回 NULL。关于对象引用计数器的加 1 和减 1 的细节将在后面的章节给出更深入的描述。

在定义类时使用 CREATE_FUN 宏产生 create 方法是 Cocos2d-x 的标准作法，不过可惜的是，CREATE_FUN 宏产生的 create 方法不带参数。所以，在后面的章节中将看到如何按照我们的要求定制产生 create 方法的宏（当然，产生的方法不一定非得叫 create）。

3.3　控制横竖屏切换

对于移动版（Android 和 iOS）的游戏，涉及一个横竖屏问题。在运行 Cocos2d-x 生成的默认工程时会发现，iOS 和 Android 版本的程序都是横屏的。而且 Android 版本的程序不会感知屏幕的旋转（在 AndroidManifest. xml 中已经设置了 landscape），而 iOS 版的程序会感知屏幕的三个方向（左横向、右横向①和竖屏方向）的旋转。对于很多游戏来说，需要改变这一默认的规则。例如，像愤怒的小鸟这类游戏通常是横向玩的，所以需要游戏界面只允许手机左横向或右横向时旋转，当屏幕竖屏时不会做任何反应。还有一些游戏，如典型的射击类游戏雷电，通常是竖屏玩的，而且一般并不需要支持屏幕旋转，所以无论手机何种状态，都需要保持竖屏方向。对于这些情况，就需要调整移动版游戏的默认屏幕旋转感知设置。

对于 Android 游戏，比较直观。只需要调整 AndroidManifest. xml 中声明 NativeActivity 时的＜activity＞标签的 android:screenOrientation 属性值即可。下面是 Cocos2d-x 生成的默认工程的 NativeActivity 的声明代码。

```
< activity android:name = "android. app. NativeActivity"
        android:label = "@string/app_name"
        android:screenOrientation = "landscape"
        android:theme = "@android:style/Theme. NoTitleBar. Fullscreen"
        android:configChanges = "orientation|screenSize|smallestScreenSize">
        …
</activity >
```

在这段代码中 android:screenOrientation 属性值是 landscape，表明是横屏，而且不会感知屏幕方向的变化。除了 landscape 外，还有下面几个常用的设置。读者可以根据自己的

---

① 左横向就是竖屏向左旋转而成的横向，右横向就是竖屏向右旋转而成的横向。

需要进行设定。

- ❑ portrait：竖屏，不支持屏幕旋转感知。
- ❑ reverseLandscape：反向横屏（右横屏），不支持屏幕旋转感知。
- ❑ reversePortrait：反向竖屏（通常为手机物理按键都在屏幕上方的竖屏），不支持屏幕旋转感知。
- ❑ sensorLandscape：支持两个方向的横屏旋转，支持屏幕旋转感知。
- ❑ sensorPortrait：支持两个方向的竖屏旋转，支持屏幕旋转感知。
- ❑ sensor：支持屏幕 4 个方向的旋转，支持屏幕旋转感知。
- ❑ fullSensor：与 sensor 类似，只是 fullSensor 允许使用设备所有的 4 个方向。而有的设备并不支持全部的 4 个方向，如果使用 sensor，在这种情况下就不能使用那些不支持的方向，而使用 fullSensor，无论设备是否支持该方向，都可以使用。

对于 iOS，稍微复杂一些，需要修改源代码才能支持各种屏幕方向。3.1 节曾提到一个 RootViewController.mm 文件，该文件中实现的是一个 Objective-C 的 RootViewController 类[①]。这个类的一个重要功能就是控制屏幕旋转的方向。

如果读者使用的 iOS 版本低于 6.0，则使用 shouldAutorotateToInterfaceOrientation 方法进行设置。例如，下面的代码设置了屏幕方向为横向。

proj.ios_mac/ios/RootViewController.mm

```
- (BOOL)shouldAutorotateToInterfaceOrientation:(UIInterfaceOrientation)interfaceOrientation {
    return UIInterfaceOrientationIsLandscape( interfaceOrientation );
}
```

由于目前大多数 Apple 设备都是 6.0 或以上版本的 iOS 系统，所以本节主要介绍 iOS 6.0 及以上版本如何进行屏幕方向设置。

在 RootViewController 类中可以通过 supportedInterfaceOrientations 和 shouldAutorotate 方法类设置屏幕的方向和是否自动旋转。下面看一下这两个方法的默认实现代码。

```
// For ios6, use supportedInterfaceOrientations & shouldAutorotate instead
- (NSUInteger) supportedInterfaceOrientations{
#ifdef __IPHONE_6_0
    // 支持三个方向的旋转(只有反向竖屏不支持)
    return UIInterfaceOrientationMaskAllButUpsideDown;
#endif
}
// 返回 YES 表示程序会随着屏幕的旋转而自动旋转
- (BOOL) shouldAutorotate {
```

---

① 尽管 RootViewController 类中基本都是 Objective-C 代码，不过读者也并不需要非常熟悉其中的大多数代码。对于该类，最常用的就是设置屏幕方向。所以读者并不一定对 Objective-C 语言很熟悉，而且编写基于 Cocos2d-x 的游戏基本用不上 Objective-C。

```
    return YES;
}
```

如果要支持程序感知屏幕的旋转，shouldAutorotate 方法需要返回 YES。否则，要返回 NO。如果返回 YES，就相当于 Android 的 android：screenOrientation 属性值中所有包含 sensor 的设置项。

通过 supportedInterfaceOrientations 方法的返回值可以指定当前应用支持的屏幕方向。该方法允许返回如下几个值（都是枚举类型的值）。

❑ UIInterfaceOrientationMaskPortrait：支持竖屏。

❑ UIInterfaceOrientationMaskPortraitUpsideDown：支持反向竖屏。

❑ UIInterfaceOrientationMaskLandscapeLeft：支持左横屏。

❑ UIInterfaceOrientationMaskLandscapeRight：支持右横屏。

❑ UIInterfaceOrientationMaskLandscape：支持两个方向的横屏。

❑ UIInterfaceOrientationMaskAll：支持所有的 4 个屏幕方向。

❑ UIInterfaceOrientationMaskAllButUpsideDown：支 持 3 个 屏 幕 方 向（除 了 反 向 竖屏）。

如果读者没有 iOS 设备（iPhone、iPad 等），也可以用 iOS 模拟器来模拟屏幕的旋转。不过要注意，在用 iOS 模拟器测试屏幕方向旋转之前，需要先切换到 iOS 工程的 Target，然后在右侧上方旋转 General 标签页，在该页靠上部的位置找到 Device Orientation，需要选中右侧的 4 个复选框，如图 3-2 所示。这样 iOS 模拟器才能模拟所有的 4 个方向。否则，如果某个复选框未旋转，即使 supportedInterfaceOrientations 方法返回的是 UIInterfaceOrientationMaskAll，在该屏幕方向上，程序界面也不会有任何旋转的动作。

图 3-2　设置 iOS 模拟器的屏幕方向
　　　　感知模拟

3.4　小结

本章详细分析了 Cocos2d-x 3.10 生成的默认工程模板的结构和源代码。尽管这个模板很简单，但麻雀虽小，五脏俱全。通过分析这个模板的结构和源代码，可以了解一个完整的 Cocos2d-x 游戏程序的基本结构和组成。尽管很多读者通过照葫芦画瓢的方式，修改某些方法中的代码可以编写一个完整的 Cocos2d-x 程序，但仍然对 Cocos2d-x 程序的运行机制缺乏了解。因此，在学习 Cocos2d-x 之初就了解这些知识对于深入学习 Cocos2d-x 将会有更深远的意义，所以在正式学习 Cocos2d-x 的各种知识之前，本章首先对这个工程模板的核心代码进行了分析。以使读者可以了解 Cocos2d-x 的启动过程，以及如何兼顾每个平台的特殊性。

第 4 章

Cocos2d-x 中的核心类

Cocos2d-x 3.10 中包含了完成各种工作的类,不过有一些类是任何一个 Cocos2d-x 程序都可能会使用到的。例如,Director 类是整个 Cocos2d-x 程序的开始点。而 Scene 类则负责切换各种游戏场景。当然,游戏中几乎所有的角色都离不开 Sprite 及其子类的贡献。本章将详细介绍这些基础类的功能和使用方法。通过本章的学习,在前面的章节遇到的所有疑问都将得到解答。本章介绍 Cocos2d-x 中最核心的部分,希望读者认真学习本章介绍的这些核心类,这样在后面的学习中会轻松很多。

本章要点
- ❏ 导演类(Director)的创建和初始化 OpenGL View
- ❏ 游戏冻结和恢复的方法
- ❏ 如果通过 Director 获取各种尺寸
- ❏ 节点类的作用
- ❏ Cocos2d-x 对象与 ARC
- ❏ Cocos2d-x 坐标系
- ❏ 场景类的创建和切换
- ❏ 各种图层(Layer)类的使用
- ❏ 精灵类(Sprite)的使用和原理
- ❏ 各种精灵缓冲类的介绍
- ❏ 如何利用九宫格缩放精灵类
- ❏ 集合类(Vector 和 Map)的使用

4.1 导演类(Director)

用过 OpenGL① 的读者都应该清楚。在使用 OpenGL 之前,有一个初始化过程。具体

---

① 由于 Cocos2d-x 可以跨移动和 PC 平台,所以对于移动平台,Cocos2d-x 封装的是 OpenGL ES,而对于 PC 平台,封装的是 OpenGL。但为了方便起见,本书主要使用 OpenGL 表示 Cocos2d-x 封装的图形渲染库。不过读者要清楚,这里的 OpenGL 同时也指代移动平台的 OpenGL ES。

的初始化代码就不在这里给出了。这些 OpenGL 初始化代码的主要工作是确定 OpenGL 窗口的大小、Projection 类型以及设置其他一些必要的转换矩阵。其实这些工作就是对 OpenGL 窗口进行初始化工作。

由于 Cocos2d-x 封装了 OpenGL，所以使用 Cocos2d-x 一般并不需要 OpenGL 的知识，但初始化工作仍然是要做的。虽然 Cocos2d-x 内部已经完成了大多数的 OpenGL 和 Cocos2d-x 的初始化工作[①]，不过仍然需要动态指定一些初始化参数，例如窗口的尺寸、用于进行渲染的 OpenGL 视图、动画更新频率等。这些信息就需要本节介绍的 Director 来指定，因此 Director 的一个重要作用就是进行初始化。我们从 Cocos2d-x 自动生成的工程代码中已经看到了这一点。当然，Director 还有很多其他功能，例如运行和切换场景、获取窗口的各种尺寸、进行坐标转换等。本节将详细介绍 Director 类如何实现这些功能。Director 类还包含了大量的成员方法，不过这些方法有一些并不会立即用到，所以本节暂时只介绍这些方法中最常用的其他方法，以后用到时会详细介绍。

4.1.1　Director 类与初始化 Cocos2d-x

Director 类最主要的功能就是进行初始化。当然，在初始化之前，首先应获取 Director 类的实例。Cocos2d-x 采用了整个程序都使用同一个 Director 实例的方式，所以 Director 类采用了单件(Singleton)模式获取唯一的 Director 实例，也就是提供了一个获取 Director 实例的静态方法。在 Cocos2d-x 2.x 中，这个静态方法是 sharedDirector，而在 Cocos2d-x 3.x 中，该方法已变为 getInstance。所以在 Cocos2d-x 3.10 中，应使用下面的代码获取 Director 实例。要注意的是，这行代码以及本节介绍的其他代码通常需要在 AppDelegate::applicationDidFinishLaunching 方法中执行。

```
auto director = Director::getInstance();
```

从 Director 类的继承结构来看，也比 Cocos2d-x 2.x 简单一些。在 Cocos2d-x 2.x 中，对应的 CCDirector 的继承关系是 CCDirector→CCObject→CCCopying，而在 Cocos2d0x 3.x 中，CCCopying 或 Copying 已经不存在了。Director 直接从 Object 类继承。在 Cocos2d-x 3.x 中，所有从 Object 继承的子类的对象都支持自动释放。因此 Director 对象很显然也支持自动释放，所以自己是不需要释放 Director 对象的。关于 Cocos2d-x 支持的自动释放技术，在本书后面的章节还会多次遇到，所以读者有很多机会体会这种技术的使用方法。

OpenGL 在渲染时需要一个视图(也可称为画布)，就像在 Android 中使用 OpenGL ES 时，需要 GLSurfaceView 一样。Cocos2d-x 在初始化过程中，也需要为 OpenGL 指定一个用于渲染的视图。Cocos2d-x 为我们提供了一个默认的视图类 EGLView，所以一般直接使用

---

① 有一些初始化工作是 OpenGL ES 需要的，而有一些初始化工作是 Cocos2d-x 需要的，不过这些初始化工作都由 Director 统一完成。

该类即可。获取 Director 对象后,需要使用下面的代码设置渲染视图。

```
auto glview = director->getOpenGLView();
director->setOpenGLView(glview);
```

实际上,基本的初始化工作到这里就算完成了。如果还要进一步设置的话,可以使用下面的方法设置动画的播放频率。

```
director->setAnimationInterval(1.0/60);
```

如果不调用 setAnimationInterval 方法,默认的动画播放频率是 1/60 秒,所以如果这个频率符合自己的要求,就不需要进行设置了。

综上所述,最基本的初始化工作其实只需要下面的三行代码即可(黑体字部分)。

```
bool AppDelegate::applicationDidFinishLaunching()
{
    auto director = Director::getInstance();
    auto eglView = EGLView::getInstance();
    director->setOpenGLView(eglView);
    …
    return true;
}
```

在 Director 类中,还有一些方法用于获取初始化的数据,如 getOpenGLView、getAnimationInterval 等。也有一些方法用于其他初始化操作。表 4-1 列出了这些方法的原型和描述信息。这些方法中的大多数都会在后面的章节中使用到。使用时会详细介绍它们的使用方法。

表 4-1　Director 中与初始化相关的方法

方 法 原 型	描　述
doublegetAnimationInterval()	获取动画播放频率(Frames Per Second,FPS)
voidsetAnimationInterval(double interval)	设置动画播放频率
bool isDisplayStats()	判断是否在左下角显示 FPS 信息
voidsetDisplayStats(bool displayStats)	设置是否在左下角显示 FPS 信息
inlinebool isNextDeltaTimeZero()	获取下次增量时间是否为 0
voidsetNextDeltaTimeZero(bool nextDeltaTimeZero)	设置下次增量时间是否为 0
floatgetSecondsPerFrame()	获取每帧的时间(单位:秒)
EGLView * getOpenGLView()	获取 EGLView 对象指针
voidsetOpenGLView(EGLView * openGLView)	设置用于渲染的 OpenGL 视图
Node * getNotificationNode()	获取一个 Node 对象,该对象会在主场景被访问后访问
voidsetNotificationNode(Node * node)	设置一个 Node 对象,该对象会在主场景被访问后访问

续表

方 法 原 型	描 述
ProjectiongetProjection()	获取 OpenGL 的投影
voidsetProjection(Projection projection)	设置 OpenGL 的投影
DirectorDelegate * getDelegate()	获取 Director 委托(Delegate)
voidsetDelegate(DirectorDelegate * delegate)	设置 Director 委托(Delegate)
voidsetGLDefaultValues()	设置 OpenGL 默认值
voidsetAlphaBlending(bool on)	设置 OpenGL 是否采用 Alpha 通道
voidsetDepthTest(bool on)	设置是否探测景深
voidsetContentScaleFactor(float scaleFactor)	设置缩放比例因子。Cocos2d-x 会根据这个比例因子和当前屏幕的分辨率自动调整屏幕中元素的坐标和尺寸。也就是说,缩放比例因子主要用于实现与屏幕分辨率无关的布局
floatgetContentScaleFactor()	获取缩放比例因子
Scheduler * getScheduler()	获取调度对象
voidsetScheduler(Scheduler * scheduler)	设置调度对象
ActionManager * getActionManager()	获取动作管理对象
voidsetActionManager(ActionManager * actionManager)	设置动作管理对象
EventDispatcher * getEventDispatcher()	获取事件调度对象
voidsetEventDispatcher(EventDispatcher * dispatcher)	设置事件调度对象
voidsetDefaultValues()	根据配置信息设置默认值

以上列出的只是 Director 类中与初始化相关的方法,这些方法可以干预 Cocos2d-x 程序的行为。不过,在 Director 类中可不只有这些方法,下面几节将介绍 Director 中的其他方法的含义和使用方法。

4.1.2 结束、暂停与恢复 Cocos2d-x 程序

对于任何程序来说,通常会加入退出功能,否则就需要强行中断了。在 Cocos2d-x 中,只需要调用 Director.end 方法即可退出程序,同时会释放正在运行的场景(Scene)。在 Cocos2d-x 生成的默认工程主界面右下角的菜单项的单击事件中就调用了 end 方法用来退出整个程序,代码如下:

```
void MainMenu::menuCloseCallback(Object * pSender)
{
    Director::getInstance()->end();
}
```

上面的代码对于大多数平台没有任何问题,但对于 iOS 平台,还需要调用 exit(0)来结束程序,所以如果要开发跨平台的 Cocos2d-x 游戏,完美的做法是使用下面的代码退出程序。

```
void MainMenu::menuCloseCallback(Object * pSender)
{
    Director::getInstance()->end();

#if (CC_TARGET_PLATFORM == CC_PLATFORM_IOS)
    exit(0);
#endif
}
```

可能很多读者会碰到这样的情况。在玩游戏的过程中,自己的操作或游戏程序弹出一个对话框,这时游戏是处于暂停状态的。只有关闭对话框后,游戏才可以继续。在这些操作的过程中,涉及一个程序的暂停和恢复的问题。这两个功能需要通过 Director. pause 和 Director. resume 方法完成。读者可以在程序中的任何位置调用这两个方法,不过通常会在出现某些中断情况下调用 pause 方法(如弹出一个对话框),等需要恢复时,再调用 resume 方法。这两个方法的调用方式如下:

```
// 暂停正在运行的场景
Director::getInstance()->pause();
// 恢复正在运行的场景
Director::getInstance()->resume();
```

要注意的是,pause 方法实际上只是停止了 Scene 中的所有的定时器,Scene 中的画布仍然在不断地重绘,所以暂停后,只是屏幕上所有的动画瞬间被冻结,但仍然会保留冻结前最后一刻的画面。当调用 resume 方法后,Cocos2d-x 就会重新激活定时器,画面会接着冻结前那一刹那继续进行。如果要判断当前 Scene 是否暂停,可以使用 Director. isPaused 方法。如果 Scene 已经暂停,isPaused 方法返回 true,否则返回 false。

如果用户将正在玩的游戏切换到后台(也就是在 iPhone、Android 等设备上按 Home 键),这就需要停止在场景上继续进行动画绘制,因为这样做很耗费资源,而且毫无意义。当然,如果游戏恢复到前台,又必须恢复动画的绘制。这两个功能需要通过 Director. stopAnimation 和 Director. startAnimation 方法完成。这两个方法一般需要在程序切换到后台和回到前台所触发的事件方法中调用,这一点在前面的章节中已经提到了,这里再回顾一下。下面的两个事件方法属于 AppDelegate 类。stopAnimation 和 startAnimation 方法分别在其中调用。当然,在这两个事件方法中还需要调用其他的方法以暂停使用其他的资源,如暂停播放背景音乐。这些内容会在相关的章节详细讨论。

```
// 当程序切换到后台时调用
void AppDelegate::applicationDidEnterBackground()
{
    Director::getInstance()->stopAnimation();
}
// 当程序回到前台时调用
void AppDelegate::applicationWillEnterForeground()
```

```
{
    Director::getInstance()->startAnimation();
}
```

4.1.3　获取窗口的尺寸和位置

在 Director 类中有如下 4 个用于获取各种尺寸和位置的方法。这些方法获得的尺寸和位置的单位都是像素点。

❑ getWinSizeInPixels：获取 OpenGL 视图①的缩放尺寸。

❑ getWinSize：获取 OpenGL 视图的设计或物理尺寸。

❑ getVisibleSize：获取 OpenGL 视图中可视区域的设计或物理尺寸。

❑ getVisibleOrigin：获取 OpenGL 视图中可视区域的设计或物理位置。

在这 4 个方法中，涉及如下 3 种尺寸。

❑ 缩放尺寸；

❑ 设计尺寸；

❑ 物理尺寸。

对于 getWinSizeInPixels 方法来说，只返回了缩放尺寸，不过这里的缩放是相对于设计尺寸或物理尺寸的。而后三个方法不存在缩放问题，不过返回的尺寸或位置是基于设计尺寸或物理尺寸的。那么现在就有一个问题，这里的缩放、设计和物理尺寸到底指的什么呢？

现在先以前两个方法（getWinSizeInPixels 和 getWinSize）为例来解释一下缩放尺寸和物理尺寸的区别。首先看一下这两个方法的源代码。

＜Cocos2d-x 根目录＞/cocos/base/CCDirector.cpp

```
const Size& Director::getWinSize(void) const
{
    return _winSizeInPoints;
}
Size Director::getWinSizeInPixels() const
{
    return Size(_winSizeInPoints.width * _contentScaleFactor, _winSizeInPoints.height * _
contentScaleFactor);
}
```

从 getWinSize 和 getWinSizeInPixels 方法的源代码很容易看出区别。实际上，这两个方法都返回了一个 Size 对象。在 getWinSize 方法中，该对象（_winSizeInPoints）直接描述了屏幕的物理尺寸（也就是物理屏幕的水平和垂直的像素点数量）。不过在 getWinSizeInPixels 方法中，在这个物理尺寸的基础上，宽和高都乘上了一个缩放因子（_contentScaleFactor）。这就叫

---

① 由于 Cocos2d-x 内部使用 OpenGL 渲染，所以 Cocos2d-x 中的显示区域都是指 OpenGL 中用于绘制各种图形的视图的尺寸。如果 OpenGL 视图充满整个屏幕，那么这个尺寸也指屏幕尺寸。

做缩放尺寸。那么这个缩放因子是什么呢？

　　由于 Cocos2d-x 是跨平台的游戏引擎，所以 Cocos2d-x 就需要适应各种屏幕尺寸。而在实际应用中，不可能为每一种屏幕尺寸单独设计一套 UI（包含各种图像、Sprite 尺寸、位置等），所以通常的做法是以某一个特定的屏幕尺寸作为设计标准[①]，所有的 UI 都按着这个特定的屏幕尺寸进行设计。如果当前设备的屏幕尺寸与标准屏幕尺寸完全相同，就不需要变化了；如果不同，就会利用缩放因子调整屏幕上元素的尺寸和位置。例如，标准尺寸是 800×480。如果在 iPhone 模拟器（iOS6.0 非 Retina 屏幕）上运行程序，那么实际的屏幕尺寸是 480×320。如果这时使用宽度之比作为缩放因子，那么这个缩放因子就是 800 / 480。如果要想让整个 Cocos2d-x 工程都使用这个缩放因子，就需要通过 Director.setContentScaleFactor 方法设置这个缩放因子，代码如下：

```
Director::getInstance()->setContentScaleFactor(800 /
                        Director::getInstance()->getVisibleSize().width );
```

　　要注意的是，缩放因子不要设反了，应该是标准屏幕的宽度或高度除以当前设备的实际屏幕高度和宽度。

　　实际上，在 setContentScaleFactor 方法的内部会将缩放因子的值保存在 _contentScaleFactor 变量中。现在重新来看看 getWinSize 和 getWinSizeInPixels 方法的返回值。根据前面的描述，getWinSize 方法返回了 OpenGL 视图的物理尺寸，所以该方法返回的尺寸值是 Size(480,320)。而 getWinSizeInPixels 方法返回了 OpenGL 视图的缩放尺寸，而且目前这个缩放尺寸是基于物理尺寸缩放的，所以该方法的返回值如下：

```
Size(_winSizeInPoints.width * 800 / Director::getInstance()->getVisibleSize().width,
 _winSizeInPoints.width.height * 800 / Director::getInstance()->getVisibleSize().width)
```

　　其中，"800 / Director::getInstance()→getVisibleSize().width"是缩放因子，这里分别使用了_winSizeInPoints 和 getVisibleSize 来获得宽度和高度，实际上这两种方式获得的宽度和高度都是物理尺寸或设计尺寸，这两个方法的差别会在后面详细介绍。

　　在上面代码中的_winSizeInPoints.width 和_winSizeInPoints.height 则分别表示物理尺寸的宽度和高度。

　　如果将上面的尺寸换成具体的值（这里仍然使用 iPhone 模拟器），那么_winSizeInPoints.width = 480，_ winSizeInPoints.width.height = 320，Director :: getInstance ( ) → getVisibleSize().width 可以认为与_winSizeInPoints.width 相等，也是 480。所以，对于 iPhone 模拟器来说，getWinSizeInPixels 方法返回的尺寸是 Size(480×800/480,320×800/480)。很明显，物理的屏幕尺寸乘上缩放因子后，又恢复为设计尺寸了（这里只是宽度恢复

---

①　在实际应用中，由于不同设备的屏幕尺寸（分辨率）可能差别很大，如 320×480 到 1080×1920 就相差超过了 3 倍。所以通常会为不同范围内的屏幕尺寸设计一个 UI。也就是说，有可能存在多套 UI，只不过这些 UI 分别适应于不同范围的屏幕尺寸，而不是某一个特定的屏幕尺寸。关于屏幕尺寸的更高级的主题，会在后面的章节详细讨论。而本节为了描述方便，假设只有一套标准的 UI。

了,高度值要大一些)。

现在已经了解了 getWinSize 和 getWinSizeInPixels 方法返回值的差别了,就目前来看,getWinSizeInPixels 方法本质上就是在物理尺寸的基础上乘以一个缩放因子后的尺寸。现在来看一下 getVisibleSize 方法的代码。

＜Cocos2d-x 根目录＞/cocos/base/CCDirector. cpp

```
Size Director::getVisibleSize() const
{
    if (_openGLView)
    {
        return _openGLView->getVisibleSize();
    }
    else
    {
        return Size::ZERO;
    }
}
```

从 getVisibleSize 方法的代码可以看出,该方法主要调用了 _openGLView→getVisibleSize 方法来返回尺寸,所以再跟踪到该方法,代码如下:

＜Cocos2d-x 根目录＞/cocos/2d/platform/CCEGLViewProtocol. cpp

```
Size EGLViewProtocol::getVisibleSize() const
{
    if (_resolutionPolicy == ResolutionPolicy::NO_BORDER)
    {
        return Size(_screenSize.width/_scaleX, _screenSize.height/_scaleY);
    }
    else
    {
        return _designResolutionSize;
    }
}
```

从 getVisibleSize 方法的代码可以看出,该方法根据 _resolutionPolicy 变量值的不同获得了不同的尺寸。如果 _resolutionPolicy 不等于 ResolutionPolicy::NO_BORDER,那么返回了 _designResolutionSize,否则根据在水平缩放因子(_scaleX)和垂直缩放因子(_scaleY)分别对物理尺寸的宽(_screenSize. width)和高(_screenSize. height)进行缩放。

那么现在看看 _designResolutionSize 到底是个什么东西。在前面讲过可以使用 setContentScaleFactor 方法设置缩放因子,不过还有另外一种更好的方式,就是通过 setDesignResolutionSize 方法设置设计尺寸。代码如下:

```
// ResolutionPolicy::NO_BORDER 表示按长宽比例的最大值进行缩放
Director::getInstance()->getOpenGLView()->setDesignResolutionSize(800, 480,
                                    ResolutionPolicy::NO_BORDER);
```

这里的所谓设计尺寸,与前面提到的标准屏幕尺寸一样。也就是说,不管实际的屏幕尺寸有多大,在设计游戏的 UI 时,总按着一个固定的尺寸进行设计。然后 Cocos2d-x 会根据设备屏幕的实际尺寸进行调整。这样做就可以在程序中直接使用固定的值了。例如,上面的代码设置了设计尺寸为 800×480。这样在编写程序时,所有元素的位置和尺寸都用 800×480 的相对位置即可。而_designResolutionSize 就是通过 setDesignResolutionSize 方法设置的设计尺寸(这里是 800×480)。

由于设备屏幕的长宽比不同,所以即使有设计尺寸,但也存在一个问题,就是如果实际的屏幕尺寸与设计尺寸的长宽比不同,那么 OpenGL 视图就可能采用如下三种显示方案:

❑ 拉伸视图;
❑ 按宽度和高度比中的最大值缩放;
❑ 按宽度和高度比中的最小值缩放。

如果采用第一种方式,尽管视图仍然会充满整个屏幕,但视图中显示的图像等元素有可能会因为拉伸而失真。如果采用第二种方式,尽管不会失真,但 OpenGL 视图在水平或垂直方向可能超过屏幕尺寸。如果采用第三种方式,也不会失真,不过 OpenGL 视图左右两侧或上下两侧可能出现黑边(就像在普屏上看宽屏电影或在宽屏上看普屏电影一样)。幸运的是,Cocos2d-x 将选择权交给了用户。通过 setDesignResolutionSize 方法的第 3 个参数可以设置采用哪种方式处理屏幕长宽比不同的情况(ResolutionPolicy 枚举类型的值表示了不同的缩放情况)。在本例中该参数的值为 ResolutionPolicy::NO_BORDER,表示采用了上述第 2 种方式进行缩放。当然,该参数还可以设置其他的选项,这些内容会在后面详细讨论。

当 OpenGL 视图缩放时,只要不进行拉伸,OpenGL 视图要么在左右或上下两侧出现黑边,要么在水平或垂直方向超出屏幕尺寸。由于 Cocos2d-x 的坐标系是将这些黑边或超出部分考虑在内的。所以在获取 OpenGL 视图上的绝对坐标时,需要将这些因素考虑进来,所以就需要使用 Director.getVisibleOrigin 方法来获得 OpenGL 视图的左上角在屏幕上的原始坐标[①],该方法的代码如下:

＜Cocos2d-x 根目录＞/cocos/base/CCDirector.cpp

```
Point Director::getVisibleOrigin() const
{
    if (_openGLView)
    {
        return _openGLView->getVisibleOrigin();
    }
    else
    {
```

---

① 如果形成黑边,Point.x 和 Point.y 是大于或等于 0 的浮点数,如果超出屏幕尺寸,Point.x 和 Point.y 是小于或等于 0 的浮点数。

```
        return Point::ZERO;
    }
}
```

与 getVisibleSize 方法一样,getVisibleOrigin 主要也通过_openGLView→getVisibleOrigin
方法获取 Point 对象,该方法的代码如下:

＜Cocos2d-x 根目录＞/cocos/platform/CCGLView.cpp

```
Point GLView::getVisibleOrigin() const
{
    //ResolutionPolicy::NO_BORDER 表示按长宽比例的最大值进行缩放
    if (_resolutionPolicy == ResolutionPolicy::NO_BORDER)
    {
        return Point((_designResolutionSize.width - _screenSize.width/_scaleX)/2,
                     (_designResolutionSize.height - _screenSize.height/_scaleY)/2);
    }
    else
    {
        return Point::ZERO;
    }
}
```

从 getVisibleOrigin 方法的代码可以看出,计算 Point 的 x 和 y 时又涉及_scaleX 和
_scaleY。而且从计算方式可以看出,Point 的 x 和 y 有可能出现负数,也就是说,OpenGL
视图有可能超出屏幕的显示区域。那么出现这种情况的原因是由于_scaleX 和_scaleY 使
用了长宽比大的比例值。也就是说宽度之比和高度之比的最大值。例如,实际的屏幕尺寸
宽度如果仍然等于设计尺寸的宽度,但高度却变长了。毫无疑问,_scaleX 的值是 1,而_
scaleY 的值肯定大于 1(实际的尺寸除以设计尺寸)。所以,getVisibleOrigin 方法中使用的
_scaleX 和_scaleY 实际上都是_scaleY。这样一来,如果高度按比例缩放,那么宽度毫无疑
问要超出屏幕的实际宽度了,也就是说,getVisibleOrigin 方法返回的 Point 中的 x 是负值。当
然,如果_scaleX 和_scaleY 取较小的值,那么可视区域是不会超出屏幕的,不过仍然可能在两
侧或上下留下黑边。对于这两种情况(超出屏幕或留下黑边),要想确定在 OpenGL 视图中的
绝对坐标,就需要考虑 Point.x 和 Point.y。所以,在设置元素位置时要考虑 getVisibleOrigin 方
法获得的 Point.x 和 Point.y。例如,下面的代码将菜单项的位置设为右下角。

```
Point origin = Director::getInstance()->getVisibleOrigin();
auto closeItem = MenuItemImage::create(
                                "close_normal.png",
                                "close_selected.png",
                                CC_CALLBACK_1(MainMenu::menuCloseCallback, this));
closeItem->setPosition(Point(origin.x + visibleSize.width -
                                    closeItem->getContentSize().width/2 ,
                        origin.y + closeItem->getContentSize().height/2));
```

当然，还可以通过 setDesignResolutionSize 方法的第三个参数设置成长宽同时按各种比例缩放的方式，在这种情况下，OpenGL 视图会永远充满整个屏幕，不会出现黑边，也不会有部分 OpenGL 视图超出屏幕（被截取）。所以，这种情况并不需要使用 getVisibleOrigin 方法返回的 Point。setDesignResolutionSize 方法的使用的细节远不止这些，剩下的内容会在后面介绍与分辨率无关的尺寸与位置时再详细讨论。本节介绍这些只是为了更好地理解 getVisibleSize 和 getVisibleOrigin 方法返回值的含义。

现在，我们已经清楚地了解了本节介绍的 4 个方法的具体含义，现在来总结一下。这 4 个方法的值应考虑如下 4 种情况。

1）未调用 EGLView. setDesignResolutionSize 和 Director. setContentScaleFactor 方法

在这种情况下，getWinSizeInPixels、getWinSize 和 getVisibleSize 方法返回的尺寸是完全一样的，都是物理尺寸。例如，在 iPhone 模拟器上返回的值都是 Size（480，320）。getVisibleOrigin 返回的 Point 的 x 和 y 都是 0。

2）调用了 Director. setContentScaleFactor 方法，未调用 GLView. setDesignResolutionSize 方法

在这种情况下，getWinSize 和 getVisibleSize 方法返回的尺寸是完全一样的，都是物理尺寸。而 getWinSizeInPixels 方法返回的尺寸需要物理尺寸乘以 Director. setContentScaleFactor 方法设置的缩放因子。getVisibleOrigin 返回的 Point 的 x 和 y 都是 0。

3）调用了 GLView. setDesignResolutionSize 方法，未调用 Director. setContentScaleFactor 方法

在这种情况下，getWinSizeInPixels 和 getWinSize 方法返回的尺寸是完全一样的。而且这些尺寸都是基于设计尺寸的，也就是 GLView. setDesignResolutionSize 方法前两个参数指定的尺寸。假设设计尺寸为 800×480，那么对于 iPhone 模拟器，getWinSizeInPixels 和 getWinSize 方法返回的尺寸仍然是 800×480，而不是 480×320。

getVisibleSize 和 getVisibleOrigin 方法返回值会根据 GLView. setDesignResolutionSize 方法第 3 个参数的设置不同而不同。如果该参数值为 ResolutionPolicy∷EXACT_FIT，则 getVisibleSize 与 getWinSize 和 getVisibleSize 方法的返回值完全一样，getVisibleOrigin 方法返回的 Point. x 和 Point. y 都为 0。否则 getVisibleSize 方法返回的尺寸可能会超出屏幕或在左右或上下两侧形成黑边。而这时要获取 OpenGL 视图的绝对坐标，就要考虑 getVisibleOrigin 方法返回的 Point 了。

4）同时调用了 GLView. setDesignResolutionSize 和 Director. setContentScaleFactor 方法

这种情况与情况 3 类似。只是 getWinSizeInPixels 方法返回的尺寸会在设计尺寸的基础上乘以一个缩放因子。其他方法的返回值与情况 3 是相同的。

4.1.4　Director 类中的其他成员方法

在前面几节介绍了 Director 类中最常用的一些方法，除了这些方法外，在 Director 类中还有大量的方法未介绍。本节先列出这些方法的原型和功能描述。由于这些方法会涉及目前还未介绍的技术，所以关于这些方法的详细内容会在讲解这些技术时再讨论。这些方法的原型和功能描述如表 4-2 所示。

表 4-2　Director 类中其他成员方法的原型和功能描述

方法原型	功能描述
TextureCache * getTextureCache() const	获取纹理缓冲对象
inline unsignedint getTotalFrames()	获取程序开始以来运行的帧数
inlinebool isSendCleanupToScene()	被替换的场景是否会接收 cleanup 消息。如果新的场景是通过压栈方式替换原场景的，那么原场景不会接收 cleanup 消息。如果新的场景直接替换了旧的场景，那么原场景会接收到 cleanup 消息
PointconvertToGL(const Point& point)	将 UIKit 坐标系（屏幕坐标系，原点在屏幕的左上角）中的坐标转换为 OpenGL 坐标系（原点在屏幕左下角）中的坐标
PointconvertToUI(const Point& point)	将 OpenGL 坐标系中的坐标转换为 UIKit 坐标系的坐标
voidrunWithScene(Scene * scene)	运行场景
voidpushScene(Scene * scene)	将场景压入堆栈
voidpopScene()	弹出栈顶的场景
voidpopToRootScene()	弹出堆栈中除了根场景外的所有场景（最后堆栈中只剩下一个根场景）
voidpopToSceneStackLevel(int level)	level 的值为 0 或 1。如果为 0，直接结束 Director。如果为 1，与 popToRootScene 方法的作用一样（实际上，popToRootScene 方法内部就是调用该方法实现的）
voidreplaceScene(Scene * scene)	用一个新的场景替换旧的场景，旧的场景将被终止
voidpurgeCachedData()	清除缓存数据
Frustum * getFrustum() const	获取剔除视锥体（Culling Frustum）对象
Renderer * getRenderer() const	获取当前的 CEGUI 渲染器
floatgetFrameRate() const	获取帧动画频率
floatgetDeltaTime() const	获取增量时间

4.2　节点类（Node）

节点类（Node）是 Cocos2d-x 中最核心的类。在 Cocos2d-x 2.x 中，节点类的名称为 CCNode，而在 Cocos2d-x 3.x 中改名为 Node。任何需要画在屏幕上的对象对应的类都是 Node 的子类，我们可以将这些类统称为节点类。在 Cocos2d-x 中最常用的节点类包括场景

类(Scene)、图层类(Layer)①、精灵类(Sprite)、菜单类(Menu)等。由于这些常用的类都是
Node 的子类,所以在详细介绍这些类之前,先了解一下 Node 类的基本功能和使用方法是
非常有必要的。所以本节将详细介绍这方面的内容。

4.2.1 节点类的功能

学习 Node 类首先要了解 Node 类到底有什么功能。由于 Node 是所有节点类的根,而
这些节点类的一个共同点就是都是可视的,也就是说它们都需要显示在屏幕上。那么 Node
的首要功能之一就是控制这些节点类在屏幕上的显示效果。下面就看看 Node 类到底有哪
些作用。

Node 类的主要功能如下:

❑ 获取和设置节点的缩放比例。即可以在 X 和 Y 方向按同一比例进行缩放,也可以
   在 X 和 Y 方向分别按不同的比例进行缩放。这一功能主要用于不同自适应分辨率
   的屏幕,这些内容会在本章后面的部分详细介绍。

❑ 获取和设置节点的显示位置(锚点②的坐标)。

❑ 获取设置延 X 和 Y 轴倾斜的角度(单位:度);如果节点延 X 或 Y 轴倾斜,节点会扭
   曲变形。

❑ 获取和设置节点的锚点。

❑ 获取和设置节点的尺寸。

❑ 隐藏和显示节点。

❑ 获取和设置节点的旋转角度。

❑ 在节点中可以添加任何子节点。也就是说,节点本身是一个节点的容器。

❑ 可以运行停止动作(Action)。

❑ 可以设置周期性的回调方法,这些方法主要用于各种扫描,例如进行碰撞检测。

❑ 获取和设置事件分配(EventDispatcher)对象。

任何一个类只要继承了 Node 或其子类,就会拥有上面描述的所有功能。当然,Node
类的功能远不止这些,本节只是给出了 Node 中最常用的功能。在后面的章节中会逐步学
习 Node 的各种功能的使用方法(包括本节未提及的功能)。

由于 Node 类不自带贴图,所以光使用 Node,在屏幕上是看不到任何效果的。为了显
示各种效果(如图像、文字等),就需要借助于 Node 的各种子类。当然,如果要成批控制子
节点,或要实现节点的多态,可以统一使用 Node 进行处理,因为任何节点都是 Node 的
子类。

----

① Cocos2d-x 中的图层(Layer)与 Photoshop 中的 Layer 的概念类似,可用于将游戏画面划分为多个逻辑单元,这
样更有利于管理。在有的书中也称 Layer 为布景层,它们的含义是相同的。

② 在 Cocos2d-x 中每一个节点都有一个锚点。默认锚点是节点的中心位置,通过锚点,可以在屏幕上移动节点。
可以通过相应的方法设置节点的锚点。这些内容会在本节后面的部分详细介绍。

4.2.2　节点类的成员方法

本节将介绍 Node 类中的主要的公共成员方法的原型和功能,尽管读者可能对某些成员方法的功能存在疑惑,但在深入学习 Node 及其子类之前,先从总体上了解一下 Node 类有哪些可以使用的方法是非常必要的。表 4-3 是 Node 类中主要的公共成员方法的原型和功能描述。如果读者对某些方法的用法有疑问也不要紧,本节的目的只是让读者全面了解 Node 类的功能,因为后面介绍的很多类都是 Node 的子类,而且这些类中的成员方法有很多都是直接覆盖 Node 类中的方法,或直接继承 Node 类的方法。所以,全面了解 Node 类的成员方法,对于学习整个 Cocos2d-x API 的帮助都是非常大的。关于 Node 类中各种成员方法的使用将贯穿于本书的始终,所以读者可以通过深入阅读本书的内容来不断了解如何使用这些方法。

表 4-3　Node 类中主要的公共成员方法

方 法 原 型	功 能 描 述
static Node * create(void)	创建 Node 对象
virtual void setZOrder(int zOrder)	获取兄弟节点间在 Z 轴上的顺序。可用于调整兄弟节点之间的覆盖效果
virtual int getZOrder() const	获取兄弟节点间在 Z 轴上的顺序
virtual void setOrderOfArrival(int orderOfArrival)	如果兄弟节点在 Z 轴上的顺序相同,那么会考虑 Arrival Order 的值,该值高的节点会绘制在该值低的节点上方。也就是说 Arrival Order 是一个二级的 Z 轴顺序
virtual int getOrderOfArrival() const	获取当前节点的 Arrival Order 值
virtual void setVertexZ(float vertexZ)	设置 OpenGL 坐标系中 Z 轴的坐标
virtual float getVertexZ() const	获取 OpenGL 坐标系中 Z 轴的坐标
virtual void setScaleX(float scaleX)	设置 X 轴的缩放比例
virtual float getScaleX() const	获取 X 轴的缩放比例
virtual void setScaleY(float scaleY)	设置 Y 轴的缩放比例
virtual float getScaleY() const	获取 Y 轴的缩放比例
virtual void setScale(float scale)	设置 X 和 Y 轴的缩放比例,这两个轴的缩放比例相同
virtual float getScale() const	获取节点的缩放比例。调用该方法时,X 和 Y 轴的缩放比例必须相同,否则无法成功调用该方法
virtual void setScale(float scaleX,float scaleY)	同时设置 X 和 Y 轴的缩放比例
virtual void setPosition(const Point & position)	通过 Point 对象设置节点在 OpenGL 坐标系中的位置(实际上是锚点的坐标)
virtual const Point& getPosition() const	通过 Point 对象获取节点在 OpenGL 坐标系中的位置(锚点的坐标)

续表

方 法 原 型	功 能 描 述
virtual void setPosition(float x, float y)	直接通过坐标值设置节点在 OpenGL 坐标系中的位置
virtual void getPosition(float * x, float * y) const	直接通过 float 指针的方式返回节点在 OpenGL 坐标系中的位置,该方法更有效率
virtual void setPositionX(float x)	设置节点在 OpenGL 坐标系中位置的横坐标(X 轴的坐标)
virtual float getPositionX(void) const	获取节点在 OpenGL 坐标系中位置的横坐标(X 轴的坐标)
virtual void setPositionY(float y)	设置节点在 OpenGL 坐标系中位置的纵坐标(Y 轴的坐标)
virtual float getPositionY(void) const	获取节点在 OpenGL 坐标系中位置的纵坐标(Y 轴的坐标)
virtual void setSkewX(float fSkewX)	设置 X 轴的扭曲角度(单位:度)
virtual float getSkewX() const	获取 X 轴的扭曲角度(单位:度)
virtual void setSkewY(float fSkewY)	设置 Y 轴的扭曲角度(单位:度)
virtual float getSkewY() const	获取 Y 轴的扭曲角度(单位:度)
virtual void setAnchorPoint(const Point& anchorPoint)	设置节点的锚点
virtual const Point& getAnchorPoint() const	获取节点的锚点(以百分比形式返回)
virtual const Point& getAnchorPointInPoints() const	获取节点的锚点(以绝对坐标形式返回)
virtual void setContentSize(const Size& contentSize)	设置节点的尺寸
virtual const Size& getContentSize() const	获取节点的尺寸
virtual void setVisible(bool visible)	设置节点是否可视(隐藏或显示节点)
virtual bool isVisible() const	获取节点的可视状态
virtual void setRotation(float rotation)	设置节点的旋转角度(单位:度)
virtual float getRotation() const	获取节点的旋转角度(单位:度)
virtual void setRotationX(float rotationX)	设置节点在 X 轴方向的旋转角度(单位:度),节点会在水平方向上变形
virtual float getRotationX() const	获取节点在 X 轴方向的旋转角度(单位:度)
virtual void setRotationY(float rotationY)	设置节点在 Y 轴方向的旋转角度(单位:度),节点会在垂直方向上变形
virtual float getRotationY() const	获取节点在 Y 轴方向的旋转角度(单位:度)
virtual float getRotationY() const	获取节点在 Y 轴方向的旋转角度(单位:度)
virtual void ignoreAnchorPointForPosition(bool ignore)	设置是否忽略锚点位置
virtual bool isIgnoreAnchorPointForPosition() const	是否忽略锚点位置
virtual void addChild(Node * child)	向当前节点添加子节点
virtual void addChild(Node * child, int zOrder)	向当前节点添加子节点,并且指定 Z 轴的顺序
virtual void addChild(Node * child, int zOrder, int tag)	向当前节点添加子节点,并且指定 Z 轴的顺序和一个 Tag。这个 Tag 相当于子节点的索引,可以通过这个 Tag 获取对应的子节点

续表

方 法 原 型	功 能 描 述
virtual Node * getChildByTag(int tag)	通过 Tag 获取子节点
virtual Vector＜Node * ＞& getChildren()	获取当前节点中所有的子节点,以 Vector 对象形式返回
virtual ssize_t getChildrenCount() const	获取当前节点中的子节点数
virtual void setParent(Node * parent)	设置当前节点的父节点
virtual Node * getParent()	获取当前节点的父节点
virtual void removeFromParent()	将当前节点从父节点中删除,并且所有的动作和回调方法也同时被清除。如果当前节点没有父节点,则什么也不做
virtual void removeFromParentAndCleanup (bool cleanup)	将当前节点从父节点中删除,如果 cleanup 为 true,则所有的动作和回调方法也同时被清除,否则只删除当前节点。如果当前节点没有父节点,则什么也不做
virtual void removeChild (Node * child,bool cleanup = true)	删除当前节点中指定的子节点(通过 Node 对象定位子节点),如果 cleanup 参数值为 true,会同时清楚被删除子节点中所有的动作
virtual void removeChildByTag (int tag,bool cleanup = true)	删除当前节点中指定的子节点(通过 Tag 定位子节点),如果 cleanup 参数值为 true,会同时清楚被删除子节点中所有的动作
virtual void removeAllChildren()	删除当前节点中的所有子节点,并清除这些子节点中的动作
virtual void removeAllChildrenWithCleanup (bool cleanup)	删除当前节点中的所有子节点,如果 cleanup 参数值为 true,则清除这些子节点中的动作
virtual void reorderChild(Node * child,int zOrder)	重新设置子节点在 OpenGL 坐标系中 Z 轴的顺序
virtual void sortAllChildren()	在绘制子节点之前,对所有子节点进行排序。除非删除了字节点,否则并不建议手工调用该方法
virtual int getTag() const	获取当前节点的 Tag
virtual void setTag(int tag)	设置当前节点的 Tag
virtual void * getUserData()	获取自定义的用户数据(void * 类型)
virtual void setUserData(void * userData)	设置自定义的用户数据(void * 类型)
virtual Object * getUserObject()	获取自定义的用户数据(Object * 类型)
virtual void setUserObject(Object * userObject)	设置自定义的用户数据(Object * 类型),该方法与 setUserData 方法类似,只是用户自定义的数据类型是 Object * 。由于 Object 支持对象的自动释放,所以建议使用 setUserObject 方法设置用户自定义数据
virtual GLProgram * getShaderProgram()	获取渲染器程序对象
virtual void setShaderProgram (GLProgram * shaderProgram)	设置渲染器程序对象
virtual bool isRunning() const	当前节点是否接收事件回调方法

方 法 原 型	功 能 描 述
void scheduleUpdateWithPriorityLua (int handler, int priority)	设置 Lua 脚本的调度器和优先级
virtual void onEnter()	事件回调方法,每次节点进入场景时被调用
virtual void onEnterTransitionDidFinish()	事件回调方法,与 onEnter 方法类似,但如果场景切换有动画效果,会等待动画播放完后再调用该方法
virtual void onExit()	事件回调方法,每次节点离开场景时被调用
virtual void onExitTransitionDidStart()	事件回调方法,与 onExit 方法类似。但如果场景间切换有动画效果,该方法会等到动画播放完毕再调用
virtual void cleanup()	停止所有正在运行的动作和调度器
virtual void draw()	绘制节点。可以覆盖 draw 方法来绘制自己的节点
virtual void visit()	递归方法当前节点及其子节点,并绘制这些节点
virtual Scene * getScene()	获取当前节点所在的场景
virtual Rect getBoundingBox() const	获取节点的尺寸,如果节点被放到或缩小(调用 setScale 方法),那么该方法返回的是节点缩放后的尺寸。而前面介绍的 getContentSize 方法返回的是节点缩放前的尺寸,在节点缩放后,仍然返回节点的原始尺寸
virtual void setEventDispatcher (EventDispatcher * dispatcher)	设置节点的事件调度器
virtual EventDispatcher * getEventDispatcher() const	获取节点的事件调度器
virtual void setActionManager (ActionManager * actionManager)	设置节点的动作管理器
virtual ActionManager * getActionManager()	获取节点的动作管理器
Action * runAction(Action * action)	运行指定的动作
void stopAllActions()	停止所有正在运行的动作
void stopAction(Action * action)	停止指定的动作
void stopActionByTag(int tag)	停止通过 Tag 指定的动作
Action * getActionByTag(int tag)	通过 Action Tag 获取动作
ssize_t getNumberOfRunningActions() const	获取正在运行的动作数
virtual void setScheduler(Scheduler * scheduler)	设置调度器
virtual Scheduler * getScheduler()	获取调度器
bool isScheduled(SEL_SCHEDULE selector)	确认一个选择器(Selector)是否被调度
void scheduleUpdate(void)	调度 update 方法
void scheduleUpdateWithPriority(int priority)	调度 update 方法,并指定一个优先级
void unscheduleUpdate(void)	取消 update 方法的调度

续表

方 法 原 型	功 能 描 述
void schedule(SEL_SCHEDULE selector, float interval, unsignedint repeat, float delay)	指定一个定制的调度器（Selector），如果 Selector 已经被调度，那么会更新内部参数，但 Selector 不会再被调度。该方法参数的含义如下： ❑ selector：要调度的 Selector。 ❑ interval：两次调度的时间间隔，单位是秒。如果该参数值为 0，表示每一帧都会调用 Selector。如果是这种情况，建议直接使用 scheduleUpdate 方法。 ❑ repeat：Selector 会被调用 repeat ＋ 1 次，如果该参数值为 kRepeatForever，则 Selector 会被永远调用。 ❑ delay：在第一次调用 Selector 之前等待的时间。 后面介绍的几个调度方法的参数含义与该方法的同名参数含义相同
void schedule(SEL_SCHEDULE selector, float interval)	指定一个定制的调度器。该重载方法只能指定 interval 参数
void scheduleOnce（SEL_SCHEDULE selector, float delay)	指定一个定制的调度器。该调度器只能执行一次
void schedule(SEL_SCHEDULE selector)	指定一个定制的调度器。该调度器在每一帧都会被调用
void unschedule(SEL_SCHEDULE selector)	取消指定的调度器
void unscheduleAllSelectors(void)	取消当前节点中所有的调度器
void resume(void)	恢复当前节点中所有的调度器、动作和事件监听器
void pause(void)	暂停当前节点中所有的调度器、动作和事件监听器
virtual void update(float delta)	如果调用了 scheduleUpdate 方法，那么 update 方法在每一帧都会被调用
void transform()	执行基于位置、缩放、旋转和其他属性的 OpenGL 视图矩阵变换
void transformAncestors()	执行锚点的 OpenGL 视图矩阵变换
virtual void updateTransform()	递归调用子节点的 updateTransform 方法
virtual const kmMat4& getNodeToParentTransform() const	获取从节点坐标到父节点坐标的变换矩阵
virtual void setNodeToParentTransform（const kmMat4& transform)	设置从节点坐标到父节点坐标的变换矩阵
virtual AffineTransform getNodeToParentAffineTransform() const	获取从子节点坐标到父节点坐标的仿射变换的齐次矩阵
virtual const kmMat4& getParentToNodeTransform()	获取从父节点坐标到节点坐标的变换矩阵

方 法 原 型	功 能 描 述
virtual AffineTransform getParentToNodeAffine-Transform（）const	获取从父节点坐标到子节点坐标的仿射变换的齐次矩阵
virtual kmMat4 getNodeToWorldTransform（）const	获取从节点坐标到世界坐标的变换矩阵
virtual AffineTransform getNodeToWorldAffine-Transform（）const	获取从节点坐标到世界坐标的仿射变换的齐次矩阵
virtual kmMat4 getWorldToNodeTransform（）const	获取从世界坐标到节点坐标的变换矩阵
virtual AffineTransform getWorldToNodeAffine-Transform（）const	获取从世界坐标到节点坐标的仿射变换的齐次矩阵
Point convertToNodeSpace（const Point& world-Point）const	将 worldPoint 指向的世界坐标系的坐标转换为节点坐标系的坐标
Point convertToWorldSpace（const Point& node-Point）const	将 nodePoint 指向的节点坐标系的坐标转换为世界坐标系的坐标
Point convertToNodeSpaceAR（const Point& worldPoint）const	将 worldPoint 指向的世界坐标系的坐标转换为节点坐标系的坐标，返回值和接收值都相对于锚点
Point convertToWorldSpaceAR（const Point& nodePoint）const	将 nodePoint 指向的节点坐标系的坐标转换为世界坐标系的坐标，返回值和接收值都相对于锚点
Point convertTouchToNodeSpace（Touch * touch）const	将触摸对象（Touch）转换为节点空间的坐标
Point convertTouchToNodeSpaceAR（Touch * touch）const	将触摸对象（Touch）转换为节点空间的坐标，返回的坐标是相对于锚点的
void setPhysicsBody(PhysicsBody * body)	设置物理引擎
PhysicsBody * getPhysicsBody（）const	获取物理引擎
virtual bool updatePhysicsTransform()	更新物理引擎的旋转和位置

　　从表 4-3 的内容看出，Node 类中的方法还是很多的。不过，既然 Node 类中的方法很多，那么 Node 的子类中的方法就会在一定程度上减少。

　　注意：可能很多读者发现 Node 类的大多数方法声明前加了一个 virtual，这个关键字在前面的章节也遇到过。该关键字对于 C++语言来说表示被声明的方法是虚方法。这里的虚方法就是指可以在子类中覆盖（或称为重写）该方法，也就是可以实现多态。如果方法前不加 virtual 关键字，就算子类覆盖了该方法，在实现多态时，执行的仍然是父类的相应方法。这一点和 Java 不同。在 Java 中，方法默认都是虚方法，如果要阻止 Java 类中的方法被覆盖，需要用 final 来修饰方法。而 C#与 C++在这一点是相同的，只有用 virtual 修饰过的方法才允许被覆盖。

4.2.3　Cocos2d-x 对象的创建、自动释放（Autorelease）与 ARC

　　由于在 Cocos2d-x 中创建和销毁对象的方法跟普通的 C++程序相比有一些差异，所以在深入介绍 Cocos2d-x 之前，必须要充分理解 Cocos2d-x 中创建和销毁对象的方法和原理，否则在大量编写 Cocos2d-x 程序的过程中极易出错,所以在本节将深入探讨这个看似简单,但却令很多 Cocos2d-x 初学者头痛不已的问题。

在任何一个 C++ 程序中,创建和销毁对象都是必不可少的,否则就将 C++ 当成 C 语言用了。既然需要创建和销毁对象,那么毫无疑问,就需要使用 new 和 delete(delete[])关键字。new 用于创建 C++ 对象;delete 和 delete[] 分别用于销毁 C++ 对象和对象数组。在 Cocos2d-x 中使用这种创建和销毁对象的方式固然没有任何问题。但由于 Cocos2d-x 模拟了 Objective-C 的 ARC(Automatic Reference Counting)机制。而且 Cocos2d-x Library 中的类都提供了类 ARC 的方式进行创建和销毁对象,所以建议在程序中尽量不要混用这两种方式创建对象,否则程序会极难维护。因为 ARC 方式要求为对象引用计数,而且对于 Cocos2d-x 来说,这种计数是显式的,所以如果混用,就很难确定某个对象是使用 new 创建的,还是使用 ARC 方式创建的。如果判断错误,就可能造成整个系统崩溃。

所谓 ARC,实际上就是指记录对象的引用次数,如果对象的引用数不为 0,系统是不会释放对象的,如果引用数为 0,并且采用了 ARC 方式,系统会在适当的时候自动释放对象,这类似于 Java 中的垃圾回收器。对于 Objective-C 来说,ARC 是基于编译器级别的,所以对于程序员来说,对象引用计数的增 1、减 1 都是透明的,也就是说,只管创建对象,而且并不需要显式地释放对象,所有的一切编译器会自动处理。而在 Cocos2d-x 中,由于采用 C++ 的缘故,所以对象引用计数是显式的。在 Cocos2d-x 中提供了一个基类 Ref(在 Cocos2d-x 2.x 中叫 CCObject),所有支持自动释放(ARC)的类都必须是 Ref 的子类。当然,也可以不从 Ref 类继承,不过这些类就需要作为普通的 C++ 对象处理(只能自己调用 new 和 delete 关键字创建和释放对象)。为了区分普通的 C++ 对象,本书将从 Ref 及其子类创建的对象称为 Cocos2d-x 对象。

现在已经知道,Cocos2d-x 对象在创建的过程中需要显式地为引用计数器加 1,在 Ref 类中有一个 autorelease 方法,该方法负责完成这个工作。所以使用 ARC 方式创建 Cocos2d-x 对象(这里以创建 Node 对象为例)的标准代码如下:

```
Node * node = new Node();
node->autorelease();
```

在这段代码的第 1 行是正常的创建 C++ 对象的代码,而第 2 行调用了 autorelease 方法。调用该方法的功能主要有如下三个:

- 对象引用计数器加 1;
- 自动释放计数器加 1;
- 将当前对象指针(本例是 Node 对象指针)添加到 Cocos2d-x 的自动释放池中。

4.2.4　CREATE_FUNC 宏与 create 方法

在 4.2.3 节已经详细介绍了 Cocos2d-x 中的 ARC 机制,不过由于使用 ARC 机制在每次创建 Cocos2d-x 对象后需要调用 Ref::autorelease 方法,这样一来就很麻烦,而且很容易忘记,从而造成了内存泄漏,所以 Cocos2d-x 建议在每一个自定义类(Cocos2d-x 内部的类都是这样做的)中提供一个静态的 create 方法(当然,也可以叫其他的名称,也可以是不止一个这样的方法),这个静态方法会返回该对象的指针,并且在方法内部调用 autorelease 方法。例如,Node 类中就有一个静态的 create 方法(见表 4-3 中的第一个方法)。该方法的代码如下:

＜Cocos2d-x 根目录＞/cocos/2d/base-nodes/CCNode.cpp

```
Node * Node::create(void)
{
    Node * ret = new Node();
    if (ret && ret -> init())
    {
        ret -> autorelease();
    }
    else
    {
        CC_SAFE_DELETE(ret);
    }
    return ret;
}
```

很明显,create 方法的主要工作就是通过 new 创建 Node 对象,然后调用 autorelease 方法将 Node 对象添加到自动释放池中。不过在调用 autorelease 方法之前,调用了 Node::init 方法来初始化 Node 对象。实际上,该方法可以是任意名称,不过在 Cocos2d-x 习惯上将初始化方法称为 init。为了一致,建议读者仍然用 init 来命名对象的初始化方法。通常会将初始化代码写在 init 方法中,而不是类的构造方法中。

既然 Node 类提供了 create 方法,那么就可以用下面的代码创建 Node 对象,并将其添加到父节点中。

```
Node * node = Node::create();
this -> addChild(node);
```

尽管有了 create 方法,在创建 Cocos2d-x 对象时再也不会忘记调用 autorelease 方法了,不过每次编写一个新类时都建立一个 create 方法还是很麻烦,所以 Cocos2d-x 提供了一个 CREATE_FUNC 宏,用于自动创建 create 方法。CREATE_FUNC 宏的代码如下:

＜Cocos2d-x 根目录＞/cocos/platform/CCPlatformMacros.h

```
#define CREATE_FUNC(__TYPE__) \
static __TYPE__ * create() \
{ \
    //创建对象
    __TYPE__ * pRet = new __TYPE__(); \
    if (pRet && pRet -> init()) \
    { \
```

```
        //调用 autorelease 方法
        pRet -> autorelease(); \
        return pRet; \
    } \
    else \
    { \
        delete pRet; \
        pRet = NULL; \
        return NULL; \
    } \
}
```

从 CREATE_FUNC 宏的代码可以看出,该宏会直接将 create 方法的源代码插入调用 CREATE_FUNC 的位置。不过要注意,如果类是直接从 Ref 类继承的,必须再编写一个 init 方法(因为 CREATE_FUNC 宏生成的 create 方法要求类有一个 init 方法);不过若是创建节点对象,并且不需要使用 init 方法初始化,可以不编写 init 方法,因为在 Node 类中已经有一个 init 方法了。下面是一段标准的定制类的声明和实现代码。类似的代码在本书的其他章节还会多次出现,因此读者要充分理解这段代码的编写方法。

```
// C++头文件中的代码(MyNode. h)
#ifndef __ Cocos2dxDemo __ MyNode __
#define __ Cocos2dxDemo __ MyNode __

#include "cocos2d. h"
USING_NS_CC; // using namespace cocos2d

class MyNode: public Node
{
public:
    virtual bool init();
    CREATE_FUNC(MyNode);
};
#endif

// MyNode 类的实现代码(MyNode.cpp)
#include"MyNode. h"
bool MyNode::init()
{
    if(!Node::init())
    {
        return false;
    }
    //初始化代码
    ...
    return true;
}
```

在实现 init 方法时要注意,一般在该方法的开始要调用父类的 init 方法,因为父类的 init 方法也可能进行一些初始化工作。如果父类的 init 方法返回 false,则当前类的 init 方法直接返回 false 即可。否则,如果当前类的 init 方法成功初始化后,init 方法必须返回 true,否则不会调用 autorelease 方法。这一点从 CREATE_FUNC 宏生成的 create 方法的代码就可以了解到。

4.2.5　Cocos2d-x 中的坐标系

通过前面几节的学习,相信读者已经对 Node 类以及如何编写一个自定义的节点类有一定的了解了,不过在前面的例子中经常会设置节点的位置、尺寸等属性。这里就涉及一个重要的概念:坐标系。这个概念在中学就学过,不过在 Cocos2d-x 中却有多种坐标系,而且与中学时学过的坐标系有一些差异。尽管屏幕都是同样的,但 Cocos2d-x 将按着不同的逻辑将屏幕与不同的坐标系对应,以便适应不同的情况。为了深入学习 Cocos2d-x,了解这些坐标系的区别和联系,以及它们之间的转换是非常必要的。此外,还有一些与坐标系相关的概念也非常重要,例如锚点、仿射(Affine)变换等,这些内容也会在本节详细介绍。

Cocos2d-x 中的坐标系可以分如下几类:

❏ OpenGL 坐标系;

❏ 世界坐标系;

❏ 节点坐标系;

❏ UI 坐标系。

下面将详细介绍这些坐标系以及相关的概念。

1. OpenGL 坐标系

由于 Cocos2d-x 内部使用了 OpenGL 作为图像渲染引擎,所以自然就支持 OpenGL 坐标系。该坐标系的原点位于屏幕左下角,水平正方向为 X 轴向右,垂直正方向为 Y 轴向上。调整节点类的位置和尺寸通常都是基于 OpenGL 坐标系完成的。

2. 世界坐标系

世界坐标系也叫绝对坐标系。顾名思义,这种坐标系是一个恒坐标系,不参考也不依赖于其他坐标系。该坐标系与 Cocos2d-x 中的 OpenGL 坐标系的方向一致。原点在屏幕的左下角,X 轴向右的方向为坐标系水平正方向、Y 轴向上的方向为垂直正方向。

世界坐标系和 OpenGL 坐标系的区别就是一个绝对和相对的概念。例如,如果一个节点中嵌入一个子节点,那么这个子节点设置的坐标只是相对于父节点的本地坐标。假设子节点的位置为(0,0),并不一定在 OpenGL 坐标系的原点,而该子节点的位置实际上是在父节点的节点坐标系(在后面会详细介绍)的原点。而子节点会随着父节点的位置变化而变化。图 4-1 描述了 OpenGL 坐标系和实际坐标系的区别。在该图中,有两个节点(父子关系)。其中父节点左下角顶点的坐标是(5,5),表示该节点在 OpenGL 坐标系中的坐标是(5,5),但子节点左下角顶点的坐标也是(5,5),不过这个坐标并不是相对于 OpenGL 坐标系的,而是相对于父节点的本地坐标系的。如果要将子节点的本地坐标转换为世界坐标,应为(10,10)。当父节点移动时,子节点也会跟着父节点移动。

下面先讲一个与坐标系相关的重要概念:锚点(AnchorPoint)。因为在后面的章节中会大量使用锚点来控制节点的位置以及完成其他变换,所以提前了解一下什么是锚点,会有助于理解和编写 Cocos2d-x 程序。

3. 锚点

假设有一块木板,像图 4-2 一样在上面只钉一个钉子。如果将木板钉到墙上,那么木板无论怎样旋转,都会围绕着这个钉子。如果要移动木板,只要将钉子从墙上取出,移动到其他地方即可。只要钉子不从木板上拔下来,木板自然会随着钉子移动而移动。

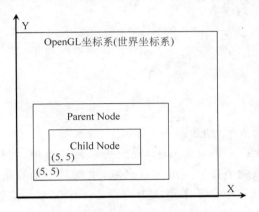

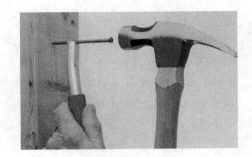

图 4-1　OpenGL 坐标系与世界坐标系　　　　图 4-2　在木板上钉钉子

在 Cocos2d-x 中的节点就好比这块木板,而这个钉子就相当于节点的锚点。也就是说,锚点是用来定位节点的,节点的移动、旋转都需要依靠锚点。Node 类提供了一个 setAnchorPoint 方法用于设置当前节点的锚点,该方法的原型如下:

```
virtual void setAnchorPoint(const Point& anchorPoint);
```

从 setAnchorPoint 方法的原型可以看出,表示锚点的是一个 Point 对象,该对象在 Cocos2d-x 中表示一个点的坐标。不过对于锚点来说,Point 可不是表示一个点,而是一个乘数因子。例如,(0.5,0.5)并不表示本地坐标系的坐标是(0.5,0.5),而表示节点宽度和高度分别乘以 0.5 的位置,也就是节点的中心。从 setAnchorPoint 方法也可以看出这一点。

<Cocos2d-x 根目录>/cocos/2d/CCNode.cpp

```
void Node::setAnchorPoint(const Point& point)
{
    if( ! point.equals(_anchorPoint))
    {
        _anchorPoint = point;
        //锚点就是节点的宽和高分别乘以各自的乘数因子
        _anchorPointInPoints = Point( _contentSize.width * _anchorPoint.x, _contentSize.
height * _anchorPoint.y );
```

```
        _transformDirty = _inverseDirty = true;
    }
}
```

现在我们已经了解锚点的原理,从理论上说,锚点可以是任何值,不过对于一个节点来说,有 9 个特殊点。这 9 个特殊点比其他的锚点更常用,这些点对应的锚点值如下:

- ❏ 左上角顶点:(0,1)
- ❏ 上边中点:(0.5,1)
- ❏ 右上角顶点:(1,1)
- ❏ 左侧边中点:(0,0.5)
- ❏ 中心点:(0.5,0.5)
- ❏ 右侧边中点:(1,0.5)
- ❏ 左下角顶点:(0,0)
- ❏ 底边中点:(0.5,0)
- ❏ 右下角顶点:(1,0)

这 9 个特殊点的位置和锚点如果用示意图表示,则如图 4-3 所示。

通常锚点值都会在 0 和 1 之间(包括 0 和 1)。不过实际上,锚点可以是任意值。只要锚点的 X 或 Y 有一个值不在 0 和 1 之间,锚点就不在节点的可视区域,也就是说锚点落在了节点的外侧。例如,如果锚点值为(2,2),则锚点位于节点右上方正好一个节点的位置,如图 4-4 所示。

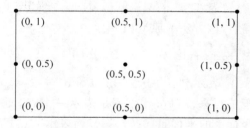

图 4-3　节点中 9 个特殊点的锚点　　　　图 4-4　锚点为(2,2)的情况

　　注意:在前面章节给出的很多代码中经常使用 Point 类表示 OpenGL 坐标系中的一个点,这在 Cocos2d-x 2.x 中是没问题的,因为在 Cocos2d-x 2.x 中,Point 对应于 CCPoint,而在 Cocos2d-x 3.x 中改成了 Point。不过这个 Point 正好和 iOS 使用的一个结构体同名,所以如果在 C++ 和 Objective-C 混用的文件中(.mm 和相应的.h 文件),如果使用 Point,应加上 cocos2d 命名空间,如 cocos2d::Point,以避免和 Point 结构体冲突。

4. 节点坐标系

节点坐标系也叫相对坐标系或本地坐标系。每一个节点都有独立的坐标系,这个坐标系的方向与 OpenGL 坐标系的方向一致。也就是说,原点在左下角,X 轴向右、Y 轴向上。当节点移动或改变时,与该节点关联的坐标系(子节点的坐标系)将随之移动或改变。这一切都是相对的,只有在节点坐标系中才有意义。例如,图 4-1 中的子节点坐下角顶点的坐标只有相对于父节点才有意义。

实际上,我们平常为各种节点设置坐标,都是使用节点坐标系。因为可能会将 Sprite、Menu 等节点加到 Scene 或 Layer 中,而这些节点都有自己的坐标系,所以节点位置的设置是相对于其父节点的。

在实际应用中,可能需要将子节点的本地坐标转换为世界坐标,或将世界坐标转换为子节点的本地坐标。在 Node 类中提供了如下两个方法来完成这两个工作。这两个方法的详细描述请参阅表 4-3 的内容。

❑ convertToWorldSpace:将基于节点的本地坐标系下的坐标转换为世界坐标系中的坐标。

❑ convertToNodeSpace:将世界坐标系下的坐标转换为基于节点的本地坐标系下的坐标。

这两个方法都是不考虑锚点的,也就是说这两个方法转换后的坐标都是相对于各种坐标系中绝对的坐标(相对于坐标系的原点)。而 Node 类还提供了另外两个方法 convertToWorldSpaceAR 和 convertToNodeSpaceAR。这两个方法转换后的坐标都是相对于锚点的。从这两个方法的代码就可以看出这一点。

<Cocos2d-x 根目录>/cocos/2d/CCNode. cpp

```
Point Node::convertToWorldSpaceAR(const Point& nodePoint) const
{
    Point pt = nodePoint + _anchorPointInPoints;
    return convertToWorldSpace(pt);
}
Point Node::convertToNodeSpaceAR(const Point& worldPoint) const
{
    Point nodePoint = convertToNodeSpace(worldPoint);
    return nodePoint - _anchorPointInPoints;
}
```

从这两个方法的代码可以看出,在从节点坐标系到世界坐标系的转换过程中,首先将要转换的节点加上锚点,然后再调用 convertToWorldSpace 方法进行转换。由于锚点实际上就是节点长和宽乘以一个比例因子,所以相加后,实际上就相当于将锚点变成了坐标系的原点。

世界坐标系到节点坐标系的转换也是一样,先调用 convertToNodeSpace 方法进行转换,然后再将转换后的坐标与锚点相减,这样就变成了以锚点为原点的坐标。例如,如果未与锚点相减之前,X 轴的坐标是正值,但该坐标在锚点的左侧,那么转换为相对于锚点的坐标,X 轴的坐标就变成负值了。

在实际的游戏程序编写过程中,几乎都会使用本地坐标系来设置位置。这样做的好处是当物体移动时,使用同一本地坐标系的节点可以作为一个子系统独立计算,然后再加上坐标系的运行即可,就像在地毯上有很多桌椅,如果想以同样的速度、同样的方法移动所有的桌椅,只需要移动地毯即可,而所有的桌椅相对于地毯是静止的。

5. UI 坐标系

前面介绍的几个坐标系尽管存在一些差异,但方向都与 OpenGL 坐标系是一致的。原点在左下角,X 轴向右为水平正方向,Y 轴向上为垂直正方向。而 UI 坐标系(也叫屏幕坐标系)的原点和方向与 OpenGL 坐标系却存在很大的差异。所谓 UI 坐标系,顾名思义,就是用于确定控件(UI)在屏幕上的尺寸和位置的坐标系,也就是用于屏幕上的控件,而不是 Cocos2d-x 中的节点。事实上,UI 坐标系与其他坐标系没有任何关系。不同的平台,会利用相应的屏幕触摸事件获取 UI 坐标系中的坐标。例如,在 Android 平台中是通过 NativeActivity 获取相应的 UI 坐标数据,然后再利用 Cocos2d-x 中相应的事件处理机制(在后面的章节会详细介绍)将 UI 的坐标数据传给 Cocos2d-x 的相应处理程序。

UI 坐标系是以屏幕左上角为原点的,X 轴向右,Y 轴向下。图 4-5 是 UI 坐标系的示意图。假设当前屏幕的分辨率是 320×480,那么屏幕中的白点在 UI 坐标系中的坐标就是(120,120)。

尽管 Cocos2d-x 主要在屏幕上绘制各种节点,但有时也需要放置各种控件。例如,在游戏设置中,可能会放置按钮、下拉列表框、滑动杆等控件,这就有可能需要处理这些控件的位置,而由于控件和节点所处的坐标系是不同的,因此就需要进行转换。在 Director 类中提供了如下两个方法可以将坐标在 UI 坐标系和 OpenGL 坐标系之间进行互转。

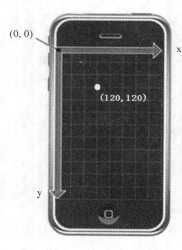

图 4-5　UI 坐标系

```
//将 UI 坐标系中的坐标转换为 OpenGL 坐标系中的坐标
Point convertToGL(const Point& point)
//将 OpenGL 坐标系中的坐标转换为 UI 坐标系中的坐标
Point convertToUI(const Point& point)
```

6. 仿射(Affine)变换

最后介绍一下仿射变换。游戏中大量使用的旋转、缩放、平移都会使用到仿射变换。如果简单地解释仿射变换,就是在现行变换的基础上加上平移、缩放等操作。平移、缩放等操作不是线性的。

如果从数学角度解释仿射变换,就是通过将当前坐标点与一个 3×3 齐次矩阵相乘来实现坐标变换。在 Cocos2d-x 中的 AffineTransform 结构体描述了这个 3×3 的齐次矩阵。该结构体的代码如下:

＜Cocos2d-x 根目录＞/cocos/math/CCAffineTransform. h

```
struct CC_DLL AffineTransform {
    float a, b, c, d;
    float tx, ty;

    static const AffineTransform IDENTITY;
};
```

在 AffineTransform 结构体中定义了 6 个 float 类型的值,这些值在 3×3 齐次矩阵中的位置如图 4-6 所示。

在 Node 类中提供了 getNodeToParentAffineTransform、getParentToNodeAffineTransform 等方法来获得相应的齐次矩阵(实际上就是获得 AffineTransform 结构体)。这些方法的详细描述可参阅 4.2.2 节中表 4-3 的内容。

$$\begin{bmatrix} a & b & tx \\ c & d & ty \\ 0 & 0 & 1 \end{bmatrix}$$

图 4-6　3×3 齐次矩阵

扩展学习:什么是齐次矩阵

如果读者了解什么是齐次矩阵,自然可以清楚地理解仿射变换。不过可能很多读者并不清楚什么是齐次矩阵,所以在这里还是要介绍一下什么是齐次矩阵。

在解释什么是齐次矩阵之前,先解释一下什么是齐次坐标。

$$\begin{bmatrix} x2 \\ y2 \end{bmatrix} = \begin{bmatrix} m00 & m01 \\ m10 & m11 \end{bmatrix} \times \begin{bmatrix} x1 \\ y1 \end{bmatrix} + \begin{bmatrix} Constx \\ Consty \end{bmatrix}$$

图 4-7　对(x1,y1)通过仿射变换
变成(x2,y2)

由于 Cocos2d-x 是 2D 游戏引擎,所以坐标点都是二维的,也就是用形如 p=(x,y)的二维坐标表示。如果要对这样一个坐标做线性和平移变换(也就是仿射变换),那么其计算公式如图 4-7 所示。

其中(Constx,Consty)就表示平移、缩放等变换,而(x1,y1)乘以 2×2 矩阵就是线性变换。以上公式也可以用如下形式表示。

```
P2 = M * P1 + C
```

尽管这样的变换从数学和技术上都没有问题,但却是乘法和加法混合使用。如果变换很简单倒是无所谓,但往往这种变换都是非常复杂的。对于复杂的仿射变换来说,混合矩阵的乘法和加法运算是很不明智的,这样将使计算变得很复杂,而且很不直观。

为了使计算更简单,需要将矩阵加法运算移除,而只保留矩阵的乘法运算,所以引入了齐次坐标的概念。对于一个二维坐标点(x,y)来说,需要增加一个维度 w,并且 w!=0。并对原二维坐标进行同样的缩放,形成新的三维坐标(wx,wy,w)。这个坐标就是齐次坐标,该坐标对应的坐标系称为齐次坐标系。

齐次坐标引入后,仿射变换的计算公式就可以改写为如下形式。其中 M'就是齐次矩阵。通过这些这样的处理,只需要乘法就可以进行坐标变换了。

```
P2' = M' * P1'
```

前面的齐次坐标表示实际上是"点"的齐次坐标,且在接触到投影矩阵之前(即在模型视

图矩阵阶段),对于一个坐标点 P ＝(wx，wy，w)的 w 值都是 1,也必须是 1。

对于齐次坐标系中的向量来说,若原二维坐标为 v＝(x，y),那么在齐次坐标系中的三维坐标就是 v' ＝(x，y，0)。也就是对于向量来说,齐次坐标就是在第三维上填 0。更进一步说,这里的第三维坐标 w 就表示从原点是否移动了向量 P。

从前面的描述可知,仿射变换的数学定义是:在几何中,一个向量空间进行一次线性变换并接上一个非线性变换(平移、缩放等),变换为另一个向量空间。前面的图 4-7 描述了这一计算公式。

$$
\begin{bmatrix} x2 \\ y2 \\ 1 \end{bmatrix} = \begin{bmatrix} m00 & m01 & m02 \\ m10 & m11 & m12 \\ 0 & 0 & 1 \end{bmatrix} \times \begin{bmatrix} x1 \\ y1 \\ 1 \end{bmatrix}
$$

图 4-8　在齐次坐标系下的
坐标变换

如果在齐次坐标系中,由于在前面了解到点的齐次坐标表示都是(x，y，1),第三维必须是 1。所以仿射变换的计算公式可以表示如图 4-8 的形式。

其中(x1,y1,1)乘以的 3×3 矩阵就是齐次矩阵。看到这个矩阵是不是眼熟呢? 我们可以和图 4-6 表示的那个矩阵做一些对比。发现 a、b、c、d 分别对应 m00、m01、m10、m11,而 tx 和 ty 分别对应于 m02 和 m12。

由于齐次矩阵最后一行前两个值为 0,后一个值为 1,所以(x2，y2，1)中 x2 和 y2 的值如下:

x2 ＝ m00×x1 ＋ m01×y1 ＋ m02
y2 ＝ m10×x1 ＋ m11×y1 ＋ m12

下面给出两个最常用的变换对应的齐次矩阵。

1. 平移

在用于平移的齐次矩阵中,a 和 d 为 1,b 和 c 为 0,而 tx 和 ty 分别表示延 X 轴和 Y 轴的平移量,所以齐次矩阵如图 4-9 所示。

2. 缩放

用于缩放的齐次矩阵中,a 和 d 的值分别是延 X 轴和 Y 轴的缩放比例,其他的值(b、c、tx、ty 都为 0),所以用于缩放的齐次矩阵如图 4-10 所示。

$$
\begin{bmatrix} 1 & 0 & tx \\ 0 & 1 & ty \\ 0 & 0 & 1 \end{bmatrix}
\qquad
\begin{bmatrix} a & 0 & 0 \\ 0 & d & 0 \\ 0 & 0 & 1 \end{bmatrix}
$$

图 4-9　用于平移的齐次矩阵　　　　图 4-10　用于缩放的齐次矩阵

4.2.6　节点的移动、缩放和旋转

本节给出的例子演示了 Node 常用功能的使用。尽管节点的功能很多,但大多数功能的使用方法大同小异。因此,本节的例子只介绍了一些基本的功能,其他更复杂的功能在后面的例子中会详细介绍。

本例主要演示节点的移动、缩放和旋转功能，以及通过设置节点的锚点来控制旋转轴。由于节点不能直接显示图像，所以本例使用了 Node 的若干子类（如 Sprite、Menu、MenuItem 等）进行演示。在本例的窗口左侧有三只不同形态的小鸟。窗口左下方有三个菜单项，分别是"改变位置"、"图像缩放"和"图像旋转"，效果如图 4-11 所示。当点击这三个菜单项时，这三个小鸟会做移动、缩放、旋转的动作。图 4-12 是在某一时刻的效果。读者可以运行 Cocos2dxDemo 程序，并选择"第 04 章 Cocos2d-x 中的核心类"＞"节点（Node）测试"菜单项来运行本例。

图 4-11　节点的初始状态　　　　　　　　图 4-12　节点经过变换后的状态

下面看一下本例是如何实现的。

首先需要建立一个头文件 NodeTest.h，代码如下：

Cocos2dxDemo/classes/MainClass/Node/NodeTest.hpp

```
//这里省略了类定义以外的代码，如 # include.这些代码在各个头文件中大同小异，而且
//并不影响讲解，所以在这里将其省略了.在后面的代码中，如果有必要，会重新添加相应的代码
class NodeTest : public NavigationScene
{
private:
    Vector < Node * > nodes;                    // 用于保存 Node 对象指针,本例会创建三个 Node 对象
public:
    //切换到当前场景后回调该方法
    virtual void onEnter();
    //点击屏幕左下角的三个菜单项会调用该方法
    virtual void menuCallback(Ref * sender);
    virtual bool init();
    CREATE_FUNC(NodeTest);
};
```

要注意的是，新版的 XCode 创建 C++ 类时，将头文件的扩展名设为 hpp，这个扩展名和 h 是一样的，没有任何影响。直接 include 这个 hpp 文件即可，如 # include "NodeTest.hpp"。

NodeTest 类中的 init、CREATE_FUNC、onEnter 在前面的章节都已经介绍过了，这里不再赘述。nodes 的类型是 Vector＜Node＊＞，用于存储 Node 指针。在 Cocos2d-x 2.x 中

使用 CCArray 来存储集合数据。CCArray 允许使用 ARC。尽管在 Cocos2d-x 3.10 中仍然支持旧版本的 CCArray 和新版本的 Array,不过 CCArray 和 Array 已被声明为 deprecated,所以不建议使用。在 Cocos2d-x 3.10 中,存储集合数据,建议使用 Vector。关于 Vector 类的详细内容会在后面的章节介绍。

接下来需要实现 NodeTest 类(NodeTest. cpp)。首先需要在 onEnter 方法中装载相应的菜单项和小鸟图像。

Cocos2dxDemo/classes/MainClass/Node/NodeTest. cpp

```cpp
voidNodeTest::onEnter()
{
    NavigationScene::onEnter()// 必须调用,否则触摸等事件不会响应
    Point origin = Director::getInstance()->getVisibleOrigin();
    Size visibleSize = Director::getInstance()->getVisibleSize();
    // 创建"改变位置"菜单项
    auto positionLabel = LabelTTF::create("改变位置", "Arial", 24);
    //为当前菜单项指定了回调方法 NodeTest::menuCallback
    auto positionItem = MenuItemLabel::create(positionLabel,
                CC_CALLBACK_1(NodeTest::menuCallback, this));
    positionItem->setPosition(Point(origin.x +
    positionLabel->getTextureRect().size.width / 2 + 10 , origin.y +
                    positionLabel->getTextureRect().size.height / 2 + 10));
    // 创建"图像缩放"菜单项
    auto scaleLabel = LabelTTF::create("图像缩放", "Arial", 24);
    auto scaleItem = MenuItemLabel::create(scaleLabel,
                CC_CALLBACK_1(NodeTest::menuCallback, this));
    scaleItem->setPosition(Point(positionItem->getPosition().x +
    positionLabel->getTextureRect().size.width + 20 , origin.y + scaleLabel->
getTextureRect().size.height / 2 + 10));
    // 创建"图像旋转菜单项"
    auto rotateLabel = LabelTTF::create("图像旋转", "Arial", 24);
    auto rotateItem = MenuItemLabel::create(rotateLabel,
                CC_CALLBACK_1(NodeTest::menuCallback, this));
    rotateItem->setPosition(Point(scaleItem->getPosition().x +
        scaleLabel->getTextureRect().size.width + 20 , origin.y +
        rotateLabel->getTextureRect().size.height / 2 + 10));
    auto menu = Menu::create(positionItem, scaleItem, rotateItem, NULL);
    menu->setPosition(Point::ZERO);
    // 将菜单添加到当前的 Scene 上
    addChild(menu);
    // 创建第一个 Sprite 对象,用于显示第一个小鸟图像
    Sprite * sprite1 = Sprite::create("bird1.png");
    sprite1->setPosition(Point(origin.x + sprite1->getTextureRect().size.width / 2 +
20,  origin.y + visibleSize.height - sprite1->getTextureRect().size.height / 2 - 40));
    // 创建第二个 Sprite 对象,用于显示第二个小鸟图像
    Sprite * sprite2 = Sprite::create("bird2.png");
```

```
    // 将 Sprite2 的锚点设置为左上角
    sprite2 -> setAnchorPoint(Point(0,1));
    sprite2 -> setPosition(Point(origin.x + 20,  origin.y + visibleSize.height -
                           sprite1 -> getTextureRect().size.height - 40 - 30));
    // 创建第三个 Sprite 对象，用于显示第三个小鸟图像
    Sprite * sprite3 = Sprite::create("bird3.png");
    sprite3 -> setPosition(Point(origin.x + sprite3 -> getTextureRect().size.width / 2 + 20,
    origin.y + visibleSize.height - sprite3 -> getTextureRect().size.height / 2 -
                                 sprite1 -> getTextureRect().size.height -
                                 sprite2 -> getTextureRect().size.height - 40 - 30 - 30));
    // 将三个 Sprite 对象都添加到 Scene 上
    addChild(sprite1);
    addChild(sprite2);
    addChild(sprite3);
    // 将三个 Sprite 对象都保存到 nodes 中
    nodes.pushBack(sprite1);
    nodes.pushBack(sprite2);
    nodes.pushBack(sprite3);
}
```

阅读 NodeTest::onEnter 方法的代码需要了解如下几点。

❑ 由于 Cocos2dxDemo 在 AppDelegate::applicationDidFinishLaunching 方法中调用
GLView::setDesignResolutionSize 方法时使用了 ResolutionPolicy::NO_BORDER 策
略（拉伸策略），所以可以不考虑 origin.x 和 origin.y。不过为了考虑通用性，在计算
节点坐标时仍然考虑了这两个值。这样即使修改成了其他的拉伸策略，本例都不会
受任何影响。

❑ 由于锚点默认在节点的中心，所以如果不修改锚点，在计算节点位置时要时刻记住
setPosition 和 getPosition 操作的是节点的中心坐标。所以要考虑当前节点的
width 和 height。

❑ 第二个 Sprite 对象（sprite2）重新将锚点设置为节点的左上角。所以对于 sprite2 来
说，setPosition 和 getPosition 操作的是节点左上角的点。例如，setPosition 方法设
置的坐标是指节点左上角的坐标。节点在缩放和旋转时，会以锚点为中心。也就是
说，sprite2 在旋转时，会绕着左上角旋转，而不是自转。

在 NodeTest::onEnter 方法中还涉及一个回调方法 menuCallback，该方法的代码如下：

Cocos2dxDemo/classes/MainClass/Node/NodeTest.cpp

```
void NodeTest::menuCallback(Ref * sender)
{
    Point origin = Director::getInstance() -> getVisibleOrigin();
    Size visibleSize = Director::getInstance() -> getVisibleSize();
    auto menuItem = static_cast < MenuItem * >(sender);
    int idx = menuItem -> getLocalZOrder();
    static bool scaleFlag = true;        // true: 放大，false: 缩小
```

```
        switch (idx) {
            case 0:                           //改变位置
                //三个节点水平向右移动.第一个节点移动的最慢,第三个节点移动的最快
                //如果节点移动到屏幕最右端,重新从左侧开始移动
                for(int i = 0; i < nodes.size(); i++)
                {
                    Node * node = nodes.at(i);
                    //如果当前节点的锚点横坐标超过屏幕横向尺寸,则重新将节点恢复到初始位置
                    if(node -> getPosition().x > (origin.x + visibleSize.width))
                    {
                        // 重新将节点设置为初始位置
                        node -> setPosition(node -> getContentSize().width/ 2 + 20, node ->
getPosition().y);
                    }
                    else
                    {
                        //设置节点的位置
                        node -> setPosition(Point(node -> getPosition().x + 10 + 10 * i, node
-> getPosition().y));
                    }
                }
                break;
            case 1:                 //图像缩放
                //每次缩放步长是 5%.当节点缩放到原来的 180% 后,会开始缩小,
                //当缩放到原来的 60% 后,开始放大
                for(int i = 0; i < nodes.size(); i++)
                {
                    Node * node = nodes.at(i);

                    if(scaleFlag == true)
                    {
                        //节点放大 5%
                      node -> setScale(node -> getScale() * 1.05);
                    }
                    else
                    {
                        //节点缩小 5%
                      node -> setScale(node -> getScale() * 0.95);
                    }
                    //当节点放大到原来的 180% 后,开始缩小节点
                    if(node -> getScale() > 1.8)
                    {
                        scaleFlag = false;
                    }
                    //当节点缩小到原来的 60% 时,开始放大节点
```

```
                else if(node -> getScale() < 0.6)
                {
                    scaleFlag = true;
                }

            }
            break;
        case 2:              //图像旋转
            // 三个节点顺时针不断旋转.第一个节点旋转的最快,最后一个节点旋转最慢,
            // 第二个节点会以左上角这点为旋转轴进行旋转
            for(int i = 0; i < nodes.size(); i++)
            {
                Node * node = nodes.at(i);
                //顺时针旋转节点
                node -> setRotation(node -> getRotation() + 12 - 5 * i);
            }
            break;
        default:
            break;
    }
}
```

注意：对于本例来说,如果锚点处于节点中心位置,当节点向右水平移动时,实际上当节点宽度进入屏幕右侧不可是区域一半时就会将该节点重新放到初始位置。不过当锚点在节点左上角时,在旋转后,该锚点可能位于节点的最右侧,在这种情况下,当节点右侧一碰到屏幕右侧边缘时,就会立刻将该节点重新放到初始位置。读者可以不断移动、缩放和旋转这三个节点来体会这一过程。

4.3　场景类（Scene）

场景是Cocos2d-x中的一个非常重要的概念。一个场景可以理解为游戏的当前窗口中的各种渲染效果的集合体。也就是说,可以认为当前正在玩的游戏画面是一个场景。一个场景可以包括若干个子节点,这些节点可能是Layer、Sprite、MenuItem,以及任何的节点对象。对于一个基于Cocos2d-x的游戏,必须至少有一个场景。而且在游戏开始前需要先运行某个场景。隐藏,首先面临的问题就是如何运行场景。如果游戏中含有多个场景,还会面临不同场景之间的切换问题。当然,在Cocos2d-x中提供了场景之间的各种切换效果,通过这些特效,可以增强游戏的用户体验。

由于场景类（Scene）也是一个节点类,所以Scene拥有Node类的一切特性。当然,Scene也有其特有的功能。本节将结合Scene的各种特性深入讲解如何创建、运行、切换场景,已经各种场景切换效果。

4.3.1　创建场景

创建场景已经不止一次提到了。在前面章节给出的例子中也包含了各种创建场景对象的代码。如果读者已经对场景的创建非常熟悉，可以忽略本节的内容。

对象的创建和创建其他节点对象类似。通常都会使用 create 方法创建。通常该方法是通过 CREATE_FUNC 宏产生的，这一点在前面已经介绍过。对于游戏中运行的第一个场景，通常会在 AppDelegate. cpp 文件的 AppDelegate::applicationDidFinishLaunching 方法中创建和运行，代码如下：

Cocos2dxDemo/classes/MainClass/AppDelegate. cpp

```
bool AppDelegate::applicationDidFinishLaunching() {
    auto director = Director::getInstance();
    …
    //创建一个场景对象(MainScene)
    auto scene = MainScene::create();
    //运行场景
    director->runWithScene(scene);
    return true;
}
```

如果游戏中还有其他场景，可以在任何位置创建该场景，方法与这段代码类似，只是需要进行场景的切换。在 4.3.2 节将介绍切换场景的方法。

4.3.2　运行和切换场景

在 Director 类中提供了可以运行和切换场景的方法，这些方法的原型和描述如表 4-4 所示。

表 4-4　用于运行和切换场景的方法

方 法 原 型	功 能 描 述
voidrunWithScene(Scene * scene)	运行场景
voidpushScene(Scene * scene)	将场景压入栈
voidpopScene()	弹出栈顶的场景
voidpopToRootScene()	弹出栈中除了根场景外的所有场景(最后栈中只剩下一个根场景)
voidpopToSceneStackLevel(int level)	level 的值为 0 或 1。如果为 0，直接结束 Director。如果为 1，与 popToRootScene 方法的作用一样(实际上，popToRootScene 方法内部就是调用该方法实现的)
voidreplaceScene(Scene * scene)	用一个新的场景替换旧的场景，旧的场景将被终止

其中，runWithScene 方法通常用于运行游戏中的第一个场景。当切换场景时，可以使用 replaceScene 方法直接替换当前正在运行的场景。不过当场景初始化比较耗时的情况

下,通常采用 pushScene 和 popScene 方法利用栈的方式不断切换场景。例如,下面的代码从 scene1 切换到 scene2,又从 scene2 返回到 scene1。

```cpp
// Scene1.cpp
voidScene1::menuCallback(Ref * sender)
{
    //清空缓存,一般切换场景之前可以调用该方法用于清除不需要的资源
    Director::getInstance()->purgeCachedData();
    Scene2 * scene2 = Scene2::create();
    //从 Scene1 切换到 Scene2
    Director::getInstance()->pushScene(scene2);
}
// Scene2.cpp
void Scene2::menuReturnCallback(Object * sender)
{
    //将 Scene2 从堆栈中弹出,返回 Scene1
    Director::getInstance()->popScene();
}
```

如果要从栈顶场景直接返回到根场景(第一个运行的场景),可以使用 popToRootScene 方法。或使用 popToSceneStackLevel 方法切换到堆栈中的任何一个场景,同时压在该场景上面的所有场景都会弹出。

4.3.3　场景切换的各种特效

在 Cocos2d-x 中提供了大量的场景切换特效。每一个特效对应于一个类。例如,渐变切换对应 TransitionFade 类;从下到上,场景切换对应 TransitionMoveInB 类。所有的场景切换特效类都以 Transition 开头,创建特效类对象都需要使用相应特效类的 create 方法。所有的 create 方法都会有如下两个参数:

❑ 第一个参数(float t):场景切换所需的时间,单位:秒。

❑ 第二个参数(Scene * scene):要切换的目标场景。

不同特效类的 create 方法可能会有更多的参数,这一点会在相应的位置给予特殊说明。

使用特效类的方法也很简单,在需要传入创建对象的地方替换成特效对象即可。例如,下面的代码以渐变的方式切换一个新的场景(MyScene)。

```cpp
MyScene * myScene = MyScene::create();
//以渐变的方式从当前场景切换到 MyScene,切换所用的时间为 2 秒
Director::getInstance()->pushScene(TransitionFade::create(2, myScene));
```

图 4-13 和图 4-14 是两种场景切换效果。

图 4-13　水平进度场景切换效果

图 4-14　翻页场景切换效果

表 4-5 是 Cocos2d-x 支持的主要场景切换特效。在该表中列出了特效对应的类和相应的 create 方法原型。

表 4-5　场景切换的各种特效

场景切换特效	对 应 的 类	create 方法原型
原场景子节点淡出效果	TransitionCrossFade	create(float t, Scene * scene)
原场景淡出，新场景淡入	TransitionFade	create(float duration, Scene * scene) create(float duration, Scene * scene, const Color3B& color) 其中 color 参数表示原场景淡出的颜色。也就是说，如果指定 color 参数，原场景最后消失的颜色是 color。而淡出到新场景时开始的颜色也是 color
原场景从右上角到左下角的所有子节点依次以方块形式淡出	TransitionFadeBL	create(float t, Scene * scene)
原场景从上到下的所有子节点依次以百叶窗形式淡出	TransitionFadeDown	create(float t, Scene * scene)
原场景从左下角到右上角的所有子节点依次以方块形式淡出	TransitionFadeTR	create(float t, Scene * scene)
原场景从下到上的所有子节点依次以百叶窗形式淡出	TransitionFadeUp	create(float t, Scene * scene)

续表

场景切换特效	对应的类	create 方法原型

带角度的翻转（X 和 Y 轴同时翻转）	TransitionFlipAngular	create(float t，Scene * scene)
		create(float t，Scene * scene，Orientation orientation)
		其中 orientation 参数表示翻转的方向。Orientation 是枚举类型，代码如下：
		enum class Orientation
		{
		　　// 水平方向从左侧开始翻转
		　　LEFT_OVER = 0,
		　　// 水平方向从右侧开始翻转
		　　RIGHT_OVER = 1,　　// 默认值
		　　// 垂直方向从上方开始翻转
		　　UP_OVER = 0,
		　　// 垂直方向从下方开始翻转
		　　DOWN_OVER = 1,
		};
		如果要指定翻转的方向，可以使用下面的代码创建 TransitionFlipAngular 对象。
		TransitionFlipAngular∷create(2, scene, **TransitionScene ∷ Orientation ∷ LEFT _ OVER)**
		如果不指定翻转方向，默认值是 RIGHT_OVER

与 TransitionFlipAngular 效果类似，只是带缩放效果	TransitionZoomFlipAngular	create(float t，Scene * scene) create(float t，Scene * scene，Orientation orientation)
延 X 轴翻转	TransitionFlipX	create(float t，Scene * scene) create(float t，Scene * scene，Orientation orientation) orientation 参数的功能与 TransitionFlipAngular∷create 方法的同名参数相同，只是 UP_OVER 和 DOWN_OVER 不再有效
与 TransitionFlipX 效果类似，只是带缩放效果	TransitionZoomFlipX	create(float t，Scene * scene) create(float t，Scene * scene，Orientation orientation)

续表

场景切换特效	对应的类	create 方法原型
延 Y 轴翻转	TransitionFlipY	create(float t, Scene * scene) create(float t, Scene * scene, Orientation orientation) orientation 参数的功能与 TransitionFlipAngular::create 方法的同名参数相同,只是 LEFT_OVER 和 RIGHT_OVER 不再有效
与 TransitionFlipY 效果类似,只是带缩放效果	TransitionZoomFlipY	create(float t, Scene * scene) create(float t, Scene * scene, Orientation orientation)
原场景先跳出,然后新场景再跳进	TransitionJumpZoom	create(float t, Scene * scene)
新场景从下到上匀速移动覆盖原场景	TransitionMoveInB	create(float t, Scene * scene)
新场景从左到右匀速移动覆盖原场景	TransitionMoveInL	create(float t, Scene * scene)
新场景从右到左匀速移动覆盖原场景	TransitionMoveInR	create(float t, Scene * scene)
新场景从上到下匀速移动覆盖原场景	TransitionMoveInT	create(float t, Scene * scene)
翻页	TransitionPageTurn	create(float t, Scene * scene, bool backwards) 其中 backwards 为 false,表示原场景从右向左翻页后消失,最后剩下新场景(前翻)。backwards 为 true 表示新场景从左向右翻页,最后覆盖原场景(后翻)
新场景以进度条方式从左到右覆盖原场景	TransitionProgressHorizontal	create(float t, Scene * scene)
新场景以进度条方式从上到下覆盖原场景	TransitionProgressVertical	create(float t, Scene * scene)
原场景从内到外逐渐消失,最后剩下新场景	TransitionProgressInOut	create(float t, Scene * scene)
原场景从外到内逐渐消失,最后剩下新场景	TransitionProgressOutIn	create(float t, Scene * scene)
新场景以时钟方式逆时针逐渐显示,最后覆盖原场景	TransitionProgressRadialCCW	create(float t, Scene * scene)
新场景以时钟方式顺时针逐渐显示,最后覆盖原场景	TransitionProgressRadialCW	create(float t, Scene * scene)

续表

场景切换特效	对应的类	create方法原型
原场景先以顺时针旋转缩小的方式消失,然后新创建以逆时针旋转放大的方式显示	TransitionRotoZoom	create(float t, Scene * scene)
交错切换(原场景不断缩小的同时,新场景不大变大)	TransitionShrinkGrow	create(float t, Scene * scene)
新场景从下移入推出原场景	TransitionSlideInB	create(float t, Scene * scene)
新场景从左移入推出原场景	TransitionSlideInL	create(float t, Scene * scene)
新场景从右移入推出原场景	TransitionSlideInR	create(float t, Scene * scene)
新场景从上移入推出原场景	TransitionSlideInT	create(float t, Scene * scene)
按列交错切换(原场景变成三列,交错上下移出,然后新场景变成三列,交错上下移入)	TransitionSplitCols	create(float t, Scene * scene)
按行交错切换(原场景变成三行,交错左右移出,然后新场景变成三行,交错左右移入)	TransitionSplitRows	create(float t, Scene * scene)
随机小方块切换	TransitionTurnOffTiles	create(float t, Scene * scene)

在表4-5中的翻页效果(TransitionPageTurn)一般需要使用下面的代码打开OpenGL深度测试,否则在翻页时会产生很明显的锯齿效果,如图4-15所示。

```
Director::getInstance()->setDepthTest(true);
```

如果读者对表4-5列出的场景切换效果还有疑惑,可以运行Cocos2dxDemo,并选择"第04章 Cocos2d-x中的核心类">"场景(Scene)切换测试"菜单项,可以进入如图4-16所示的界面。该界面列出了表4-5中所有的场景切换效果。读者可以进入某个菜单项,并观察相应的场景切换效果。

图 4-15　为打开 OpenGL 深度测试的锯齿效果　　　图 4-16　场景切换测试界面

　　本例的核心代码在 SceneTest. cpp 文件中。该文件的 SceneTest∷menuCallback 方法负责响应图 4-16 中所有的菜单项的单击事件,该方法的代码如下:

Cocos2dxDemo/classes/MainClass/Scene/SceneTest. cpp

```
void SceneTest∷menuCallback(Ref * sender)
{
    Director∷getInstance() –> purgeCachedData();
    auto menuItem = static_cast<MenuItem *>(sender);
    // idx 为菜单项的索引,从 0 开始
    int idx = menuItem –> getLocalZOrder() - 10000;
    // SceneTest1 为要切换到的新场景
    Scene * scene = SceneTest1∷create();
    switch (idx) {
        case 0:      // TransitionCrossFade
            Director∷getInstance() –> pushScene( TransitionCrossFade∷create(2, scene));
            break;
        case 1:      // TransitionFade
            Director∷getInstance() –> pushScene( TransitionFade∷create(2, scene, Color3B
(255,0,0)));
            break;
        case 2:      // TransitionFadeBL
            Director∷getInstance() –> pushScene(TransitionFadeBL∷create(2, scene));
            break;
        case 3:      // TransitionFadeDown
            Director∷getInstance() –> pushScene(TransitionFadeDown∷create(2, scene));
            break;
        case 4:      // TransitionFadeTR
            Director∷getInstance() –> pushScene(TransitionFadeTR∷create(2, scene));
            break;
        case 5:      // TransitionFadeUp
            Director∷getInstance() –> pushScene(TransitionFadeUp∷create(2, scene));
            break;
```

```
case 6:      // TransitionFlipAngular
        Director::getInstance() - > pushScene(TransitionFlipAngular::create(2, scene,
TransitionScene::Orientation::LEFT_OVER));
        break;
case 7:      // TransitionFlipX
        Director:: getInstance ( ) - > pushScene ( TransitionFlipX :: create ( 2,  scene,
TransitionScene::Orientation::LEFT_OVER));
        break;
case 8:      // TransitionFlipY
        Director:: getInstance ( ) - > pushScene ( TransitionFlipY :: create ( 2,  scene,
TransitionScene::Orientation::DOWN_OVER));
        break;
case 9:      // TransitionJumpZoom
        Director::getInstance() - > pushScene(TransitionJumpZoom::create(2, scene));
        break;
case 10:     // TransitionMoveInB
        Director::getInstance() - > pushScene(TransitionMoveInB::create(2, scene));
        break;
case 11:     // TransitionMoveInL
        Director::getInstance() - > pushScene(TransitionMoveInL::create(2, scene));
        break;
case 12:     // TransitionMoveInR
        Director::getInstance() - > pushScene(TransitionMoveInR::create(2, scene));
        break;
case 13:     // TransitionMoveInT
        Director::getInstance() - > pushScene(TransitionMoveInT::create(2, scene));
        break;
case 14:     // TransitionPageTurn
        Director::getInstance() - > setDepthTest(true);
        Director::getInstance() - > pushScene(TransitionPageTurn::create(2, scene, true));
        break;
case 15:     // TransitionProgressHorizontal
        Director::getInstance() - > pushScene(TransitionProgressHorizontal::create(2, scene));
        break;
case 16:     // TransitionProgressVertical
        Director::getInstance() - > pushScene(TransitionProgressVertical::create(2, scene));
        break;
case 17:     // TransitionProgressInOut
        Director::getInstance() - > pushScene(TransitionProgressInOut::create(2, scene));
        break;
case 18:     // TransitionProgressOutIn
        Director::getInstance() - > pushScene(TransitionProgressOutIn::create(2, scene));
        break;
case 19:     // TransitionProgressRadialCCW
        Director::getInstance() - > pushScene(TransitionProgressRadialCCW::create(2, scene));
```

```
                    break;
            case 20:       // TransitionProgressRadialCW
                Director::getInstance()->pushScene(TransitionProgressRadialCW::create(2, scene));
                break;
            case 21:       // TransitionRotoZoom
                Director::getInstance()->pushScene(TransitionRotoZoom::create(2, scene));
                break;
            case 22:       // TransitionShrinkGrow
                Director::getInstance()->pushScene(TransitionShrinkGrow::create(2, scene));
                break;
            case 23:       // TransitionSlideInB
                Director::getInstance()->pushScene(TransitionSlideInB::create(2, scene));
                break;
            case 24:       // TransitionSlideInL
                Director::getInstance()->pushScene(TransitionSlideInL::create(2, scene));
                break;
            case 25:       // TransitionSlideInR
                Director::getInstance()->pushScene(TransitionSlideInR::create(2, scene));
                break;
            case 26:       // TransitionSlideInT
                Director::getInstance()->pushScene(TransitionSlideInT::create(2, scene));
                break;
            case 27:       // TransitionSplitCols
                Director::getInstance()->pushScene(TransitionSplitCols::create(2, scene));
                break;
            case 28:       // TransitionSplitRows
                Director::getInstance()->pushScene(TransitionSplitRows::create(2, scene));
                break;
            case 29:       // TransitionTurnOffTiles
                Director::getInstance()->pushScene(TransitionTurnOffTiles::create(2, scene));
                break;
            case 30:       // TransitionZoomFlipAngular
                Director::getInstance()->pushScene(TransitionZoomFlipAngular::create(2,
scene, TransitionScene::Orientation::LEFT_OVER));
                break;
            case 31:       // TransitionZoomFlipX
                Director::getInstance()->pushScene(TransitionZoomFlipX::create(2, scene,
TransitionScene::Orientation::LEFT_OVER));
                break;
            case 32:       // TransitionZoomFlipY
                Director::getInstance()->pushScene(TransitionZoomFlipY::create(2, scene,
TransitionScene::Orientation::LEFT_OVER));
                break;
            default:
                break;
        }
    }
}
```

4.4　图层类（Layer）

图层类[①] Layer 是 Node 类的子类，层主要用于对局部区域的渲染。例如，图层可以是半透明的，这样玩家就可以看到图层下面的其他图层了。Cocos2d-x 还提供了很多 Layer 的子类，用于不同的渲染效果。例如，LayerColor 用于设置图层的背景色，LayerGradient 用于为图层设置渐变背景色。此外，Cocos2d-x 还提供了很多基于图层的功能类，如 Menu 用于在屏幕上显示一组菜单项。当然，对于一些更复杂的游戏，需要定制图层。这就要求这些定制的图层类从 Layer 或其子类继承。本节将详细介绍 Layer 及其常用子类的功能和用法。

4.4.1　Layer 类的基本应用

Layer 相当于节点的容器。通常将相互关联的节点加入 Layer。这样可以统一利用 Layer 对这些节点进行移动、旋转等操作。可能使用过其他语言或技术容器（如 Panel、Form 等）的读者会习惯性地认为一个容器应该有位置和尺寸。不过，对于 Layer 来说，只有位置，并没有尺寸。也就是说一旦确定了 Layer 的位置，Layer 就会向右侧和下方无限扩展（至少的编程时可以这样认为），也可以认为 Layer 没有右边界和下边界。

在图 4-17 中有两个层（Layer1 和 Layer2），其中 Layer1 的左上角顶点坐标与窗口左上角重合。Layer2 的左上角顶点坐标是（400，300），所以 Layer2 的区域在白色框内。Layer1 和 Layer2 都没有右边界。如果移动 Layer1 和 Layer2，相应图层中的图像就会跟着移动。

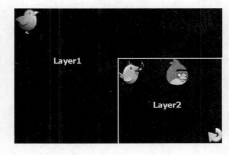

图 4-17　Layer 测试

读者可以运行 Cocos2dxDemo，并选择"第 04 章 Cocos2d-x 中的核心类"→"图层（Layer）测试"→"Layer"菜单项，进入图 4-17 所示的界面。

图 4-17 所示的效果是在 LayerScene∷onEnter 方法中实现的，该方法的代码如下：

Cocos2dxDemo/classes/MainClass/Layer/LayerTest. cpp

```
void LayerScene∷onEnter()
{
    Scene∷onEnter();
    // 设置 Layer1 及其子节点
    Layer * layer1 = Layer∷create();
```

[①]　如果按字面翻译，应该是层类。不过为了统一（和场景、导演一样都保持两个字的名称）和直观，所以这里借用了 Potopshop 的概念，将 Layer 称为图层类。其实，Layer 与图层也非常相似。因为不管 Layer 中显示的是什么类型的节点，都是以各种图形（图像）进行渲染。所以在本书中统一将 Layer 称为图层。

```
Sprite * sprite1 = Sprite::create("bird1.png");
// 将 sprite1 的锚点设为左上角
sprite1 -> setAnchorPoint(Point(0,1));
// 将 sprite1 的位置设为 layer1 的左上角
sprite1 -> setPosition(0 ,480);
// 将 sprite1 添加到 layer1 中
layer1 -> addChild(sprite1);
// 设置 Layer2 及其子节点
Layer * layer2 = Layer::create();
// 设置 Layer 锚点时必须先按如下形式调用 ignoreAnchorPointForPosition 方法
 layer2 -> ignoreAnchorPointForPosition(false);
// 将 layer2 的锚点设为左上角
layer2 -> setAnchorPoint(Point(0,1));
// 设置 layer2 的位置
 layer2 -> setPosition(400,300);

Sprite * sprite2 = Sprite::create("bird2.png");
sprite2 -> setAnchorPoint(Point(0,1));
sprite2 -> setPosition(0,480);
Sprite * sprite3 = Sprite::create("bird3.png");
sprite3 -> setAnchorPoint(Point(1,1));
sprite3 -> setPosition(270,480);
// 将 sprite2 添加到 layer2 中
layer2 -> addChild(sprite2);
// 将 sprite3 添加到 layer2 中
layer2 -> addChild(sprite3);

// 将 layer1 添加到当前场景中
addChild(layer1);
// 将 layer2 添加到当前场景中
addChild(layer2);
}
```

由于我们前面已经接触过很多类似的代码,所以阅读 LayerScene::onEnter 方法的代码会感到很轻松。很明显。在 LayerScene::onEnter 方法中创建了两个 Layer 对象(layer1 和 layer2)和三个 Sprite 对象(sprite1、sprite2 和 sprite3)。其中 sprite1 被添加到 layer1 中,而 sprite2 和 sprite3 被添加到 layer2 中。其中 layer2 的位置被重新设置为(400,300)。如果不设置 Layer 的位置,那么 Layer 的位置默认与窗口的可视区域重合。如果在设置设计尺寸时使用了 ResolutionPolicy::EXACT_FIT,那么并不需要考虑非可视区域。否则就需要考虑非可视区域,代码如下:

```
Point origin = Director::getInstance() -> getVisibleOrigin();
Sprite * sprite1 = Sprite::create("bird1.png");
sprite1 -> setAnchorPoint(Point(0,1));
// origin.x 和 origin.y 为非可视区域边界距离可视区域边界的距离
```

```
sprite1 - > setPosition(0 + origin.x ,480 + origin.y);
```

要注意的是,在设置 Layer 的锚点之前,应先调用如下的代码,否则不会成功设置 Layer 的锚点。

```
layer2 - > ignoreAnchorPointForPosition(false);
```

4.4.2　Layer 的子类

Layer 的子类比较多,本节只介绍我们曾经使用过的类。Layer 还有些子类。会在后面的相关章节详细介绍。例如,Control 类用于 Cocos2d-x 中的控件,该类会在专门介绍 Cocos2d-x 控件时详细讨论。

本节要介绍的 Layer 的子类如表 4-6 所示。

表 4-6　Layer 的主要之类

类　　名	功　　能
LayerColor	可设置图层的背景色和透明度
LayerGradient	可设置图层的渐变背景色和透明度
LayerMultiplex	管理多个图层,并实现多个图层之间的切换,但同时只能有一个图层激活
Menu	在屏幕上显示菜单

表 4-6 列出的 4 个类中,LayerColor、LayerMultiplex 和 Menu 都是 Layer 的直接子类,而 LayerGradient 是 LayerColor 的子类。在后面几节将详细介绍前三个图层类。由于 Menu 类内容较多,而且 Menu 与控件类在外观上有一些相似,所以 Menu 与控件类统一放到第 5 章讲解。

4.4.3　颜色图层类(LayerColor)

LayerColor 是 Layer 子类。在 Layer 的基础上增加了设置图层的尺寸、背景色、透明度、颜色混合等功能。

从 4.4.2 节可知,Layer 是没有边界的,不过 LayerColor 允许使用 setContentSize 方法设置图层的边界。由于 LayerColor 允许设置图层的背景色,所以支持指定图层的尺寸是必需的,否则整个屏幕的颜色就都变成图层的背景色了。至于透明度,只需要使用 Color4B 设置图层背景色时将最后一个值设置成小于 255 的数即可,例如 Color4B(255,0,0,127)。颜色混合是 OpenGL 的概念。在 OpenGL 中使用 glBlendFunc 函数实现。由于 Cocos2d-x 是基于 OpenGL 的,所以自然也支持颜色混合,使用 LayerColor∷setBlendFunc 方法来设置用于颜色混合的原因子和目标因子(关于颜色混合的细节会在本节后面的"扩展学习"部分深入介绍)。

设置 LayerColor 的尺寸、背景色、透明度和颜色混合的方法和代码如下:

设置尺寸、背景色和透明度：

```
// (200,200)是 LayerColor 的尺寸,(255,255,0)是 LayerColor 的背景色,80 是 LayerColor 的透明度
auto layerColor = LayerColor::create(Color4B(255, 255,0, 80), 200,200);
```

或

```
auto layerColor = LayerColor::create(Color4B(255,255,0,80));
layerColor->setContentSize(Size(200, 200));
```

进行颜色混合：

```
GLenum src = GL_ONE_MINUS_DST_COLOR;    // 原因子
GLenum dst = dst = GL_ZERO;             // 目标因子
BlendFunc bf = {src, dst};              // BlendFunc 结构体用于描述原因子和目标因子
auto layerColor = LayerColor::create(Color4B(255, 255,0, 80), 200,200);
layer->setBlendFunc(bf);                // 进行颜色混合
```

图 4-18 和图 4-19 所示窗口的上方是两种颜色混合的效果，下方分别是设置 LayerColor 的尺寸和透明度的效果。

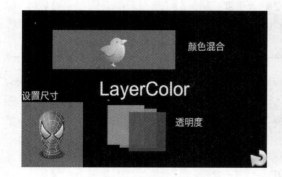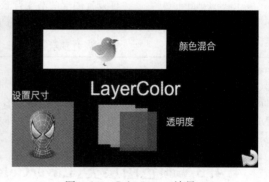

图 4-18 ColorLayer 效果 1   图 4-19 ColorLayer 效果 2

为了看到图 4-18 和图 4-19 所示的效果，读者可以运行 Cocos2dxDemo，然后选择"第 04 章 Cocos2d-x 中的核心类">"图层（Layer）测试">"LayerColor"菜单项即可。

图 4-18 和图 4-19 所示的效果主要是在 LayerColorScene::onEnter 方法中完成的，该方法的代码如下：

Cocos2dxDemo/classes/MainClass/Layer/LayerTest. cpp

```
static int gTag = 10;
void LayerColorScene::onEnter()
{
    BasicScene::onEnter();

    Point origin = Director::getInstance()->getVisibleOrigin();
```

```
//设置 LayerColor 的背景色、透明度和尺寸
auto layerColor1 = LayerColor::create(Color4B(255, 255,0, 80), 200,200);

//创建一个 Sprite,用于显示图像
auto spidermanSprite = Sprite::create("spiderman.png");
spidermanSprite->setPosition(100, 100);
//将 spidermanSprite 添加到 layerColor1 中
layerColor1->addChild(spidermanSprite);
// 创建一个标签用于显示文本
auto label1 = LabelTTF::create("设置尺寸", "Arial", 30);
label1->setAnchorPoint(Point(0,0));
label1->setColor(Color3B::WHITE);

label1->setPosition(Point(origin.x, origin.y +  layerColor1->getContentSize().
height));

addChild(label1);


//下面的代码创建三个 LayerColor,并设置为重叠显示,以掩饰 LayerColor 的透明度
auto layerColor2 = LayerColor::create(Color4B(255,0,0,255));
layerColor2->setContentSize(Size(120,120));
layerColor2->setPosition(280, 70);
auto layerColor3 = LayerColor::create(Color4B(0,255,0,127));
layerColor3->setContentSize(Size(120,120));
layerColor3->setPosition(320, 60);
auto layerColor4 = LayerColor::create(Color4B(0,0,255,127));
layerColor4->setContentSize(Size(120,120));
layerColor4->setPosition(350, 50);

auto label2 = LabelTTF::create("透明度", "Arial", 30);
label2->setAnchorPoint(Point(0,0));
label2->setColor(Color3B::WHITE);

label2->setPosition(Point(origin.x + 500, origin.y +  120));

addChild(label2);

//创建 LayerColor 用于颜色混合
auto layerColor5 = LayerColor::create(Color4B(255, 255, 255, 80));
layerColor5->setContentSize(Size(400,120));
layerColor5->setPosition(100, 300);
//这个 Sprite 将被 layerColor5 覆盖,不过由于 layerColor5 是半透明的,所以 Sprite 仍然
//可见
auto sprite = Sprite::create("bird1.png");
sprite->setPosition(300,350);
```

```
    auto label3 = LabelTTF::create("颜色混合", "Arial", 30);
    label3 -> setAnchorPoint(Point(0,0));
    label3 -> setColor(Color3B::WHITE);

    label3 -> setPosition(Point(origin.x + 540, origin.y +  350));

    addChild(label3);

    addChild(sprite);
    addChild(layerColor1);
    addChild(layerColor2);
    addChild(layerColor3);
    addChild(layerColor4);
    //在添加 layerColor5 时设置了 Zorder(值为 1)和 gTag. 其中 gTag 用于从当前场景中获
取 LayerColor
    addChild(layerColor5, 1, gTag);
    //颜色混合工作在定时回调方法 LayerColorScene::newBlend 中完成,调用时间间隔为 1 秒
    schedule( schedule_selector(LayerColorScene::newBlend), 1.0f);
}
```

在 LayerColorScene::onEnter 方法中创建了 5 个 LayerColor。其中 layerColor1 用于演示设置 LayerColor 的尺寸,显示在窗口的左下角。layerColor2、layerColor3 和 layerColor4 用于演示 LayerColor 的透明度,显示在窗口的底端。layerColor5 用于演示颜色混合,显示在窗口顶端。其中颜色混合在定时回调方法 LayerColorScene::newBlend 中完成,该方法的代码如下:

Cocos2dxDemo/classes/MainClass/Layer/LayerTest. cpp

```
//该方法会每隔 1 秒调用一次
void LayerColorScene::newBlend(float dt)
{
    //获取 layerColor5
    auto layer = (LayerColor * )getChildByTag(gTag);

    GLenum src;
    GLenum dst;
    // 根据 layer -> getBlendFunc().dst 值的不同,设置不同的原因子和目标因子
    if( layer -> getBlendFunc().dst == GL_ZERO )
    {
        src = GL_SRC_ALPHA;
        dst = GL_ONE_MINUS_SRC_ALPHA;
    }
    else
    {
        src = GL_ONE_MINUS_DST_COLOR;
        dst = GL_ZERO;
    }
```

```
    // 创建和初始化 BlendFunc 结构体
    BlendFunc bf = {src, dst};
    layer -> setBlendFunc( bf );
}
```

当运行 LayerColorScene 场景时，窗口上方的 layerColor5 会每隔 1 秒闪烁一次。在 layerColor5 后面的 Sprite 的效果也会随之变化。

本例还涉及了以前没接触过的技术：schedule。这是 Cocos2d-x 提供的一种定时回调技术。关于该技术的详细内容会在后面的章节详细介绍。

扩展学习：什么是颜色混合

在游戏开发中，如果需要实现闪光灯、照明弹、发亮的脑门等特效，可以采用颜色的混合模式来实现。

如果读者熟悉 OpenGL，就会知道其中有一个 glBlendFunc 函数，用于实现颜色混合。对于 Cocos2d-x 来说，也封装了这个功能。可以使用 setBlendFunc 方法完成。不只 LayerColor 类有这个方法，还有很多类也有这个方法，例如 Sprite::setBlendFunc 类。

既然了解到颜色混合是用于实现特效的，那么就会涉及一个问题：什么是颜色混合呢？

颜色混合顾名思义，就是对颜色进行混合，那么到底怎样进行混合呢？简单地说，就是将两种颜色混合到一起。具体一点，就是将某一像素原来的颜色和另外一种颜色，通过某种方式混在一起，从而实现特殊的效果。

假设我们需要绘制这样一个场景：透过蓝色的玻璃去看红色的物体，可以先绘制红色的物体，再绘制蓝色玻璃。在绘制蓝色玻璃的时候，利用"颜色混合"的功能，把将要绘制上的蓝色和物理的红色进行混合，于是得到一种新的颜色，看上去就好像玻璃是半透明的。

要使用 OpenGL 的混合功能，只需要调用 glEnable(GL_BLEND) 即可。

要关闭 OpenGL 的混合功能，只需要调用 glDisable(GL_BLEND) 即可。

注意：只有在 RGBA 模式下，才可以使用混合功能，颜色索引模式下是无法使用混合功能的。

现在来解释最后一个问题，OpenGL 是通过什么方式将两种颜色混合到一起的呢？其实很简单，OpenGL 会分别获取源颜色和目标颜色[①]，并各自乘以一个系数（源颜色乘以的系数称为"源因子"，目标颜色所乘的系数称为"目标因子"），然后相加或进行更复杂的运算（新版的 OpenGL 允许设置运算方式，如加、减、取两者中的最大（小）值、逻辑运算等）后，就得到了新的颜色。

假设源颜色的四个分量（指红色，绿色，蓝色，Alpha 值）是 (Rs, Gs, Bs, As)，目标颜色的四个分量是 (Rd, Gd, Bd, Ad)，又设源因子为 (Sr, Sg, Sb, Sa)，目标因子为 $(Dr, Dg,$

---

① 这里的源颜色和目标颜色与绘制的顺序有关的。例如，先绘制了一个蓝色的物体，再在其上绘制红色的物体，则红色是源颜色，蓝色是目标颜色。如果顺序反过来，则蓝色就是源颜色，红色才是目标颜色。在绘制时，应该注意顺序，使得绘制的源颜色与设置的源因子对应，目标颜色与设置的目标因子对应，顺序不能混乱。

Db，Da)。则混合产生的新颜色可以表示为：

$$(Rs * Sr + Rd * Dr, Gs * Sg + Gd * Dg, Bs * Sb + Bd * Db, As * Sa + Ad * Da)$$

对于本节的例子来说，首先绘制了一个 Sprite，然后在其上绘制了一个 LayerColor，背景颜色为(255，255，0，80)，因此这个颜色为源颜色，而 Sprite 中显示的图像带的颜色就是目标颜色。

BlendFunc 结构体中的 src 和 dst 分别表示源因子和目标因子，也就是说，最终的颜色为 layerColor5 背景色的某一个像素点乘以 BlendFunc.src，再和 Sprite 中显示的图像对应的像素点的颜色值与 BlendFunc.dst 以某种运算的方式进行混合，并形成一个新的颜色值。

OpenGL 提供了一些预定义的源因子和目标因子(这些宏不是在 Cocos2d-x 中定义的)。这些因子的定义代码如下：

源因子

```
#define GL_DST_COLOR            0x0306
#define GL_ONE_MINUS_DST_COLOR  0x0307
#define GL_SRC_ALPHA_SATURATE   0x0308
```

目标因子

```
#define GL_ZERO                 0
#define GL_ONE                  1
#define GL_SRC_COLOR            0x0300
#define GL_ONE_MINUS_SRC_COLOR  0x0301
#define GL_SRC_ALPHA            0x0302
#define GL_ONE_MINUS_SRC_ALPHA  0x0303
#define GL_DST_ALPHA            0x0304
#define GL_ONE_MINUS_DST_ALPHA  0x0305
```

感兴趣的读者可以设置不同的源因子和目标因子的组合，以便观察各种效果。

4.4.4　颜色渐变图层类(LayerGradient)

LayerGradient 是 LayerColor 的子类，因此，LayerGradient 具备 LayerColor 的一切特性。同时，在 LayerColor 的基础上增加了以指定角度颜色渐变的功能。

LayerGradient::create 方法有三个参数，其中前两个分别表示渐变的开始和结束颜色，第三个参数表示绘制的向量方向，是 Point 类型。该向量是从 LayerGradient 原点(也就是锚点)到坐标系中任意一点画一条射线。渐变的方向将按照向量的方向绘制。也就是说从向量的起始点开始绘制开始颜色，按照向量的方向，一直到 LayerGradient 的边界，开始绘制结束颜色。中间部分就是渐变颜色。创建 LayerGradient 对象的代码如下：

```
auto layerGradient = LayerGradient::create(Color4B(255,0,0,255), Color4B(0,255,0,255),
Point(1.0f, 0.0f));
```

渐变的效果如图 4-20 所示。读者可以选择"第 04 章 Cocos2d-x 中的核心类">"图层

（Layer）测试"＞"LayerGradient"菜单项运行本例。

在该窗口中有两个 LayerGradient，layerGradient1 与窗口大小相同，而 layerGradient2 重新设置图层尺寸。实现这些功能的代码如下：

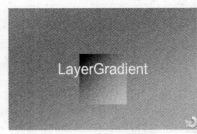

Cocos2dxDemo/classes/MainClass/Layer/LayerTest. cpp

图 4-20　渐变颜色图层

```
void LayerGradientScene∷onEnter()
{
    BasicScene∷onEnter();
    // 创建了 LayerGradient 对象，其中渐变色角度为 0 度(向量为 Point(1.0f, 0.0f))，也就是说
    // 将沿着 X 轴从左向右绘制渐变色
    LayerGradient * layerGradient1 = LayerGradient∷create(Color4B(255,0,0,255), Color4B
(0,255,0,255),Point(1.0f, 0.0f));
    // 创建了 LayerGradient 对象，其中渐变色角度为 135 度(向量为 Point(－1.0f, 0.0f))，也就
是说
    // 将沿着与 X 轴负方向成 45 角的方向从右下角到左上角开始绘制渐变颜色
    LayerGradient * layerGradient2 = LayerGradient∷create(Color4B(255, 255, 255, 127),
Color4B(0,0,0,255),Point(－1.0f, 1.0f));
    layerGradient2－>setContentSize(Size(200,200));
    layerGradient2－>setPosition(Point(300,100));
    // 10 为 layerGradient1 的 Tag，用于获取 layerGradient1
    addChild(layerGradient1, 0, 10);
    addChild(layerGradient2,1 );
    // layerGradient1 的渐变色角度每隔 0.1 秒逆时针变化 5 度
    schedule(schedule_selector(LayerGradientScene∷newGradient), 0.1f);
}
```

在 LayerGradientScene∷onEnter 方法中使用定时回调方法 LayerGradientScene∷newGradient 控制 layerGradient1 的渐变颜色角度不断变化，该方法的代码如下：

Cocos2dxDemo/classes/MainClass/Layer/LayerTest. cpp

```
static float angle = 0;
void LayerGradientScene∷newGradient(float dt)
{
    //加 5 度
    angle += 5;
    if(angle >= 360)
        angle = angle － 360;
    float pi = 3.1415926f;
    //假设向量长度为根号 2，分别计算 X 和 Y,
    //计算公式为 x = sqrt(2) * cos(angle)、y = sqrt(2) * sin(angle)
    float x = sqrt(2) * cos((angle / 180) * pi);
    float y = sqrt(2) * sin((angle / 180) * pi);
```

```
LayerGradient * layerGradient = (LayerGradient * )getChildByTag(10);
//重新设置渐变色向量
layerGradient->setVector(Point(x, y));
}
```

运行本例后,会发现图 4-20 所示的渐变色(layerGradient1)会每隔 0.1 秒按逆时针方向变化 5 度。

4.4.5　多图层管理类(LayerMultiplex)

如果游戏中每一个界面都非常复杂,毫无疑问,在切换界面时应该使用场景(Scene)。不过当界面比较简单,也可以有另外一种选择[①],这就是 LayerMultiplex 类。该类封装了多个图层(Layer),但同时只能显示一个图层。我们可以利用这个类实现类似向导的功能。LayerMultiplex 对象通过 LayerMultiplex::create 方法创建,该方法的原型如下:

```
LayerMultiplex * LayerMultiplex::create(Layer * layer, ...)
```

从 create 方法的参数得知,create 方法可以接收任意多个 Layer 指针类型的参数值。不过要注意,由于 C++ 的特性所致,create 方法的最后一个参数一定是 NULL。因为 C++ 要用这个 NULL 来判断 create 方法的参数值是否结束。下面的代码是创建 LayerMultiplex 对象的典型方式,在该代码中将三个图层(layer1、layer2 和 layer3)添加到 LayerMultiplex 对象中。

```
auto layer = LayerMultiplex::create(layer1, layer2, layer3, NULL);
```

如果要切换 LayerMultiplex 对象中的图层,需要调用 LayerMultiplex::switchTo 方法,该方法的原型如下:

```
void LayerMultiplex::switchTo(int n)
```

其中,参数表示 LayerMultiplex 对象中图层的索引,从 0 开始。例如,下面的代码将切换到 layer2。

```
layer->switchTo(1);
```

图 4-21 是本例中图层切换的效果。本例创建了三个渐变色图层,这三个图层的渐变色角度、颜色和尺寸都不一样。程序会每 2 秒切换到下一个图层,切换到最后一个图层后,会从第 1 个图层重新开

图 4-21　图层切换

---

①　当然,界面复杂时理论上也可以使用 LayerMultiplex,不过这样所有的资源就都装载到内存中了。而使用场景,当不用时,可以释放某个场景中的资源。所以对于复杂的界面,一般都使用场景切换。

始切换。读者可以运行 Cocos2dxDemo 程序，并选择"第 04 章 Cocos2d-x 中的核心类"＞
"图层(Layer)测试"＞"LayerMultiplex"菜单项进入图 4-21 所示的界面。

图 4-21 所示的效果在 LayerMultiplexScene∷onEnter 和 LayerMultiplexScene∷
nextLayer 方法中完成。其中 LayerMultiplexScene∷nextLayer 方法是定时回调方法，每
2 秒调用一次。这两个方法的代码如下：

Cocos2dxDemo/classes/MainClass/Layer/LayerTest.cpp

```cpp
static int layerIndex = 0;      // 图层索引,默认值为 0,表示第一个图层
void LayerMultiplexScene∷onEnter()
{
    BasicScene∷onEnter();
    // 创建第一个 LayerGradient 对象
    auto layerGradient1 = LayerGradient∷create(Color4B(255,0,0,255), Color4B(0,255,0,
255), Point(1.0f, 0.0f));
    layerGradient1 -> setContentSize(Size(200,200));
    layerGradient1 -> setPosition(300,0);
    auto label1 = LabelTTF∷create("layerGradient1", "Arial", 30);
    label1 -> setColor(Color3B∷WHITE);
    label1 -> setPosition(100,100);
    layerGradient1 -> addChild(label1);
    // 创建第二个 LayerGradient 对象
    auto layerGradient2 = LayerGradient∷create(Color4B(128,128,200,255), Color4B(255,0,
0,255), Point(4.0f, 2.0f));
    layerGradient2 -> setContentSize(Size(300,300));
    layerGradient2 -> setPosition(250,0);
    auto label2 = LabelTTF∷create("layerGradient2", "Arial", 30);
    label2 -> setColor(Color3B∷WHITE);
    label2 -> setPosition(150,100);
    layerGradient2 -> addChild(label2);
    // 创建第三个 LayerGradient 对象
    auto layerGradient3 = LayerGradient∷create(Color4B(0,255,0,255), Color4B(0,0,255,
255), Point(-10.0f, -6.0f));
    layerGradient3 -> setContentSize(Size(400,400));
    layerGradient3 -> setPosition(200,0);
    auto label3 = LabelTTF∷create("layerGradient3", "Arial", 30);
    label3 -> setColor(Color3B∷WHITE);
    label3 -> setPosition(200,100);
    layerGradient3 -> addChild(label3);

    // 创建 LayerMultiplex 对象,create 方法的最后一个参数值必须是 NULL。
    // mLayerMultiplex 是在 LayerMultiplexScene 类定义时声明的一个 LayerMultiplex 类型变量
    mLayerMultiplex = LayerMultiplex∷create(layerGradient1, layerGradient2, layerGradient3,
NULL);
    addChild(mLayerMultiplex);
    //切换到第 1 个图层(layerGradient1),并且图层索引加 1
    mLayerMultiplex -> switchTo(layerIndex++);
    // 启动定时回调机制,每 2 秒调用一次 nextLayer 方法
    schedule(schedule_selector(LayerMultiplexScene∷nextLayer), 2.0f);
```

```
}
//定时调用方法
void LayerMultiplexScene::nextLayer(float dt)
{
    //当图层切换到最后一个时,将图层索引重新设为 0
    if(layerIndex == 3)
    {
        layerIndex = 0;
    }
    //切换到下一个图层
    mLayerMultiplex -> switchTo(layerIndex++);
}
```

4.5　精灵类(Sprite)

Sprite 是 Node 的子类,因此,Sprite 拥有 Node 的一切特性。只不过在 Sprite 中通过 Texture2D 渲染,允许装载图像,而 Node 没有任何可视的功能。所以可以认为 Sprite 是拥有可视化能力(装载图像)的 Node。本节将详细介绍 Sprite 类、Texture2D 以及其他相关类的功能和使用方法。

4.5.1　Sprite 类

Sprite 类在前面的章节已经使用过了,该类主要用于显示图像。在前面的例子中都是用了 Sprite 类的一个 create 方法的重载形式装载图像,这种重载形式的原型如下:

Sprite * Sprite::create(const std::string& filename)

其中,filename 参数表示图像文件名。如果图像文件在 Resources 目录的子目录中,需要包含路径相对路径。

此外,Sprite 还可以使用另外一个 create 方法的重载形式截取图像的一部分显示,该重载形式的原型如下:

Sprite * Sprite::create(const std::string& filename, const Rect& rect)

其中,rect 参数表示要截取的原图的区域,例如,下面的代码截取了图像的一部分区域。

```
auto spriteProgress = Sprite::create("progress1.
jpg", Rect(0,0,500, 80));
```

截取图像的主要应用之一是制作进度条,本节的例子利用了这个截图的功能实现两个水平进度条,一个垂直进度条,效果如图 4-22 所示。读者可以运行 Cocos2dxDemo,并选择"第 04 章 Cocos2d-x 中的核心

图 4-22　水平和垂直进度条

类"＞"精灵（Sprite）测试"＞"Sprite 类"菜单项进入图 4-22 所示的窗口。

本节例子的主要功能在 SpriteScene∷onEnter 方法中实现，该方法的代码如下：

Cocos2dxDemo/classes/MainClass/Sprite/SpriteTest.cpp

```cpp
//用于滚动条图像文件有 4 个,每一个图像文件的分辨率(640*80)都相同
void SpriteScene∷onEnter()
{
    ScrollScene∷onEnter();

    auto visibleSize = Director∷getInstance()->getVisibleSize();
    auto origin = Director∷getInstance()->getVisibleOrigin();

    // 创建上方的水平滚动条
    auto spriteBackground1 = Sprite∷create("pbackground1.jpg");

    spriteBackground1 -> setPosition(origin.x + visibleSize.width / 2, origin.y +
visibleSize.height  / 2 + 150);
    // 截取长度为 500 的图像作为进度条,也就意味着当前进度为 500/640
    auto spriteProgress1 = Sprite∷create("progress1.jpg", Rect(0,0,500, 80));
    spriteProgress1->setAnchorPoint(Point(0,0.5));
    spriteProgress1->setPosition(origin.x + spriteBackground1->getPosition().x - 320,
origin.y + visibleSize.height  / 2 + 150);

    // 创建下方的水平滚动条
    auto spriteBackground2 = Sprite∷create("pbackground2.jpg");
     spriteBackground2 - > setPosition(origin.x + visibleSize.width / 2, origin.y +
visibleSize.height  / 2 - 150);
    // 截取长度为 200 的图像作为进度条,也就意味着当前进度为 200/640
    auto spriteProgress2 = Sprite∷create("progress2.jpg", Rect(0,0,200, 80));
    spriteProgress2->setAnchorPoint(Point(0,0.5));
    spriteProgress2->setPosition(origin.x + spriteBackground2->getPosition().x - 320 ,
origin.y + visibleSize.height  / 2 - 150);

    // 创建中间的垂直滚动条
    auto spriteBackground3 = Sprite∷create("pbackground1.jpg");
    // 截取长度为 200 的图像,并将其逆时针旋转 90 度,同时缩小到原来的 30%
     spriteBackground3 - > setPosition(origin.x + visibleSize.width / 2, origin.y +
visibleSize.height  / 2);

    auto spriteProgress3 = Sprite∷create("progress2.jpg", Rect(0,0,200, 80));
    spriteProgress3->setPosition(origin.x + spriteBackground3->getPosition().x , origin.
y + visibleSize.height  / 2 - (320 - 100) * 0.3);
    //缩小背景图像
    spriteBackground3->setScale(0.3);
    //旋转背景图像
    spriteBackground3->setRotation(90);
```

```
//缩小进度条图像
spriteProgress3 -> setScale(0.3);
//旋转进度条图像
spriteProgress3 -> setRotation(90);

addChild(spriteBackground1);
addChild(spriteProgress1);
addChild(spriteBackground2);
addChild(spriteProgress2);
addChild(spriteBackground3);
addChild(spriteProgress3);
}
```

4.5.2　贴图类（Texture2D）和贴图缓冲类（TextureCache）

贴图类 Texture2D 是 OpenGL 中的概念。在 OpenGL 中称为贴图。在 Cocos2d-x 中 Texture2D 就是表示图片对象。Sprite 对象通过文件名装载的图像实际上在内部都是使用 Texture2D 完成的，也就是说，Sprite∷create 方法在内部会首先创建一个用于显示图像的 Texture2D 对象，然后将 Texture2D 对象加入 Sprite 对象。

4.5.1 节介绍了如何用 Sprite∷create 方法创建 Sprite 对象，不过 Sprite 对象不仅仅能用 create 方法，还允许直接通过指定 Texture2D 对象的方式创建 Sprite 对象。要使用这种方式创建 Sprite 对象，需要使用 Sprite∷createWithTexture 方法，该方法和 create 方法一样，也允许截取图像。该方法有如下两个重载形式。

```
static Sprite * createWithTexture(Texture2D * texture);
static Sprite *  createWithTexture(Texture2D  * texture, const Rect& rect, bool rotated =
false);
```

其中，texture 参数表示 Texture2D 对象，rect 参数表示截取的区域，retated 参数表示截取的图像是否逆时针旋转 90 度[①]。该参数值为 true，表示旋转，为 false 表示不旋转。

Texture2D 对象不能使用 create 方法创建，通常需要通过贴图缓冲（TextureCache）对象的相应方法获取。在 Cocos2d-x 3.10 中需要使用如下的代码获取 TextureCache 对象。

```
TextureCache * textureCache = Director::getInstance() -> getTextureCache();
```

然后需要调用 TextureCache∷addImage 或 TextureCache∷ addImageAsync 方法。前者用于同步装载图像，后者用于异步装载图像。这两个方法的原型如下：

```
Texture2D * addImage(const std::string &filepath);
```

----

① 　增加该参数的目的是考虑到在制作大图时有一些小图可能与实际的方向成 90 度角（为了使大图更美观或将小图尽量安排得紧凑），所以在使用 Sprite 装载这些小图时，要恢复原来的方向。例如，在游戏中战斗机需要向下俯冲，但在大图中战斗机却是向右的，所以将其逆时针旋转 90 度就向下了。当然，如果向左，逆时针旋转 90 度就向上了；所以提供旋转角度会是更好的选择。

```
Texture2D * addImage(Image * image, const std::string &key);
virtual void addImageAsync(const std::string &filepath, std::function < void(Texture2D * )>
callback);
```

这两个方法涉及的参数的含义如下：

❑ filepath：图像文件的路径。

❑ image：Image 对象。

❑ key：用于查找 Image 对象的 key。

❑ callback：异步装载图像的过程中调用的回调方法。

如果通过指定 Image 对象的方式创建 Texture2D 对象，允许指定一个 key，并通过如下方法根据这个 key 获取对应的 Texture2D 对象。关于 Image 的详细内容会在后面的章节详细介绍，本节只关心通过文件名创建 Texture2D 对象的方式。

```
Texture2D * getTextureForKey(const std::string& key) const;
```

本节的例子通过创建 Texture2D 对象的方式装载两个图像，其中一个图像通过同步方式装载，另外一个图像通过异步方式装载，效果如图 4-23 所示。读者可以运行 Cocos2dxDemo，并选择"第 04 章 Cocos2d-x 中的核心类" > "精灵（Sprite）测试" > "Texture2D 和 TextureCache"菜单项进入如图 4-23 所示的窗口。

图 4-23　使用 Texture2D 装载图像

本例的主要功能都在 TextureScene::onEnter 方法中，该方法的代码如下：

Cocos2dxDemo/classes/MainClass/Sprite/SpriteTest. cpp

```
void TextureScene::onEnter()
{
    BasicScene::onEnter();
    // 同步装载左上角的图像
    Texture2D * texture2D =
    Director::getInstance() -> getTextureCache() -> addImage("grass - mud horse1. jpg");
    //根据 Texture2D 对象创建 Sprite 对象
    Sprite * sprite1 = Sprite::createWithTexture(texture2D);
    sprite1 -> setAnchorPoint(Point(0,1));
    sprite1 -> setPosition(0, 480);
    // 异步装载右下角的图像
    Director::getInstance() -> getTextureCache() -> addImageAsync("grass - mud horse2. jpg",
CC_CALLBACK_1(TextureScene::texture2DCallback, this));

    addChild(sprite1);

}
```

当图像异步装载完成时会调用 TextureScene∷texture2Dcallback 方法，该方法的代码如下：

Cocos2dxDemo/classes/MainClass/Sprite/SpriteTest.cpp

```
void TextureScene∷texture2DCallback(Texture2D * texture2D)
{
    // 异步装载完成后，直接调用 Sprite∷create 方法装载图像，就会直接在贴图缓冲中查找
    Sprite * sprite = Sprite∷create("grass – mud horse2.jpg");

    sprite –> setAnchorPoint(Point(1,1));
    sprite –> setPosition(700, 300);
    addChild(sprite);
}
```

注意：经过测试，异步装载图像的回调方法的 Texture2D 参数值为 NULL（可能是一个 bug）。所以在使用异步装载图像时直接使用 Sprite∷create 方法创建 Sprite 对象即可。

4.5.3　精灵批处理类（SpriteBatchNode）

在一个比较复杂的游戏中，例如类似雷电的射击游戏，可能需要使用很多同样的图像，如子弹、敌机等。如果直接使用 Sprite 来装载这些图像，就意味着 Texture2D(Cocos2d-x 中所有于图像相关的类都使用 Texture2D 进行渲染)需要为每一个 Sprite 单独进行渲染。Texture2D 在渲染每一个图像时，会根据实际情况，分配比图像尺寸更大的内存空间(通常至少是 2 倍于图像尺寸的内存空间)，而且在渲染的过程中还会消耗大量的硬件资源。这就有点类似于向关系型数据库中插入数据。假设要插入 10000 条记录。最直接的选择就是执行 10000 次 insert 语句。凡是这么插入过数据的读者都知道这非常缓慢。但是将这 10000 条记录使用 select 语句变成一张表，然后只使用一条 insert 语句进行插入就快得多。在 Cocos2d-x 中装载和渲染大量的图像也是如此。本节介绍的精灵批处理类（SpriteBatchNode）类就和只使用一条 insert 语句批量插入多条记录类似。只是 SpriteBatchNode 用于批量处理 Sprite 对象，并且要求所有的 Sprite 对象装载的图像都来自于同一个大图(相当于用 select 语句将多条记录变成一个表)。

在使用 SpriteBatchNode 之前，需要先使用 SpriteBatchNode∷create 或 SpriteBatchNode∷createWithTexture 方法创建 SpriteBatch 对象。这两个方法的原型如下：

```
static SpriteBatchNode * create(const std∷string& fileImage, ssize_t capacity = DEFAULT_CAPACITY);
static SpriteBatchNode * createWithTexture(Texture2D * tex, ssize_t capacity = DEFAULT_CAPACITY);
```

其中，create 方法需要指定一个图像文件名，而 createWithTexture 方法需要指定一个 Texture2D 对象，Texture2D 对象的创建已经在 4.5.2 节详细介绍了，这里不再赘述。这两个方法都带一个 capacity 参数，该参数表示 SpriteBatchNode 对象最多可以渲染多少个 Sprite。该参数的默认值是 DEFAULT_CAPACITY，该宏的值为 29。在创建 SpriteBatchNode 对象的过程中，会根据这个 capacity 参数的值分配用于渲染图像的内存空间。

下面的代码是创建 SpriteBatchNode 对象的标准方式。

```
auto spriteBatchNode = SpriteBatchNode::create("list/uis.png", 100);
```

在创建完 SpriteBatchNode 对象后，最重要的工作就是创建若干个 Sprite 对象，但每一个 Sprite 对象所使用的图像必须来自于 SpriteBatchNode 对象中的贴图，下面是创建 Sprite 对象的方式。

```
//通过 spriteBatchNode->getTexture()方法获取
// SpriteBatchNode 中的贴图(对于本例是 list/uis.png)
auto sprite = Sprite::createWithTexture(spriteBatchNode->getTexture(),
                                        Rect(1029,804,417,366));
```

在这一切都做完后，需要将所有参与渲染的 Sprite 对象添加到 SpriteBatchNode 对象中，最后再将 SpriteBatchNode 对象添加到场景中即可。所以从这一点来看，SpriteBatchNode 与图层(Layer)有些类似，可以统一管理其中的 Node。

本节的例子会用 SpriteBatchNode 对象装载一个大图文件(list/uis.png)，然后从这个大图中截取两个小图显示在窗口中。该大图的效果如图 4-24 所示。尽管该图的背景显示为黑色，这只是截图后的效果。实际上该图是透明的 png 图像(背景是透明的)。

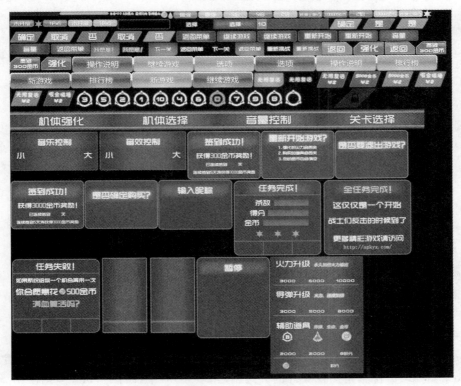

图 4-24　SpriteBatchNode 装载的大图

截取大图中的两个小图后,显示在窗口上的小图如图 4-25 所示。读者可以运行 Cocos2dxDemo,并选择"第 04 章 Cocos2d-x 中的核心类">"精灵(Sprite)测试">"SpriteBatchNode"菜单项进入如图 4-25 所示的窗口。

本例的主要功能在 SpriteBatchNodeScene∷onEnter 方法中实现,该方法的代码如下:

Cocos2dxDemo/classes/MainClass/Sprite/ SpriteTest.cpp

图 4-25 截取后显示的两个小图

```cpp
void SpriteBatchNodeScene::onEnter()
{
    BasicScene::onEnter();
    // 创建 SpriteBatchNode 对象,并装载大图
    auto spriteBatchNode = SpriteBatchNode::create("list/uis.png", 100);
    // 创建第一个 Sprite 对象(截取一个小图)
    auto sprite1 = Sprite::createWithTexture(spriteBatchNode->getTexture(),
                                            Rect(1029,804,417,366));
    // 将第一个 Sprite 对象添加到 SpriteBatchNode 中
    spriteBatchNode->addChild(sprite1);
    // 设置第一个 Sprite 相对于 SpriteBatchNode 的位置
    sprite1->setPosition(200,200);

    // 创建第二个 Sprite 对象(截取一个小图)
    auto sprite2 = Sprite::createWithTexture(spriteBatchNode->getTexture(),
                                            Rect(0,291,282,76));
    // 将第二个 Sprite 对象添加到 SpriteBatchNode 中
    spriteBatchNode->addChild(sprite2);
    // 设置第二个 Sprite 相对于 SpriteBatchNode 的位置
    sprite2->setPosition(600,300);
    // 将 SpriteBatchNode 对象添加到当前的场景
    addChild(spriteBatchNode);
}
```

4.5.4　精灵框架类(SpriteFrame)

从本质上讲,Cocos2d-x 中的所有缓冲图像的技术内部都使用了 4.5.2 节介绍的贴图缓冲技术来完成的。只是考虑到不同的应用,演化出了不同的表现形式。4.5.3 节介绍的 SpriteBatchNode 就是其中之一。当然,本节介绍的精灵框架类(SpriteFrame)是另外一种表现形式。

在 4.5.1 节和 4.5.2 节分别介绍了创建 Sprite 对象的两种方法。在 4.5.1 节介绍了通过 Sprite∷create 方法指定图像文件的方式创建 Sprite 对象,而在 4.5.2 节则使用 Sprite∷createWithTexture 方法指定 Texture2D(贴图对象)的方式创建 Texture2D 对象。本节会介绍一种通过 Sprite∷createWithSpriteFrame 方法创建 Sprite 对象的方式，该方法需要指定一个 SpriteFrame 对象。Sprite∷createWithSpriteFrame 方法的原型如下：

```
static Sprite * createWithSpriteFrame(SpriteFrame * pSpriteFrame);
```

SpriteFrame 对象用于从一个大图中截取小图。可以通过 SpriteFrame∷create 方法创建 SpriteFrame 对象，该方法的原型如下：

```
static SpriteFrame * create(const std∷string& filename, const Rect& rect);
static SpriteFrame * create(const std∷string& filename, const Rect& rect, bool rotated, const
Point& offset, const Size& originalSize);
```

其中 create 方法涉及的参数的含义如下：

❑ filename：图像文件名。

❑ rect：小图的截取范围。

❑ retated：截取后小图是否逆时针旋转 90 度。

❑ offset：截取的偏移量。

❑ originalSize：被截取图像的原始尺寸。

上面两个重载的 create 方法中，第一个重载形式比较常用。例如，下面的代码通过 SpriteFrame 创建一个 Sprite 对象。

```
auto spriteFrame = SpriteFrame∷create("list/uis.png", Rect(1571,291,151,82));
auto sprite = Sprite∷createWithSpriteFrame(spriteFrame);
```

本节的例子使用 SpriteFrame 从两个大图中各自截取一个小图，并显示在窗口中，其中左侧的图像逆时针旋转了 90 度，效果如图 4-26 所示。

本例的主要功能在 SpriteFrameScene∷onEnter 方法中实现，该方法的代码如下：

Cocos2dxDemo/classes/MainClass/Sprite/SpriteTest. cpp

图 4-26 使用 SpriteFrame 截取小图

```
void SpriteFrameScene∷onEnter()
{
    BasicScene∷onEnter();

    // 使用 SpriteFrame 对象装载第一个大图，并指定大图中截取小图的范围
    auto spriteFrame1 = SpriteFrame∷create("list/uis.png", Rect(1571,291,151,82));
    // 创建第一个 Sprite 对象
    auto sprite1 = Sprite∷createWithSpriteFrame(spriteFrame1);
    sprite1 -> setPosition(600,240);

    // 使用 SpriteFrame 对象装载第二个大图，并指定截取小图的范围，旋转等参数，最后两个参数
```
没什么大用，分别指定 true, Point∷ZERO 和 Size(0,0) 即可

```
auto spriteFrame2 = SpriteFrame::create ("list/enemys.png",
                       Rect(81,63,100,100),true,Point::ZERO,Size(0,0));
auto sprite2 = Sprite::createWithSpriteFrame(spriteFrame2);
// 将原图放大到原来的 3 倍
sprite2 -> cocos2d::Node::setScale(3);
sprite2 -> setPosition(200,300);

addChild(sprite1);
addChild(sprite2);

}
```

4.5.5   精灵框架缓冲类（SpriteFrameCache）

SpriteFrame 尽管可以缓冲图像，不过每次都指定截取坐标麻烦，而且需要硬编码截取尺寸，不太灵活。为此，Cocos2d-x 提供了一个精灵框架缓冲类（SpriteFrameCache）类用来解决这个问题。其实可以将 SpriteFrameCache 看做一个 Map，key 是一个任意字符串、value 就是装载了小图的 Sprite 对象。也就是说，SpriteFrameCache 可以为每一个装载了小图的 Sprite 对象起一个名字，在使用这些 Sprite 对象时，直接通过相应的名字获取即可。

通常的做法是为每一个大图配一个与其同名的 plist 文件（理论上可以是任意文件名，但为了避免混淆，最好与图像文件同名）。例如，有一个大图文件 uis. png，那么这个 plist 文件名应为 uis. plist。

plist 文件用于存储每一个要截取的小图的截取位置、尺寸和对应名称。在准备玩图像文件和 plist 文件后，需要调用 SpriteFrameCache::addSpriteFramesWithFile 方法装载图像文件和 plist 文件。不过在装载这两个文件之前，需要先使用下面的代码获取全局共享的 SpriteFrameCache 对象（对于同一个 Cocos2d-x 游戏程序，全局只能有一个 SpriteFrameCache 对象，相当于一个全局的 Map）。

```
auto spriteFrameCache = SpriteFrameCache::getInstance();
```

在添加小图（Sprite 对象）和名称的映射时不仅可以使用 addSpriteFramesWithFile 方法，还有其他的方法可以完成这个工作，这些方法的原型如下：

```
void addSpriteFramesWithFile(const std::string& plist);
void addSpriteFramesWithFile(const std::string& plist, const std::string&
                                                            textureFileName);
void addSpriteFramesWithFile(const std::string&plist, Texture2D * texture);
void addSpriteFrame(SpriteFrame * frame, const std::string& frameName);
```

其中，前三个方法是 addSpriteFramesWithFile 的三种重载形式。其中，第一种重载形式只要求指定 plist 文件。而图像文件会使用将 plist 文件的扩展名替换成 png 后的文件名（这两个文件路径也相同）。如果使用第二种重载形式，就意味着可以指定不同名称的图像文件和 plist 文件。最后一个重载形式需要指定 Texture2D 对象。而最后一个 addSpriteFrame 方法允许利用现成的 SpriteFrame 对象。从第 3 章的内容可知，一个 SpriteFrame 对象实际上相当于一个小图。所以 SpriteFrameCache 允许单独添加小图和对应的名称。

前面提到的 plist 文件实际上就是普通的文本文件（XML 格式的文件）。读者一般并不需要了解 plist 文件的格式。在 XCode 中的 Resources 或其子目录（或子 Group）建立一个 plist 文件，并单击该文件，在 XCode 的右侧就会显示如图 4-27 所示的 plist 文件编辑器。用户可以增加、删除和修改相应的子项。尽管与每一项对应的名称可以是任意字符串，但为了更直观和形象。建议将名称命名为文件名形式。这样，在引用它们时可以直接采用类似于文件名的方法来指定它们。

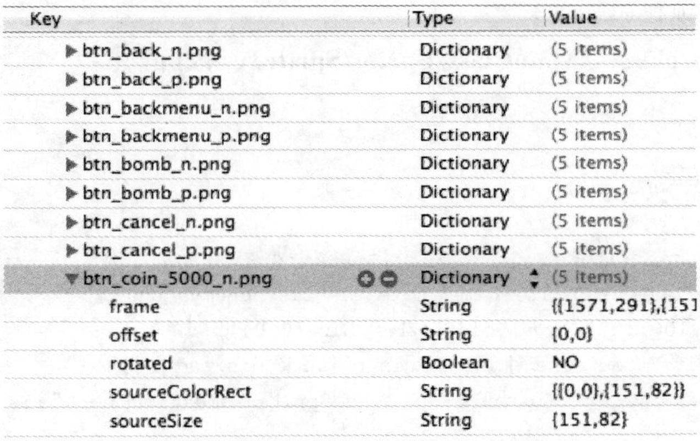

Key	Type	Value
▶ btn_back_n.png	Dictionary	(5 items)
▶ btn_back_p.png	Dictionary	(5 items)
▶ btn_backmenu_n.png	Dictionary	(5 items)
▶ btn_backmenu_p.png	Dictionary	(5 items)
▶ btn_bomb_n.png	Dictionary	(5 items)
▶ btn_bomb_p.png	Dictionary	(5 items)
▶ btn_cancel_n.png	Dictionary	(5 items)
▶ btn_cancel_p.png	Dictionary	(5 items)
▼ btn_coin_5000_n.png ⊗⊖	Dictionary ↕	(5 items)
frame	String	{{1571,291},{151
offset	String	{0,0}
rotated	Boolean	NO
sourceColorRect	String	{{0,0},{151,82}}
sourceSize	String	{151,82}

图 4-27 uis.plist 文件的部分内容

图 4-27 所示的 plist 文件内容的每一项对应一个小图，每一项下面有几个子项（如 frame、offset 等），用于表示如何从大图中截取小图。下面是 uis.plist 文件中的 1Px5_n.png 项的源代码。其中，第一个＜key＞表示项目名称，而其他的＜key＞后面的＜string＞标签的值则表示每一个子项的值。读者只需将该源代码与图 4-27 所示的 plist 文件编辑器对照，就可以理解 plist 文件的源代码。

uis.plist 文件的代码片段

```
<key>1Px5_n.png</key>
<dict>
    <key>frame</key>
    <string>{{154,38},{116,38}}</string>
    <key>offset</key>
    <string>{0,0}</string>
    <key>rotated</key>
    <false/>
    <key>sourceColorRect</key>
```

```
<string>{{0,0},{116,38}}</string>
<key>sourceSize</key>
<string>{116,38}</string>
</dict>
```

不管是使用 SpriteFrameCache 的哪个方法添加了小图和名称的对应关系,都需要调用 Sprite∷createWithSpriteFrameName 方法根据名称创建 Sprite 对象。该方法的原型如下:

```
static Sprite * createWithSpriteFrameName(const std∷string& spriteFrameName);
```

其中,spriteFrameName 参数表示小图对应的名称,该名称对应的小图可能是通过 plist 文件指定,也可能是通过 SpriteFrameCache∷addSpriteFrame 方法指定的 SpriteFrame 对象。

本节的例子会实现与图 4-26 所示的完全相同的效果,只不过改用 SpriteFrameCache 来实现。主要的实现代码如下:

Cocos2dxDemo/classes/MainClass/Sprite/SpriteTest. cpp

```
void SpriteFrameCacheScene∷onEnter()
{
    BasicScene∷onEnter();

    // 先创建一个 SpriteFrame 对象,用于封装一个小图
    auto spriteFrame = SpriteFrame∷create ("list/enemys.png",
    Rect(81,63,100,100),true,Point∷ZERO,Size(0,0));
    // 使用 SpriteFrameCache 对象装载 uis. plist 和 uis. png 文件
    SpriteFrameCache∷getInstance() - > addSpriteFramesWithFile("list/uis. plist", "list/
uis. png");
    // 将刚才创建的 SpriteFrame 对象添加到 SpriteFrameCache 的缓冲中,并指定对应的名称
    // 为 enemy. png.
    SpriteFrameCache∷getInstance() - >addSpriteFrame(spriteFrame, "enemy. png");
    // 根据名称创建第一个 Sprite 对象
    auto sprite1 = Sprite∷createWithSpriteFrameName("btn_coin_5000_n. png");
    sprite1 - > setPosition(600,240);
    // 根据名称创建第二个 Sprite 对象
    auto sprite2 = Sprite∷createWithSpriteFrameName("enemy. png");
    sprite2 - > cocos2d∷Node∷setScale(3);
    sprite2 - > setPosition(200,300);

    addChild(sprite1);
    addChild(sprite2);

}
```

到现在为止,已经介绍了几种常用的图像缓冲技术,其实它们都使用了贴图缓冲来处理。对于方便程度来说,我比较推崇 SpriteFrameCache,因为 SpriteFrameCache 技术可以直接通过名称来引用大图中的小图,代码看起来更直观,也更容易维护。

4.5.6　九宫格缩放精灵类（Scale9Sprite）

开发过 Android 应用程序的读者应该很清楚在 Android 中有一种 9.png 格式①的图像,该图像的功能之一就是用于控制图像的拉伸区域。例如,图像的四角是圆角,而且四周有花边,在拉伸时只希望图像的中间部分拉伸,而圆角和四周的花边不参与拉伸。要实现这种功能,就需要使用到 9.png 格式的图像。

由于 Cocos2d-x 是跨平台的游戏引擎,所以就需要一种类似于 9.png 格式图像的跨平台解决方案。这就是本节要介绍的 Scale9Sprite,该类利用 SpriteBatchNode 和 9 个 Sprite,将一个大图分成 9 个矩形区域。并且这 9 个矩形区域按着如下规则缩放。

- ❏ 四个角的矩形区域不进行缩放,这 4 个矩形区域可以称为角区域。
- ❏ 上下两个角区域之间夹的矩形区域按垂直（Y 轴）方向缩放,水平方向缩放。
- ❏ 左右两个角区域之间夹的矩形区域按水平（X 轴）方向缩放,垂直方向缩放。
- ❏ 正中心的矩形区域同时按水平方向和垂直方向缩放。

现在来举个例子。有一个图像,效果如图 4-28 所示。现在将该图像等分成 9 宫格,效果如图 4-29 所示,并且该图已经标注了各个矩形区域的缩放方式。读者可以将该图与这个缩放规则进行对比。

图 4-28　待缩放的原始图像

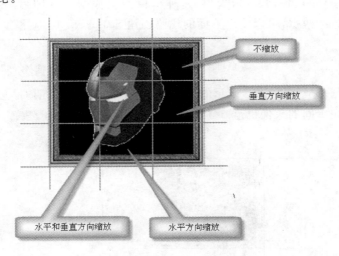

图 4-29　被划分为 9 宫格的图像

---

① 关于 9.png 格式图像的具体细节请读者参阅笔者所著《Android 开发权威指南》（第 2 版）中 10.6.3 节的内容,这里不再赘述。

通过这种缩放设计,就使得四个角区域不缩放,也就保证了四个圆角不变形。而周围的四个变宽中,左右两个变宽进行垂直方向的缩放,而上下两个边框进行水平方向的缩放。这样就保证了边框不会变宽或变窄。而正中间的一个矩形区域同时按着水平和垂直方向缩放,也保证了图像中心的内容会随着图像尺寸的变化而变化。

使用 Scale9Sprite 类可以很容易实现这个功能。Scale9Sprite::create 方法允许指定一个图像文件,并自动将该图像文件放入 SpriteBatchNode,并通过 9 个 Sprite 将其等分成 9 宫格。创建 Scale9Sprite 对象,并将图像设置成想要的尺寸的代码如下:

```
auto scale9Sprite = Scale9Sprite::create("photo_frame.png");
//将图像设置成为想要的尺寸
scale9Sprite->setPreferredSize(Size(600,120));
```

在使用 Scale9Sprite 对图像进行缩放时要使用 Scale9Sprite::setPreferredSize 方法,而不要使用 Scale9Sprite::setScale 方法,否则不会利用 9 宫格对图像进行缩放。

尽管 Scale9Sprite 会自动划分 9 宫格,但也带来一个问题。默认情况下,Scale9Sprite 划分的 9 宫格是等分的,这就意味着想要缩放的部分可能并不包含进相应的矩形区域内。为了弥补这个不足,Scale9Sprite::create 方法还允许指定外框和内框,这样外框和内框就会重新定义这 9 个矩形区域的尺寸。内框的尺寸实际上就是正中心的矩形区域,该区域会在 X 和 Y 两个方向缩放。而外框和内框中间的部分会形成其他 8 个矩形区域。例如,对图 4-28 所示的图像重新划分 9 宫格,边框的宽度是 13,整个图像的尺寸是(200,168),所以,内框的尺寸是 Rect(13,13, 174,142),外框使用图像的尺寸即可,也就是 Rect(0,0, 200,168)。根据这些数据,可以使用下面的代码创建 Scale9Sprite 对象。

```
auto scale9Sprite = Scale9Sprite::create("photo_frame.png",
                             Rect(0,0, 200,168),Rect(13,13, 174,142));
```

图像被重新划分成如图 4-30 所示的 9 宫格。这样,角区域和四周的边框都落到了相应的矩形区域中。而中间的头像也落入了同时按 X 和 Y 缩放的中间区域。

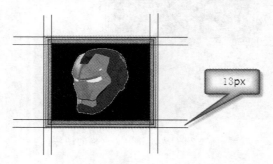

图 4-30　重新划分后的 9 宫格

本节的例子将利用图 4-28 所示的图像同时使用 Sprite 和 Scale9Sprite 进行缩放,其中 Scale9Sprite 分为等分 9 宫格和自定义 9 宫格两种。所以,在窗口上会显示 3 个图像,如

图 4-31 所示。其中，最上方的图像使用了 Sprite 进行缩放，所以边框变形了。中间使用了自定义 9 宫格的方式缩放，所以边框完好无损，而且中间的头像均匀第拉伸。最底下的图像使用了等分 9 宫格的方式缩放，所以中间的头像缩放的幅度过大。读者可以运行 Cocos2dxDemo，并选择"第 04 章 Cocos2d-x 中的核心类"＞"精灵（Sprite）测试"＞"Scale9Sprite"菜单项进入如图 4-31 所示的窗口。

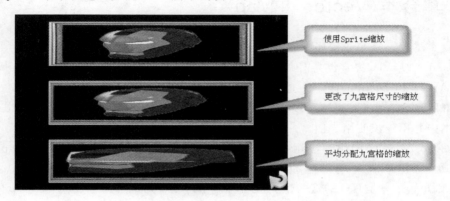

图 4-31　Sprite 和 Scale9Sprite 缩放效果对比

本例主要功能在 Scale9SpriteScene∷onEnter 方法中实现，该方法的代码如下：

Cocos2dxDemo/classes/MainClass/Sprite/SpriteTest. cpp

```cpp
void Scale9SpriteScene∷onEnter()
{
    BasicScene∷onEnter();
    // 使用 Sprite 对图像进行缩放
    auto sprite = Sprite∷create("photo_frame.png");
    // 图像在垂直方向缩小到原来的 0.714 倍
    sprite->setScaleY(0.714);
    // 图像在水平方向放大到原来的 3 倍
    sprite->setScaleX(3);
    sprite->setPosition(400,400);
    addChild(sprite);
    // 使用 Scale9Sprite 对图像进行缩放，并且定制了 9 宫格
    auto scale9Sprite1 = Scale9Sprite∷create("photo_frame.png",
                                    Rect(0,0, 200,168),Rect(13,13, 174,142));
    // 不能使用 setScale 方法对图像进行缩放，否则效果和 Sprite 一样
    scale9Sprite1->setPreferredSize(Size(600,120));
    scale9Sprite1->setPosition(400,240);
    addChild(scale9Sprite1);

    // 使用 Scale9Sprite 对图像进行缩放，等分 9 宫格
    auto scale9Sprite = Scale9Sprite∷create("photo_frame.png");
    scale9Sprite->setPreferredSize(Size(600,120));
```

```
scale9Sprite->setPosition(400,80);
addChild(scale9Sprite);
```

}

4.6　集合类（Vector 和 Map）

　　集合类尽管不是游戏程序中必需的，但有一定复杂度的游戏几乎没有不用到集合类的。在 Cocos2d-x 2.x 中，集合类是 CCArray 和 CCDictionary。在 Cocos2d-x 3.0 Alpha 版中将其改为 Array 和 Dictionary。不过在 Cocos2d-x 3.0 正式版中，CCArray、CCDictionary、Array 和 Dictionary 尽管仍然可以使用，但已被标注为 deprecated，所以在 Cocos2d-x 3.0 及以上版本中并不建议使用它们。

　　在 Cocos2d-x 3.10 中，使用 Vector 代替了 CCArray 和 Array，使用 Map 代替了 CCDictionary 和 Dictionary。熟悉 C++ 的读者可能会想到，在 C++ 中本来就有这两个类（vector 和 map），只是 C++ 的这两个类的名称首字母是小写的。从 Vector 和 Map 的源代码可以看出，这两个类的主要工作就是分别对 Vector 和 Map 的封装。例如，下面是 Vector::popBack 和 Vector::pushBack 方法的代码，前者用于将 Vector 中最后一个加入的数据弹出，后者用于将数据放入 Vector。

　　＜Cocos2d-x 根目录＞/cocos/base/CCVector.h

```
template<class T>
class CC_DLL Vector
{
public:
    ...
    void popBack()
    {
        CCASSERT(!_data.empty(), "no objects added");
        //从 vector 中取出最后一个加入的对象
        auto last = _data.back();
        // 从 vector 中弹出最后一个加入的对象
        _data.pop_back();
        // 调用 release 方法使该对象的引用计数器减 1
        last->release();
    }
    void pushBack(T object)
    {
        CCASSERT(object != nullptr, "The object should not be nullptr");
        // 调用 vector::push_back 方法将数据放入 vector
        _data.push_back( object );
        // 使对象引用计数器加 1
```

```
            object -> retain();
        }
        …
protected:
        …

        std::vector<T> _data;        // 内部维护一个 vector 类型的变量
};
```

从 Vector 类的源代码可以看出,在该类的内部维护了一个 vector 类型的变量(_data)。而 popBack 和 pushBack 方法内部实际上分别调用了 vector::pop_back 和 vector::push_back 方法将对象弹出和放入 vector。不过,在 popBack 方法的最后调用了弹出对象的 release 方法。pushBack 方法的最后调用了被存储对象的 retain 方法,这两个方法在前面的章节已经讲过,release 用于将引用计数器减 1,retain 用于将引用计数器加 1。在 Vector 类的很多方法中也有类似的代码。所以在 Cocos2d-x 中提供的 Vector 类的另外一个作用是为了配合 ARC。如果在创建 Cocos2d-x 对象后调用了 autoRelease 方法,就意味着将 Cocos2d-x 对象放入了对象池。而这时要调用该对象的 retain 方法使对象引用计数器加 1,否则该对象很快就会被释放。为了尽量避免因忘记调用 retain 和 release 方法而对游戏造成的影响,所以在 Vector 中加入和弹出对象时直接调用了 retain 和 release 方法。当然,我们可以使用 C++ 本身的 vector 和 map 完全代替 Cocos2d-x 中的 Vector 和 Map。不过,使用 vector 和 map 添加和弹出对象时,就需要自己调用该对象的 retain 和 release 方法了,因此建议读者使用 Cocos2d-x 提供的 Vector 和 Map。

下面的代码是使用 Vector 的典型的方式。在这段代码中首先创建了 20 个 Sprite 对象,并将这些 Sprite 对象添加到 Vector 中,同时为每一个 Sprite 对象设置一个 tag 值。然后弹出最后加入的两个 Sprite 对象(tag 值为 19 和 20 的 Sprite 对象),最后重新扫描 Vector 中的所有 Sprite 对象,并输出每一个 Sprite 对象的 tag 值。

```
// 声明 Vector 类型的变量
Vector<Ref *> v;
for(int i = 0; i < 20;i++)
{
    Sprite * sprite = Sprite::create("return.png");
    sprite -> setTag(i + 1);
    // 将 Sprite 对象添加到 Vector 中
    v.pushBack(sprite);
}
v.popBack();                    // 弹出最后一个加入的 Sprite 对象
v.popBack();                    // 弹出最后倒数第二个加入的 Sprite 对象
// 输出当前 Vector 中 Sprite 对象的格式(目前有 18 个 Sprite 对象)
CCLOG("Vector 中的对象数: %ld", v.size());
// 输出 Vector 中 18 个 Sprite 对象的 tag 值
for(int i = 0; i < v.size();i++)
```

```
    {
        // 获取 Vector 中的每一个 Sprite 对象
        Sprite * sprite = dynamic_cast < Sprite * >(v.at(i));
        // 输出每一个 Sprite 对象的 tag 值
        CCLOG("tag: % d", sprite - > getTag());
    }
```

Map 的用法与 Vector 类似，只是向 Map 中添加对象时还需要指定一个 key。下面的代码是 Map 的典型用法。首先创建了 20 个 Sprite，并将这 20 个 Sprite 添加到 Map 中，key 从 sprite1 到 sprite20。然后获取 key 为 sprite4 的 Sprite 对象，并输出其 hashcode。接下来删除 key 为 sprite5 的 Sprite，最后输出剩下的 19 个 Sprite 的 key 和 hashcode。

```
// 声明一个 Map 类型的变量
Map < string, Sprite * > m;
// 创建 20 个 Sprite 对象，并将其添加到 Map 中
for(int i = 0; i < 20; i++)
{
    Sprite * sprite = Sprite::create("return.png");
    string key = "sprite";
    // 生成 key(sprite1 到 sprite20)
    key.append(to_string(i + 1));
    // 将当前创建的 Sprite 对象添加到 Map 中
    m.insert(key, sprite);
}
// 获取 key 为 sprite4 的 Sprite 对象
Sprite * sprite = m.at("sprite4");
// hash 仅用于 C++ 11，低于 C++ 11 的版本需要使用 boost library 中的 hash
hash < Sprite * > hashSprite;
//如果成功获取了该 Sprite 对象，则输出该 Sprite 对象的 hashcode
if(sprite != NULL)
{
    // 获取 Sprite 对象的 hashcode
    size_t hashcode =  hashSprite(sprite);
    // 输出 Sprite 对象的 hashcode
    CCLOG("Sprite's hashcode is % lu", hashcode);
}
// 删除 key 为 sprite5
m.erase("sprite5");
// 输出剩下的 Sprite 对象的个数
CCLOG("key Number is % lu", m.size());
// 输出剩下的 19 个 Sprite 对象的 key 和 hashcode
for(int i = 0; i < m.size(); i++)
{
    // 获取每一个 key
    string key = m.keys().at(i);
    // 根据当前的 key 获取 Sprite 对象
    Sprite * sprite = m.at(key);
    // 输出当前 Sprite 对象的 key 和 hashcode
```

```
        CCLOG("key = % s, Sprite's hashcode is % lu", key.c_str(), hashSprite(sprite));
    }
```

4.7 小结

本章介绍的内容在几乎所有基于 Cocos2d-x 的游戏程序都会使用到。因此，也可以将本章介绍的 4 个最核心的类（Director、Scene、Layer 和 Sprite）称为 Cocos2d-x 的四大要素[①]。这四大要素在游戏中起到了至关重要的作用，因此，读者一定要好好掌握它们。此外，集合类（Vector 和 Map）是 Cocos2d-x 3. x 中新提供的类，用于替代老版本中的 CCArray、CCDictionary、Array 和 Dictionary。尽管可以直接使用 C++ 提供的 Vector 和 Map 类，但 Vector 和 Map 为我们提供了很多方便之处，例如，自动使添加和弹出的对象的引用计数器加 1 或减 1 就是其中一个重要的特性。因此，除非有特殊原因，建议读者使用 Vector 和 Map。

---

① 由于 Node 不能单独使用，而且 Node 最常用的使用方式是通过 Sprite 及其子类来体现，所以这里提到的 Sprite，实际上已经包含了 Node。

第 5 章　标签、菜单与控件

在 Cocos2d-x 中有一类 API，可用于像在应用程序中创建可交互的 UI 一样在游戏中创建同样的界面。例如，放置一个按钮、下拉列表框、滚动屏幕上的控件等。通过这些 API 实现的游戏界面会拥有更好的交互性。这些 API 分为菜单 API 和控件 API。菜单 API 主要在屏幕上绘制菜单项，而控件 API 相当于应用程序中的控件，如按钮、图像框等。这些 API 将在本章中进行深入探讨。

本章要点

❑ LabelTTF 标签

❑ LabelAtlas 标签

❑ LabelBMFont 标签

❑ FNT 字体文件的原理和创建

❑ 菜单（MenuItemLabel、MenuItemFont、MenuItemSprite 等）

❑ 控件（Layout、Text、Button、EditBox、CheckBox、ImageView、ListView 等）

5.1　标签类

由于菜单项中的标签菜单项需要使用标签类，所以在本节先将 Cocos2d-x 支持的标签介绍一下。目前 Cocos2d-x 支持如下三种标签。

❑ LabelTTF：通过指定字体名称和字体尺寸的方式显示文本。

❑ LabelAtlas：通过指定包含文本的图像文件以及相应的截取规则显示文本。

❑ LabelBMFont：通过指定字体文件显示文本。

从这些标签的描述来看，只有 LabelTTF 可以直接设置字体名称和字体尺寸，其他两个标签的本质是一样的，就是将要显示的文字以图像方式绘制到一个图像文件（一般是 png 格式的图像）中，然后指定每一个字符对应的图像在整个大图中的位置、宽度和高度。当使用这些字符时，会按照指定的位置和尺寸截取这些图像。这种截取图像的方式通常只用于有限的字符，如数字、字母以及固定的一些汉字（菜单项、按钮的文本等）。而 LabelTTF 由于支持 ttf 格式的字体文件,所以这种方式更灵活,可以显示的字符种类更多,但同时也会付出代价。LabelTTF 在每次改变文本内容时都将重新使用纹理(Texture)进行渲染,这对于需要经常改变文本内容的情况无疑会大量消耗系统资源。而截取图像的方式由于实现图像已经被加载,所以这种方式显示文本只相当于贴图的过程,所以比 LabelTTF 消耗的系统资源要少得多。如果频繁更新文本,并且显示的字符有限,建议使用截取图像的方式显示文本。下面将详细介绍这三个标签(LabelTTF、LabelAtlas 和 LabelBMFont)的用法。

本节介绍的关于标签的完整例子都会在 5.2.1 节中的标签菜单项的 Demo 中,请读者参考该节的例子代码。

5.1.1 LabelTTF 标签(使用 TTF 字体文件)

Cocos2d-x 3.x 中的标签 API 经过了一次改变。在 Cocos2d-x3.x 的早期版本,每一种标签是用一个单独的类来表示的,如 LabelTTF 标签用 LabelTTF 表示。每一个这样的类都可以通过 create 静态方法创建相应的标签类对象,如 LabelTTF 对象。而且这些 create 都有多种重载形式。例如,LabelTTF∷create 方法的重载形式如下:

```
LabelTTF * LabelTTF::create()
LabelTTF * LabelTTF::create(const std::string& string, const std::string& fontName, float
fontSize)
LabelTTF * LabelTTF::create(const std::string& string, const std::string& fontName, float fontSize,
                            const Size& dimensions, TextHAlignment hAlignment)
LabelTTF * LabelTTF::create(const std::string& string, const std::string& fontName, float fontSize,
                            const Size &dimensions, TextHAlignment hAlignment,
                            TextVAlignment vAlignment)
```

从上面的代码可以看出,create 方法有 4 个重载形式。通常,这些方法的不同参数,可以在创建 LabelTTF 对象时就指定某些特性。下面是这些方法中相应参数含义的说明。

❑ string:要显示的字符串。

❑ fontName:字体名称。

❑ fontSize:字体尺寸。

❑ dimensions:标签的尺寸,如果不指定,标签的尺寸会根据文字内容、字体和字体尺寸自动调整。

❑ hAlignment:如果指定的标签尺寸,标签会根据该参数值确定文字在水平方向的显示位置(靠左、居中或靠右)。

❑ vAlignment:如果指定的标签尺寸,标签会根据该参数值确定文字在垂直方向的显示位置(靠上、居中或靠下)。

在上面给出的几个参数中,最后两个参数涉及我们以前未遇到过的类型。其中 hAlignment 和 vAlignment 对应的参数类型分别是 TextHAlignment 和 TextVAlignment,它们都是枚举类型,代码如下:

```
enum class TextHAlignment
{
    LEFT,
    CENTER,
    RIGHT,
};
enum class TextVAlignment
{
    TOP,
    CENTER,
    BOTTOM,
};
```

使用 LabelTTF∷create 创建 LabelTTF 对象的代码如下：

```
//未指定标签的尺寸和对齐方式,标签尺寸将随着文本的尺寸而变化
auto labelTTF1 = LabelTTF::create("LabelTTF Item", "fonts/Paint Boy.ttf", 40);
//指定了标签的尺寸和水平对齐方式(右对齐)
auto labelTTF2 = LabelTTF::create("LabelTTF Item", "Paint Boy", 40, Size(800,100),
TextHAlignment::RIGHT);
```

在指定字体名称时，iOS 和 Android 略有差别。对于 iOS 来说，不能直接引用字体文件（ttf 文件）。假设有一个字体文件 myfont. ttf，位于 Resources/fonts 目录。那么如果只是使用下面的代码将无法使用该字体文件（系统会使用默认的字体）。

```
auto labelTTF = LabelTTF::create("LabelTTF Item", "fonts/myfont.ttf", 40);
```

要想在 iOS 中使用 myfont. ttf 字体文件，需要在 XCode 的工程列表中找到名为 ios 的 Group，其中有一个 Info. plist 文件，打开该文件，找到 Font provided by application 项，在其中添加相应的子项，并为某一个子项（数组元素）设置字体文件名称（要包括路径）。设置效果如图 5-1 所示。

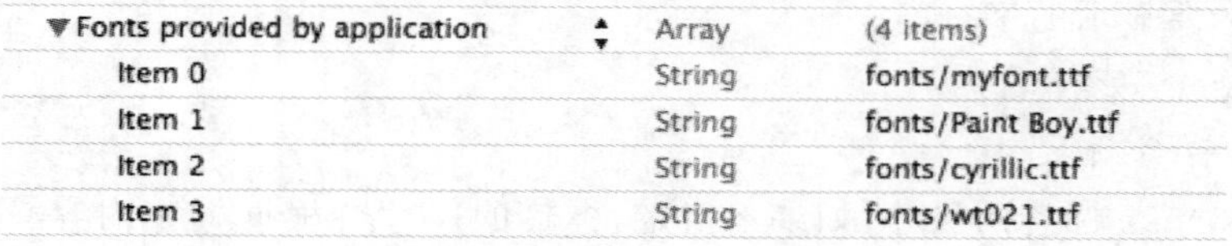

▼ Fonts provided by application	↕	Array	(4 items)
Item 0		String	fonts/myfont.ttf
Item 1		String	fonts/Paint Boy.ttf
Item 2		String	fonts/cyrillic.ttf
Item 3		String	fonts/wt021.ttf

图 5-1　添加字体文件

设置完后，使用上面的代码就可以使用 myfont. ttf 字体文件了。对于 iOS 来说，使用字体文件是可以不指定路径或扩展名，如下面的两行代码都可以使用 myfont. ttf 字体文件。

```
auto labelTTF1 = LabelTTF::create("LabelTTF Item", "fonts/myfont", 40);
auto labelTTF2 = LabelTTF::create("LabelTTF Item", "myfont", 40);
```

对于 Android 来说，并不需要 Info. plist 文件。只需要直接指定带路径的字体文件名即可，代码如下：

```
//在 Android 中只能使用下面的代码使用字体文件
auto labelTTF = LabelTTF::create("LabelTTF Item", "fonts/myfont.ttf", 40);
```

为了同时满足 iOS 和 Android,最简单的方式就是指定字体文件时加上路径和扩展名,如 fonts/myfont.ttf。

在有些情况下,当文本过长时,需要将文本显示为多行。如果要实现这个功能,需要指定 LabelTTF 的宽度,当然,指定或不指定 LabelTTF 的宽度和高度,对于文本超出显示范围的处理方法是不同的。LabelTTF 将按如下规则进行处理。

❑ 如果未指定 LabelTTF 的宽度和高度(宽度和高度都为 0),则文本不会换行,如果屏幕显示不下,剩下的文本将不会显示出来。

❑ 如果指定 LabelTTF 的宽度、高度为 0,则 LabelTTF 会自动检测文本的长度,当一行无法将文本显示完整时,会自动换行(并不会考虑英文单词的完整,将以字符为单位换行),将文本显示为两行或多行。LabelTTF 下面的内容将依次向下移动。

❑ 如果指定了 LabelTTF 的高度,宽度为 0,在垂直方向无法完整显示文本,那么剩下的文本将不会显示(被截取)。

❑ 如果 LabelTTF 的宽度和高度比一个字符的宽度和高度还小,那么这个 LabelTTF 将什么都不会显示。

要注意的是,如果文本以多行显示,对齐方式仍然有效。例如,图 5-2 是文本显示两行是水平右对齐的效果,图 5-3 是水平中心对齐的效果。

图 5-2 多行显示水平右对齐 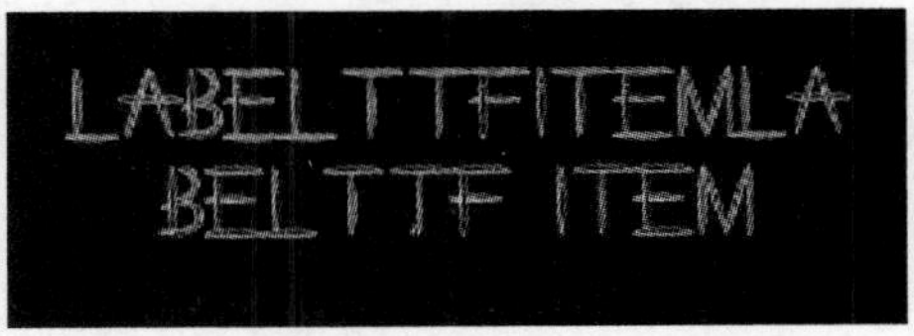   图 5-3 多行显示水平中心对齐

以上介绍的是旧版标签 API 的用法,不过在较新的 Cocos2d-x 3.x 中,尽管这些标签类还可以用,但已经被标识为 deprecated,也就是说不建议使用。在以后的版本中可能会被去掉。而在新版的 Cocos2d-x 3.x 中已经将这些标签的功能都放到了 Label 类中,通过 Label 类的一系列 createWithXxx 方法来创建不同种类的标签对象。其中 Xxx 表示不同的标签种类,如 TTF、SystemFont 等。不过为了方便,本书仍然将不同种类的标签称为 LabelTTF 标签、LabelAtlas 标签和 LabelBMFont 标签。下面是 Label 类中与 LabelTTF 标签相关的 createWithXxx 方法的定义。

```
Label * Label::createWithTTF(const std::string& text, const std::string& fontFile, float
fontSize, const Size& dimensions, TextHAlignment hAlignment, TextVAlignment vAlignment)
// ttfConfig 参数类型为 TTF 的配置对象(TTFConfig)
Label * Label :: createWithTTF ( const TTFConfig& ttfConfig, const std :: string& text,
TextHAlignment hAlignment, int maxLineWidth)
```

很显然，Label∷createWithTTF 方法有两个重载形式。该方法的参数含义与 LabelTTF∷create 方法的同名参数的含义相同。用 Label∷createWithTTF 方法创建 Label 对象的代码如下：

```
auto labelTTF = Label::createWithTTF("LabelTTF Item", "fonts/Paint Boy.ttf", 40);
```

考虑到很多读者仍然使用较低的 Cocos2d-x 3.x 版本，所以本章会同时介绍一下旧版的标签 API 和新版的标签 API。读者也可以在它们之间做一个对比。其实，这两种 API 的使用方法非常相近。

5.1.2 LabelAtlas 标签（需要截取图像）

Label 类并没有提供 createWithXxx 方法创建 LabelAtlas 标签，所以仍然可以在 Cocos2d-x 3.10 中使用 LabelAtlas（并未加 deprecated 标记）。

LabelAtlas 类允许将一个图像分隔成等宽的多个部分，然后将每一个部分作为一个字符。在输出字符时，LabelAtlas 会根据要输出的字符截取图像的某一部分，然后将所有截取的部分拼装起来绘制在屏幕上，就成为了一行完整的文本。

图 5-4 就是一个包含 12 个字符的图像，这 12 个字符是等宽的（图像逻辑上被分成了水平 12 等份）。其中包含了 0 至 9，共 10 个数字以及"."和 "/"字符。如果指定了截取规则，LabelAtlas 对象

图 5-4　包含字符的图像

就会根据要显示的文本截取其中的某些字符。而这些截取规则需要通过 LabelAtlas∷create 方法指定，该方法的原型如下：

```
LabelAtlas * LabelAtlas::create(const std::string& string, const std::string& charMapFile,
int itemWidth, int itemHeight, int startCharMap)
```

create 方法的参数含义如下：

❑ string：要显示的文本。

❑ charMapFile：字符映射文件，也就是包含所有字符的图像文件路径（如图 5-4 所示的图像文件）。

❑ itemWidth：每一个字符所占的宽度（单位：像素）。

❑ itemHeight：每一个字符所占的高度（单位：像素）。

❑ startCharMap：用于确定截取位置的字符。

上面这几个参数大多都好理解。唯有最后一个 startCharMap 参数需要解释一下。startCharMap 用于确定指定字符的截取位置。以图 5-4 所示的图像为例，如果要显示"0"，很明显，该字符在整个图像的第 3 个位置。假设每一个字符占用的宽度为 16 个像素，高度为 30 个像素。那么"0"的截取起始坐标（左上角坐标）是（16 × 2，0），也就是（32，0）。现在这个坐标中的 16 是已知数（每个字符占用的宽度），而这个 2 就需要通过 startCharMap 参数值指定（我们可以将这个 2 或其他类似的值称为截取乘数因子）。不过 startCharMap

并未直接指定 2,而是通过指定一个字符,并用当前要截取的字符的 ASCII 值与 startCharMap 指定的字符的 ASCII 值之差作为索引,也就是这个 2。例如,现在使用图 5-4 所示的图像作为字符映射文件,如果要显示 0123456789。那么 LabelAtlas 对象应使用如下的代码创建。

```
auto labelAtlas = LabelAtlas::create("0123456789", "fonts/labelatlas.png", 16, 30, '.');
```

LabelAtlas::create 方法的最后一个参数为"。"。从 ASCII 表可知,"。"比"0"的 ASCII 值小 2,也就是说,"0"和"。"的 ASCII 值之差为 2。那么当截取"0"时,LabelAtlas 就会取这两个字符的 ASCII 差值作为索引与每个字符宽度(16)相乘。如果要显示"1",那么"1"与"。"的 ASCII 值之差为 3,所以"1"的截取起始坐标为(16 × 3,0),以此类推,很容易计算 0 至 9 每个字符的截取起始坐标。

可能很多读者看到图 5-4 所示的图像和 startCharMap 参数值"。"后,一开始会误认为 LabelAtlas 可以识别图像上的字符。使用 LabelAtlas 显示文本的写法并不唯一。例如,要将图 5-4 所示图像中的所有字符都显示出来,可以使用下面的代码:

```
auto labelAtlas = LabelAtlas::create("./0123456789", "fonts/labelatlas.png", 16, 30, '.');
```

同时也可以使用下面的代码:

```
auto labelAtlas = LabelAtlas::create("0123456789:;", "fonts/labelatlas.png", 16, 30, '0');
```

因为":"和";"符号在 ASCII 表中是紧挨着"9"的,所以"0123456789:;"中的字符 ASCII 值分别与"0"的 ASCII 值之差仍然从 0 开始,所以照样可以获取从 0 到 11 的截取乘数因子。

在使用 LabelAtlas 显示文本时应注意,要显示的文本必须在字符映射文件中存在,否则无法获取相应的字符。理论上,LabelAtlas 可以显示(截取)任何字符,不过通常用于显示 ASCII 表中的单字节的字符,这样写出的代码更易于理解。

5.1.3 LabelBMFont 标签(使用 FNT 字体文件)

LabelBMFont 本质上与 LabelAtlas 类的实现原理完全相同,也是通过截取图像的某一区域来显示指定的字符,只是 LabelBMFont 比 LabelAtlas 更灵活。从 5.1.2 节的内容可知,LabelAtlas 只能按着等宽字符来截取,而且只能指定截取的起始位置,这样要显示的字符串与字符映射文件中的字符顺序必须一致。而 LabelBMFont 允许单独为每一个字符指定截取的起始坐标、宽度和高度(这就意味着可以很容易地显示更复杂的字符,如汉字),当然,还有更多用于截取图像的数据,如水平和垂直偏移量。因此,用于 LabelBMFont 的字符映射图像上不仅可以有可能要显示的字符,还可以有很多多余的字符。

由于 LabelBMFont 需要单独为每一个字符指定截取数据,所以不可能使用 LabelBMFont::create 方法来指定这些数据,因此,LabelBMFont 单独提供了一个具有一定格式的纯文本文件(通常是扩展名为 fnt 的文件,所以该文件被称为 FNT 字体文件,不过扩展名不一定是 fnt，扩展名可以任意设置）用于指定这些数据。该文件除了指定每一个字符的截取数据外，还指定了字符映射文件的路径、字符映射图像的宽度和高度（单位：像素）、字符总数以及其他一些信息。图 5-5 是 FNT 字体文件的一个片段。

```
≡ ◀ ▶ | Cocos2dxDemo ▸ Resources ▸ fonts ▸ bitmapFontTest.fnt | No Selection
1  info face="ArtistampMedium" size=48 bold=1 italic=0 charset="" unicode=0 stretchH=100 smooth=1 aa=1 padding=0,0,0,0
     spacing=1,1
2  common lineHeight=52 base=26 scaleW=256 scaleH=512 pages=1 packed=0
3  page id=0 file="bitmapFontTest.png"
4  chars count=94
5  char id=32   x=0     y=0   width=0    height=0   xoffset=0   yoffset=44  xadvance=14   page=0  chnl=0
6  char id=94   x=0     y=0   width=51   height=49  xoffset=1   yoffset=3   xadvance=51   page=0  chnl=0
7  char id=95   x=51    y=0   width=82   height=48  xoffset=1   yoffset=4   xadvance=84   page=0  chnl=0
8  char id=41   x=133   y=0   width=14   height=46  xoffset=1   yoffset=3   xadvance=13   page=0  chnl=0
9  char id=40   x=147   y=0   width=16   height=46  xoffset=1   yoffset=3   xadvance=12   page=0  chnl=0
10 char id=126  x=163   y=0   width=30   height=42  xoffset=2   yoffset=6   xadvance=31   page=0  chnl=0
11 char id=47   x=193   y=0   width=24   height=47  xoffset=1   yoffset=6   xadvance=19   page=0  chnl=0
```

图 5-5　FNT 字体文件的片段

任何一个 FNT 字体文件都必须对应一个字符映射文件，LabelBMFont 和 LabelAtlas 使用的字符映射文件没什么区别，只是 LabelBMFont 使用的字符映射文件可能更大，而且字符的排列可能没什么规律。例如，图 5-6 和图 5-7 就是两个 LabelBMFont 使用的字符映射图像。

图 5-6　字母、标点符号和特殊符号　　　　图 5-7　汉字、数字、字母和其他符号混合的
　　　　混合的字符映射图像　　　　　　　　　　　字符映射图像

使用 LabelBMFont 也很容易，例如下面的代码通过 fnt 字体文件创建了一个 LabelBMFont 对象，更进一步的使用方法就和 Sprite 对象没什么区别了。例如，可以添加到 Layer 或 Scene 中，设置尺寸等。

```
auto labelBMFont = LabelBMFont::create("LabelBMFont Test",
                                       "fonts/boundsTestFont.fnt");
```

在新版的 Cocos2d-x 3. x 中，Label 类也提供了 createWithBMFont 方法用于创建 LabelBMFont 标签，因此，在使用较新版本的 Cocos2d-x 时，应尽量使用 Label :: createWithBMFont 方法创建 LabelBMFont 标签，该方法的定义如下：

```
Label * Label::createWithBMFont(const std::string& bmfontFilePath, const std::string& text,
const TextHAlignment& hAlignment /* = TextHAlignment::LEFT */, int maxLineWidth /* = 0
*/, const Vec2& imageOffset /* = Vec2::ZERO */)
```

该方法定义中注释的部分是相应参数的默认值。要注意的是，尽管 Label :: createWithBMFont 方法与 LabelBMFont :: create 方法都是两个参数，含义也相同。但它们的顺序是相反的。所以使用 Label :: createWithBMFont 方法应按如下方式传递参数值。

```
auto labelBMFont = Label::createWithBMFont("fonts/boundsTestFont.fnt",
                                           "LabelBMFontMenuItem");
```

5.1.4 生成 FNT 字体文件

在 5.1.3 节涉及了一种 FNT 字体文件。在介绍 LabelBMFont 标签时只介绍了如何使用 FNT 字体文件，但在实际应用中，需要制作自己的 FNT 字体文件。目前可以制作这类文件的软件比较多。本节介绍一款 Windows 下的 FNT 字体文件生成软件 Bitmap Font Generator。读者可以到网上搜索该软件。

安装好该软件后，会看到如图 5-8 所示的主窗口。

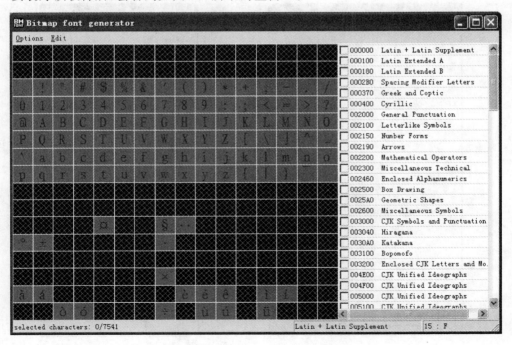

图 5-8 Bitmap Font Generator 的主窗口

在主窗口右侧列出了当前系统支持的字体。如果要利用某些字体作为模板生成 FNT 字体文件和对应的 png 图像文件，就需要选中右侧的一项或多项字体。不过不用担心，并不需要我们去选择它们，Bitmap Font Generator 会为我们自动去选择字体。为了达到这个目的，还需要做一些设置工作。

首先选择 Options＞Font Settings 菜单项，打开如图 5-9 所示的 Font Settings 对话框。该对话框的设置大多保持默认值即可。但有些设置需要修改一下。例如，需要从 Font 下拉列表中选择一个字体，本例选择了"楷体_GB2312"。Size(px)文本框表示每个字符的高度（单位：像素），本例将字符高度设置为 32 个像素。为了效果更好，可以按图 5-9 所示设置其他的选项。最后单击 OK 按钮关闭该对话框。

接下来要做的是准备一个文本文件。如果 FNT 字体中包含双字节字符，文本文件应为 Unicode 或 UTF-8 格式（当然，如果是中文，也可以选中 GB2312，这可以从 Charset 选项中选择），否则 Bitmap Font Generator 不会识别这些字符。在本例中使用达·芬奇的一句名言："真理是时间的女儿"作为 FNT 字体文件的内容。文件名为 custom_font.txt。接下来选择 Edit＞Clear all chars in font 菜单项，清除右侧以前选中的字体。然后选择 Edit＞Select chars from files 菜单项的 custom_font.txt 文件。这时主窗口右侧的字体列表会自动选中相应的字体。

在做完这些工作后，选择 Options＞Export Options 菜单项，打开 Export Options 对话框，并按图 5-10 所示的配置进行设定。这里需要着重介绍几个设置。

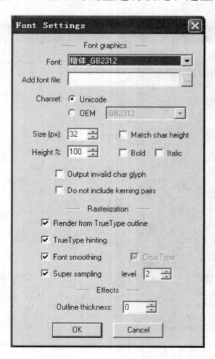

图 5-9　Font Settings 对话框

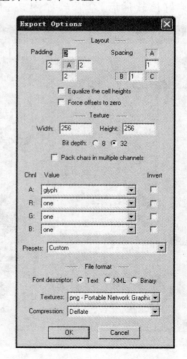

图 5-10　Export Settings 对话框

❑ Padding：文本距图像边界的距离（单位：像素），这个选项的 4 个值默认都是 0，可以输入大于 0 的数，将文本周围留一定的距离。这样 png 图像看着更舒服。

❑ Texture：输出的 png 图像的尺寸，该尺寸应该大于等于刚好可以放下所有文本的尺寸，否则字体文本将无法显示全。

❑ Bit depth：该设置通常为 32，否则没有透明层，这样文字就带背景了。

最后选择 Options＞Save bitmap font as 菜单项，并输入一个 FNT 字体文件名称，如 custom_font。单击"保存"按钮即可生成 custom_font.fnt 和 custom_font_0.png 文件。读者可以打开 custom_font_0.png 文件，会看到透明背景的图像，图像上只有"真理是时间的女儿"这几个字，如图 5-11 所示。不过这几个字并没有按顺序排列，因为 custom_font.fnt 文件已经记录了每一个字符对应的坐标和尺寸。如果对图像的效果不满意，可以用 Photoshop 等图像处理软件单独进行处理，如将文字改成渐变色。不过通常只是改变文字本身的

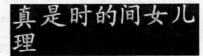

图 5-11　生成的 FNT 字体图像文件

效果。文字尺寸和位置一般不会修改，否则 custom_font.fnt 文件也需要修改。

现在可以将 custom_font.fnt 和 custom_font_0.png 文件复制到 Cocos2d-x 游戏工程目录的 Resources/fonts 子目录（或其他子目录也可）中。具体使用方法详见 5.1.3 节的内容。在 5.2.1 节也会结合菜单项使用这个定制的 FNT 字体文件。

5.2　菜单（Menu）与菜单项（MenuItem）

Menu 类本质上也是一类图层，只是这类图层专门用于显示各种菜单项。Cocos2d-x 支持的菜单项比较丰富，既包括最简单的纯文本菜单项，也包括丰富多彩的图像菜单项。当然，还包括更复杂的 Sprite、Font 和 Toggle 菜单项。本节将详细介绍这些菜单项的功能和使用方法。以及如何处理菜单事件和水平、垂直对齐菜单。

5.2.1　菜单（Menu）类

Menu 是 Layer 的子类，是一类特殊的图层。用于显示各种形式的菜单项。Menu 类提供了多个静态方法来创建 Menu 对象，这些方法的原型如下：

```
// 直接创建 Menu 对象,不添加任何菜单项
static Menu * create();
// 在创建 Menu 对象的同时,至少添加一个菜单项
static Menu * create(MenuItem * item, ...)CC_REQUIRES_NULL_TERMINATION;
// 在创建 Menu 对象的同时,使用 Vector 对象将多个菜单项添加到 Menu 中
static Menu * createWithArray(const Vector < MenuItem * > & arrayOfItems);
// 只在 Menu 中添加一个菜单项
static Menu * createWithItem(MenuItem * item);
```

上面几个创建 Menu 对象的方法中除了不带参数的 create 方法外，其他几个方法都可

以在创建 Menu 对象的过程中指定一个或多个菜单项。

答疑解惑：CC_REQUIRES_NULL_TERMINATION 的含义

由于 C++ 本身机制的限制，在使用可变参数时，通常要求可变参数的最后一个参数值为 NULL，这样是为了识别可变参数的结束位置。尽管不指定 NULL，程序仍然可以成功编译和链接，但通常会在编译程序时会出现一个警告，而且即使程序成功运行，也可能由于无法正确识别可变参数的边界而造成不可预料的后果。那么 C++ 编译器是如何确定可变参数最后需要跟 NULL，并提出警告的呢？CC_REQUIRES_NULL_TERMINATION 宏正是完成这个工作而设置的。下面看一下该宏的代码。

＜Cocos2d-x 根目录＞/cocos/base/CCPlatformMacros. h

```
# if !defined(CC_REQUIRES_NULL_TERMINATION)
    # if defined(__APPLE_CC__) && (__APPLE_CC__ >= 5549)
        # define CC_REQUIRES_NULL_TERMINATION __attribute__((sentinel(0,1)))
    # elif defined(__GNUC__)
        # define CC_REQUIRES_NULL_TERMINATION __attribute__((sentinel))
    # else
        # define CC_REQUIRES_NULL_TERMINATION
    # endif
# endif
```

从这段宏定义可以看出，同时考虑了使用的编译器类型（Apple 和 GNU 的 C++ 编译器）。对于 GNU C++ 编译器，定义了如下的宏。

```
# define CC_REQUIRES_NULL_TERMINATION __attribute__((sentinel))
```

CC_REQUIRES_NULL_TERMINATION 宏的值是 __attribute__((sentinel))，该值是一个函数（方法）属性。__attribute__((sentinel))与 __attribute__((sentinel(0)))是等价的，只能用在有可变参数的函数中。表示可变参数最后一个参数值为 NULL，否则会显示警告信息。如果将该宏设为如下的值，则表示可变参数最后两个值都需要是 NULL。不过由于我们现在使用的基本都是 GNU C++ 编译器，所以只要可变参数最后一个参数值为 NULL 即可。

```
__attribute__((sentinel(0,1)))
```

5.2.2 标签菜单项（MenuItemLabel）

MenuItemLabel 主要用于显示文本形式的菜单项。要使用 MenuItemLabel 对象显示文本菜单项，还需要创建一个标签对象。这些标签类已经在 5.1 节介绍了。

本例创建了 4 个标签菜单项，其中前两个菜单项分别使用了 LabelTTF 和 LabelAtlas

标签,后两个菜单项都使用了 LabelBMFont 标签,其中第一个 LabelBMFont 使用了
Cocos2d-x 提供的一个 FNT 字体文件(只是给修
改了扩展名),另外一个 LabelBMFont 使用了
5.1.4 节定制的 FNT 字体文件(custom_font.
fnt)。本例的显示效果如图 5-12 所示。选择每
一个菜单项,会在各个平台的日志窗口输出菜单
文本。读者可以运行 Cocos2dxDemo,并选择"第
05 章标签、菜单与控件">"菜单(Menu)和标签
(Label)测试">"文本菜单项(MenuItemLabel)"
菜单项来查看该效果。

图 5-12　MenuItemLabel 菜单项效果

　　本节的例子代码主要在 MenuTest. cpp 文件
的 MenuItemLabelScene::onEnter 方法中,在该方法中创建了图 5-12 所示的 4 各菜单项,
分别使用了 5.1 节介绍的 3 个标签。该方法的代码如下:

Cocos2dxDemo/classes/MenuAndControl/Menu/MenuTest. cpp

```
void MenuItemLabelScene::onEnter()
{
    BasicScene::onEnter();
    auto visibleSize = Director::getInstance()->getVisibleSize();
    auto origin = Director::getInstance()->getVisibleOrigin();


    auto menu = Menu::create();
    menu->setPosition(Point::ZERO);
    // 基于 LabelTTF 创建文本菜单项
    auto labelTTF = Label::createWithTTF("LabelTTF Item", "fonts/Paint Boy.ttf", 40);
    auto menuItemLabel1 = MenuItemLabel::create(labelTTF,
            CC_CALLBACK_1(MenuItemLabelScene::menuCallback, this));

    menuItemLabel1->setPosition( Point( origin.x + visibleSize.width / 2, origin.y +
visibleSize.height - menuItemLabel1->getContentSize().height - 60) );
    // 每一个菜单项都会指定 ZOrder,以便在单击回调方法中判断单击了哪个菜单项
    menu->addChild(menuItemLabel1, 1);
    // 基于 LabelAtlas 创建文本菜单项
    auto labelAtlas = LabelAtlas::create("0123456789", "fonts/labelatlas.png", 16, 30, '.');
    auto menuItemLabel2 = MenuItemLabel::create(labelAtlas,
                CC_CALLBACK_1(MenuItemLabelScene::menuCallback, this) );
    menuItemLabel2->setPosition( Point( origin.x + visibleSize.width / 2, menuItemLabel1->
getPosition().y - menuItemLabel1->getContentSize().height / 2 - 60) );
    // 将菜单项放大到原来的两倍
    menuItemLabel2->setScale(2);
    menu->addChild(menuItemLabel2, 2);
```

```
// 基于 LabelBMFont 创建文本菜单项

// fnt 字体文件不一定叫扩展名为 fnt,任何扩展名都可以
auto labelBMFont1 = Label::createWithBMFont("fonts/boundsTestFont.abc",
                                            "LabelBMFontMenuItem");
auto menuItemLabel3 = MenuItemLabel::create(labelBMFont1,
                        CC_CALLBACK_1(MenuItemLabelScene::menuCallback, this));

menuItemLabel3 -> setPosition( Point( origin.x + visibleSize.width / 2, menuItemLabel2 ->
getPosition().y - menuItemLabel2 -> getContentSize().height / 2 - 80) );
// 将菜单项放大到原来的两倍
menuItemLabel3 -> setScale(2);
menu -> addChild(menuItemLabel3, 3);

// 使用在 5.1.4 节定制的 FNT 字体文件 custom_font.fnt
auto labelBMFont2 = Label::createWithBMFont("fonts/custom_font.fnt","真理是时间的女儿");
menuItemLabel4 = MenuItemLabel::create(labelBMFont2,
                        CC_CALLBACK_1(MenuItemLabelScene::menuCallback, this));

menuItemLabel4 -> setPosition( Point( origin.x + visibleSize.width / 2, menuItemLabel3 ->
getPosition().y - menuItemLabel3 -> getContentSize().height / 2 - 60) );
// 将菜单项放大到原来的两倍
menuItemLabel4 -> setScale(2);
menu -> addChild(menuItemLabel4, 4);

addChild(menu);

}
```

在 MenuItemLabelScene::onEnter 方法中创建每一个标签菜单项(MenuItemLabel 对象)时都通过 create 方法指定了 MenuItemLabelScene::menuCallback 作为回调方法。也就是单击这 4 个菜单项时都会调用 MenuItemLabelScene::menuCallback。当然,可以为每一个菜单项单独指定一个回调方法。不过如果这样处理,当菜单项比较多时,就会导致回调方法过多。所以,通常所有的菜单项会共享同一个回调方法。这就需要在回调方法中判断当前单击的是哪一个菜单项。实现这个功能有多种方法,本例使用了 ZOrder 值来判断,也就是在将菜单项添加到 Menu 的过程中为每一个菜单项指定一个不同的 ZOrder(通过 Menu::addChild 方法的第 2 个参数指定)。当然,也可以通过指定 Tag 值来判断。下面看一下 MenuItemLabelScene::menuCallback 方法的实现代码。

Cocos2dxDemo/classes/MenuAndControl/Menu/MenuTest. cpp

```
void MenuItemLabelScene::menuCallback(Ref * sender)
{
    // 将 sender 转换为 MenuItemLabel 指针
```

```
MenuItemLabel * menuItemLabel = dynamic_cast < MenuItemLabel * >(sender);
// 由于 LabelAtlas 标签仍然使用 LabelAtlas::create 方法创建,所以这里仍然需要转换为
// LabelAtlas 指针,然后在获取其中的文本.LabelAtlas 对应的 ZOrder 值是 2
if(menuItemLabel -> getLocalZOrder() == 2) // LabelAtlas
{
    LabelAtlas * labelAtlas = dynamic_cast < LabelAtlas * >(menuItemLabel -> getLabel());
    CCLOG(" % s", labelAtlas -> getString().c_str());
}
else
{
    Label * label = dynamic_cast < Label * >(menuItemLabel -> getLabel());
    CCLOG(" % s", label -> getString().c_str());
}
}
```

阅读 MenuItemLabelScene::menuCallback 方法应了解如下几点。

❑ 由于将回调方法与菜单项绑定,所以 sender 参数实际上就是 MenuItemLabel * 类型。因此,需要先将 sender 转换为 MenuItemLabel * 类型。

❑ C++的类型转换需要用 dynamic_cast 运算符,该运算符主要用于检测对象之间是否有继承关系。例如,MenuItemLabel 的祖先类是 Object,所以可以进行转换。如果没有继承关系而无法进行转换,dynamic_cast 运算符会返回 NULL。

❑ CCLOG 是 Cocos2d-x 专门用来实现跨平台日志(调试)输出的宏。当然,也可以用 C++的 cout 或其他类似的技术输出调试信息,但这样做在某些平台中无法显示调试信息。例如,如果使用 cout,在 XCode 中是可以显示调试信息的,但在 Android 平台中无法显示调试信息,所以在输出调试或其他信息时,应尽量使用 CCLOG。

❑ 由于 CCLOG 需要接收 char * 类型的字符串,而标签类的 getString 方法返回的是 string 类型的字符串,所以需要调用 string::c_str 方法进行转换。

5.2.3　字体菜单项(MenuItemFont)

MenuItemFont 是 MenuItemLabel 的子类,所以 MenuItemFont 具有 MenuItemLabel 类的一切特性。此外,MenuItemFont 还允许通过一些 setXxx 方法单独设置字体和字号以及默认的字体和字号。

其中,setXxx 中的 Xxx 是 FontNameObj、FontSizeObj、FontName 和 FontSize。前两个方法是 MenuItemFont 类中普通的成员方法,用于设置当前 MenuItemFont 对象。而后两个方法是静态方法,用于设置默认的字体和字号。一旦通过 setFontName 和 setFontSize 方法设置默认的字体和字号,再创建 MenuItemFont 对象时,如果不指定字体和字号,则使用默认的字体和字号。这 4 个方法的原型如下:

```
// 设置默认的字号
static void setFontSize(int size);
// 设置默认的字体
```

```
static void setFontName(const std::string& name);
// 设置当前 MenuItemFont 对象的字号
void setFontSizeObj(int size);
// 设置当前 MenuItemFont 对象的字体
void setFontNameObj(const std::string& name);
```

MenuItemFont 与 MenuItemLabel 还有一个不同是前者可以直接指定菜单项文本,而后者需要先创建标签对象,然后再将标签对象传入 MenuItemLabel 对象。MenuItemFont 类有两个重载的 create 方法,这两个方法的原型如下:

```
static MenuItemFont * create(const std::string& value = "");
static MenuItemFont * create(const std::string& value, const ccMenuCallback& callback);
```

其中,value 是菜单项要显示的文本。尽管在定义 create 方法时为 value 指定了默认值(长度为 0 的字符串)。但在调用 create 方法时,value 参数的值必须是长度大于 0 的字符串。

本节的例子会在窗口上显示两个 MenuItem-Font 菜单项。一开始调用了 setFontName 方法设置了默认的字体,而第一个菜单项未设置任何字体,所以第一个菜单项会使用默认的字体。以后建立的 MenuItemFont 菜单项,除非调用 setFontNameObj 方法指定了字体名称,否则都会使用 setFontName 方法设置默认字体。第二个菜单项调用了 setFontNameObj 方法覆盖了默认的字体。显示效果如图 5-13 所示。

图 5-13　字体菜单项测试

本例的主要代码在 MenuItemFontScene::onEnter 方法中实现,该方法的代码如下:

Cocos2dxDemo/classes/MenuAndControl/Menu/MenuTest. cpp

```
void MenuItemFontScene::onEnter()
{
    BasicScene::onEnter();
    auto visibleSize = Director::getInstance()->getVisibleSize();
    auto origin = Director::getInstance()->getVisibleOrigin();

    auto menu = Menu::create();

    menu->setPosition(Point::ZERO);
    // 设置默认的字体
    MenuItemFont::setFontName("fonts/Paint Boy.ttf");
    // 创建第一个菜单项的 MenuItemFont 对象
    auto menuItemFont1 = MenuItemFont::create("I love you."
            ,CC_CALLBACK_1(MenuItemFontScene::menuCallback, this));
    menuItemFont1->setPosition( Point( origin.x + visibleSize.width / 2,
```

```
                    origin.y + visibleSize.height - menuItemFont1 -> getContentSize().height - 100) );
    // 设置当前菜单项的字体尺寸,但未指定字体名称,所以当前菜单项会使用默认字体
    menuItemFont1 -> setFontSizeObj(80);
    menu -> addChild(menuItemFont1);

    // 创建第二个菜单项的 MenuItemFont 对象
    auto menuItemFont2 = MenuItemFont::create("Marker Felt");

    menuItemFont2 -> setPosition( Point( origin.x + visibleSize.width / 2,
                                         origin.y + visibleSize.height/2 - 60) );
    // 设置当前菜单项的字体尺寸
    menuItemFont2 -> setFontSizeObj(100);
    // 设置当前菜单项的字体名称,覆盖了默认的字体
    menuItemFont2 -> setFontNameObj("Marker Felt.ttf");
    menuItemFont2 -> setCallback(CC_CALLBACK_1(MenuItemFontScene::menuCallback, this));
    menu -> addChild(menuItemFont2);

    addChild(menu);
}
```

当选择菜单项时,会调用 MenuItemFontScene::menuCallback 方法来输出被选择菜单项的文本,该方法的代码如下:

Cocos2dxDemo/classes/MenuAndControl/Menu/MenuTest.cpp

```
void MenuItemFontScene::menuCallback(Object * sender)
{
    // 将 sender 转换为当前单击的菜单项(MenuItemFont 对象)
    MenuItemFont * menuItemFont = dynamic_cast<MenuItemFont *>(sender);
    // 获取 MenuItemFont 对象中的标签对象,并获取菜单项的文本,最后将该文本输出
    CCLOG(" % s", ((Label *)menuItemFont -> getLabel()) -> getString().c_str());
}
```

从 MenuItemFontScene::menuCallback 方法的代码可以看出,实际上 MenuItemFont 在内部创建了一个 Label 对象,并将菜单项文本传入该对象。所以在获取菜单项文本时,仍然需要先获取标签对象。

5.2.4 精灵菜单项(MenuItemSprite)

从 MenuItemSprite 类的名字基本可以断定,MenuItemSprite 是通过指定 Sprite 对象来设置菜单项的。MenuItemSprite 类可以通过如下几个 create 方法的重载形式创建 MenuItemSprite 对象。

```
static MenuItemSprite * create ( Node * normalSprite, Node * selectedSprite, Node *
disabledSprite = nullptr);
static MenuItemSprite * create ( Node * normalSprite, Node * selectedSprite, const
ccMenuCallback& callback);
static MenuItemSprite * create ( Node * normalSprite, Node * selectedSprite, Node *
disabledSprite, const ccMenuCallback& callback);
```

上面几个 create 方法的重载形式涉及如下几个参数,这些参数的含义如下:

❏ normalSprite:用于在菜单项正常状态显示的 Sprite 对象。

❏ selectedSprite:用于在菜单项被选中状态显示的 Sprite 对象。

❏ disabledSprite:用于在菜单项不可用状态显示的 Sprite 对象。

❏ callback:处理菜单项单击事件的回调方法。

关于创建 Sprite 对象的详细方法,请读者参阅第 4 章的内容。本节会将焦点主要集中在创建 MenuItemSprite 对象上。下面是创建 MenuItemSprite 对象的典型代码。

```
Sprite * sprite1 = Sprite::create("buttons/button_n.png");
Sprite * sprite2 = Sprite::create("buttons/button_p.png");
MenuItemSprite * menuItemSprite = MenuItemSprite::create(sprite1, sprite2);
```

如果未通过 create 方法指定相应的 Sprite 对象和回调方法,可以使用如下几个方法指定,这几个方法中的前三个属于 MenuItemSprite 类,而最后一个属于 MenuItemSprite 的父类 MenuItem。

```
void setNormalImage(Node * image);
void setSelectedImage(Node * image);
void setDisabledImage(Node * image);
void setCallback(const ccMenuCallback& callback);
```

本节的例子会在窗口上放两个按钮,上方的按钮设置了与两个状态(Normal 和 Selected)对应的 Sprite 对象,下方的圆形按钮设置了与三个状态(Normal、Selected 和 Disabled)对应的 Sprite 对象。当单击上方的按钮,下方的圆形按钮会在可用和不可用之间切换。效果如图 5-14 和图 5-15 所示。

图 5-14　精灵菜单项测试(第二个按钮可用)　　图 5-15　精灵菜单项测试(第二个按钮不可用)

本例的代码主要在 MenuItemSpriteScene::onEnter 方法中实现,该方法的代码如下:

Cocos2dxDemo/classes/MenuAndControl/Menu/MenuTest. cpp

```
void  MenuItemSpriteScene::onEnter()
{
    BasicScene::onEnter();
```

```
auto visibleSize = Director::getInstance()->getVisibleSize();
auto origin = Director::getInstance()->getVisibleOrigin();
auto menu = Menu::create();
menu->setPosition(Point::ZERO);
// 下面的两行代码创建了两个 Sprite 对象
Sprite * sprite1 = Sprite::create("buttons/continue_game_n.png");
Sprite * sprite2 = Sprite::create("buttons/continue_game_p.png");
// 创建上方按钮的菜单项,通过 create 方法指定了两个 Sprite 对象
// 通过 setCallback 方法指定了回调方法
MenuItemSprite * menuItemSprite1 = MenuItemSprite::create(sprite1, sprite2);

menuItemSprite1->setPosition(origin.x + visibleSize.width/2, origin.y + visibleSize.
height / 2 + 140);
menuItemSprite1->setCallback(CC_CALLBACK_1(MenuItemSpriteScene::menuCallback, this));
menu->addChild(menuItemSprite1, 0, 1);                    // 指定菜单项的 Tag 为 1
// 创建下方的圆形菜单项,通过 create 方法指定三个 Sprite 对象,通过 setCallback 方法
// 指定回调方法
MenuItemSprite * menuItemSprite2 =
MenuItemSprite::create(Sprite::create("buttons/China_n.png"),Sprite::create("buttons/
China_p.png"),Sprite::create("buttons/China_d.png"));
menuItemSprite2->setCallback(CC_CALLBACK_1(MenuItemSpriteScene::menuCallback, this));
menuItemSprite2->setPosition(origin.x + visibleSize.width/2, origin.y + visibleSize.
height / 2 - 60);
menu->addChild(menuItemSprite2, 0, 2);                    // 指定菜单项的 Tag 为 2

addChild(menu, 0, 1);                                     // 指定 Menu 的 Tag 为 1
}
```

当单击这两个按钮时会调用 MenuItemSpriteScene::menuCallback 方法,该方法的代码如下:

Cocos2dxDemo/classes/MenuAndControl/Menu/MenuTest.cpp

```
void MenuItemSpriteScene::menuCallback(Object * sender)
{
    // 获取当前选择的菜单项(MenuItemSprite 对象)
    MenuItemSprite * menuItemSprite = dynamic_cast<MenuItemSprite *>(sender);
    switch(menuItemSprite->getTag())
    {
        case 1:        // 继续游戏
        {
            // 使用 Menu 的 Tag 获取 Menu 对象
            Menu * menu = dynamic_cast<Menu *>(this->getChildByTag(1));
            // 使用 Tag 获取第二个菜单项(圆形按钮)
            MenuItemSprite * menuItemSprite_China =
                dynamic_cast<MenuItemSprite *>(menu->getChildByTag(2));
            // 将第二个菜单项禁止或允许
            menuItemSprite_China->setEnabled(!menuItemSprite_China->isEnabled());
```

```
            break;
        }
        case 2:        // 圆形按钮
        {
            CCLOG("继续游戏");
            break;
        }
    }
}
```

5.2.5 图像菜单项(**MenuItemImage**)

MenuItemImage 是 MenuItemSprite 的子类,所以图像菜单项拥有 MenuItemSprite 的一切特性,除此之外,MenuItemImage 还可以通过直接指定图像路径的方式设置菜单项。MenuItemImage 类提供了一组 create 方法的重载形式,用于创建 MenuItemImage 对象,这些重载形式的原型代码如下:

```
static MenuItemImage * create();
static MenuItemImage * create (const std :: string& normalImage, const std :: string&
selectedImage);
static MenuItemImage * create (const std :: string& normalImage, const std :: string&
selectedImage, const std::string& disabledImage);
static MenuItemImage * create (const std :: string&normalImage, const std ::
string&selectedImage, const ccMenuCallback& callback);
static MenuItemImage * create (const std :: string&normalImage, const std ::
string&selectedImage, const std::string&disabledImage, const ccMenuCallback& callback);
```

这些 create 方法的重载形式涉及一些参数,这些参数的含义如下:

❑ normalImage:菜单项正常显示时的图像路径。

❑ selectedImage:菜单项被选中(按下)时的图像路径。

❑ disabledImage:菜单项不可选时的图像路径。

❑ callback:相应菜单项单击事件的回调方法。

callback 参数在前面已经多次提到了,这里不再详细解释。对于图像菜单项来说。分为三个状态:正常(normal)、选中(selected)和不可选(disabled)。通常这三个状态会使用不同的图像来区分,所以就需要 normalImage、selectedImage 和 disabledImage 三个参数来指定这三个图像路径。

如果未通过 create 方法指定回调方法或上述三个状态的图像路径,可以使用下面几个方法在后期指定。不过这几个方法并不属于 MenuItemImage 类,而是属于其父类(MenuItemSprite)或祖先类(MenuItem)。其中,前三个方法也不能直接指定图像路径,而要指定 Sprite 及其子类的对象。关于这些方法的详细描述,可以参阅 5.5.4 节的介绍。

```
void setNormalImage(Node * image);
void setSelectedImage(Node * image);
```

```
void setDisabledImage(Node * image);
void setCallback(const ccMenuCallback& callback);
```

上面介绍的指定图像的方式都是指单个的图像文件或 Sprite 对象。但对于大多数游戏来说,都会将多个图像放到一个大图上,然后在游戏启动时先装载该大图。当使用大图中某个小图时,会进行截取。这样可以大量降低资源的消耗,提高游戏的运行效率。要想完成这个功能,就不能直接使用图像路径。当然,使用 Sprite 对象也是可以的,但需要再创建一个 Sprite 对象,比较麻烦。所以,需要使用第 4 章介绍的 SpriteFrame。尽管 MenuItemImage ∷create 方法不能直接指定 SpriteFrame 对象,但可以通过如下三个 MenuItemImage 类的方法分别为菜单项的三种状态指定三个 SpriteFrame 对象。

```
// 设置正常状态的 SpriteFrame 对象
void setNormalSpriteFrame(SpriteFrame * frame);
// 设置选中状态的 SpriteFrame 对象
void setSelectedSpriteFrame(SpriteFrame * frame);
// 设置不可选状态的 SpriteFrame 对象
void setDisabledSpriteFrame(SpriteFrame * frame);
```

创建 SpriteFrame 对象的方法有多种,读者可以参阅第 4 章的介绍,本节的例子也会使用多种方法创建 SpriteFrame 对象。下面是一段直接从大图中截取小图的创建 SpriteFrame 对象的代码。

```
MenuItemImage * menuItemImage = MenuItemImage∷create();
menuItemImage - > setNormalSpriteFrame(SpriteFrame∷create("list/uis.png", Rect(290, 215,
282, 76)));
```

本节的例子会在窗口上放置如图 5-16 所示的三个按钮。按从上到下的顺序,第一个按钮直接指定的两个状态图像(Normal 和 Selected),第二个按钮指定了三个状态图像(Normal、Selected 和 Disabled)。当单击第一个按钮,会将第二个按钮禁止,再次单击第一个按钮,会使第二个按钮可用。这样可以观察第二个按钮在三个状态之间的变化。最后一个按钮使用了指定 SpriteFrame 对象的方式设置两种状态(Normal 和 Selected)的图像。

图 5-16 图像菜单项测试

实现本例功能的代码主要在 MenuItemImageScene∷onEnter 方法中,该方法的代码如下:

Cocos2dxDemo/classes/MenuAndControl/Menu/MenuTest.cpp

```
void MenuItemImageScene∷onEnter()
{
```

```
        BasicScene::onEnter();
        auto visibleSize = Director::getInstance()->getVisibleSize();
        auto origin = Director::getInstance()->getVisibleOrigin();
        auto menu = Menu::create();
        menu->setPosition(Point::ZERO);

        // 创建第一个菜单项
        MenuItemImage * menuItemImage1 = MenuItemImage::create("buttons/continue_game_n.png",
    "buttons/continue_game_p.png");
        menuItemImage1->setPosition(origin.x + visibleSize.width/2, origin.y + visibleSize.
    height / 2 + 180);
        menuItemImage1->setCallback(CC_CALLBACK_1(MenuItemImageScene::menuCallback, this));
        menu->addChild(menuItemImage1, 0, 1);

        // 创建第二个菜单项
        MenuItemImage * menuItemImage2 = MenuItemImage::create("buttons/China_n.png",
    "buttons/China_p.png", "buttons/China_d.png", CC_CALLBACK_1(MenuItemImageScene::
    menuCallback, this));
        menuItemImage2->setPosition(origin.x + visibleSize.width/2, origin.y + visibleSize.
    height / 2);
        menu->addChild(menuItemImage2, 0, 2);

        // 创建第三个菜单项
        MenuItemImage * menuItemImage3 = MenuItemImage::create();
        // 如果使用 plist 文件，需要提前装载该文件和对应的图像文件
        SpriteFrameCache::getInstance()->addSpriteFramesWithFile("list/uis.plist", "list/
    uis.png");
        // 以直接从大图中截取小图的方式创建 SpriteFrame 对象
        menuItemImage3->setNormalSpriteFrame(SpriteFrame::create("list/uis.png", Rect(290,
    215,282,76)));
        // 从 SpriteFrame 缓冲装载小图
        menuItemImage3->setSelectedSpriteFrame(SpriteFrameCache::getInstance()->
    getSpriteFrameByName("btn_howtoplay_p.png"));

        menuItemImage3->setCallback(CC_CALLBACK_1(MenuItemImageScene::menuCallback, this));
        menuItemImage3->setPosition(origin.x + visibleSize.width/2, origin.y + visibleSize.
    height / 2 - 180);
        // 将菜单添加到当前的场景中
        addChild(menu, 0, 1);
    }
```

在阅读 MenuItemImageScene::onEnter 方法的代码时要注意，在创建 SpriteFrame 对象时，如果要使用 SpriteFrame 缓冲，一定要提前使用下面的代码将 plist 和相应的图像文件装载到内存，否则无法成功创建 SpriteFrame 对象。

```
menuItemImage3->setNormalSpriteFrame(SpriteFrame::create("list/uis.png", Rect(290, 215,
282,76)));
```

相应菜单项单击事件的方法是 MenuItemImageScene∷menuCallback，该方法的代码如下：

Cocos2dxDemo/classes/MenuAndControl/Menu/MenuTest. cpp

```
void MenuItemImageScene::menuCallback(Ref * sender)
{
    MenuItemImage * menuItemImage = dynamic_cast<MenuItemImage * >(sender);
    // 要注意：在将 MenuItemImage 对象添加到 Menu 中时通过 addChild 方法的第三个参数指定了
    // Tag，所以这里需要使用 Tag 来判断当前单击的是哪一个菜单项
    switch(menuItemImage->getTag())
    {
        case 1:      // 继续游戏
        {
            // 首先从场景中获取 Menu 对象
            Menu * menu = dynamic_cast<Menu * >(this->getChildByTag(1));
            // 从 Menu 中通过 Tag 获取第二个菜单项的 MenuItemImage 对象
            MenuItemImage * menuItemImage_China =
            dynamic_cast<MenuItemImage * >(menu->getChildByTag(2));
            // 将第二个菜单项禁止或使可用
            menuItemImage_China->setEnabled(!menuItemImage_China->isEnabled());
            break;
        }
        case 2:      // 圆形按钮
        {
            CCLOG("继续游戏");
            break;
        }
        case 3:      // 操作说明
        {
            CCLOG("操作说明");
            break;
        }
    }

}
```

5.2.6　开关菜单项（**MenuItemToggle**）

前面几节介绍的菜单项都有一个共同的特点，就是当手指或鼠标按下并抬起后，菜单项又会恢复到 Normal 状态。例如，对于图像菜单项来说，按下和抬起的过程就是在 Normal ＞ Selected ＞Normal 状态对应的图像之间的切换过程。也就是说，当手指从屏幕抬起后，菜单项并不会停留在 Selected 状态对应的图像上。那么本节要介绍的开关菜单项（MenuItemToggle）则正好相反，当手指按下后，菜单项会停留在按下的状态，当再次按下后，菜单项会切换到另外一个状态。

MenuItemToggle 类提供了 create 和 createWithCallback 方法来创建 MenuItemToggle 对象。后者允许在创建 MenuItemToggle 对象的过程中指定响应菜单项单击事件的回调方法,以及多个状态菜单项。这里的状态菜单项是指 MenuItemToggle 需要将每一个状态与一个菜单项进行绑定。理论上说,MenuItemToggle 支持任意多个状态的切换。例如,为 MenuItemToggle 对象指定了 5 个状态。当选择菜单项时,菜单项会依次在这 5 个状态之间循环切换。不过最常用的是使用两个状态来实现开关的"开/关"状态。下面看一下 create 和 createWithCallback 方法的原型。

```
static MenuItemToggle * createWithCallback (const ccMenuCallback& callback, const Vecto
r<MenuItem*>& menuItems);
static MenuItemToggle * createWithCallback(const ccMenuCallback& callback, MenuItem * item, ...)
CC_REQUIRES_NULL_TERMINATION;
static MenuItemToggle * create();
static MenuItemToggle * create(MenuItem * item);
```

从这两个方法的原型可以看出,createWithCallback 方法通过 Vector<MenuItem * > 或可变参数的形式允许指定多个 MenuItem 对象。其中,CC_ REQUIRES_ NULL_ TERMINATION 要求可变参数以 NULL 结尾,详细的介绍请参阅 5.2.1 节的答疑解惑。create 方法的第二个重载形式只允许指定一个 MenuItem 对象。而对于 MenuItemToggle 来说,只有一个菜单项是没有意义的。所以就需要在后期通过 MenuItemToggle∷ addSubItem 方法添加更多的菜单项,该方法的原型如下:

```
void MenuItemToggle∷addSubItem(MenuItem * item)
```

如果要获取 MenuItemToggle 菜单项当前处于哪个状态(哪个状态被选中),需要使用 MenuItemToggle∷getSelectedItem 方法,该方法的原型如下:

```
MenuItem * getSelectedItem()
```

MenuItemToggle 菜单项菜单项允许通过 setSelectedIndex 方法选择状态,该方法的原型如下:

```
void setSelectedIndex(unsigned int index)
```

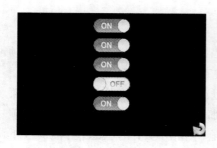

图 5-17　MenuItemToggle 测试

其中,index 参数是 MenuItemToggle 的子菜单项的索引,从 0 开始。通过 getSelectedIndex 方法可以获取当前被选中菜单项的索引(通过 setSelectedIndex 方法设置的值)。该方法的原型如下:

```
inline unsigned int getSelectedIndex()
```

本节的例子将实现一个图形化的开关功能,效果如图 5-17 所示。当按下某个开关时,开关会根据当前所处的状态切换"开/关"状态。读者可以运行

Cocos2dxDemo,并选择"第05章标签、菜单和控件">"菜单(Menu)和标签(Label)测试">"开关菜单项(MenuItemToggle)"菜单项进入图5-17所示的窗口。

本例的主要功能在 MenuItemToggleScene::onEnter 方法中实现,该方法的代码如下:

Cocos2dxDemo/classes/MenuAndControl/Menu/MenuTest. cpp

```cpp
void MenuItemToggleScene::onEnter()
{
    BasicScene::onEnter();

    auto visibleSize = Director::getInstance()->getVisibleSize();
    auto origin = Director::getInstance()->getVisibleOrigin();
    auto menu = Menu::create();
    menu->setPosition(Point::ZERO);
    // 循环创建 5 个 MenuItemToggle 对象
    for(int i = 0; i < 5; i++)
    {
        // 创建第一个子菜单项
        auto menuItemImage1 = MenuItemImage::create("buttons/on.png", "buttons/on.png");
        // 创建第二个子菜单项
        auto menuItemImage2 = MenuItemImage::create("buttons/off.png",
        "buttons/off.png");
        // 创建 MenuItemToggle 对象
        auto menuItemToggle =
        MenuItemToggle:: createWithCallback ( CC _ CALLBACK _ 1 ( MenuItemToggleScene ::
menuCallback, this), menuItemImage1,menuItemImage2, NULL);

        menuItemToggle - > setPosition ( origin. x + visibleSize. width/2, origin. y +
visibleSize. height - 50 - i * (menuItemImage1->getContentSize(). height + 20));
        // 将 MenuItemToggle 对象添加到 Menu 中
        menu->addChild(menuItemToggle);
    }

    addChild(menu);
}
```

在阅读 MenuItemToggleScene::onEnter 方法的代码时要注意,通常一个状态对应的子菜单项只显示一个图像,所以对于图形菜单项来说,两个状态(Normal 和 Selected)的图像相同即可。

当选择开关菜单项时,会调用 MenuItemToggleScene::menuCallback 方法,该方法会输出当前状态是"开"还是"关"。MenuItemToggleScene::menuCallback 方法的代码如下:

Cocos2dxDemo/classes/MenuAndControl/Menu/MenuTest. cpp

```cpp
void MenuItemToggleScene::menuCallback(Object * sender)
{
    // 获取当前点击的 MenuItemToggle 对象
```

```
MenuItemToggle * menuItemToggle = dynamic_cast < MenuItemToggle * >(sender);
// 根据当前选中的子菜单项索引确定当前的状态
switch(menuItemToggle -> getSelectedIndex())
{
    case 0:
        CCLOG("% s", "打开");
        break;
    case 1:
        CCLOG("% s", "关闭");
        break;
}
}
```

5.3 控件

Cocos2d-x 提供了一套扩展的 GUI 控件类,用于实现游戏界面与用户交互的部分。例如,文本输入框、按钮、列表框、复选框等。通常,这样的 GUI 出现在游戏的设置窗口中。如"关闭/打开"声音、输入玩家姓名,显示排名等。本节将详细介绍这些控件类的使用方法。

5.3.1 UI 布局(Layout)

在介绍其他控件类之前,首先介绍一个 Layout 类。该类相当于一个面板(Panel)容器类,也就是 Layout 可以添加若干个子控件。并且 Layout 可以设置各种属性,如背景色、透明色等。下面是 Layout 类的一些常用的方法。

```
// 设置背景图像和图像资源类型
void setBackGroundImage(const char * fileName,TextureResType texType = UI_TEX_TYPE_LOCAL);
// 用九宫格(Scale9)方式处理背景图像
void setBackGroundImageScale9Enabled(bool enabled);
// 如果背景图像是 Scale9,则该方法用于设置背景图像的内边框的尺寸
void setBackGroundImageCapInsets(const Rect& capInsets);
// 设置背景颜色的类型(纯色或渐变)
void setBackGroundColorType(LayoutBackGroundColorType type);
// 如果背景颜色类型是 LAYOUT_COLOR_SOLID(纯色),则用于设置背景颜色
void setBackGroundColor(const Color3B &color);
// 如果背景颜色类型是 LAYOUT_COLOR_GRADIENT(渐变),则用于设置背景的开始颜色和结束颜色
void setBackGroundColor(const Color3B &startColor, const Color3B &endColor);
// 设置背景色的渐变向量. 开始颜色到结束颜色的渐变方向
void setBackGroundColorVector(const Point &vector);
// 设置背景色的透明度
void setBackGroundColorOpacity(int opacity);
// 设置是否剪切超出布局边界的控件
virtual void setClippingEnabled(bool enabled);
// 设置剪切类型
```

```
void setClippingType(LayoutClippingType type);
// 设置布局类型(绝对、垂直、水平和相对布局)
virtual void setLayoutType(Type type);
```

在这些方法中使用了一些枚举类(enum class)[①],用于设置相应的参数,这些类的代码及其含义如下:

```
// 用于设置背景图像资源类型
enum class TextureResType
{
    LOCAL = 0,                      // 图像文件
    PLIST = 1                       // plist 文件
};
// 用于设置背景色类型
enum class BackGroundColorType
{
    NONE,
    SOLID,                          // 纯色
    GRADIENT                        // 渐变
};
// 用于设置剪切类型
enum class ClippingType
{
    STENCIL,                        // 默认剪切类型,将超出布局边界的控件剪裁掉
    SCISSOR
};
// 用于设置布局类型
enum class Type
{
    ABSOLUTE,                       // 绝对布局
    VERTICAL,                       // 垂直布局
    HORIZONTAL,                     // 水平布局
    RELATIVE                        // 相对布局
};
```

本节给出了一个用于演示 Layout 的例子。在该例子的 Layout 中放置三个控件(一个 Button 和两个 Text),并且最后一个 Text 超出了 Layout 左边界,该 Text 的部分将被截取。并且 Layout 背景色设置成了延右侧成 45 度角的渐变色,效果如图 5-18 所示。关于 Button 和 Text 的细节将在后面的部分详细介绍。读

图 5-18　UI 布局测试

---

① 枚举类是 C++ 11 的新特性,详细的解释请学习笔者录制的视频课程《征服 C++ 11》的第 36 讲(网址 http://edu. 51cto. com/course/course_id-1384. html)。

者可以运行 Cocos2dxDemo，并选择"第 05 章标签、菜单与控件"＞"控件（Control）测试"＞
"UI 布局（Layout）"菜单项进入图 5-18 所示的场景。

　　本例的主要功能都在 LayoutTest∷onEnter 方法中实现，该方法的代码如下：

Cocos2dxDemo/classes/MenuAndControl/Controls/Layout/LayoutTest. cpp

```cpp
void LayoutTest∷onEnter()
{
    BasicScene∷onEnter();

    auto size = Director∷getInstance()->getWinSize();
    // 创建布局对象
    auto layout = Layout∷create();
    // 设置布局的尺寸
    layout->setSize(Size(400,350));
    // 设置布局的背景色类型为渐变色
    layout->setBackGroundColorType(LAYOUT_COLOR_GRADIENT);
    // 设置渐变色的开始颜色和结束颜色
    layout->setBackGroundColor(Color3B(255,0,0), Color3B(0,255,0));
    // 设置渐变色向量
    layout->setBackGroundColorVector(Point(1,1));
    // 设置背景色透明度为 100
    layout->setBackGroundColorOpacity(100);
    // 允许布局剪裁掉超出边界的控件
    layout->setClippingEnabled(true);
    // 设置布局的位置
    layout->setPosition(Point((size.width - layout->getSize().width) / 2,
                              (size.height - layout->getSize().height) / 2));

    // 创建第一个 Text 控件(用于显示文本信息)
    auto text1 = Text∷create();
    // 设置 Text 控件显示的内容
    text1->setText("Layout Text");
    // 设置字体名称
    text1->setFontName("Marker Felt");
    // 设置字号
    text1->setFontSize(60);
    // 设置文字颜色
    text1->setColor(Color3B(255, 168, 176));
    // 设置 Text 控件的位置
    text1->setPosition(Point(layout->getSize().width / 2, layout->getSize().height / 2 + 120));
    // 将 Text 控件添加到布局中
    layout->addChild(text1);

    // 创建 Button 对象
    auto button = Button∷create();
    // 允许按钮单击动作
```

```
button->setTouchEnabled(true);
// 允许按钮使用九宫格方式处理图像
button->setScale9Enabled(true);
// 设置按钮文本
button->setTitleText("Layout Button");
// 设置按钮文本字体
button->setTitleFontName("Marker Felt");
// 设置文字颜色
button->setColor(Color3B(0,0,255));
// 设置文本字号
button->setTitleFontSize(60);
// 设置按钮尺寸
button->setSize(Size(200, 150));
// 设置按钮的位置
button->setPosition(Point(layout->getSize().width / 2, layout->getSize().height / 2));
// 指定响应按钮的回调方法
button->addTouchEventListener(this, toucheventselector(LayoutTest::touchEvent));
// 将 Button 对象添加到布局中
layout->addChild(button);

// 创建第二个 Text 控件
auto text2 = Text::create();

text2->setText("超出边界");
text2->setFontName("Marker Felt");
text2->setFontSize(60);
text2->setColor(Color3B(255, 0,0));
// 该位置会使 Text 控件超出布局的左边界
text2->setPosition(Point(30, layout->getSize().height / 2 - 120));
layout->addChild(text2);

// 将布局添加到当前的场景中
addChild(layout);

}
```

响应按钮单击事件的回调方法是 LayoutTest∷touchEvent,该方法的代码如下:

```
void LayoutTest∷touchEvent(Object * pSender, TouchEventType type)
{
    CCLOG("%s", "我被点击了!");
}
```

5.3.2 文本控件(Text、TextAtlas 和 TextBMFont)

Cocos2d-x 提供了三个用于显示文本的控件,这三个控件可分别和 5.1 节介绍的相应标签对应。Text 对应于 LabelTTF、TextAtlas 对应于 LabelAtlas、TextBMFont 对应于

LabelBMFont，所以，这三个显示文本的控件可以分别
通过指定字符串、字符映射图像和字体文件显示文本。
本例分别演示了这三个文本控件的使用方法，效果如
图 5-19 所示，读者可以运行 Cocos2dxDemo 程序，并选
择"第 05 章标签、菜单与控件"＞"控件（Control）测
试"＞"Text 控件"菜单项进入图 5-19 所示的场景。

本例的实现代码如下：

Cocos2dxDemo/classes/MenuAndControl/

Controls/Text/TextTest. cpp

图 5-19　Text 控件的显示效果

```cpp
void TextTest::onEnter()
{
    BasicScene::onEnter();
    auto size = Director::getInstance()->getWinSize();
    // 创建第一个 Text 控件
    auto text1 = Text::create();
    // 设置要显示的文本，加入"\r\n"会在折行
    text1->setString("I love you.");
    // 设置字体
    text1->setFontName("Marker Felt");
    // 设置字号
    text1->setFontSize(40);
    // 设置文字颜色
    text1->setColor(Color3B(159, 168, 176));
    // 设置 Text 控件的位置
    text1->setPosition(Point(size.width / 2, size.height / 2  + 200));
    // 将 Text 控件添加到当前的场景
    addChild(text1);

    // 创建第二个 Text 控件
    auto text2 = Text::create();
    // 设置要显示的文本
    text2->setString("Wrap Line Text using Paint Boy.ttf");
    // 设置字体文件
    text2->setFontName("fonts/Paint Boy.ttf");
    // 设置 Text 控件显示文本的区域，如果一行显示不下，会折行
    text2->setTextAreaSize(Size(400, 150));
    // 设置文本为中心对齐
    text2->setTextHorizontalAlignment(TextHAlignment::CENTER);
    // 设置字号
    text2->setFontSize(40);
    // 设置 Text 控件的位置
    text2->setPosition(Point(size.width / 2, size.height / 2  + 100));
    // 将 Text 控件添加到当前的场景
```

```
addChild(text2);

// 创建 TextAtlas 控件
auto textAtlas = TextAtlas::create();
// 设置字符映射图像及其相关信息
textAtlas -> setProperty("0123456789", "fonts/labelatlas.png", 16, 30, ".");
textAtlas -> setPosition(Point(size.width / 2, size.height / 2 - 40));
// 将 TextAtlas 放大到原来的 3 倍
textAtlas -> setScale(3);
// 将 TextAtlas 控件添加到当前的场景
addChild(textAtlas);

// 创建 TextBMFont 控件
auto textBMFont = TextBMFont::create();
// 指定 fnt 字体文件
textBMFont -> setFntFile("fonts/dd.fnt");
// 自定要显示的文本,该文本必须在 fnt 字体文件中存在
textBMFont -> setString("选中刚才创建的");
textBMFont -> setPosition(Point(size.width / 2, size.height / 2 - 150));
// 将 TextBMFont 控件放大到原来的 3 倍
textBMFont -> setScale(3);
// 将 TextBMFont 添加到当前的场景中
addChild(textBMFont);
}
```

5.3.3 按钮控件(Button)

Button 与 5.2 节介绍的菜单项效果类似。通常的做法是为 Button 分别指定三个状态 (Normal、Selected 和 Disabled)的图像,然后再通过 Button::setTitleText 方法设置按钮的标题文本。当然,如果状态图像有边框,可以使用 Button:: setScale9Enabled 方法开启九宫格图像处理模式。本节的例子创建了两个按钮,第二个按钮使用了九宫格图像处理模式。效果如图 5-20 所示。当按下、移动或抬起按钮后,会在相应平台的日志输出窗口输出相应的消息。

图 5-20 按钮测试

创建并显示这两个按钮的代码如下:

Cocos2dxDemo/classes/MenuAndControl/Controls/Button/ButtonTest. cpp

```
void ButtonTest::onEnter()
{
    BasicScene::onEnter();
    auto size = Director::getInstance() -> getWinSize();
    // 创建第一个按钮
```

```
auto button1 = Button::create();
// 允许按钮被触摸
button1->setTouchEnabled(true);
// 设置按钮的标题文本
button1->setTitleText("New Game");
// 设置按钮的状态图,其中未设置 disabled 状态的图像,所以最后一个参数值为 NULL
button1->loadTextures("buttons/button_normal.png", "buttons/button_pressed.png",NULL);
button1->setPosition(Point(size.width / 2, size.height / 2 + 140));
// 将按钮放大到原来的 3 倍
button1->setScale(3);
// 设置响应按钮触摸事件的回调方法
button1->addTouchEventListener(this, toucheventselector(ButtonTest::touchEvent));
// 将按钮添加到当前的场景中
addChild(button1);

// 创建第二个按钮
auto button2 = Button::create();
button2->setTouchEnabled(true);
// 开启九宫格图像处理模式
button2->setScale9Enabled(true);
button2->loadTextures("buttons/button.png", "buttons/button_highlighted.png",NULL);
button2->setPosition(Point(size.width / 2, size.height / 2 - 140));
button2->setTitleText("Scale9");
// 设置按钮标题文本字号
button2->setTitleFontSize(40);
// 设置按钮尺寸
button2->setSize(Size(450, button2->getContentSize().height * 4));
button2->addTouchEventListener(CC_CALLBACK_2(ButtonTest::touchEvent, this));
// 将按钮添加到当前的场景中
addChild(button2);
}
```

当触摸按钮后,会调用 ButtonTest::touchEvent 方法来响应按钮的触摸事件,该方法的代码如下:

Cocos2dxDemo/classes/MenuAndControl/Controls/Button/ButtonTest.cpp

```
void ButtonTest::touchEvent(Object * pSender, TouchEventType type)
{
    switch (type)
    {
        case TOUCH_EVENT_BEGAN:
            CCLOG("%s", "按下");
            break;

        case gui::TOUCH_EVENT_MOVED:
            CCLOG("%s", "移动");
            break;
```

```
case gui::TOUCH_EVENT_ENDED:
    CCLOG("%s", "抬起");
    break;

case gui::TOUCH_EVENT_CANCELED:
    CCLOG("%s", "取消触摸");
    break;

default:
    break;
    }
}
```

5.3.4　文本输入框控件（TextField）

在 UI 中，文本输入是最常用的交互方式。TextField 控件可以很容易完成这个工作。该控件允许输入单行文本（不支持输入多行文本），以及从后向前删除输入的文本，并且支持输入、删除、输入法窗口显示和隐藏事件，还支持限制输入字符的个数。

在移动设备中，如果显示输入法窗口，会带来一个问题。就是当前正在输入的文本输入框可能被输入法窗口盖住，这就要求当输入法窗口显示时，将文本输入框或输入法窗口上方的所有控件上移一定的距离，当输入法窗口隐藏时，会将这些控件下移同样的距离（恢复原来的位置）。这些技术在本例中都会给出相应的实现代码。

本例在窗口上会放置两个 Text 控件和一个 TextField 控件。其中，最上方的 Text 控件用于输入法窗口隐藏和显示的消息以及从 TextField 输入的文本。第二个 Text 控件只用于显示普通的文本。TextField 控件限制最多输入 20 个字符。如果显示输入法窗口，Text 和 TextField 控件都会上移，当输入法窗口关闭后，这些控件又会恢复原来的位置。图 5-21 是输入法窗口弹出，并在 TextField 控件中输入文本的效果。图 5-22 是输入法窗口关闭后的效果，这是第一个 Text 控件中会显示输入法窗口已经关闭的消息（detach with IME）。

图 5-21　显示输入法窗口

图 5-22　隐藏输入法窗口

在 TextFieldTest∷onEnter 方法中实现了创建、设置 Text 和 TextField 控件的功能，该方法的代码如下：

Cocos2dxDemo/classes/MenuAndControl/Controls/TextField/TextFieldTest. cpp

```
void TextFieldTest::onEnter()
{
    BasicScene::onEnter();
    auto size = Director::getInstance()->getWinSize();
    // 创建 Layer 对象,当控件整体上移和下移时,需要直接移动层
    mLayer = Layer::create();
    // 设置 Layer 的尺寸
    mLayer->setContentSize(Size(size.width, size.height));
    mLayer->ignoreAnchorPointForPosition(false);
    // 设置 Layer 的锚点
    mLayer->setAnchorPoint(Point(0.5, 0.5));
    // 设置 Layer 与屏幕同样大小
    mLayer->setPosition(size.width / 2, size.height / 2);

    // 创建用于显示输入动作的 Text 控件
    // mDisplayText 是 Text 类型的成员变量
    mDisplayText = Text::create();
    mDisplayText->setString("未输入文本");
    mDisplayText->setFontName("Marker Felt");
    mDisplayText->setFontSize(32);
    mDisplayText->setPosition(Point(size.width / 2, size.height / 2 + 140));
    // 将 Text 控件添加到 Layer 中
    mLayer->addChild(mDisplayText);

    // 创建用于显示信息的 Text 控件
    auto msgText = Text::create();
    msgText->setString("文本输入框");
    msgText->setFontName("Marker Felt");
    msgText->setFontSize(30);
    msgText->setColor(Color3B(159, 168, 176));
    msgText->setPosition(Point(size.width / 2, size.height / 2 + 50));
    // 将 Text 控件添加到 Layer 中
    mLayer->addChild(msgText);

    // 创建 TextField 控件
    TextField* textField = TextField::create();
    // 允许启动 TextField 控件的事件监听
    textField->setTouchEnabled(true);
    textField->setFontName("Marker Felt");
    // 允许限制 TextField 控件输入的最大字符数
```

```
textField->setMaxLengthEnabled(true);
// 设置 TextField 控件允许输入的最大字符数是 20
textField->setMaxLength(20);
textField->setFontSize(40);
// 设置未输入文本时显示的提示文本
textField->setPlaceHolder("请在这输入文本");
textField->setPosition(Point(size.width / 2, size.height / 2));
// 设置 TextField 控件事件回调方法
textField->addEventListener(CC_CALLBACK_2(TextFieldTest::textFieldEvent,this));
// 将 TextField 控件添加到 Layer 中
mLayer->addChild(textField);
// 将 Layer 添加到当前场景中
addChild(mLayer);
}
```

当输入法窗口显示和隐藏时,或者输入和删除 TextField 中的文本时,会调用 TextFieldTest::textFieldEvent 方法,该方法的代码如下:

Cocos2dxDemo/classes/MenuAndControl/Controls/TextField/TextFieldTest. cpp

```
void TextFieldTest::textFieldEvent(Object * pSender,TextField::EventType type)
{
    switch (type)
    {
    case TextField::EventType::ATTACH_WITH_IME:          // 显示输入法窗口
        {
            TextField * textField = dynamic_cast<TextField *>(pSender);
            Size size = Director::getInstance()->getWinSize();
            // 利用移动 Action 将 Layer 上移 TextField 高度一半的距离
            mLayer->runAction(MoveTo::create(0.225f,
                                        Point(size.width / 2, size.height / 2 +
                                        textField->getContentSize().height / 2)));
            // 在 Text 中显示"输入法窗口显示"的消息
            mDisplayText->setString("attach with IME");
            break;
        }

    case TextField::EventType::DETACH_WITH_IME:          // 隐藏输入法窗口
        {
            Size size = Director::getInstance()->getWinSize();
            // 利用移动 Action 将 Layer 下移 TextField 高度一半的距离
            mLayer->runAction(MoveTo::create(0.225f,
                                        Point(size.width / 2, size.height / 2)));

            // 在 Text 中显示"隐藏输入法窗口"的消息
            mDisplayText->setString("detach with IME");
```

```
            break;
        }
        case TextField::EventType::INSERT_TEXT:              // 插入文本
        case TextField::EventType::DELETE_BACKWARD:          // 删除文本
        {
            TextField* textField = dynamic_cast<TextField*>(pSender);
            // 将输入的文本内容显示在上方的 Text 控件中
            mDisplayText->setString(textField->getString());
            break;
        }
        default:
            break;
    }
```

由于输入法窗口的高度通常是 UI 窗口高度的一半,所以在向上或向下移动 Layer 时只移动了 TextField 高度的一般(因为 TextField 在窗口垂直方向的中心位置,正好被水平中位线等分)。对于某些输入法窗口的特殊高度,需要调用相应的 API 进行处理。有可能要回调其他语言的 API,如 Android 的 Java API。在本例中还使用了动作来移动 Layer,这些还未介绍过的技术将在后面的章节详细讲解。

5.3.5　高级文本输入框控件(EditBox)

尽管 TextField 控件可以输入文本,但该控件的功能有限,例如该控件没有光标,也不能限制输入的内容,甚至控件的上移和下移还需要手工来处理。而本节要介绍的 EditBox 则强大得多。该控件除了可以实现以上功能外,还支持捕获更多的事件,例如,输入法窗口返回的事件(单击输入法窗口右下角返回键触发的事件)。

EditBox 与 TextField 的基本使用方法类似,只是 EditBox 允许设置九宫格形式的背景图像。图 5-23 是本例的主界面效果。在该界面中放置 4 个 EditBox 控件。这 4 个控件分别用于输入用户名、密码、Email、和工作年限,效果如图 5-23 所示。其中,密码输入框只显示点而不显示实际的文本。而且,密码输入框和 Email 输入框分别设置了返回键的文本(前者为 Done,后者为 Go)。当这两个输入框分别处于焦点状态会弹出输入法窗口,效果分别如图 5-24 和图 5-25。从这两个图的效果可以看到,前者的返回键是 Done,后者的返回键是 Go。而且后者弹出的输入法窗口中还多了"@"和"."键,这两个键用于方便输入 Email 地址(这两个字符都是 Email 地址中必须包含的)。

用于输入工作年限的文本框只允许输入数字,所以当该文本框处于焦点时只会弹出如图 5-26 所示的数字键盘。

从前面的描述可初步了解到 EditBox 控件的主要功能。下面就来看一看 EditBox 控件的这些功能如何来实现。

图 5-23　EditBox 整体效果

图 5-24　输入法窗口返回键是 Done 的效果

图 5-25　输入法窗口返回键是 Go 效果

图 5-26　弹出数字键盘的效果

1. 设置九宫格形式的背景图像

可通过 EditBox∷create 方法进行设置,该方法的原型如下:

```
static EditBox * create(const Size& size, Scale9Sprite * pNormal9SpriteBg, Scale9Sprite *
pPressed9SpriteBg = NULL, Scale9Sprite * pDisabled9SpriteBg = NULL);
```

其中,size 参数表示 EditBox 控件的尺寸,pNormal9SpriteBg 参数表示 EditBox 控件正常状态下的背景图,pPressed9SpriteBg 参数表示 EditBox 控件被按下时(获得焦点)显示的背景图。pDisabled9SpriteBg 参数表示 EditBox 控件被禁止时显示的背景图。从 create 方法的原型可以看出,控件的尺寸和正常状态下的背景图必须设置,其他两个背景图是可选的。

2. 设置返回键类型

从图 5-24 和图 5-25 的效果可以看出,输入法窗口右下角的返回键是不同的。这个功能是通过设置返回键类型实现的。通过调用 EditBox∷ setReturnType 方法可以设置返回键类型。该方法的原型如下:

```
void setReturnType(EditBox∷KeyboardReturnType returnType);
```

其中 EditBox∷KeyboardReturnType 是枚举类型,代码如下:

<Cocos2d-x 根目录>/cocos/ui/UIEditBox/UIEditBox.h

```
enum class KeyboardReturnType
{
    DEFAULT,                        // 默认值(return)
    DONE,                           // 返回键为 Done
    SEND,                           // 返回键为 Send
    SEARCH,                         // 返回键为 Search
    GO                              // 返回键为 Go
};
```

从 KeyboardReturnType 的值可以看出,可以设置 5 种返回键类型。设置完成后,返回键显示的文本分别是"return"、"Done"、"Send"、"Search"和"Go"。实际上这些返回键没有本质的区别,只是显示的文本不同而已。但这些文本在不同的场合下更有意义。例如,在搜索应用中使用搜索返回键会使用户更容易学会如何操作程序。

下面的代码用于创建一个 EditBox 对象,并通过 setReturnType 方法设置返回键类型为 Go。

```
autoedit = EditBox::create(editBoxSize, Scale9Sprite::create("edit.png"));
edit->setReturnType(EditBox::KeyboardReturnType::GO);
```

注意:由于 Cocos2d-x 是跨平台游戏引擎,所以什么类型的软键盘都可能遇到。当遇到不支持设置返回键类型的软键盘时,setReturnType 方法将失效。

3. 设置输入标志和模式

通过 EditBox::setInputFlag 和 EditBox::setInputMode 方法可以分别设置输入标志和输入模式。这两个方法的原型如下:

```
void setInputFlag(InputFlag inputFlag);
void setInputMode(InputMode inputMode);
```

其中,InputFlag 和 InputMode 都是枚举类型,代码如下:

<Cocos2d-x 根目录>/cocos/ui/UIEditBox/UIEditBox.h

```
enum class InputFlag
{
    // 以密码形式输入文本
    PASSWORD,

    // 当前输入的文本为敏感信息,不会出现提示
    SENSITIVE,

    // 确保在文本输入的过程中每一个单词的首字母为大写
    INITIAL_CAPS_WORD,

    // 确保在文本输入的过程中每一个句子的首字母为大写
```

```
    INITIAL_CAPS_SENTENCE,

    // 将所有的字母自动变成大写
    INTIAL_CAPS_ALL_CHARACTERS,
};
enum class InputMode
{
    // 用户可以输入任何文本,包括换行符
    ANY,
    // 允许用户输入 Email 地址
    EMAIL_ADDRESS,
    // 允许用户输入整数
    NUMERIC,
    // 允许用户输入电话号码
    PHONE_NUMBER,
    // 允许用户输入 url 地址
    URL,
    // 允许用户输入浮点数
    DECIMAL,
    // 允许用户输入任何字符,但不允许输入换行符
    SINGLE_LINE,
};
```

这里要说明的是,InputFlag∷SENSITIVE,如果未设置该标识,在输入文本的过程中会出现如图 5-27 所示的提示框(第一个 EditBox 控件输入内容下面的白色框)。

注意:输入模式所指的允许输入 email、数字等字符,并不是说不允许输入其他的内容,只是在弹出的软键盘的按键上有所差别(为了方便输入相应的字符集)。例如,通过复制和粘贴,也可以在允许输入数字的 EditBox 控件中输入字母。

图 5-27　出现提示框

4．文本框自动上移和下移

当输入法窗口覆盖文本框时,文本框整体会上移,当输入法窗口隐藏时,文本框整体会下移,这一切并不需要编写代码来实现。

5．捕获更多的事件

要想捕获 EditBox 控件的事件,必须继承 EditBoxDelegate 委托类(相当于 Android 中的事件监听接口)。例如,本例中的 EditBoxTest 类就继承了该类,并实现了 EditBoxDelegate 类的 4 个虚函数,而且还需要调用 EditBox∷setDelegate 方法设置委托对象。EditBoxTest 类的定义代码如下:

Cocos2dxDemo/classes/MenuAndControl/Controls/EditBox/EditBoxTest. hpp

```
class EditBoxTest : public BasicScene, public EditBoxDelegate
```

```
{
private:
    Layer * mLayer;
public:
    // 下面 4 个方法是 EditBoxDelegate 类的虚方法

    // 文本正在编辑时调用该方法
    virtual void editBoxEditingDidBegin(cocos2d::ui::EditBox * editBox);
    // 文本编辑结束后调用该方法
    virtual void editBoxEditingDidEnd(cocos2d::ui::EditBox * editBox);
    // 文本变化时调用该方法
    virtual void editBoxTextChanged(cocos2d::ui::EditBox * editBox, const std::string& text);
    // 当单击返回键时调用该方法.该方法是纯虚函数,必须实现
    virtual void editBoxReturn(cocos2d::ui::EditBox * editBox);

    virtual void onEnter();
    virtual bool init();
    CREATE_FUNC(EditBoxTest);

};
```

本例的 4 个控件的创建和设置都在 EditBoxTest::onEnter 方法中实现,该方法的代码如下:

Cocos2dxDemo/classes/MenuAndControl/Controls/EditBox/EditBoxTest. cpp

```
void EditBoxTest::onEnter()
{
    BasicScene::onEnter();
    auto size = Director::getInstance()->getWinSize();
    // 文本输入框尺寸
    auto editBoxSize = Size(size.width - 100, 60);

    // 创建用于输入用户名的 EditBox 控件
    auto editUserName = cocos2d::ui::EditBox::create(editBoxSize,

cocos2d::ui::Scale9Sprite::create("extensions/green_edit.png"));
    // 设置 Tag 标志,以便在回调方法中判断当前焦点正处在哪个 EditBox 控件上
    editUserName->setTag(1);
    // 设置文本输入框的位置
    editUserName->setPosition(Point(size.width / 2, size.height / 2 + 140));
    // 设置文本输入框的字体
    editUserName->setFontName("fonts/Paint Boy.ttf");
    // 设置文本输入框的字号
    editUserName->setFontSize(25);
    // 设置文本输入框的字体颜色
    editUserName->setFontColor(Color3B::RED);
    // 设置未输入文本时显示的内容
```

```
editUserName -> setPlaceHolder("用户名");
// 设置该文本内容的文字颜色
editUserName -> setPlaceholderFontColor(Color3B::BLACK);
// 设置允许输入文本的最大长度
editUserName -> setMaxLength(20);
// 设置委托对象
editUserName -> setDelegate(this);
// 将 EditBox 控件添加到当前的场景
addChild(editUserName);
// 创建用于输入密码的 EditBox 控件
auto editPassword = cocos2d::ui::EditBox::create(editBoxSize,
            cocos2d::Scale9Sprite::create("extensions/orange_edit.png"));
editPassword -> setTag(2);
editPassword -> setPosition(Point(size.width / 2, size.height / 2 + 60));
editPassword -> setFontName("fonts/Paint Boy.ttf");
editPassword -> setFontSize(25);
editPassword -> setFontColor(Color3B::GREEN);
editPassword -> setPlaceHolder("密码");
editPassword -> setPlaceholderFontColor(Color3B::BLACK);
// 设置输入标志为密码
editPassword -> setInputFlag(cocos2d::ui::EditBox::InputFlag::PASSWORD);
// 设置输入模式为单行输入
editPassword -> setInputMode(cocos2d::ui::EditBox::InputMode::SINGLE_LINE);
editPassword -> setMaxLength(20);
// 设置返回键类型为 Done
editPassword -> setReturnType(cocos2d::ui::EditBox::KeyboardReturnType::DONE);
editPassword -> setDelegate(this);
addChild(editPassword);
// 创建用于输入 Email 的 EditBox 控件
auto editEmail = cocos2d::ui::EditBox::create(editBoxSize,

cocos2d::ui::Scale9Sprite::create("extensions/yellow_edit.png"));
editEmail -> setTag(3);
editEmail -> setPosition(Point(size.width / 2, size.height / 2 - 20));
editEmail -> setFontName("fonts/Paint Boy.ttf");
editEmail -> setFontSize(25);
editEmail -> setFontColor(Color3B::BLACK);
editEmail -> setPlaceHolder("Email");
editEmail -> setPlaceholderFontColor(Color3B::BLACK);
// 设置输入模式为 Email 地址
editEmail -> setInputMode(cocos2d::ui::EditBox::InputMode::EMAIL_ADDRESS);
// 设置返回键类型为 Go
editEmail -> setReturnType(cocos2d::ui::EditBox::KeyboardReturnType::GO);
editEmail -> setDelegate(this);
addChild(editEmail);

// 创建用于输入工作年限的 EditBox 控件
```

```
auto editWorkingYears = cocos2d::ui::EditBox::create(editBoxSize,
                   Scale9Sprite::create("extensions/yellow_edit.png"));
editWorkingYears->setTag(4);
editWorkingYears->setPosition(Point(size.width / 2, size.height / 2 - 100));
editWorkingYears->setFontName("fonts/Paint Boy.ttf");
editWorkingYears->setFontSize(25);
editWorkingYears->setFontColor(Color3B::GREEN);
editWorkingYears->setPlaceHolder("工作年限");
editWorkingYears->setPlaceholderFontColor(Color3B::BLACK);
// 设置输入模式为整数
editWorkingYears->setInputMode(cocos2d::ui::EditBox::InputMode::NUMERIC);
editWorkingYears->setReturnType(cocos2d::ui::EditBox::KeyboardReturnType::DONE);
editWorkingYears->setDelegate(this);
addChild(editWorkingYears);

}
```

5.3.6　复选框控件（CheckBox）

复选框控件支持两种状态：选中和未选中。对于一个完整的复选框，需要使用 CheckBox::loadTextures 装载 5 个图像。该方法的原型如下：

```
void loadTextures(const char * backGround,const char * backGroundSelected,const char * cross,
const char * backGroundDisabled,const char * frontCrossDisabled,TextureResType texType = UI_
TEX_TYPE_LOCAL);
```

该方法有 6 个参数，这些参数的含义如下：
❑ backGround：正常状态下的图像。
❑ backGroundSelected：正常状态下被按下时的图像。
❑ cross：正常状态下选中后的图像。
❑ backGroundDisabled：禁止状态下未被选中的图像。
❑ frontCrossDisabled：禁止状态下被选中的图像。
❑ texType：图像的来源（图像文件或 plist 文件）。
其中，TextureResType 是一个枚举类型，在 5.3.1 节已经给出了该枚举类型的定义代码。

除了使用 loadTextures 方法设置这 5 个图像外，还可以使用如下几个方法单独设置这 5 个图像。

```
// 装载正常状态下的图像
void loadTextureBackGround(const char * backGround,TextureResType type =
                                   UI_TEX_TYPE_LOCAL);
// 装载正常状态下被按下时的图像
void loadTextureBackGroundSelected(const char * backGroundSelected,TextureResType texType =
UI_TEX_TYPE_LOCAL);
```

```
// 装载正常状态下选中后的图像
void loadTextureFrontCross(const char * cross,TextureResType texType = UI_TEX_TYPE_LOCAL);
// 装载禁止状态下未被选中的图像
void loadTextureBackGroundDisabled(const char * backGroundDisabled,TextureResType texType =
UI_TEX_TYPE_LOCAL);
// 装载禁止状态下被选中的图像
void loadTextureFrontCrossDisabled(const char * frontCrossDisabled,TextureResType texType =
UI_TEX_TYPE_LOCAL);
```

除了可以通过直接触摸的方式控制 CheckBox 控件的选择和未选择状态，还可以调用 CheckBox∷setSelected 方法将复选框设为选择或者选中状态，通过 CheckBox∷isSelected 方法获取复选框的状态。这两个方法的原型如下：

```
// selected 为 true,复选框处于选中状态,selected 为 false,复选框处理未被选中状态
void setSelected (bool selected);
bool isSelected();
```

本节的例子在窗口上放置了 3 个复选框。当中间的复选框选中时，上下两个复选框会同时选中，当中间的复选框取消选中状态时，上下两个复选框也会取消选中状态，效果如图 5-28 所示。要注意，CheckBox 不能设置右侧的文本，如果要为复选框添加文本，需要使用 Text 或其他类似的控件。

本例在 CheckBoxTest∷onEnter 方法中创建和设置了这 3 个复选框，并在第 2 个复选框右侧添加了一个 Text 控件，用于显示"是否学生"的文本。该方法的代码如下：

图 5-28 复选框

Cocos2dxDemo/classes/MenuAndControl/Controls/CheckBox/CheckBoxTest. cpp

```
void CheckBoxTest∷onEnter()
{
    BasicScene∷onEnter();
    auto size = Director∷getInstance() -> getWinSize();
    // 创建第 1 个复选框
    CheckBox * checkBox1 = CheckBox∷create();
    // 设置该复选框的 Tag 为 1(为了在其他方法中获取该 Checkbox)
    checkBox1 -> setTag(1);
    // 允许复选框被触摸
    checkBox1 -> setTouchEnabled(true);
    // 设置复选框的颜色
    checkBox1 -> setColor(Color3B(255,255,0));
    // 将复选框放大到原来的两倍
    checkBox1 -> setScale(2);
```

```
// 设置复选框在不同的状态下所使用的图像
checkBox1->loadTextures("gui/check_box_normal.png",
                        "gui/check_box_normal_press.png",
                        "gui/check_box_active.png",
                        "gui/check_box_normal_disable.png",
                        "gui/check_box_active_disable.png");
// 设置复选框的位置
checkBox1->setPosition(Point(size.width / 2, size.height / 2 + 120));
// 添加复选框的监听事件
checkBox1->addEventListener(CC_CALLBACK_2(CheckBoxTest::selectedEvent,this));
// 将该复选框添加到当前的场景中
addChild(checkBox1);

// 创建第 2 个复选框
CheckBox * checkBox2 = CheckBox::create();
checkBox2->setTag(2);
checkBox2->setTouchEnabled(true);
checkBox2->setColor(Color3B(255,255,0));
// 将复选框放大到原来的三倍
checkBox2->setScale(3);
checkBox2->loadTextures("gui/check_box_normal.png",
                        "gui/check_box_normal_press.png",
                        "gui/check_box_active.png",
                        "gui/check_box_normal_disable.png",
                        "gui/check_box_active_disable.png");
checkBox2->setPosition(Point(size.width / 2 - 150, size.height / 2));

checkBox2->addEventListener(CC_CALLBACK_2(CheckBoxTest::selectedEvent,this));
addChild(checkBox2);

// 创建用于显示文本的控件
auto text = Text::create();
text->setString("是否学生");
text->setFontName("Marker Felt");
text->setFontSize(40);
text->setColor(Color3B(159, 168, 176));
// 该控件将在第二个复选框右侧显示
text->setPosition(Point(size.width / 2, size.height / 2 ));
addChild(text);

// 创建第 3 个复选框
CheckBox * checkBox3 = CheckBox::create();
checkBox3->setTag(3);
checkBox3->setTouchEnabled(true);
checkBox3->setColor(Color3B(255,255,255));
checkBox3->setScale(4);
```

```
checkBox3 -> loadTextures("gui/check_box_normal.png",
                          "gui/check_box_normal_press.png",
                          "gui/check_box_active.png",
                          "gui/check_box_normal_disable.png",
                          "gui/check_box_active_disable.png");
checkBox3 -> setPosition(Point(size.width / 2 , size.height / 2 - 150));

checkBox3 -> addEventListener(CC_CALLBACK_2(CheckBoxTest::selectedEvent,this));
addChild(checkBox3);
}
```

当触摸第 2 个复选框时会执行一些动作，这些动作都在 CheckBoxTest::selectedEvent 方法中完成，该方法的代码如下：

Cocos2dxDemo/classes/MenuAndControl/Controls/CheckBox/CheckBoxTest. cpp

```
void CheckBoxTest::selectedEvent(Ref * pSender,CheckBox::EventType type)
{
    // 获取当前触摸的复选框
    auto checkbox = dynamic_cast < CheckBox * >(pSender);
    // 如果触摸的是第 2 个复选框，开始执行下面的代码
    if(checkbox -> getTag() == 2)
    {
        // 根据 Tag 获得第 1 个复选框
        auto checkBox1 = dynamic_cast < CheckBox * >(getChildByTag(1));
        // 根据 Tag 获得第 2 个复选框
        auto checkBox3 = dynamic_cast < CheckBox * >(getChildByTag(3));
        switch (type)
        {
            case CheckBox::EventType::SELECTED:       // 第 2 个复选框被选中时
                log("CheckBox2 被选中");
                // 将第 1 个复选框的状态设为选中
                checkBox1 -> setSelected (true);
                // 将第 2 个复选框的状态设为选中
                checkBox3 -> setSelected(true);

                break;

            case CheckBox::EventType::UNSELECTED:
                log("CheckBox2 未被选中");
                // 将第 1 个复选框的状态设为未被选中
                checkBox1 -> setSelected(false);
                // 将第 2 个复选框的状态设为未被选中
                checkBox3 -> setSelected(false);
                break;

            default:
                break;
```

```
        }
    }
}
```

5.3.7 （ControlSwitch）

ControlSwitch 与 CheckBox 和 5.5.6 节介绍的 MenuItemToggle 非常非常相似。允许设置"开"和"关"两种状态。只是 ControlSwitch 需要设置不同的状态图像。而且 ControlSwitch 的主要作用就是实现如图 5-29 和图 5-30 所示的类 iOS 的选择按钮。

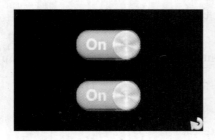 

图 5-29　ControlSwitch 的 On 状态　　　　图 5-30　ControlSwitch 的 Off 状态

在创建 ControlSwitch 对象时需要使用 ControlSwitch∷create 方法，并通过该方法传入 4 个 Sprite 对象。该方法的原型如下：

```
static ControlSwitch * create(Sprite * maskSprite, Sprite * onSprite, Sprite * offSprite,
Sprite * thumbSprite, LabelTTF * onLabel, LabelTTF * offLabel);
```

create 方法有 6 个参数，这些参数的含义如下：

❑ maskSprite：掩模图像，该图像决定了 ControlSwitch 控件的大小。

❑ onSprite：ControlSwitch 控件处于"开"状态下的图像。

❑ offSprite：ControlSwitch 控件处于"关"状态下的图像。

❑ thumbSprite：图 5-29 和图 5-30 所示的银色小圆盘图像。

❑ onLabel：ControlSwitch 控件处理"开"状态下显示的文本。

❑ offLabel：ControlSwitch 控件处理"关"状态下显示的文本。

如果读者还不清楚 create 方法前 4 个参数表示的图像的含义，下面是要传入这 4 个参数的图像的例子（图 5-31、图 5-32、图 5-33 和图 5-34）。

图 5-31　maskSprite　　　图 5-32　onSprite　　　图 5-33　offSprite　　　图 5-34　thumbSprite

ControlSwitch 控件可以通过 setOn 方法设置"开"和关闭状态，并通过 isOn 方法获取当前所处的状态。这两个方法的代码如下：

```
// isOn 为 true, 表上"开", 为 false, 表上"关", animated 为 true, 表示使用动画效果"开"或"关"
void setOn(bool isOn, bool animated);
void setOn(bool isOn);
bool isOn(void);
```

本节的例子在窗口上放置了 2 个 ControlSwitch 控件, 并放大到原来的 4 倍。当第一个 ControlSwitch 控件的状态变化时, 第二个 ControlSwitch 控件也会设成和第一个 ControlSwitch 控件相同的状态。创建和设置 ControlSwitch 控件的代码如下:

Cocos2dxDemo/classes/MenuAndControl/Controls/ControlSwitch/ControlSwitchTest. cpp

```
void ControlSwitchTest::onEnter()
{
    BasicScene::onEnter();
    auto size = Director::getInstance()->getWinSize();
    // 创建第一个 SwitchControl 控件
    auto controlSwitch1 = ControlSwitch::create
    (
     Sprite::create("extensions/switch-mask.png"),
     Sprite::create("extensions/switch-on.png"),
     Sprite::create("extensions/switch-off.png"),
     Sprite::create("extensions/switch-thumb.png"),
     LabelTTF::create("On", "fonts/Paint Boy.ttf", 16),
     LabelTTF::create("Off", "fonts/Paint Boy.ttf", 16)
    );
    // 将控件放大到原来的 4 倍
    controlSwitch1->setScale(4);
    controlSwitch1->setTag(1);
    controlSwitch1->setPosition(Point(size.width / 2, size.height / 2 + 100));
    // 设置响应控件状态变化的事件监听器
    // 该事件监听器通过设置事件类型为 Control::EventType::VALUE_CHANGEDL 来监听
    // 值的变化(状态变化)
    controlSwitch1 -> addTargetWithActionForControlEvents ( this, cccontrol_selector
(ControlSwitchTest::valueChanged), Control::EventType::VALUE_CHANGED);
    addChild(controlSwitch1);

    // 创建第二个 ControlSwitch 控件
    auto controlSwitch2 = ControlSwitch::create
    (
     Sprite::create("extensions/switch-mask.png"),
     Sprite::create("extensions/switch-on.png"),
     Sprite::create("extensions/switch-off.png"),
     Sprite::create("extensions/switch-thumb.png"),
     LabelTTF::create("On", "fonts/Paint Boy.ttf", 16),
     LabelTTF::create("Off", "fonts/Paint Boy.ttf", 16)
    );
```

```
controlSwitch2 - > setTag(2);
controlSwitch2 - > setScale(4);
controlSwitch2 - > setPosition(Point(size.width / 2, size.height / 2 - 100));
addChild(controlSwitch2);

}
```

当第一个 ControlSwitch 控件状态变化时,会调用 ControlSwitchTest∷valueChanged 方法来处理状态变化时的动作,该方法的代码如下:

Cocos2dxDemo/classes/MenuAndControl/Controls/ControlSwitch/ControlSwitchTest.cpp

```
void ControlSwitchTest∷valueChanged(Object * sender, Control∷EventType controlEvent)
{
    // 获取当前触摸的 ControlSwitch 控件
    auto controlSwitch1 = (ControlSwitch * )sender;
    // 输出 ControlSwitch 控件的状态信息
    if (controlSwitch1 - > isOn())
    {
        log("打开");
    }
    else
    {
        log("关闭");
    }
    // 通过 Tag 获取第二个 ControlSwitch 控件
    auto controlSwitch2 = dynamic_cast < ControlSwitch * >(getChildByTag(2));
    // 将第二个 ControlSwitch 控件设为与第一个 ControlSwitch 控件相同的状态,以动画方式切换
    controlSwitch2 - > setOn(controlSwitch1 - > isOn(),true);
}
```

5.3.8　图像框控件(ImageView)

ImageView 控件用于显示静态的图像,效果与 Sprite 显示图像类似,通过 ImageView ∷loadTexture 方法可以从图像资源或 plist 文件中装载图像,该方法的原型如下:

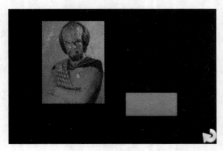

图 5-35　图像框

```
void  loadTexture ( const  char  *  fileName,
TextureResType texType = UI_TEX_TYPE_LOCAL);
```

ImageView 支持用普通方式处理图像和使用九宫格方式处理图像。本节的例子在窗口上放了两个图像,其中左上角是用普通方式装载的图像,右下角是用九宫格方式装载的图像。效果如图 5-35 所示。

使用 ImageView 控件显示图像的代码如下:

Cocos2dxDemo/classes/MenuAndControl/Controls/ImageView/ImageViewTest. cpp

```cpp
void ImageViewTest::onEnter()
{
    BasicScene::onEnter();
    auto size = Director::getInstance()->getWinSize();
    // 创建第 1 个 ImageView 对象
    ImageView * imageView1 = ImageView::create();
    // 装载图像
    imageView1->loadTexture("klingon.jpg");
    imageView1->setPosition(Point(size.width / 2 - 150, size.height / 2 + 50));
    // 设置图像的透明度为 120
    imageView1->setOpacity(120);
    addChild(imageView1);

    // 创建第 2 个 ImageView 对象
    ImageView * imageView2 = ImageView::create();
    // 开启九宫格处理模式
    imageView2->setScale9Enabled(true);
    // 装载图像
    imageView2->loadTexture("gui/buttonHighlighted.png");
    // 设置 ImageView 控件的尺寸
    imageView2->setContentSize(Size(200, 85));
    imageView2->setPosition(Point(size.width / 2 + 150, size.height / 2 - 100));
    addChild(imageView2);
}
```

5.3.9　进度条控件（LoadingBar）

LoadingBar 控件在游戏中主要用于显示游戏的装载
进度（因为大型游戏可能需要装载很多资源）。
LoadingBar 支持从左到右显示进度和从右到左显示进
度。效果如图 5-36 所示。

通过 LoadingBar::setDirection 方法可以设置进度
条的方向，该方法的原型如下：

void setDirection(cocos2d::ui::LoadingBar::Direction dir);

图 5-36　LoadingBar 控件

其中 Direction 是 enum class 类型，定义代码如下：

```cpp
enum class Direction
{
    LEFT,                        // 从左到右
    RIGHT                        // 从右到左
};
```

本节的例子会在窗口上放置两个 LoadingBar 控件。上面的控件从左向右不断更新进度,下面的控件从右到左不断更新进度。

创建和设置 LoadingBar 控件的代码如下:

Cocos2dxDemo/classes/MenuAndControl/Controls/LoadingBar/LoadingBarTest. cpp

```
void LoadingBarTest::onEnter()
{
    BasicScene::onEnter();
    mCount = 0;
    auto size = Director::getInstance()->getWinSize();

    // 从左向右进度方向的 LoadingBar 控件
    auto loadingBar1 = LoadingBar::create();
    loadingBar1->setTag(1);

    loadingBar1->setTag(1);
    // 设置进度条使用的图像
    loadingBar1->loadTexture("gui/sliderProgress.png");
    loadingBar1->setPercent(0);
    loadingBar1->setScale(3);
    loadingBar1->setPosition(Point(size.width / 2, size.height / 2 + 100 ));

    addChild(loadingBar1);

    // 从右向左进度方向的 LoadingBar 控件
    auto loadingBar2 = LoadingBar::create();
    loadingBar2->setTag(2);
    loadingBar2->loadTexture("gui/sliderProgress.png");
    loadingBar2->setPercent(0);
    loadingBar2->setScale(3);
    // 设置进度方向是从右到左
    loadingBar2->setDirection(LoadingBarTypeRight);
    loadingBar2->setPosition(Point(size.width / 2, size.height / 2 - 100 ));
    addChild(loadingBar2);

    // 开始不断指定调度方法 update,以便不断更新进度
    scheduleUpdate();

}
```

在执行完 LoadingBarTest::onEnter 方法后,系统会不断调用 update 方法来更新进度,该方法的代码如下:

Cocos2dxDemo/classes/MenuAndControl/Controls/LoadingBar/LoadingBarTest. cpp

```
void LoadingBarTest::update(float delta)
{
```

```
// 当前的进度加 1
mCount++;
// 如果进度大于 100,重新设为 0
if(mCount > 100)
{
    mCount = 0;
}
// 根据 Tag 获取第 1 个 LoadingBar 控件
LoadingBar * loadingBar1 = static_cast<LoadingBar *>(getChildByTag(1));
// 更新第 1 个 LoadingBar 控件的进度
loadingBar1 -> setPercent(mCount);
// 根据 Tag 获取第 2 个 LoadingBar 控件
LoadingBar * loadingBar2 = static_cast<LoadingBar *>(getChildByTag(2));
// 更新第 2 个 LoadingBar 控件的进度
loadingBar2 -> setPercent(mCount);
}
```

5.3.10　滑杆控件(Slider)

Slider 允许用户左右拖动滑杆设置百分比。要想使用 Slider 控件,需要设置如下三类图像:

❑ 滑杆轨道(Track)图像;
❑ 滑动球图像;
❑ 滑动进度图像。

其中滑动球图像还可以设置如下三种状态的图像:

❑ 滑动球正常状态下的图像;
❑ 滑动球被按下状态下的图像;
❑ 滑动球被禁止状态下的图像。

这几个图像可以分别用下面几个 Slider 类的方法设置。

```
// 滑杆轨道(Track)图像
void loadBarTexture(const char * fileName,TextureResType texType = UI_TEX_TYPE_LOCAL);
// 设置三种状态的滑动球图像
void loadSlidBallTextures(const char * normal, const char * pressed, const char * disabled,
TextureResType texType = UI_TEX_TYPE_LOCAL);
// 设置滑动进度图像
void loadProgressBarTexture (const char * fileName,
TextureResType texType = UI_TEX_TYPE_LOCAL);
```

本节的例子在窗口上放置了两个 Slider 控件和两个 Text 控件,这两对 Slider 和 Text 控件分别用来设置各自的百分比和显示百分比。其中,上面的 Slider 控件使用了普通图像的处理方式,下面的 Slider 控件使用了

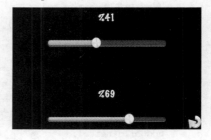

图 5-37　Slider 控件

九宫格图像处理方式，效果如图 5-37 所示。

创建和设置 Slider 控件的代码如下：

Cocos2dxDemo/classes/MenuAndControl/Controls/Slider/SliderTest. cpp

```
void SliderTest::onEnter()
{
    BasicScene::onEnter();
    auto size = Director::getInstance()->getWinSize();
    // 创建第一个 Text 对象
    auto text1 = Text::create();
    text1->setTag(1);
    text1->setString("0%");
    text1->setFontName("Marker Felt");
    text1->setFontSize(40);
    text1->setColor(Color3B(255,255,255));
    text1->setPosition(Point(size.width / 2, size.height / 2  + 200));
    addChild(text1);

    // 创建第一个 Slider 对象
    auto slider1 = Slider::create();
    slider1->setTag(2);
    slider1->setTouchEnabled(true);
    // 设置滑杆轨道(Track)图像
    slider1->loadBarTexture("gui/sliderTrack.png");
    // 设置三种状态的滑动球图像,其中前两种状态的滑动球图像相同,后一种状态的滑动球图像
未设置
    slider1->loadSlidBallTextures("gui/sliderThumb.png", "gui/sliderThumb.png", "");
    // 设置滑动杆图像
    slider1->loadProgressBarTexture("gui/sliderProgress.png");
    slider1->setPosition(Point(size.width / 2, size.height / 2 + 100));
    // 将滑动杆放大到原来的两倍
    slider1->setScale(2);
    // 添加滑动杆滑动事件监听器
    slider1->addEventListener(CC_CALLBACK_2(SliderTest::sliderEvent, this));
    addChild(slider1);

    // 创建第二个 Text 控件
    auto text2 = Text::create();
    text2->setTag(3);
    text2->setText("0%");
    text2->setFontName("Marker Felt");
    text2->setFontSize(40);
    text2->setColor(Color3B(255,255,255));
    text2->setPosition(Point(size.width / 2, size.height / 2  - 100));
    addChild(text2);
    // 创建第二个 Slider 对象
```

```
auto slider2 = Slider::create();
slider2->setTag(4);
slider2->setTouchEnabled(true);
slider2->loadBarTexture("gui/sliderTrack2.png");
slider2->loadSlidBallTextures("gui/sliderThumb.png", "gui/sliderThumb.png", "");
slider2->loadProgressBarTexture("gui/slider_bar_active_9patch.png");
// 使用九宫格方式处理图像
slider2->setScale9Enabled(true);
// 设置 Slider 控件尺寸
slider2->setSize(Size(250, 10));
slider2->setScale(2);
slider2->setPosition(Point(size.width / 2, size.height / 2 - 200));
slider2->addEventListener(CC_CALLBACK_2(SliderTest::sliderEvent, this));
addChild(slider2);
}
```

当滑动球左右滑动时，会调用 SliderTest::sliderEvent 方法处理滑动事件，该方法的代码如下：

Cocos2dxDemo/classes/MenuAndControl/Controls/Slider/SliderTest. cpp

```
void SliderTest::sliderEvent(Ref * pSender, Slider::EventType type)
{
    // 只处理百分比变化事件
    if (type == Slider::EventType::ON_PERCENTAGE_CHANGED)
    {
        // 获取当前滑动的 Slider 控件
        auto slider = dynamic_cast<Slider *>(pSender);
        // 获取当前的百分比
        int percent = slider->getPercent();
        Text * text = NULL;
        // 根据滑动的是第一个还是第二个 Slider 控件,获取相应的 Text 控件
        if(slider->getTag() == 2)
            text = dynamic_cast<Text *>(getChildByTag(1));
        else if(slider->getTag() == 4)
            text = dynamic_cast<Text *>(getChildByTag(3));
        // 在 Text 控件上显示当前设置的百分比
        text->setString(String::createWithFormat("% % %d", percent)->getCString());
    }
}
```

5.3.11　高级滑杆控件（ControlSlider）

ControlSlider 与 Slider 的功能类似。但 ControlSlider 控件允许定制滑杆的最大值和最小值，还可以限制滑杆可以滑动的范围。而 Slider 控件的最大值和最小值已经固定了（分别为 0 和 100）。设置滑杆的最大值和最小值以及滑动范围可以使用下面的几个方法。

```
// 设置滑杆的最大值
virtual void setMaximumValue(float val);
// 设置滑杆的最小值
virtual void setMinimumValue(float val);
// 设置滑杆允许滑动的最大值
virtual void setMaximumAllowedValue(float var);
// 设置滑杆允许滑动的最小值
virtual void setMinimumAllowedValue(float var);
```

创建 ControlSlider 对象需要使用 ControlSlider::create 方法，通过该方法只需要指定三个图像（滑杆轨道图像、进度图像和滑杆球图像）即可。该方法的原型如下：

```
static ControlSlider * create(const char * bgFile, const char * progressFile, const char *
thumbFile);
```

其中，bgFile 参数表示滑杆轨道图像（背景图像）；progressFile 参数表示进度图像；thumbFile 参数表示滑杆球图像。

本节的例子在窗口上放置了两个 ControlSlider 控件，其中上面的 ControlSlider 控件的最大值和最小值分别为 5 和 0，下面的 ControlSlider 控件拥有同样的最大值和最小值，并且限制了滑杆向左只能移动到 1.5 的位置，向右只能移动到 4 的位置，而且设置初始值为 3.5。效果如图 5-38 所示。

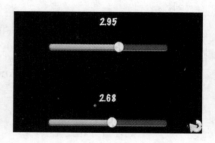

图 5-38　ControlSlider 控件

创建和设置 ControlSlider 控件的代码如下：

Cocos2dxDemo/classes/MenuAndControl/Controls/ControlSlider/ControlSliderTest. cpp

```
void ControlSliderTest::onEnter()
{
    BasicScene::onEnter();

    auto size = Director::getInstance()->getWinSize();
    // 创建第一个 Text 对象
    auto text1 = Text::create();
    text1->setTag(1);
    text1->setString("0");
    text1->setFontName("Marker Felt");
    text1->setFontSize(40);
    text1->setColor(Color3B(255,255,255));
    text1->setPosition(Point(size.width / 2, size.height / 2  + 200));
    addChild(text1);

    // 创建第一个 ControlSlider 对象
    auto slider1 =
```

```
ControlSlider::create("extensions/sliderTrack.png","extensions/sliderProgress.png",
"extensions/sliderThumb.png");

    slider1->setMinimumValue(0.0f);     // 设置范围的最小值
    slider1->setMaximumValue(5.0f);     // 设置范围的最大值
    slider1->setScale(2);               // 将 ControlSlider 控件放大到原来的两倍
    slider1->setPosition(Point(size.width / 2, size.height / 2 + 100));
    slider1->setTag(2);
    // 设置响应滑动事件的监听器
    slider1->addTargetWithActionForControlEvents(this, cccontrol_selector(ControlSliderTest::
valueChanged), Control::EventType::VALUE_CHANGED);
    addChild(slider1);

    // 创建第二个 Text 控件
    auto text2 = Text::create();
    text2->setTag(3);
    text2->setString("3.5");
    text2->setFontName("Marker Felt");
    text2->setFontSize(40);
    text2->setColor(Color3B(255,255,255));
    text2->setPosition(Point(size.width / 2, size.height / 2  - 100));
    addChild(text2);

    // 创建第二个 ControlSlider 对象
    auto slider2 =
ControlSlider::create("extensions/sliderTrack.png","extensions/sliderProgress.png",
"extensions/sliderThumb.png");

    slider2->setMinimumValue(0.0f);     // 设置范围的最小值
    slider2->setMaximumValue(5.0f);     // 设置范围的最大值
    // 设置允许滑杆滑动的最大值
    slider2->setMaximumAllowedValue(4.0f);
    // 设置允许滑杆滑动的最小值
    slider2->setMinimumAllowedValue(1.5f);
    // 设置初始值
    slider2->setValue(3.5f);
    slider2->setScale(2);
    slider2->setPosition(Point(size.width / 2, size.height / 2 - 200));
    slider2->setTag(4);
    slider2->addTargetWithActionForControlEvents(this, cccontrol_selector(ControlSliderTest::
valueChanged), Control::EventType::VALUE_CHANGED);
    addChild(slider2);
}
```

当滑动滑杆时讲调用 ControlSliderTest::valueChanged 方法处理滑动事件,该方法的代码如下:

Cocos2dxDemo/classes/MenuAndControl/Controls/ControlSlider/ControlSliderTest. cpp

```cpp
void ControlSliderTest::valueChanged(Ref * sender, Control::EventType controlEvent)
{
    // 获取当前滑动的 Slider 对象
    auto slider = (ControlSlider * )sender;
    Text * text = NULL;
    if(slider -> getTag() == 2)
    {
        // 获取第一个 Text 对象
        text = dynamic_cast<Text *>(getChildByTag(1));
        // 设置 slider1 滑杆的当前值
        text -> setString(String::createWithFormat("%.02f", slider -> getValue()) ->
getCString());
    }
    else if(slider -> getTag() == 4)
    {
        // 获取第二个 Text 对象
        text = dynamic_cast<Text *>(getChildByTag(3));
        // 设置 slider2 滑杆的当前值
        text -> setString(String::createWithFormat("%.02f", slider -> getValue()) ->
getCString());
    }
}
```

5.3.12 步进控件(ControlStepper)

ControlStepper 与 ControlSlider 的功能有些类似,只是不使用滑杆控制值,而是分别使用左右两个带"-"和"＋"号的按钮控制当前值,效果如图 5-39 所示。

ControlStepper 控件默认的最大值和最小值分别为 100 和 0,默认的步长为 1。但可以通过下面几个方法修改这三个值。

```cpp
// 设置最大值
virtual void setMaximumValue(float val);
// 设置最小值
virtual void setMinimumValue(float val);
// 设置步长
virtual void setStepValue(double stepValue);
```

图 5-39 ControlStepper 控件

在创建 ControlStepper 对象时需要使用 ControlStepper::create 方法,该方法的原型如下:

```cpp
static ControlStepper * create(Sprite * minusSprite, Sprite * plusSprite);
```

其中,minusSprite 参数表示左侧"减小"按钮的图像,plusSprite 参数表示右侧"加大"按钮的图像。

本例的 ControlStepper 控件的最大值设为 20,最小值设为 10,步长为 2。所以只能通过 ControlStepper 控件设置 6 个值(10、12、14、16、18、20)。创建和设置 ControlStepper 控件的代码如下:

Cocos2dxDemo/classes/MenuAndControl/Controls/ControlStepper/ControlStepperTest. cpp

```
void ControlStepperTest::onEnter()
{
    BasicScene::onEnter();
    auto size = Director::getInstance()->getWinSize();

    auto text = Text::create();
    text->setTag(1);
    text->setFontName("Marker Felt");
    text->setFontSize(40);

    text->setColor(Color3B(255,255,255));
    text->setPosition(Point(size.width / 2, size.height / 2  + 100));
    addChild(text);

    auto minusSprite   = Sprite::create("extensions/stepper-minus.png");
    auto plusSprite    = Sprite::create("extensions/stepper-plus.png");
    // 创建 ControlStepper 对象
    auto controlStepper =  ControlStepper::create(minusSprite, plusSprite);
    controlStepper->setPosition(Point(size.width / 2, size.height /2 - 100));
    controlStepper->setScale(2);
    // 设置最大值
    controlStepper->setMaximumValue(20.0f);
    // 设置最小值
    controlStepper->setMinimumValue(10.0f);
    // 设置步长
    controlStepper->setStepValue(2.0f);
    // 设置监听值变化的监听器
    controlStepper - > addTargetWithActionForControlEvents ( this,  cccontrol _ selector
(ControlStepperTest::valueChanged), Control::EventType::VALUE_CHANGED);
    addChild(controlStepper);
    // 调用 valueChanged 方法初始化 Text 控件的文本
    valueChanged(controlStepper1,Control::EventType::VALUE_CHANGED);
}
```

当 ControlStepper 控件的值发生变化时会调用 ControlStepperTest::valueChanged 方法,在该方法中会更新 Text 控件的值,代码如下:

Cocos2dxDemo/classes/MenuAndControl/Controls/ControlStepper/ControlStepperTest. cpp

```
void ControlStepperTest::valueChanged(Ref * sender, Control::EventType controlEvent)
{
```

```
// 获取 Text 对象
auto text = dynamic_cast<Text*>(getChildByTag(1));
// 获取当前点击的 ControlStepper 对象
auto stepper = dynamic_cast<ControlStepper*>(sender);
// 在 Text 控件上显示最新的值
text->setString(String::createWithFormat("%0.02f", (float)stepper->getValue())->
getCString());
}
```

5.3.13　列表控件（ListView）

ListView 控件用于垂直或水平显示一系列的列表项（Item），这些列表项之间有一定的间隔，如果列表项超过了 ListView 控件的显示范围而无法完整显示，则可以上下或左右滑动列表项以查看未被显示的列表项。

Listview 控件的使用要比前面介绍的控件复杂一些。在使用 ListView::create 方法创建 ListView 对象后，通常需要使用 ListView::setDirection 方法指定 ListView 显示列表项的方向，如果不指定，则默认是垂直方向。ListView::setDirection 方法的原型如下：

```
virtual void setDirection(Direction dir) override;
```

其中 Direction 是 enum class 类型，表示方向，代码如下：

<Cocos2d-x 根目录>/cocos/ui/UIScrollView. h

```
enum class Direction
{
    NONE,
    VERTICAL,            // 垂直方向
    HORIZONTAL,          // 水平方向
    BOTH
}
```

尽管 Direction 有 4 个值，但对于 ListView 来说，目前只使用了 VERTICAL 和 HORIZONTAL。分别表示垂直和水平方向，设置其他的值无效。例如，下面的代码创建了 ListView 对象，并设置了以垂直方向显示列表项。

```
auto listView = ListView::create();
// 设置了垂直方向
listView->setDirection(ListView::Direction::VERTICAL);
```

在完成 ListView 的基本创建和设置工作后，ListView 控件允许添加一个默认的 Item 模板，也就是说，ListView 控件允许将每一个 Item 默认设成完全一样的内容。通常，当每一个 Item 基本一样时，可以使用这个默认 Item。这样就只要对每一个 Item 进行微小改动即可。

Item 模板可以是任何 Widget 的子类（所有控件类的父类），例如，Layout、Button 等。

如果每一个 Item 只有一个控件,可以直接使用控件本身,如果有多个控件,通常使用 Layout,然后再将这些控件添加到 Layout 中。当建立完模板时,可以使用 ListView∷ setItemModel 方法将该模板 Item 与 ListView 绑定,该方法的原型如下:

```
void setItemModel(Widget * model);
```

尽管已经添加了模板 Item,但并不一定使用这个 Item。在实际的应用中,可以调用 ListView∷pushBackDefaultItem 或 ListView∷insertDefaultItem 方法向 ListView 添加默认的 Item,也可以使用 ListView∷pushBackCustomItem 或 ListView∷insertCustomItem 方法向 ListView 中添加定制的 Item。这几个方法的原型如下:

```
// 以模板 Item 为原型复制一个 Item,并将该 Item 添加到 ListView 的最后
void pushBackDefaultItem();
// 在指定位置插入以模板 Item 为原型复制的 Item
void insertDefaultItem(ssize_t index);
// 在 ListView 的最后插入一个定制的 Item
void pushBackCustomItem(Widget * item);
// 在指定位置插入一个定制的 Item
void insertCustomItem(Widget * item, ssize_t index);
```

当然,ListView 还有很多其他功能,例如,设置 Item 之间的距离;设置背景图像;删除列表项等。这些内容会在本节后面的例子中给出详细的使用方法。

本节的例子在窗口上放置了一个 ListView 控件,并将背景设为绿色。并添加了 15 个列表项,每一个列表项由一个 Button 组成。前 10 个列表项使用了模板 Item,后 5 个列表项使用了定制的 Item。并在最后删除了两个定制的 Item。垂直方向的效果如图 5-40 所示,如果改为水平方向,效果如图 5-41 所示。

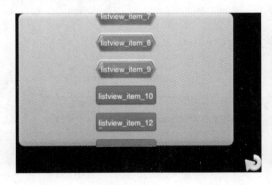

图 5-40　垂直方向的 ListView 控件　　　　图 5-41　水平方向的 ListView 控件

创建和设置 ListView 控件的工作都在 ListViewTest∷onEnter 方法中完成,该方法的代码如下:

Cocos2dxDemo/classes/MenuAndControl/Controls/ListView/ListViewTest. cpp

```
void ListViewTest∷onEnter()
```

```
    {
        BasicScene::onEnter();
        auto size = Director::getInstance()->getWinSize();
        // 创建 ListView 对象
        auto listView = ListView::create();
        // 设置以垂直方向显示列表项
        listView->setDirection(ListView::Direction::VERTICAL);
        // 允许触摸
        listView->setTouchEnabled(true);
        // 设置背景图像
        listView->setBackGroundImage("gui/green_edit.png");
        // 使用九宫格处理图像
        listView->setBackGroundImageScale9Enabled(true);
        // 设置 ListView 控件的尺寸
        listView->setContentSize(Size(350, 200));
        // 设置列表项之间的间距
        listView->setItemsMargin(10);
        // 将 ListView 控件放大到原来的两倍
        listView->setScale(2);
        listView->setPosition(Point(10, 80));

        // 创建模板 Item
        auto default_button = Button::create();
        default_button->setTitleText("Title Button");
        default_button->setTouchEnabled(true);
        default_button->loadTextures("gui/backtotoppressed.png", "gui/backtotopnormal.png", "");

        // 将模板 Item 与 ListView 控件绑定
        listView->setItemModel(default_button);

        // 利用模板 Item 添加 5 个列表项(使用 pushBackDefaultItem 方法)
        for (size_t i = 0; i < 5; ++i)
        {
            listView->pushBackDefaultItem();
        }
        // 利用模板 Item 在 ListView 的开头添加 5 个列表项(使用 insertDefaultItem 方法)
        for (size_t i = 0; i < 5; ++i)
        {
            listView->insertDefaultItem(0);
        }
        // 添加 5 个定制的 Item
        for (size_t i = 0; i < 5; ++i)
        {
            Button * custom_button = Button::create();
            custom_button->setTitleText("Custom Button");
            custom_button->setTouchEnabled(true);
            custom_button->loadTextures("gui/button.png", "gui/buttonHighlighted.png", "");
```

```
    custom_button -> setScale9Enabled(true);
    custom_button -> setContentSize(default_button -> getSize());
    // 使用下面被注释掉的代码也可以添加这 5 个定制 Item
    // listView -> insertCustomItem(custom_button, listView -> getItems().size());

    listView -> pushBackCustomItem(custom_button);
}
// 获取列表项数
ssize_t items_count = listView -> getItems().size();
// 修改每一个列表项的标题文本
for (ssize_t i = 0; i < items_count; ++i)
{
    // 获取当前的列表项
    Widget * item = listView -> getItem(i);
    // 将列表项转换为 Button 对象
    Button * button = static_cast < Button * >(item);
    // 设置按钮的标题文本
    button -> setTitleText(StringUtils::format("listview_item_ % zd", i));
    // 输出标题文本
    CCLOG(" % s", button -> getTitleText().c_str());
}
// 删除最后一项
listView -> removeLastItem();

items_count = listView -> getItems().size();
// 删除倒数第 3 项
listView -> removeItem(items_count - 3);

// 设置列表项为垂直中心对齐方式显示
listView -> setGravity(LISTVIEW_GRAVITY_CENTER_VERTICAL);
// 添加响应列表项单击事件的监听器
listView -> addEventListener(CC_CALLBACK_2(ListViewTest::selectedItemEvent,this));
// 将 ListView 控件添加到当前的场景中
addChild(listView);
}
```

当触摸列表项时,会调用 ListViewTest::selectedItemEvent 方法处理列表项触摸动作,该方法的代码如下:

Cocos2dxDemo/classes/MenuAndControl/Controls/ListView/ListViewTest. cpp

```
void ListViewTest::selectedItemEvent(Ref * pSender, ListView::EventType type)
{
    switch (type)
    {
        case ListView::EventType::ON_SELECTED_ITEM_END:
        {
```

```
            // 获取当前的 ListView 对象
            ListView* listView = static_cast<ListView*>(pSender);
            // 输出当前触摸的列表项索引
            CCLOG("select child index = %ld", listView->getCurSelectedIndex());
        }
        break;

        default:
            break;
    }
}
```

注意：经测试，如果将控件放到 ListView 作为列表项，将不再响应控件本身的事件，取而代之的是 ListView 的列表项选中事件。

5.3.14 表格控件（TableView）

TableView 与 ListView 的显示效果类似，也支持水平和垂直显示风格。只是 TableView 控件显得更像 iOS，这是因为 TableView 非常类似于 iOS 的 UITableView 控件。也就是说，TableView 主要使用了回调方法来设置和装载数据。例如，返回 TableView 中的单元格（Cell）数需要使用 numberOfCellsInTableView 方法，该方法的返回值就是 TableView 的单元格总数。如果要设置每一个 Cell 的内容，需要在 tableCellAtIndex 方法中完成，在 TableView 的可视范围内显示 N 个 Cell，就会调用 N 次 tableCellAtIndex 方法来设置这 N 个 Cell。要注意的是，即使 TableView 的 Cell 总数是一百万，也不会因为 tableCellAtIndex 方法的调用而影响效率。因为该方法只当显示某个 Cell 时才被调用，也就是说，这一百万个 Cell 都是惰性装载的，不显示不装载。这也是目前比较流行的做法，Android、iOS 等移动 OS 都采用了类似的技术。

本节的例子会在窗口上放置两个 TableView，其中左侧的 TableView 水平显示 Cell，右侧的 TableView 垂直显示 Cell。每个 TableView 都会显示 20 个 Cell，其中第 3 个 Cell 的尺寸比其他 Cell 的尺寸大。显示效果如图 5-42 所示。

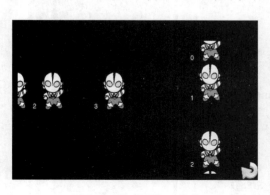

图 5-42　TableView 控件

要想在 TableView 显示数据，需要使用 TableViewDataSource 类中的几个回调方法。此外，TableView 还要响应用户的一些动作，例如触摸 Cell。因此，还需要使用委托类 TableViewDelegate 中的一些回调方法。所以，通常使用 TableView 显示数据的场景类需要继承 TableViewDataSource 和 TableViewDelegate，并实现相应的回调方法。

本例的实现类是 TableViewTest，该类的定义代码如下：

Cocos2dxDemo/classes/MenuAndControl/Controls/TableView/TableViewTest. hpp

```cpp
// BasicScene 是 Scene 的子类
class TableViewTest : public BasicScene,
        public TableViewDataSource,
        public TableViewDelegate
{
public:
    virtual bool init();
    void onEnter();
    // 当 TableView 滚动时调用
    virtual void scrollViewDidScroll(cocos2d::extension::ScrollView * view) {};
    // 当 TableView 放大或缩小时调用
    virtual void scrollViewDidZoom(cocos2d::extension::ScrollView * view) {}
    // 当触摸 Cell 时调用
    virtual void tableCellTouched(TableView * table, TableViewCell * cell);
    // 在该方法中可以设置 Cell 的尺寸
    virtual cocos2d::Size tableCellSizeForIndex(TableView * table, ssize_t idx);
    // 在该方法中可以设置 Cell 的内容
    virtual TableViewCell * tableCellAtIndex(TableView * table, ssize_t idx);
    // 该方法返回 Cell 总数
    virtual ssize_t numberOfCellsInTableView(TableView * table);
    CREATE_FUNC(TableViewTest);
};
```

注意：在 Cocos2d-x 中有一些类是重名的，例如，在 Cocos2d-x 3.0 中将 CCSize 改名为 Size，但没想到与 Mac OS X 下的 Size[①] 重名了。所以在发现命名冲突时要使用 Cocos2d-x 中相应的命名空间，如 cocos2d::Size。而这些问题在 Cocos2d-x 2. x 中是不存在的。

下面首先看看在 TableViewTest::onEnter 方法中如何创建和初始化 TableView 对象。

Cocos2dxDemo/classes/MenuAndControl/Controls/TableView/TableViewTest. cpp

```cpp
void TableViewTest::onEnter()
{
    BasicScene::onEnter();
    Size size = Director::getInstance()->getWinSize();
    // 创建在左侧显示的 TableView 对象
    TableView * tableView = TableView::create(this, Size(350, 120));
    // 设置滚动方向为水平滚动
    tableView->setDirection(cocos2d::extension::ScrollView::Direction::HORIZONTAL);
    tableView->setPosition(Point(20, size.height/2 - 30));
    // 设置 TableView 控件的委托对象
    tableView->setDelegate(this);
```

---

① 在 MacTypes. h 中定义，代码是 typedef long Size。

```
    // 将 TableView 控件添加到当前视图中
    this -> addChild(tableView);
    // 装载数据,必须调用该方法,否则不会调用 TableViewDataSource 类的相应回调方法装载数据
    tableView -> reloadData();

    // 创建在右侧显示的 TableView 对象
    tableView = TableView::create(this, Size(200, 400));
    // 设置滚动方向为垂直滚动
    tableView -> setDirection(cocos2d::extension::ScrollView::Direction::VERTICAL);
    tableView -> setPosition(Point(size.width - 220,20));
    tableView -> setDelegate(this);
    // 设置添加 Cell 的顺序为从上到下
    tableView -> setVerticalFillOrder(TableView::VerticalFillOrder::TOP_DOWN);
    this -> addChild(tableView);
    tableView -> reloadData();
}
```

接下来需要实现 TableViewDataSource 类中三个回调方法,代码如下:

Cocos2dxDemo/classes/MenuAndControl/Controls/TableView/TableViewTest. cpp

```
// 设置 Cell 的尺寸
cocos2d::Size TableViewTest::tableCellSizeForIndex(TableView * table, ssize_t idx)
{
    // 如果是第 3 个 Cell(索引从 0 开始),则将尺寸设为(200,200)
    if (idx == 2) {
        return Size(200, 200);
    }
    return Size(120,120);
}
// 设置 Cell 的内容
TableViewCell * TableViewTest::tableCellAtIndex(TableView * table, ssize_t idx)
{
    auto str = String::createWithFormat(" % ld", idx);
    // 从 TableView 中的缓存中获取还未使用过的 Cell
    TableViewCell * cell = table -> dequeueCell();
    // 如果未获得 Cell,则创建一个新的 TableViewCell 对象
    if (!cell) {
        cell = new TableViewCell();
        cell -> autorelease();
        // 创建一个用于显示图像的 Sprite
        auto sprite = Sprite::create("Images/Ultraman.png");
        sprite -> setAnchorPoint(Point::ZERO);
        sprite -> setPosition(Point(0, 0));
        // 在 Cell 中显示 Sprite
        cell -> addChild(sprite);
        // 创建一个用于显示文本的 Label
        auto label = Label::createWithTTF(str -> getCString(), "fonts/Paint Boy.ttf", 20.0);
```

```
        label->setPosition(Point::ZERO);
        label->setAnchorPoint(Point::ZERO);
        // 设置该 Label 的 Tag,以便以后可以获取该 Label
        label->setTag(1);
        // 在 Cell 中显示 Label
        cell->addChild(label);
    }
    else                              // 使用已经存在的 Cell
    {
        auto label = (Label*)cell->getChildByTag(1);
        label->setString(str->getCString());
    }
    // 输出当前 Cell 的索引,当不断滚动列表时,会发现总会输出当前正在显示的 Cell 的索引
    // 这说明 TableViewTest::tableCellAtIndex 方法会不断地被调用
    CCLOG("%s", str->getCString());

    return cell;
}
// 返回 Cell 总数
ssize_t TableViewTest::numberOfCellsInTableView(TableView* table)
{
    return 20;
}
```

在 TableViewTest::tableCellAtIndex 方法中调用了 TableView::dequeueCell 方法用于从以前创建但未使用的 TableViewCell 列表中选择一个 TableViewCell。如果没有符合条件的 TableViewCell,就只能创建新的 TableViewCell 对象了。例如,假设 TableView 中一个有 50 个 Cell,而一次只能同时显示 5 个 Cell,那么在显示前 5 个 Cell 时,自然就需要创建新的 TableViewCell 对象了。当要显示第 6 个 Cell 时,第 1 个 Cell 就会由于滚动而消失,但与该 Cell 对应的 TableViewCell 对象并没有释放,既然该 Cell 不可视了,那么不妨用第一个 Cell 的 TableViewCell 对象来显示第 6 个 Cell 的内容,这样不管 TableView 中有多少个 Cell,最多只需要创建 5 个 TableViewCell 对象就可以显示全部的 Cell,当然,同时最多只能显示 5 个 Cell。

最后,当触摸 Cell 时,会调用 TableViewTest::tableCellTouched 方法,该方法的代码如下:

Cocos2dxDemo/classes/MenuAndControl/Controls/TableView/TableViewTest. cpp

```
void TableViewTest::tableCellTouched(TableView* table, TableViewCell* cell)
{
    // 输出当前触摸的 Cell 的索引
    CCLOG("cell touched at index: %ld", cell->getIdx());
}
```

5.3.15　滚动视图控件(ScrollView)

ScrollView 是 ListView 和 TableView 的父类,主要负责滚动 ScrollView 中的子节点,如果只想进行滚动,可以使用 ScrollView 控件。该控件允许水平、垂直和双向滚动。

要想让 ScrollView 中的子节点滚动,通常需要设置下面两个尺寸。

❑ ScrollView 控件尺寸:使用 ScrollView::setContentSize 方法设置。

❑ 内嵌容器尺寸:使用 ScrollView::setInnerContainerSize 方法设置。

图 5-43　ScrollView 控件

从本质上说,ScrollView 并不是滚动子节点,而是滚动子节点的父节点(内嵌容器)。也就是说,ScrollView 中嵌入了一个内嵌容器,然后所有的子节点都在内嵌容器中。这样,当内嵌容器的尺寸大于 ScrollView 的尺寸时,就可以在相应的方向滚动。

本节的例子在窗口上放置了一个 ScrollView 控件,并在其中显示一个图像。内嵌容器尺寸是 ScrollView 尺寸的 2 倍,与图像的大小相同。所以该图像可以上下左右滚动。效果如图 5-43 所示。

创建和设置 ScrollView 控件的代码如下:

Cocos2dxDemo/classes/MenuAndControl/Controls/ScrollView/ScrollViewTest.cpp

```cpp
void ScrollViewTest::onEnter()
{
    BasicScene::onEnter();
    Size size = Director::getInstance()->getWinSize();
    // 创建 ScrollView 对象
    gui::ScrollView * scrollView = gui::ScrollView::create();
    // 设置 ScrollView 的背景色为绿色
    scrollView->setBackGroundColor(Color3B::GREEN);
    // 设置背景色为实心颜色
    scrollView->setBackGroundColorType(Layout::BackGroundColorType::SOLID);
    // 允许触摸 ScrollView
    scrollView->setTouchEnabled(true);
    // 设置滚动方向为双向滚动
    scrollView->setDirection(ui::ScrollView::Direction::BOTH);
    // 设置 Scroll 的尺寸
    scrollView->setContentSize(Size(480, 320));
    // 设置 ScrollView 控件的位置
    scrollView->setPosition(Point(size.width/2 - 240,size.height / 2 - 160));
    addChild(scrollView);

    // 创建用于显示图像的 ImageView 控件
    ImageView * imageView = ImageView::create();
    // 装载图像
    imageView->loadTexture("gui/Hello.png");
```

```
// 设置 ImageView 控件的位置
imageView -> setPosition(Point(240, 160));
// 将 ImageView 控件放大到原来的两倍，以便比 ScrollView 尺寸大
imageView -> setScale(2);
// 设置内嵌容器尺寸
scrollView -> setInnerContainerSize(Size(480 * imageView -> getScale(),
                                          320 * imageView -> getScale()));
// 将 ScrollView 控件添加到当前场景中
scrollView -> addChild(imageView);
}
```

5.3.16　分页控件（PageView）

从表面效果上看，PageView 控件与 ListView、TableView 等控件差不多，用于水平显示多个 Layout。不过 PageView 并不是 ScrollView 的子类，而是 Layout 的子类（ScrollView 也是 Layout 的子类），所以 PageView 和 ScrollView 是平级的。

使用 PageView 比较简单。首先建立多个 Layout，然后调用多次 PageView::addPage 方法将这些 Layout 添加到 PageView 控件中。PageView::addPage 方法的原型如下：

```
void addPage(Layout * page);
```

从 addPage 方法的原型可以看出，该方法只能在 PageView 中添加 Layout。

本节的例子在窗口上放置一个 PageView 控件，并在 PageView 控件中添加 3 个 Layout，每个 Layout 中有一个 ImageView 控件和一个 Text 控件。显示第一页的效果如图 5-44 所示，页之间切换的效果如图 5-45 所示。

图 5-44　显示第一页　　　　　　　　图 5-45　页之间的切换

创建和设置 PageView 控件的工作在 PageViewTest::onEnter 方法中完成，该方法的代码如下：

Cocos2dxDemo/classes/MenuAndControl/Controls/PageView/PageViewTest. cpp

```
void PageViewTest::onEnter()
{
    BasicScene::onEnter();
```

```
Size size = Director::getInstance()->getWinSize();
// 创建 PageView 对象
PageView * pageView = PageView::create();
// 允许 PageView 控件被触摸
pageView->setTouchEnabled(true);
// 设置 PageView 控件尺寸
pageView->setContentSize(Size(600, 360));
// 设置 PageView 控件的位置
pageView->setPosition(Point((size.width - pageView->getContentSize().width) / 2,
                (size.height - pageView->getContentSize().height)/2));
// 向 PageView 控件添加 3 个 Layout
for (int i = 0; i < 3; ++i)
{
    // 创建 Layout 对象
    auto layout = Layout::create();
    layout->setContentSize(Size(500, 300));
    // 创建 ImageView 对象
    auto imageView = ImageView::create();
    imageView->setTouchEnabled(true);
    imageView->setScale9Enabled(true);
    imageView->loadTexture("gui/scrollviewbg.png");
    imageView->setContentSize(Size(500, 300));
    imageView->setPosition(Point(layout->getSize().width / 2, layout->getSize().
height / 2));
    layout->addChild(imageView);
    // 创建 Text 对象
    auto label = Text::create();
    label->setString(CCString::createWithFormat("page % d", (i + 1))->getCString());
    label->setFontName("Marker Felt");
    label->setFontSize(30);
    label->setColor(Color3B(192, 192, 192));
    label->setPosition(Point(layout->getSize().width / 2, layout->getSize().height / 2));
    layout->addChild(label);
    // 将 Layout 添加到 PageView 控件中
    pageView->addPage(layout);
}
// 设置响应 PageView 控件翻页动作的世界监听器
pageView->addEventListener(CC_CALLBACK_2(PageViewTest::pageViewEvent,this));
// 将 PageView 控件添加到当前场景中
addChild(pageView);
}
```

当 PageView 控件左右翻页时，会调用 PageViewTest::pageViewEvent 方法响应翻页
动作，该方法的代码如下：

Cocos2dxDemo/classes/MenuAndControl/Controls/PageView/PageViewTest. cpp

```
void PageViewTest::pageViewEvent(Ref * pSender, PageView::EventType type)
```

```
{
    switch (type)
    {
        case case PageView::EventType::TURNING:
        {
            // 获取当前操作的 PageView 对象
            auto pageView = dynamic_cast<PageView*>(pSender);
            // 输出 PageView 控件当前页的页码
            CCLOG("%d", static_cast<int>(pageView->getCurrentPageIndex() + 1));
        }
            break;
        default:
            break;
    }
}
```

5.3.17 颜色选择控件(**ControlColourPicker**)

在很多游戏中需要对颜色进行设置,为此,Cocos2d-x 也提供了一个图形化的颜色选择控件。该控件允许用户通过触摸的方式选择颜色带中的某个颜色。

本节的例子在窗口的下方放置了一个 ControlColourPicker 控件,并在该控件的上方显示了"Color"文本,当 ControlColourPicker 控件的当前颜色发生变化时,文字的颜色也会随之发生变化,效果如图 5-46 所示。注意,在 ControlColourPicker 控件上有两个取色器(小圆圈),一个只能延着内圆边缘运动,另一个可以在内圆内部任意运行,但不能超出内圆的范围。前者可以取内圆和外圆中间的颜色,不过实际取色的是后者。当前者变化时,内圆中的颜色也随之变化(变化后的颜色是前者当前取的颜色的渐变色),这时可以通过后者在内圆中任意取色。

图 5-46 ColourPicker 控件

创建和设置 ControlColourPicker 控件的代码如下:

Cocos2dxDemo/classes/MenuAndControl/Controls/ControlColourPicker/ControlColourPickerTest. cpp

```
void ControlColourPickerTest::onEnter()
{
    BasicScene::onEnter();
    Size size = Director::getInstance()->getWinSize();
    // 创建 Text 控件
    auto text = Text::create();
    // 设置要显示的文本
    text->setString("Color");
```

```
text->setTag(1);
text->setFontName("Marker Felt");
text->setFontSize(100);
text->setPosition(Point(size.width / 2, size.height / 2  + 140));
addChild(text);
// 创建 ControlColourPicker 控件
auto colourPicker = ControlColourPicker::create();
// 设置 ControlColourPicker 控件的初始颜色
colourPicker->setColor(Color3B(37, 46, 252));
colourPicker->setScale(2);
colourPicker->setPosition(Point (500, 240));
// 设置响应 ControlColourPicker 控件颜色变化的监听器
  colourPicker - > addTargetWithActionForControlEvents ( this, cccontrol _ selector
(ControlColourPickerTest::colourValueChanged), Control::EventType::VALUE_CHANGED);
addChild(colourPicker);
// 调用 colourValueChanged 方法进行初始化
colourValueChanged(colourPicker, Control::EventType::VALUE_CHANGED);
}
```

当 ControlColourPicker 控件中颜色变化时，会调用 ControlColourPickerTest :: colourValueChanged 方法响应颜色变化动作，该方法的代码如下：

Cocos2dxDemo/classes/MenuAndControl/Controls/ControlColourPicker/ControlColourPickerTest. cpp

```
void ControlColourPickerTest :: colourValueChanged ( Ref  * sender, Control :: EventType
controlEvent)
{
    // 获取 ControlColourPicker 对象
    auto picker = (ControlColourPicker * )sender;
    // 获取 Text 对象
    auto text = dynamic_cast< Text *>(getChildByTag(1));
    // 根据从颜色选择器中获取的颜色重新设置 Text 控件中的文本颜色
    text->setColor(picker->getColor());
}
```

5.4 小结

本节介绍了 Cocos2d-x 中看似与游戏不怎么相关的技术。这些技术主要包括菜单和控件，这两种技术在一定程度上依赖于本章介绍的另外一种技术：标签。尽管本章介绍的内容不一定在所有的游戏中都使用到。但对于一个完美的游戏程序，不仅要拥有炫丽的外表，像毒品一样令人上瘾的关卡，还要有大量的场景设置，以增加游戏的灵活性，或给游戏玩家更多的选择权。因此，这些看似游戏的边缘技术也会成为游戏成功的重要一环。

第6章

本 地 化

由于基于 Cocos2d-x 的游戏允许在不同平台上运行,这就会带来一些问题。例如,对应不同平台的手机的分辨率会有很大差异,这就要求游戏程序尽可能适应不同的屏幕尺寸和分辨率。当然,最原始的解决方案是为相近屏幕尺寸和分辨率的手机单独做一个版本,不过这样将会产生较多版本,极难维护。为了解决这个问题,Cocos2d-x 使用了设计尺寸,可以根据当前的分辨率自动进行调整,这极大地方便了处理不同屏幕尺寸和分辨率的差异化。此外,如果游戏对全球发布,在不同语言地区可能要求游戏显示当地的官方语言,因此,游戏就要根据当前系统的语言环境来显示。这种根据当前设备的硬件和软件环境自适应的技术称为本地化。在本章将对 Cocos2d-x 中常用的本地化技术进行详细的讲解。

本章要点

❑ Cocos2d-x 是如何适配不同屏幕尺寸和分辨率的;

❑ Cocos2d-x 中有哪些与尺寸相关的概念;

❑ 设计尺寸的应用;

❑ 缩放因子的应用;

❑ Cocos2d-x 中的多语言适配。

6.1 自适应屏幕分辨率

如果读者学习移动开发时,接触的第一个系统是 iOS,那么很幸运。因为数年来 iPhone 和 iPad 一直保持了同样的尺寸,直到 iPhone5 和 iPad mini 的推出,Apple 移动设备的尺寸类型才多了起来,不过即使如此,Apple 移动设备的尺寸用手指头数也能数过来。所以开发 iOS 应用和游戏的程序员基本上不存在屏幕适配的问题,就是存在,也只考虑有限的几个屏幕尺寸即可。

而对于 Android 程序员来说就麻烦得多,恐怕现在没人能准确地说出 Android 设备到底有多少种屏幕尺寸,而且同样尺寸的屏幕,长宽比可能还不一样。所以对 Android 应用和游戏(尤其是应用)的屏幕适配是一件非常恐怖的事,而且几乎没人敢宣称自己的程序可以适应事件上所有的屏幕尺寸。

尽管 Android 移动设备的尺寸差异非常大,但为了开发跨平台的应用和游戏。仍然需要尽可能地适配这些屏幕尺寸。通常的做法是根据屏幕分辨率和图像分辨率进行恰当的匹配和缩放。本节将详细介绍如何利用 Cocos2d-x 提供的相关 API 开发可适应各种屏幕分辨率的跨平台游戏。

6.1.1 尺寸类型及屏幕适配原理

在进行屏幕适配之前需要先了解 Cocos2d-x 涉及的一些尺寸含义及其作用。在 Cocos2d-x 中主要涉及如下三种尺寸。

❑ 资源尺寸:由于游戏中主要用的是图像,其实资源尺寸也可以认为是图像的尺寸(分辨率),资源尺寸可分为宽度和高度,分别用 RW 和 RH 表示。

❑ 设计尺寸:这个尺寸实际上是逻辑的尺寸,并不对应于某个实体。顾名思义,该尺寸需要在设计时使用。也就是说,在设计游戏中使用的图像时,需要先假想一个固定的屏幕尺寸,否则是无法作图的。这个假想的尺寸就是设计尺寸。设计尺寸的宽度用 DW 表示,高度用 DH 表示。

❑ 屏幕尺寸:当前设备实际的屏幕尺寸(分辨率),宽度用 SW 表示、高度用 SH 表示。

Cocos2d-x 中的屏幕适配主要就是根据屏幕的实际尺寸和设计尺寸之间的比值对图像进行缩放。例如,假设 DW＝480,DH＝800。而当前的设备的 SW＝1080,SH＝1920。在制作图像时都是按照设计尺寸(480×800)做的,如果将该游戏放到当前设备上(1080×1920),Cocos2d-x 会根据不同的缩放策略对图像进行放大。假设该图像的尺寸是 200×200,并且采用了 EXACT_FIT[①] 缩放策略,那么该图像在当前设备上的实际尺寸是(200×1080/480,200×1920/800),也就是(450,480),很明显,该图像放大了,而且垂直方向被拉伸了。

尽管按着上面的做法,理论上可以将图像按着屏幕实际的尺寸放大或缩小。而且图像在当前设备屏幕上的相对位置和尺寸可以基本保持不变[②]。这对于颜色不丰富的图像来说没什么问题,但对于色彩丰富的图像,过分放大或缩小,都会造成失真。因此,对于一个尽可能适应各种屏幕尺寸的游戏来说,通常是为每一个范围内的屏幕尺寸准备一套图像。也就是说,可以将屏幕尺寸分成不同的区间,每一区间使用一套文件名都一样、但分辨率不同的图像。我们可以用屏幕宽度或高度来划分屏幕尺寸范围。例如,SH≤480,480＜SH≤960,

---

① 为了考虑屏幕长宽比和图像长宽比的差异,在使用设计尺寸对图像进行缩放时,需要指定不同的分辨率策略。例如,EXACT_FIT 表示图像在水平(长)和垂直(宽)两个方向分别按着设计尺寸和屏幕尺寸的长和宽的比值进行拉伸。也就是说,如果设计尺寸的长宽比和屏幕实际尺寸的长宽比不同。图像就会变形。当然,还有其他的分辨率策略,这些在本章后面的内容会详细介绍。

② 尽管图像放大或缩小了,但屏幕尺寸的分辨率也同时放大或缩小了。所以图像的相对位置和尺寸不会发生改变。但如果考虑到拉伸,图像尺寸有可能会略有变化(只要屏幕实际尺寸的长宽比和设计尺寸的长宽比相差不大,就不会太明显)。

$960 < SH \leqslant 1400, 1400 < SH \leqslant 1920, SH > 1920$ 就设定了 5 个屏幕范围。从低分辨率的 480,到超高分辨率的 1920 以及更大的分辨率都考虑到了,所以需要同时准备 5 套同名但不同分辨率的图像。尽管这样处理仍然不能完全避免图像因放大或缩小造成失真,但却可以在一定程度上缓解图像的失真。这就有些类似于声音的采样率。理论上来说,采样率(每秒采样的次数)越高,声音的效果越好。同理,为屏幕尺寸分的范围越多,图像越不容易失真。不过这需要寻求一种平衡。因为屏幕尺寸的范围过多,就会造成同一个图像文件出现的份数太多,从而使 App 的尺寸过大。所以,将屏幕尺寸分成多少份,需要根据实际情况而定。

当然,将屏幕尺寸分成不同范围后,还有一个问题,就是需要根据当前设备的屏幕尺寸,采用不同分辨率的图像。在 Android 中是很方便的。在 Android 应用中,可以采用本地化适配符进行处理。例如,drawable-hdpi 用于存放高密度屏幕的图像资源;drawable-mdpi 用于存放中密度屏幕的图像资源。也就是说,适应不同屏幕尺寸的图像资源被存放在了不同的目录中。由于 Cocos2d-x 需要进行跨平台开发,所以不能直接使用 Android 的本地化方式。但 Cocos2d-x 也采用了类似的方式处理不同屏幕尺寸的资源。也就是将不同分辨率的图像放到不同的目录中。至于具体的做法,在本章后面的部分会详细介绍。

6.1.2　Cocos2d-x 中的各种尺寸深度详解

使用过 Cocos2d-x 的读者会发现在 Cocos2d-x 中涉及较多尺寸问题。在指定设计尺寸和内容缩放因子[①]的情况下,这些尺寸的值可能会不同。这也给初学者带来了一定的困惑。因此,本节将详细介绍这些属性的含义以及在实际应用中的作用。在本节最后会看到如何获取这些尺寸,并且给出了几组特例,以帮助读者更好地理解这些尺寸的含义。

Cocos2d-x 涉及的尺寸如下:

❑ VisibleSize:可视区域的尺寸。

❑ DesignResolutionSize:设计尺寸。

❑ WinSize:窗口尺寸,与设计尺寸相同。

❑ WinSizeInPixels:窗口尺寸与内容缩放因子的乘积。

❑ FrameSize:设备屏幕的实际可用尺寸。

此外,还有一个可视区域的起始位置 VisibleOrigin。

现在,来看一下设计尺寸(DesignResolutionSize)。如果不指定设计尺寸,默认的设计尺寸就是设备屏幕的实际可用尺寸,也就是与 FrameSize 的值相同。但为了体现设计尺寸与其他尺寸的差别,在这里将设计尺寸设置为(800,480)。前面提到的设备屏幕的实际可用尺寸在不同的设备(主要指手机和平板的区别)上会有所不同。对于平板电脑或没有物理按键(主要指 Back、Home 等按键)的手机,通常会在屏幕下方按如图 6-1 所示的方式模拟三个虚拟按键。因此,由于屏幕的部分可视区域被这些虚拟按键占用,所以实际可用的尺寸要

---

① 设计尺寸和内容缩放因子是两个用于控制屏幕内容缩放的两种机制。其中设计尺寸在 4.6.1 节已经介绍过了,内容缩放因子会在后面的部分详细讨论。

小于屏幕的真实尺寸。而对于没有模拟按键(有物理按键的设备)的设备,则屏幕的实际可用尺寸与屏幕的真实尺寸相同。

一旦指定了设计尺寸,VisibleSize 的值与屏幕的真实尺寸再无关系。而该尺寸的具体取值除了设计尺寸外,还与缩放策略有关。这个缩放策略也就是用 GLView∷setDesignResolutionSize 方法指

图 6-1　虚拟按键

定设计尺寸时第三个参数值。例如,如果将该参数值设为 ResolutionPolicy∷EXACT_FIT,那么 VisibleSize、WinSize 和 DesignResolutionSize 这三个尺寸是完全相同的,也就是都等于设计尺寸。如果该参数值设为 ResolutionPolicy∷ NO_BORDER,则 VisibleSize 与其他两个尺寸会有一定的差异。这一点从获取这三个尺寸的方法的源代码也可以看出。

<Cocos2d-x 根目录>/cocos/platform/CCGLView.cpp

```cpp
Size GLView::getVisibleSize() const
{
    // _resolutionPolicy 表示分辨率策略
    if (_resolutionPolicy == ResolutionPolicy::NO_BORDER)
    {
        return Size(_screenSize.width/_scaleX, _screenSize.height/_scaleY);
    }
    else
    {
        // 直接返回设计尺寸
        return _designResolutionSize;
    }
}
```

从 getVisibleSize 方法的代码可以看出,如果分辨率策略不等于 ResolutionPolicy∷NO_BORDER,那么 getVisibleSize 方法直接返回设计尺寸。

如果 VisibleSize 与 WinSize(或设计尺寸)不相同,那么就会带来一个问题,它们之间的差异如何计算呢? 例如,图 6-2 中的内框和图 6-3 中外框是屏幕的可视区域①,而图 6-2 的外框和图 6-3 中的内框是 OpenGL View,也就是 OpenGL 坐标系所在的区域。那么,这就会造成即使屏幕可视区域左下角的坐标也不为 0。对于图 6-2 来说,OpenGL 坐标系的原点是 D,所以 H 点的横坐标大于 0;而对于图 6-3 来说,OpenGL 坐标系的原点是 D,所以 H 点的纵坐标小于 0。那么,在指定窗口中的节点坐标时,就需要考虑 D 到 H 之间的距离,否则无法计算真实的 OpenGL 坐标。该距离实际上就是通过 VisibleOrigin 获取。VisibleOrigin 是一个点坐标。该点就是可视区域左下角顶点(H)在 OpenGL 坐标系中的坐标。

---

① 造成这种情况的原因是因为在缩放时,由于设计尺寸与屏幕的实际可用尺寸的长宽比不同,如果长和宽的缩放比例只以长度之比或宽度之比进行缩放,OpenGL View 必然会在水平或垂直方向超出屏幕范围或在屏幕上下或左右留下边框。

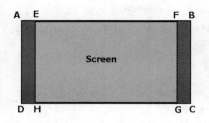

图 6-2 OpenGL View 被屏幕截取
的情况

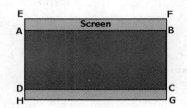

图 6-3 OpenGL View 在屏幕垂直方向
留下边框的情况

前面曾经说过，WinSize 与 DesignResolutionSize 是完全相同的，现在通过获取 WinSize 的 getWinSize 和 setDesignResolutionSize 方法的源代码来证明这一点。

＜Cocos2d-x 根目录＞/cocos/base/CCDirector. cpp

```
const Size& Director::getWinSize(void) const
{
    return _winSizeInPoints;
}
```

很明显，getWinSize 方法返回了 _winSizeInPoints。下面看一下 CCGLView :: setDesignResolutionSize 方法的部分源代码。

```
void CCGLView::setDesignResolutionSize(float width, float height, ResolutionPolicy resolutionPolicy)
{
    …
    // 将设计尺寸赋给了_winSizeInPoints
    Director::getInstance()->_winSizeInPoints = getDesignResolutionSize();
    Director::getInstance()->createStatsLabel();
    Director::getInstance()->setGLDefaultValues();
}
```

从这段代码可以看出，在 CCGLView :: setDesignResolutionSize 方法的最后，将设计尺寸的值赋给了_winSizeInPoints，所以毫无疑问，WinSize 和 DesignResolutionSize 肯定是相同的。

如果内容缩放因子为 1（默认值），WinSizeInPixels 与 WinSize 的值是相同的，否则，WinSizeInPixels 的值是 WinSize 与缩放因子的乘积。例如，如果 WinSize 是（800，480），内容缩放因子是 2，则 WinSizeInPixels 的值是（1600，960）。这一点也可以从 getWinSizeInPixels 方法的代码中很容易看出。

＜Cocos2d-x 根目录＞/cocos/base/CCDirector. cpp

```
Size Director::getWinSizeInPixels() const
{
    return Size(_winSizeInPoints.width * _contentScaleFactor, _winSizeInPoints.height * _contentScaleFactor);
}
```

到现在为止,已经深入地介绍了本节涉及的几个尺寸和一个坐标。如果读者对它们的含义仍然存有疑惑,可以使用下面的代码输出这些尺寸和坐标,这样会更容易理解它们的含义。

```
// VisibleSize
CCLOG("VisibleSize.width = % f,VisibleSize.height = % f",director - > getVisibleSize().width,
director - > getVisibleSize().height);
// WinSize
CCLOG("WinSize.width = % f,WinSize.height = % f",director - > getWinSize().width,director - >
getWinSize().height);
// WinSizeInPixels
CCLOG ( " WinSizeInPixels. width = % f, WinSizeInPixels. height = % f", director - >
getWinSizeInPixels().width,director - > getWinSizeInPixels().height);
// VisibleOrigin
CCLOG( "VisibleOrigin. x = % f, VisibleOrigin. y = % f", director - > getVisibleOrigin(). x,
director - > getVisibleOrigin().y);
// FrameSize
CCLOG( "FrameSize. width = % f, FrameSize. height = % f", director - > getOpenGLView() - >
getFrameSize().width,director - > getOpenGLView() - > getFrameSize().height);
// DesignResolutionSize
CCLOG( "DesignResolutionSize. width = % f, DesignResolutionSize. height = % f", director - >
getOpenGLView ( ) - > getDesignResolutionSize ( ). width, director - > getOpenGLView ( ) - >
getDesignResolutionSize().height);
```

为了尽量使这段代码输出的值有所差别,应同时指定设计尺寸和内容缩放因子,并设置不同的分辨率策略以观察在不同设备中的输出值。例如,下面的代码将设计尺寸设为(800,480),分辨率策略为 ResolutionPolicy::NO_BORDER,内容缩放因子为 2。

```
auto director = Director::getInstance();
// 指定设计尺寸和分辨率策略
director - > getOpenGLView() - > setDesignResolutionSize(800, 480,
                                            ResolutionPolicy::NO_BORDER);

// 指定内容缩放因子,图像会相对于屏幕缩小
director - > setContentScaleFactor(2);
```

注意:由于游戏中使用的图像是按设计尺寸来设计的,所以缩放因子如果大于1,说明当前屏幕的逻辑尺寸是大于设计尺寸的。所以在这种情况下,图像是相对于屏幕缩小的。反之,如果缩放因子小于1,则图像相对于屏幕是放大的。而且缩放因子只对带图像的节点起作用。对于那些非图像节点,如标签菜单,则不起作用。这一点在使用时要注意。

现在用几个特例来更进一步理解本节介绍的几个尺寸和坐标的值。假设仍然使用前面给出的代码进行设置和输出。并且在 iOS 模拟器和 Nexus 5(Android 手机)上进行输出实验。前者的物理分辨率是 320×480,后者的物理分辨率是 1080×1920。屏幕方向为横屏。

iOS 模拟器

```
VisibleSize.width = 720.000000, VisibleSize.height = 480.000000
WinSize.width = 800.000000, WinSize.height = 480.000000
WinSizeInPixels.width = 1600.000000, WinSizeInPixels.height = 960.000000
VisibleOrigin.x = 40.000000, VisibleOrigin.y = 0.000000
FrameSize.width = 480.000000, FrameSize.height = 320.000000
DesignResolutionSize.width = 800.000000, DesignResolutionSize.height = 480.000000
```

Nexus 5

```
VisibleSize.width = 797.333313, VisibleSize.height = 480.000000
WinSize.width = 800.000000, WinSize.height = 480.000000
WinSizeInPixels.width = 1600.000000, WinSizeInPixels.height = 960.000000
VisibleOrigin.x = 1.333344, VisibleOrigin.y = 0.000000
FrameSize.width = 1794.000000, FrameSize.height = 1080.000000
DesignResolutionSize.width = 800.000000, DesignResolutionSize.height = 480.000000
```

从这两个设备的输出结果可以看出，VisibleOrigin.x 都不为 0，同时 VisibleSize.width 都比同一设备的 WinSize.width 小[①]。这说明设计尺寸与屏幕可视区域的长宽比不同。如果将分辨率策略设为 ResolutionPolicy∷EXACT_FIT，则 VisibleOrigin.x 和 VisibleOrigin.y 都为 0。

由于 Nexus 5 没有物理按键（Back、Home 等键），所以屏幕下方会虚拟出如图 6-1 所示的物理按键。因此，FrameSize.width 宽度为 1794，而不是 1920。这也说明，虚拟按键占的高度是 1920-1794=126。

6.1.3　分辨率策略（ResolutionPolicy）

在使用 CCGLView∷setDesignResolutionSize 方法指定设计尺寸的同时，还要指定一个分辨率策略。也就是当设计尺寸的长宽比与屏幕实际尺寸的长宽比不同时进行缩放的策略。所有的分辨率策略都在 ResolutionPolicy 枚举类型中定义，该枚举类型的代码如下：

＜Cocos2d-x 根目录＞/cocos/platform/CCGLView.h

```
enum class ResolutionPolicy
{
    EXACT_FIT,
    NO_BORDER,
    SHOW_ALL,
```

---

① VisibleSize.width、VisibleOrigin.x 和 WinSize.width 的关系是 WinSize.width ＝ VisibleSize.width ＋ 2 ＊ VisibleOrigin.x。同理，WinSize.height ＝ VisibleSize.height ＋ 2 ＊ VisibleOrigin.y。读者可以计算在 iOS 和 Nexus5 中输出的相应值是否符合这两个公式。

```
       FIXED_HEIGHT,
       FIXED_WIDTH,
       UNKNOWN,
};
```

在 ResolutionPolicy 枚举类型中有 5 个分辨率策略（UNKNOWN 是结尾标志，不算分辨率策略），这些分辨率策略的含义如下。

1. EXACT_FIT

整个应用程序都是可视的，在四周不会出现边框，OpenGL View 也不会被截取。使用这种分辨率策略，在水平和垂直方向分别按设计尺寸与屏幕实际尺寸的长和宽之比进行缩放。也就是说，这种分辨率策略尽管可以保证游戏的内容完全显示在可视区域上，但节点可能被拉伸。

2. NO_BORDER

顾名思义，NO_BORDER 就是没有边框的意思。也就是说，只有按着设计尺寸与屏幕实际尺寸长和宽之比的最大值进行缩放，才不会在可视区域四周留下边框。但 OpenGL View 有可能在水平或垂直方向被截取。使用这种分辨率策略，VisibleOrigin. x 或 VisibleOrigin. y 有可能是大于 0 的值。

3. SHOW_ALL

该分辨率策略与 NO_BORDER 正好相反，SHOW_ALL 按着设计尺寸与屏幕实际尺寸长和宽之比的最小值进行缩放。这种分辨率策略可以将 OpenGL View 都放入可视区域，节点也不会变形（拉伸）。但 OpenGL View 的四周可能会出现边框。也就是说，如果设计尺寸和屏幕实际尺寸的长宽比相差很多，在水平或垂直方向可能会出现较宽的黑色区域。

4. FIXED_HEIGHT

这种分辨率策略在内部会用垂直缩放比率覆盖水平覆盖比率。也就是说统一使用垂直缩放比率。

5. FIXED_WIDTH

这种分辨率策略在内部会用水平缩放比率覆盖垂直覆盖比率。也就是说统一使用水平缩放比率。

可能有些读者对这 5 种分辨率策略还是一知半解，为了彻底了解它们的含义，可以查看 CCGLView∷setDesignResolutionSize 方法的代码，并根据源代码验证前面关于分辨率策略的描述。

＜Cocos2d-x 根目录＞/cocos/platform/CCGLView. h

```
void CCGLView :: setDesignResolutionSize ( float  width,  float  height, ResolutionPolicy
resolutionPolicy)
{
    …
    // 计算水平缩放比率
    _scaleX = (float)_screenSize.width / _designResolutionSize.width;
```

```
// 计算垂直缩放比率
_scaleY = (float)_screenSize.height / _designResolutionSize.height;
// NO_BORDER 分辨率策略
if (resolutionPolicy == ResolutionPolicy::NO_BORDER)
{
    // 取最大缩放比率
    _scaleX = _scaleY = MAX(_scaleX, _scaleY);
}
// SHOW_ALL 分辨率策略
if (resolutionPolicy == ResolutionPolicy::SHOW_ALL)
{
    // 取最小缩放比率
    _scaleX = _scaleY = MIN(_scaleX, _scaleY);
}
// FIXED_HEIGHT 分辨率策略
if ( resolutionPolicy == ResolutionPolicy::FIXED_HEIGHT) {
    // 用垂直缩放比率覆盖水平缩放比率
    _scaleX = _scaleY;
    _designResolutionSize.width = ceilf(_screenSize.width/_scaleX);
}
// FIXED_WIDTH
if ( resolutionPolicy == ResolutionPolicy::FIXED_WIDTH) {
    // 用水平缩放比率覆盖垂直覆盖比率
    _scaleY = _scaleX;
    _designResolutionSize.height = ceilf(_screenSize.height/_scaleY);
}
…
}
```

6.1.4　通过设计尺寸进行屏幕适配

从 6.1.3 节可以知道,使用 CCGLView::setDesignResolutionSize 方法可以指定设计尺寸。不过对于可以满足多款设备的游戏来说,只使用一种设计尺寸是远远不够的。这是因为不同设备的分辨率可能差别很大。例如,iOS 是 320×480,而 Nexus 5 的分辨率高达1080×1920,如果按 iOS 的屏幕设计图像,在 Nexus 5 上需要放大到原来的 3 倍。这样,比较细腻的图像可能会失真。所以比较符合逻辑的做法是为 iOS 和 Nexus 5 各设计一套图像文件。并允许在不同设备上使用不同的图像。当然,可以为某一个分辨率区间设计一套图像文件。例如,可以为(320×480)和(1024×768)之间的分辨率设计一套图像,为(1024×768)和(1920×1080)之间的分辨率设计一套图像。在不同的分辨率区间,可以指定一个设计尺寸,该设计尺寸可以取区间两端的值,也可以取中间的某个值。这样,图像再放到不同的设备上,就不会过分缩放了。

在前面的描述中,有一个中心思想就是为不同分辨率区间各设计一套图像。而要处理的技术问题是如何在使用同一个图像文件名的前提下在不同设备上无缝切换图像。在 Android 中可很容易做到这一点。在 Android 的工程的 res 目录中,可以使用本地化标识符进行处理。例如 res/drawable-hdpi/device.png 和 res/drawable-mdpi/device.png 两个文件名称相同,分别放在 drawable-hdpi 和 drawable-mdpi 目录中。如果当前设备的屏幕是高密度[①],会使用 drawable-hdpi 目录中的 device.png 文件;如果当前设备的屏幕是中密度,会使用 drawable-mdpi 目录中的 device.png 文件。这一切都是自动完成的,并不需要用户干预。而在 Cocos2d-x 也采用了类似的方式。不过需要我们根据当前屏幕的分辨率指定相应的资源目录。

在 Cocos2d-x 中可以通过如下的代码获取和指定资源目录的搜索路径。

```
vector<std::string> searchPaths = FileUtils::getInstance()->getSearchPaths();
searchPaths.push_back("iphone");
```

可以根据当前屏幕的分辨率为 searchPaths 指定不同的路径。当然,这些路径都会包含同名但不同分辨率的图像文件。指定完路径后,需要使用下面的代码重新设置搜索路径。

```
FileUtils::getInstance()->setSearchPaths(searchPaths);
```

当然,设计尺寸也要根据不同的搜索路径进行设置。

下面来看一个实际的例子。在这个例子中设置了三个分辨率区间,并分别准备了三个同名、不同分辨率和内容的图像文件(device.png)。这三个文件分别放在 Resources/iphone、Resources/ipad 和 Resources/nexus5 目录中。当程序运行在这三种分辨率或相近分辨率的设备上时,会使用不同目录中的 device.png 文件。图 6-4、图 6-5 和图 6-6 是分别在 iPhone、Xoom 和 Nexus 5 上的显示效果。在 iPad 上的显示效果与在 Xoom 上的显示效果类似,因为这两款平板电脑的分辨率差不多。读者可以运行 Cocos2dxDemo,并选择"第 06 章本地化">"自适应屏幕分辨率">"设计尺寸"菜单项进入本例的窗口。

图 6-4　在 iPhone 上的显示效果

图 6-5　在 Xoom 上的显示效果

---

① 　高密度指每英寸有 240 个像素点的屏幕,中密度指每英寸有 160 个像素点的屏幕。

图 6-6　在 Nexus 5 上的显示效果

本例的主要功能在 DesignSizeScene∷onEnter 方法中实现，该方法的代码如下：

Cocos2dxDemo/classes/Localization/Screen/ScreenTest.cpp

```cpp
typedef struct tagResource
{
    Size size;
    char directory\[100\];
} Resource;
// 小尺寸屏幕的设计尺寸和资源目录
static Resource smallResource   =   { Size(480, 320),   "iphone" };
// 中尺寸屏幕的设计尺寸和资源目录
static Resource mediumResource  =   { Size(1024, 768),  "ipad" };
// 大尺寸屏幕的设计尺寸和资源目录
static Resource largeResource   =   { Size(1920, 1080), "nexus5" };
void DesignSizeScene∷onEnter()
{
    BasicScene∷onEnter();
    auto director = Director∷getInstance();
    // 获取屏幕的真实尺寸
    Size frameSize = director->getOpenGLView()->getFrameSize();
    // 获取搜索路径
    vector<std∷string> searchPaths = FileUtils∷getInstance()->getSearchPaths();
    // 如果当前屏幕的高度大于中尺寸屏幕的最大高度,则认为当前是大尺寸屏幕
    if (frameSize.height > mediumResource.size.height)
    {
        // 指定大尺寸屏幕的资源路径
        searchPaths.push_back(largeResource.directory);
        // 重新设置右下角的返回图像的缩放比例
        mReturnItem->setScale(largeResource.size.width / 800);
        // 指定设计尺寸
        director->getOpenGLView()->setDesignResolutionSize(largeResource.size.width,
largeResource.size.height,   ResolutionPolicy∷EXACT_FIT);
    }
    // 如果当前屏幕的高度大于小尺寸屏幕的最大高度,则认为当前是中尺寸屏幕
    else if (frameSize.height > smallResource.size.height)
```

```
    {
        // 指定中尺寸屏幕的资源路径
        searchPaths.push_back(mediumResource.directory);
        // 重新设置右下角的返回图像的缩放比例
        mReturnItem->setScale(mediumResource.size.width / 800);
         // 指定设计尺寸
        director->getOpenGLView()->setDesignResolutionSize(mediumResource.size.width,
    mediumResource.size.height,  ResolutionPolicy::EXACT_FIT);
    }
    else                                    // 处理小尺寸屏幕
    {
        // 指定小尺寸屏幕的资源路径
        searchPaths.push_back(smallResource.directory);
        // 重新设置右下角的返回图像的缩放比例
        mReturnItem->setScale(smallResource.size.width / 800);
         // 指定设计尺寸
         director->getOpenGLView()->setDesignResolutionSize(smallResource.size.width,
    smallResource.size.height,  ResolutionPolicy::EXACT_FIT);
    }
    // 为系统设置搜索路径
    FileUtils::getInstance()->setSearchPaths(searchPaths);

    auto visibleSize = Director::getInstance()->getVisibleSize();
    auto origin = Director::getInstance()->getVisibleOrigin();

    // 创建一个 Sprite 对象,并指定 device.png 文件名
    auto sprite = Sprite::create("device.png");
    sprite->setPosition(origin.x + visibleSize.width / 2, origin.y + visibleSize.height  / 2);
    // 重新设置右下角的返回图像的位置,mReturnItem 是返回图像,锚点在右下角(1,0)
    mReturnItem->setPosition(Point(origin.x + visibleSize.width,
                                    origin.y));
    addChild(sprite);
}
```

为了演示不同设计尺寸的效果,在 DesignSizeScene::onEnter 方法中根据当前屏幕的分辨率重新指定了设计尺寸。但 Cocos2dxDemo 程序窗口右下角的返回图像是按设计尺寸为(800,480)的大小来设计的,所以在重新指定设计尺寸时要根据当前的设计尺寸将返回图像放大或缩小(通过 setScale 方法实现),否则在实际的显示效果中,该图像会变大或缩小,也可能会显示在非可视区域。不仅返回图像的缩放比例需要调整,位置也需要重新调整。其中,mReturnItem 是返回图像的 Sprite 对象,锚点在右下角,锚点值为(1,0)。

由于在 DesignSizeScene::onEnter 方法中重新指定了设计尺寸,为了不影响其他 Demo,应在 DesignSizeScene::onExit 方法中恢复原来的设计尺寸,代码如下:

Cocos2dxDemo/classes/Localization/Screen/ScreenTest.cpp

```
void DesignSizeScene::onExit()
```

```
{
    BasicScene::onExit();
    auto director = Director::getInstance();
    director->getOpenGLView()->setDesignResolutionSize(800, 480,
                            ResolutionPolicy::EXACT_FIT);
}
```

6.1.5 通过内容缩放因子进行屏幕适配

除了指定设计尺寸外,还可以通过内容缩放因子控制在不同分辨率的屏幕上显示图像的大小。当然,除了设置内容缩放因子外,选择不同目录中资源的方式与 6.1.4 节介绍的内容几乎是一样的。

由于在本例中未另外指定设计尺寸,所以当前的设计尺寸仍然是(800,480),不过对于三个资源目录(iphone、ipad 和 nexus5)中的 device.png 来说,是分别以(480,320),(1024,768)和(1920,1080)为设计尺寸设计这三个 device.png 图像的,所以计算内容缩放因子时应考虑这些设计尺寸。这里用高度来计算。实际上宽度也可以,但由于内容缩放因子不能单独指定宽度或高度,所以只能使用其中一个。下面的代码用于计算大尺寸屏幕的内容缩放因子。由于 Cocos2dxDemo 是横屏状态,所以原设计尺寸高度为 480。

```
float scaleFactor = largeResource.size.height / 480;
```

为了保证右下角的返回图像仍然保持与其他窗口的大小和位置相同,应该使用下面的代码消除设置内容缩放因子所造成的影响,否则返回图像也会跟着一起放大和缩小。

```
mReturnItem->setScale(mediumResource.size.height / 480/scaleFactor);
```

下面看一下完整的实现代码。

Cocos2dxDemo/classes/Localization/Screen/ScreenTest.cpp

```
void ContentScaleFactorScene::onEnter()
{
    BasicScene::onEnter();
    auto director = Director::getInstance();
    Size frameSize = director->getOpenGLView()->getFrameSize();
    vector<std::string> searchPaths = FileUtils::getInstance()->getSearchPaths();

    if (frameSize.height > mediumResource.size.height)
    {
        searchPaths.push_back(largeResource.directory);
        // 计算内容缩放因子
        float scaleFactor = largeResource.size.height / 480;
        // 指定内容缩放因子
        director->setContentScaleFactor(scaleFactor);
        // 重新指定返回图像的缩放比例,并消除因设置内容缩放因子造成的影响
        mReturnItem->setScale(largeResource.size.width / 800 / scaleFactor);
```

```
    }
    else if (frameSize.height > smallResource.size.height)
    {
        searchPaths.push_back(mediumResource.directory);
        // 计算内容缩放因子
        float scaleFactor = mediumResource.size.height / 480;
        // 指定内容缩放因子
        director -> setContentScaleFactor(scaleFactor);
        // 重新指定返回图像的缩放比例,并消除因设置内容缩放因子造成的影响
        mReturnItem -> setScale(mediumResource.size.height / 480/scaleFactor);

    }
    else
    {
        searchPaths.push_back(smallResource.directory);
        // 计算内容缩放因子
        float scaleFactor = smallResource.size.height / 480;
        // 指定内容缩放因子
        director -> setContentScaleFactor(scaleFactor);
        // 重新指定返回图像的缩放比例,并消除因设置内容缩放因子造成的影响
        mReturnItem -> setScale(smallResource.size.height / 480/ scaleFactor);
    }
    FileUtils::getInstance() -> setSearchPaths(searchPaths);
    auto visibleSize = Director::getInstance() -> getVisibleSize();
    auto origin = Director::getInstance() -> getVisibleOrigin();
    auto sprite = Sprite::create("device.png");
    sprite -> setPosition(origin.x + visibleSize.width / 2, origin.y + visibleSize.height  / 2 );

mReturnItem -> setPosition(Point(origin.x + visibleSize.width  ,
                           origin.y));
    addChild(sprite);

}
```

为了不影响其他的 Demo,需要在 ContentScaleFactorScene::onExit 方法中重新将内容缩放因子设为 1,代码如下:

Cocos2dxDemo/classes/Localization/Screen/ScreenTest. cpp

```
void ContentScaleFactorScene::onExit()
{
    BasicScene::onExit();
    auto director = Director::getInstance();
    director -> setContentScaleFactor(1);
}
```

分别在不同屏幕分辨率的设备上运行,效果与图 6-4、图 6-5 和图 6-6 类似,除了由于长宽比不同造成图像略宽或略扁。

6.1.6 为每一个 Node 单独调整尺寸

前面介绍的通过设计尺寸和缩放因子进行屏幕适配,可以统一调整所有节点的尺寸和位置。不过在某些情况下,需要单独根据当前设备的屏幕分辨率调整特定节点的位置和尺寸。这就要用到节点类提供的 setScale、setScaleX、setScaleY 和 setPosition 方法,不过在缩放和调整位置之前,需要先通过下面的代码获取可视区域尺寸和可视区域左下角顶点在 OpenGL 坐标系中的坐标。

```
auto visibleSize = Director::getInstance()->getVisibleSize();
auto origin = Director::getInstance()->getVisibleOrigin();
```

不管是否指定了设计尺寸和缩放因子,已经指定了什么分辨率策略。设置节点的位置时都应使用下面的通用方式。这样不会因为修改了设计尺寸、缩放因子和分辨率策略而对节点的位置有影响。

```
auto item = MenuItemLabel::create(positionLabel,
                    CC_CALLBACK_1(NodeTest::menuCallback, this));
item->setPosition(origin.x + visibleSize.width / 2, origin.y + visibleSize.height  / 2);
```

假设 item 的锚点在节点的正中心(0.5,0.5),那么这段代码将该节点的位置设置了屏幕中心。这里一定要加上 origin.x 和 origin.y,否则一旦可视区域的尺寸(VisibleSize)与 WinSize 不同时,就会使坐标产生错误。

如果是缩放节点,只需要直接调用 setScale、setScaleX 和 setScaleY 方法即可。例如,下面的代码将 item 放大到原来的 3 倍。不过要注意的是,节点的缩放因子和前面介绍的内容缩放因子正好相反。如果前者大于 1,则节点相对于屏幕是放大的(实际上是增加了节点包含的像素数)。而后者大于 1,节点相对于屏幕是缩小的(节点包含的像素数未变,但屏幕的逻辑尺寸的像素数却增大了)。

```
item->setScale(3);
```

6.2 Cocos2d-x 多语言适配

本地化的一个重要应用就是多语言适配。现在有很多游戏是在全球发布的,这就要求尽可能满足所发布国家的语言要求。例如,在以英语为母语的国家,整体 UI 风格需要以英文为主(包括文本、音频和视频)。而在中国,则会以中文为主。对于一款支持多语言适配的游戏,通常依靠操作系统的设置进行语言识别(一般在设置里面设定语言)。

为了更容易识别当前运行环境的语言,Cocos2d-x 提供了 Application::getCurrentLanguage 方法用于返回当前的语言,该方法的原型如下:

```
virtual LanguageType getCurrentLanguage() = 0;
```

Application::getCurrentLanguage 方法被定义为纯虚函数,要求不同平台(Android、iOS)都需要实现该方法[①],不过读者一般并不需要了解 Application::getCurrentLanguage 方法的实现过程,只需要学会如何使用该方法即可。

getCurrentLanguage 方法返回了一个 LanguageType 类型的返回值,LanguageType 是一个枚举类型,定义代码如下:

<Cocos2d-x 根目录>/cocos/platform/CCCommon.h

```
enum class LanguageType
{
    ENGLISH = 0,
    CHINESE,
    FRENCH,
    ITALIAN,
    GERMAN,
    SPANISH,
    RUSSIAN,
    KOREAN,
    JAPANESE,
    HUNGARIAN,
    PORTUGUESE,
    ARABIC,
    NORWEGIAN,
    POLISH
};
```

在 LanguageType 中定义了一些常用的语言,如英语(ENGLISH)、中文(CHINESE)、法文(FRENCH)等。ENGLISH 的值是 0,CHINESE 的值是 1,以此类推。

本节的例子将利用 Application::getCurrentLanguage 方法获取当前运行环境的语言,并读取相应的本地化目录中 data.txt 文件的文本。最后将读取到的信息显示到 Text 控件中。图 6-7 是中文环境下的运行结果,图 6-8 是英文环境下的运行结果。

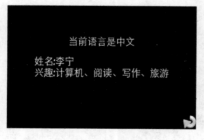

图 6-7 在中文环境下显示的文本

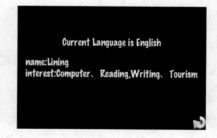

图 6-8 在英文环境下显示的文本

---

① getCurrentLanguage 针对不同平台的实现代码都在<Cocos2d-x 根目录>/cocos/platform 的相应子目录中的 CCApplication-Xxx.cpp 或 CCApplication-Xxx.mm 文件中,其中 Xxx 表示 Android、iOs 等。感兴趣的读者可以更进一步了解该方法的实现过程。

在编写本例之前,需要在 Resources 目录中建立三个本地化目录(zh、en 和 fr),分别代表中文、英文和法文。当然,读者可以建立更多的本地化目录,但为了方便,本例只选用了这3种语言。

建完本地化目录后,在这三个目录中分别建立一个同名的 data.txt 文件,并在该文件中输入三种相应语言的文本(不会法文或其他语言的可以使用 Google 翻译)。

zh/data.txt 文件的内容

姓名:李宁
兴趣:计算机、阅读、写作、旅游

en/data.txt 文件的内容

name:Lining
interest:Computer、Reading、Writing、Tourism

fr/data.txt 文件的内容

nom et prénom:Lining
intérêt:ordinateur、lecture,écriture、tourisme

在支持多语言的游戏中还要处理一个问题,就是通常情况下不可能处理全部类型的语言,因此要设置一种默认的语言。当系统环境所处的语言不在自己的支持范围内时,则会默认使用这种语言。一般将默认语言设为英文。因为英文是世界语言,大多数人都可以理解。

为了使 Cocos2d-x 根据不同的语言找到不同的 data.txt 文件,就需要像 6.1.4 节一样设置搜索路径。

现在看一下支持多语言的完整实现代码。

Cocos2dxDemo/classes/Localization/Language/LanguageTest.cpp

```
void LanguageTest::onEnter()
{
    BasicScene::onEnter();
    auto size = Director::getInstance()->getWinSize();
    // 创建用于显示当前语言的 Text 控件
    auto text1 = Text::create();
    text1->setFontName("Marker Felt");
    text1->setFontSize(40);
    text1->setColor(Color3B(255, 255, 255));
    text1->setPosition(Point(size.width / 2, size.height / 2  + 100));
    addChild(text1);
    // 创建用于显示 data.txt 文件内容的 Text 控件
    auto text2 = Text::create();
    text2->setFontName("Marker Felt");
    text2->setFontSize(40);
    text2->setColor(Color3B(255, 255, 255));
```

```
text2 -> setPosition(Point(size.width / 2, size.height / 2));
addChild(text2);
// 定义用于存储搜索路径的 vector 类型变量
vector < std::string > searchPaths;
// 以字符串形式存储当前的语言,该变量值也是存储 data.txt 文件的相应本地化目录的名字
string language;
// 获取当前的语言
switch(Application::getInstance() -> getCurrentLanguage())
{
    case LanguageType::CHINESE:          // 当前语言是中文
        language = "zh";
        text1 -> setText("当前语言是中文");
        break;
    case LanguageType::ENGLISH:          // 当前语言是英文
        text1 -> setText("Current Language is English");
        language = "en";
        break;
    case LanguageType::FRENCH:           // 当前语言是法文
        text1 -> setText("Langue actuelle est fran?侎 ais");
        language = "fr";
        break;
    default:                             // 默认语言是英文
        language = "en";
        text1 -> setText("Current Language is unrecognized. Default is English");
        break;

}
// 将搜索路径添加到 searchPaths 中
searchPaths.push_back(language.c_str());
FileUtils * fileUtils = FileUtils::getInstance();
// 设置搜索路径
fileUtils -> setSearchPaths(searchPaths);
// 获取 data.txt 文件的完全路径,该路径将包括本地化目录
string fullPath = fileUtils -> fullPathForFilename("data.txt");
// 以只读方式打开相应本地化目录的 data.txt 文件
FILE * fp = fopen(fullPath.c_str(), "r");
if (fp)
{
    char szReadBuf\[100\] = {0};
    // 读取 data.txt 文件的内容
    int read = fread(szReadBuf, 1, 100, fp);
    if (read > 0)
    {
        // 如果成功读取 data.txt 文件的内容,则将该内容显示在 text2 中
        text2 -> setText(szReadBuf);
```

```
        }
        // 关闭 data.txt 文件
        fclose(fp);
    }
}
```

6.3 小结

　　屏幕和语言适配是游戏程序中最常用的两个本地化技术,尤其是对于 Android 设备的屏幕适配。Android 不仅系统本身有碎片化,而且 Android 设备本身的碎片化更严重。这也就意味着,Android 设备的屏幕分辨率和尺寸的种类非常多,因此,屏幕适配才显得尤为棘手。不过,通过本章介绍的设计尺寸、缩放因子等技术,可以在一定程度上缓解这个问题。当然,进行较完美的屏幕适配,仍然需要结合本章的技术和自己的经验来处理。

第 7 章

Cocos2d-x 中的

事件处理机制

要想让游戏与用户交互,事件是必不可少的。在 Cocos2d-x 支持很多常规的事件,例如鼠标、键盘、触摸、加速度事件等。通常来讲,一款游戏不一定要用到本章介绍的所有事件,但至少应该使用一个,例如触摸就是最常用的事件,大多数手机游戏可能都需要使用到触摸事件(因为智能手机都是触摸屏的)。所以了解这些事件的使用方法是非常必要的。

本章要点
- ☐ 单点触摸事件
- ☐ 多点触摸事件
- ☐ 键盘响应事件
- ☐ 鼠标响应事件
- ☐ 加速度传感器事件
- ☐ 自定义事件

7.1 触摸事件与移动节点

Cocos2d-x 3.x 的事件处理机制较 Cocos2d-x 2.x 有很大的变化。在 Cocos2d-x 2.x 中使用 CCTargetedTouchDelegate、CCKeypadDelegate 等委托类来处理不同类型的事件。例如,前者用于处理触摸事件,后者用于处理键盘事件。而在 Cocos2d-x 3.x 中,所有的事件统一由_eventDispatcher[①] 来分配。为了完成事件分配,需要为_eventDispatcher 指定事件类型和事件监听器。例如,EventListenerTouchOneByOne 类是单点触摸事件监听器,而EventListenerTouchAllAtOnce 类是多点触摸监听器。

在使用_eventDispatcher 分配事件之前,首先应创建事件监听器对象。例如,如果要监听单点触摸事件,应使用下面的代码创建 EventListenerTouchOneByOne 对象。

---

① _eventDispatcher 是 Node 类的一个成员变量,数据类型是 EventDispatcher,这也就意味着 Node 及其子类都可以进行事件分配。

```
auto listener = EventListenerTouchOneByOne::create();
```

接下来需要做的是设置事件监听器要监听的具体事件。在每一个事件监听器类中都有若干个事件回调函数,例如,EventListenerTouchOneByOne 类中的事件回调函数的定义如下:

＜Cocos2d-x 根目录＞/cocos/base/CCEventListenerTouch. h

```
class EventListenerTouchOneByOne : public EventListener
{
…
public:
    // 触摸开始事件(手指按下)
    std::function < bool(Touch * , Event * )> onTouchBegan;
    // 触摸移动事件(手指滑动)
    std::function < void(Touch * , Event * )> onTouchMoved;
    // 触摸结束事件(手指抬起)
    std::function < void(Touch * , Event * )> onTouchEnded;
    // 触摸取消事件
    std::function < void(Touch * , Event * )> onTouchCancelled;
    …
};
```

这些事件回调函数都是以函数指针形式定义的,因此可以按照这些函数指针在相应的头文件中定义对应的方法,并将这些方法赋给相应的函数指针。或直接使用 lambda 表达式(仅 C++11 或以上版本支持)设置这些函数指针。例如,下面的代码是使用 lambda 表达式设置 onTouchBegin 函数指针的表示方式。

```
listener - > onTouchBegan = \[\](Touch * touch, Event * event){
    …
    // 此处省略了实际的代码
};
```

最后一步就是将事件监听器注册到_eventDispatcher。例如,下面的代码将 listener 注册到了一个 Sprite 上。这样,当触摸屏幕时,就会触发与该 Sprite 关联的单点触摸监听器,并调用相应的事件回调函数。通过 Event::getCurrentTarget 方法可以获取与当前事件监听器相关联的节点。

```
Sprite sprite = Sprite::create("image.png");
// addEventListenerWithSceneGraphPriority 方法用于将事件监听器与节点绑定,细节将在本节的
// 后面介绍
_eventDispatcher - > addEventListenerWithSceneGraphPriority(listener, sprite);
```

本节的例子将给出一个完整的关于触摸事件的例子。这个例子中会在窗口上放置三个彩色的矩形(sprite1、sprite2 和 sprite3),并且互相重叠。当触摸 sprite1 和 sprite2 时,会切换 ZOrder,当前正在触摸的矩形会变成半透明,而且这三个矩形还可以移动。由于 sprite3

被添加到 sprite2 中，所以移动 sprite2 时，sprite3 也跟着移动。未移动和移动的效果分别如图 7-1 和图 7-2 所示。

图 7-1　未拖动的效果

图 7-2　拖动后的效果

本例都在 TouchEventTest∷onEnter 方法中实现，该方法的代码如下：

Cocos2dxDemo/classes/Event/TouchEvent/TouchEventTest. cpp

```
void TouchEventTest∷onEnter()
{
    BasicScene∷onEnter();

    auto size = Director∷getInstance()->getWinSize();
    // 创建第一个 Sprite 对象
    auto sprite1 = Sprite∷create("Images/CyanSquare.png");
    sprite1->setPosition(Point(size.width/2, size.height/2) + Point(-80, 80));
    // 将 sprite1 放大到原来的两倍
    sprite1->setScale(2);
    addChild(sprite1, 10);
    // 创建第二个 Sprite 对象
    auto sprite2 = Sprite∷create("Images/MagentaSquare.png");
    sprite2->setPosition(Point(size.width/2, size.height/2));
    // 将 sprite2 放大到原来的两倍
    sprite2->setScale(2);
    addChild(sprite2, 20);
    // 创建第三个 Sprite 对象，由于 sprite3 属于 sprite2，所以当 sprite2 放大时，sprite3 也随之
    // 放大了
    auto sprite3 = Sprite∷create("Images/YellowSquare.png");
    sprite3->setPosition(Point(0, 0));
    sprite2->addChild(sprite3, 1);
    // 创建单点触摸事件监听器(EventListenerTouchOneByOne 对象)
    auto listener = EventListenerTouchOneByOne∷create();
    // 设置是否终止事件方法的调用，在 onTouchBegan 方法返回 true 时，调用链在当前节点后面的所有
    // 节点对应的所有事件回调函数将不再被调用
```

```
listener->setSwallowTouches(true);

// 使用 lambda 表达式实现 onTouchBegan 事件回调函数
listener->onTouchBegan = [=](Touch* touch, Event* event){
    // 获取事件所绑定的 target
    auto target = static_cast<Sprite*>(event->getCurrentTarget());

    // 获取当前点击点所在相对按钮的位置坐标
    Point locationInNode = target->convertToNodeSpace(touch->getLocation());
    Size s = target->getContentSize();
    Rect rect = Rect(0, 0, s.width, s.height);
    if(target == sprite1)
        CCLOG("Sprite1");
    else if(target == sprite2)
        CCLOG("Sprite2");
    else
        CCLOG("Sprite3");
    // 输出相对于 OpenGL 坐标系的当前触摸点的坐标
CCLOG("touch->getLocation().x = %f,touch->getLocation().y = %f",touch->getLocation().
x,touch->getLocation().y);
    // 输出相对于节点坐标系的当前触摸点的坐标
CCLOG("locationInNode.x = %f,locationInNode.y = %f",locationInNode.x,locationInNode.y);

    // 点击范围判断检测
    if (rect.containsPoint(locationInNode))
    {
        // 将当前触摸的节点设为半透明
        target->setOpacity(180);
        // 返回 true 后,后面节点的触摸事件回调函数将不会被调用
        return true;
    }
    return false;
};
// 使用 lambda 实现 onTouchMoved 事件回调函数
listener->onTouchMoved = [](Touch* touch, Event* event){
    auto target = static_cast<Sprite*>(event->getCurrentTarget());
    // 移动当前按钮精灵的坐标位置
    target->setPosition(target->getPosition() + touch->getDelta());
};

// 使用 lambda 实现 onTouchEnded 事件回调函数
listener->onTouchEnded = [=](Touch* touch, Event* event){
    auto target = static_cast<Sprite*>(event->getCurrentTarget());
    if(target == sprite1)
        CCLOG("sprite1 onTouchesEnded..");
```

```
        else if(target == sprite2)
            CCLOG("sprite2 onTouchesEnded..");
        else
            CCLOG("sprite3 onTouchesEnded..");
        target->setOpacity(255);
        // 重新设置 ZOrder,显示的前后顺序将会改变
        if (target == sprite2)
        {
            // 将 sprite1 置为最顶层
            sprite1->setLocalZOrder(100);
        }
        else if(target == sprite1)
        {
            // 将 sprite1 置为最底层
            sprite1->setLocalZOrder(0);
        }
    };
    // 将单点触摸事件监听器与 sprite1 绑定
    _eventDispatcher->addEventListenerWithSceneGraphPriority(listener, sprite1);
    // 将单点触摸事件监听器与 sprite2 绑定,一个监听器不能同时绑定两个或两个以上的 Node,
    // 所以要克隆一个监听器对象
    _eventDispatcher->addEventListenerWithSceneGraphPriority(listener->clone(), sprite2);
    // 将单点触摸事件监听器与 sprite3 绑定
    _eventDispatcher->addEventListenerWithSceneGraphPriority(listener->clone(), sprite3);
}
```

在阅读 TouchEventTest::onEnter 方法时应了解如下几点。

1. Lambda 表达式

Lambda 表达式是 C++11 的语法特性,用于创建匿名的函数对象。由于 Lambda 表达式比较复杂,所以这里不会完整地介绍。但对于本例的应用来说,Lambda 的定义形式如下:

[…](函数参数类型列表){… // 函数体}

其中,[…]内可以有多种选择,在本例中使用了[]和[=],实际上还可以有[&]、[&a, &b]、[a, b]、[a, &b]等形式。这些形式的含义如下:

[]:不能使用 Lambda 表达式以外的局部变量和类成员变量,但全局变量可以访问。

[=]:可以使用 Lambda 表达式以外的任何变量,这些变量通过值传入 Lambda 表达式。

[&]:可以使用 Lambda 表达式以外的任何变量,这些变量通过引用传入 Lambda 表达式。

[&a, &b]:仅仅允许访问变量 a 和 b,并且使用引用传递方式。可以在[…]中添加任意多个变量。

[a, b]:仅仅允许访问变量 a 和 b,并且使用值传递方式。

[a，&b]：仅仅允许访问变量 a 和 b，并且 a 使用值传递方式，b 使用引用传递方式。

在本例中设置 onTouchBegan 和 onTouchEnded 时使用了[＝]，这也就意味着在相对应的匿名函数中可以访问任何的变量，如 sprite1、sprite2 和 sprite3。而在设置 onTouchMoved 时使用了[]，因此相对应的匿名函数中不能访问在 TouchEventTest∷onEnter 方法中定义的 sprite1、sprite2 和 sprite3 变量。

2．坐标系的转换

在 onTouchBegan 方法中判断是否触摸某个矩形的过程中进行了坐标系转换。也就是将 OpenGL 坐标系转换为节点坐标系。这也就意味着坐标原点从 OpenGL 坐标系中的屏幕左下角变为每一个节点的左下角。所以，只有当触摸到节点或触摸点在节点右上方，X 和 Y 的值才大于等于 0，否则 X 或 Y 会为负值。因此，可以使用下面的代码判断触摸点是否落在了相应的矩形内。

```
Size s = target->getContentSize();
// 获取矩形的尺寸,也是矩形在节点坐标系的区域
Rect rect = Rect(0, 0, s.width, s.height);
// locationInNode 是相对于节点坐标系的触摸点坐标
if (rect.containsPoint(locationInNode))
{
    …
}
```

3．移动节点

为了方便控制节点的移动，Cocos2d-x 提供了 Touch∷getDelta 方法，该方法返回当前节点到上次节点所处位置在 X 和 Y 方向的距离，也就是节点移动的偏移量，所以用节点当前位置与该方法的返回值相加，就会得到节点要移动到的新位置。

4．终止事件回调函数的调用

在创建 EventListenerTouchOneByOne 对象后，立刻调用了 EventListenerTouchOneByOne∷setSwallowTouches 方法，并且参数值为 true。这表明当 onTouchBegan 函数返回 true 时，在调用链中当前节点后面的所有节点对应的相关事件将不再被触发。例如，调用链上有 sprite1、sprite2 和 sprite3 三个节点。sprite1 的 onTouchBegan 函数返回 false，因此系统会继续调用 sprite2 的 onTouchBegan 函数，但 sprite2→onTouchBegan 函数返回 true，所以系统将不会调用 sprite3→onTouchBegan 函数。要注意的是，即使 sprite2→onTouchBegan 返回 true，sprite2 的其他触摸事件回调函数（onTouchEnded、onTouchMoved 等）仍然会被调用。读者可以将该方法的参数值设为 false，看看在日志中会输出什么内容。

5．事件回调函数的调用优先级

事件回调函数有如下两个调用顺序。

同一个节点的回调函数的调用顺序；

同一个调用链中不同节点的回调函数调用顺序。

第一种调用顺序是固定的。例如，单点触摸事件首先会调用 onTouchBegan，然后当移动时，会调用 onTouchMoved，当手指抬起时会调用 onTouchEnded）。但对于第二种调用顺序，就需要考虑优先级的问题了。

在 TouchEventTest∷onEnter 方法的最后使用了如下的方法将事件监听器与节点绑定。

```
EventDispatcher∷addEventListenerWithSceneGraphPriority
```

该方法的原型如下：

```
void addEventListenerWithSceneGraphPriority(EventListener * listener, Node * node);
```

从 addEventListenerWithSceneGraphPriority 方法的原型可以看出，该方法并未设置优先级。实际上该方法采用了节点的 ZOrder 作为其优先级。也就是说，ZOrder 越大，优先级越高，也就意味中拥有更大 ZOrder 值的节点的事件回调函数会首先调用。

如果读者需要自己指定调用优先级，可以使用 addEventListenerWithFixedPriority 方法，该方法的原型如下：

```
void addEventListenerWithFixedPriority(EventListener * listener, int fixedPriority);
```

其中，listener 参数表示事件监听器，fixedPriority 就是调用优先级。例如，下面的代码设置了 sprite1 和 sprite2 的调用优先级。

```
sprite1 - > addEventListenerWithFixedPriority(listener, 100);
sprite2 - > addEventListenerWithFixedPriority(listener, 101);
```

如果当前节点包含子节点，会首先调用子节点中事件调用链上与节点绑定的事件回调函数，然后再调用与当前节点绑定的事件回调函数。

对于本例来说，当触摸 sprite1 时，由于一开始 sprite1 的 ZOrder 比 sprite2 的 ZOrder 值小（sprite1 被 sprite2 覆盖），所以系统首先会调用与 sprite2 绑定的事件回调函数，然后会调用与 sprite3 绑定的事件回调函数（因为 sprite3 是 sprite2 的子节点），最后才会调用与 sprite1 绑定的事件回调函数。由于这时触摸的是 sprite1，并且 sprite1→onTouchBegan 方法是最后一个被调用的 onTouchBegan 方法，尽管该方法返回 true，但 sprite1 后面已经没有其他节点了，所以在日志中将输出下面的内容，这也就意味着与 sprite1、sprite2 和 sprite3 绑定的事件回调函数都被调用了。

```
cocos2d: Sprite3
cocos2d: touch - > getLocation(). x = 667.940613, touch - > getLocation(). y = 190.594101
cocos2d: locationInNode. x = 233.970306, locationInNode. y = 75.297050
cocos2d: Sprite2
cocos2d: touch - > getLocation(). x = 667.940613, touch - > getLocation(). y = 190.594101
cocos2d: locationInNode. x = 183.970306, locationInNode. y = 25.297050
cocos2d: Sprite1
cocos2d: touch - > getLocation(). x = 667.940613, touch - > getLocation(). y = 190.594101
cocos2d: locationInNode. x = 223.970306, locationInNode. y = - 14.702957
```

如果在初始状态触摸 sprite2,会改变 sprite2 和 sprite1 的 ZOrder 值（sprite1 会覆盖 sprite2）。不过这些改变都是触摸 sprite2 以后发生的。在触摸时,sprite2 仍然覆盖 sprite1。所以,与 sprite2 绑定的事件回调函数会先调用。当然,在调用之前,会先调用与 sprite3 绑定的事件回调函数。但这时由于正好触摸了 sprite2,所以 sprite2 → onTouchBegan 返回 true。因此,与 sprite1 绑定的事件回调函数将不会被调用,在日志中将输出如下内容。很明显,跟 sprite1 无关。

```
cocos2d: Sprite3
cocos2d: touch->getLocation().x = 356.768646,touch->getLocation().y = 280.419556
cocos2d: locationInNode.x = 78.384323,locationInNode.y = 120.209778
cocos2d: Sprite2
cocos2d: touch->getLocation().x = 356.768646,touch->getLocation().y = 280.419556
cocos2d: locationInNode.x = 28.384323,locationInNode.y = 70.209778
cocos2d: Sprite2: containsPoint
cocos2d: sprite2 onTouchesEnded..
```

这时 sprite1 已经覆盖 sprite2 了,再次触摸 sprite1。在这种情况下,与 sprite1 绑定的事件回调函数会首先调用,由于 sprite1 → onTouchBegan 返回 true,因此,与 sprite2 和 sprite3 绑定的事件回调函数自然就不会调用了,所以在日志中只会输出如下与 sprite1 有关的信息。

```
cocos2d: Sprite1
cocos2d: touch->getLocation().x = 340.151184,touch->getLocation().y = 316.390259
cocos2d: locationInNode.x = 60.075584,locationInNode.y = 48.195114
cocos2d: Sprite1: containsPoint
cocos2d: sprite1 onTouchesEnded..
```

感兴趣的读者可以按不同顺序触摸 sprite1、sprite2、sprite3,看看是否会输出其他的日志信息,并利用前面讲的分析方法分析为什么会输出这些日志信息。

7.2　多点触摸

在很多游戏中,需要使用到多点触摸功能,因此,Cocos2d-x 也支持多点触摸。不过由于 Cocos2d-x 是跨平台的游戏引擎,所以必须考虑到不同平台的差异。由于不同平台（iPhone、iPad、Android 手机等）支持的最大触摸点数不同。例如,通常 Apple 的设备都是支持十点触摸的,而少数 Android 设备也是支持十点触摸的,但很多 Android 设备可能并不支持十点触摸,顶多也就支持五点触摸。所以,为了尽可能满足更多的设备,Cocos2d-x 将最大触摸点数限制为 5。通过 EventTouch::MAX_TOUCHES 常量可以获取最大触摸点数。

注意:通常来讲,只有移动设备,如手机、平板电脑才支持多点触摸。普通的台式机和笔记本电脑是没有触摸屏的,所以连单点触摸都不支持,更别提多点触摸了。当然,有些笔记本电脑有比较低档的触摸屏,只支持单点触摸。所以要想测试多点触摸程序,最好使用手机或平板电脑。

多点触摸需要使用 EventListenerTouchAllAtOnce 监听类。可以直接使用 EventListenerTouchAllAtOnce：create 方法创建 EventListenerTouchAllAtOnce 对象。然后需要设置该监听器的触摸开始（onTouchesBegan）、触摸移动（onTouchesMoved）和触摸结束（onTouchesEnded）三个监听方法。

尽管多点触摸和单点触摸在使用方法上类似，但从触摸驱动的角度看，多点触摸并不是操作系统固有的，而是后期经过软件单独处理的，所以并不是所有的操作系统在默认状态下都支持多点触摸。例如，iOS 在默认状态下就不支持多点触摸，而 Android 系统在默认状态下是支持多点触摸的。因此，如果在 iOS 上使用多点触摸，在默认状态下，只能捕捉第一个触摸点。而要想捕捉多个触摸点，需要打开 AppController.mm 文件，并找到 didFinishLaunchingWithOptions 方法，在该方法中定位到如下的代码。

```
CCEAGLView * eaglView = [CCEAGLView viewWithFrame: [window bounds]
                              pixelFormat: kEAGLColorFormatRGB565
                              depthFormat: GL_DEPTH24_STENCIL8_OES
                        preserveBackbuffer: NO
                               sharegroup: nil
                            multiSampling: NO
                          numberOfSamples: 0];
```

最后，在该代码后面添加如下的代码即可。

```
[eaglView setMultipleTouchEnabled:YES];
```

本节将利用多点触摸技术实现一个最多可以捕捉 5 个触摸点的程序。每捕捉一个触摸点，会用不同颜色在窗口上绘制一个小方块，并在水平和垂直方向经过该小方块绘制直线。效果如图 7-3 所示。

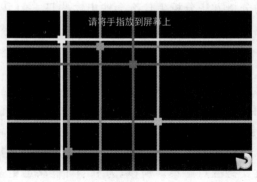

图 7-3　5 点触摸

实现本例的关键是在 onEnter 方法中创建 EventListenerTouchAllAtOnce 对象，并设置前面提到的三个事件监听方法。

Cocos2dxDemo/classes/Event/MultiTouchEvent/MultiTouchEventTest. cpp

```
void MultiTouchEventTest::onEnter()
{
    BasicScene::onEnter();
    auto listener = EventListenerTouchAllAtOnce::create();
    listener->onTouchesBegan = CC_CALLBACK_2(MultiTouchEventTest::onTouchesBegan, this);
    listener->onTouchesMoved = CC_CALLBACK_2(MultiTouchEventTest::onTouchesMoved, this);
    listener->onTouchesEnded = CC_CALLBACK_2(MultiTouchEventTest::onTouchesEnded, this);
    _eventDispatcher->addEventListenerWithSceneGraphPriority(listener, this);

}
```

接下来就是实现这三个事件监听方法，不过在实现这三个方法之前，需要先定义一个
Map 对象，该对象存储了触摸点 ID 和 TouchPoint 对象的关系，其中 TouchPoint 是自定义
的一个类，描述了当前的触摸点，并负责绘制触摸点方块和垂直、水平方向的直线。我们后
面再说这个类。

Cocos2dxDemo/classes/Event/MultiTouchEvent/MultiTouchEventTest. cpp

```
static Map< int, TouchPoint * > s_map;
```

下面来实现 onTouchesBegan 方法。当触摸屏幕时会调用该方法。在该方法中会利用
for 循环扫描同时触摸屏幕的点数，然后获取当前触摸点的坐标后，将这些触摸点连同触摸
点对应的 ID 存储在 s_map 对象中。onTouchesBegan 方法的代码如下：

Cocos2dxDemo/classes/Event/MultiTouchEvent/MultiTouchEventTest. cpp

```
void MultiTouchEventTest::onTouchesBegan(const std::vector < Touch * > & touches, Event   *
event)
{
    for ( auto &item: touches )
    {
        auto touch = item;
        // 创建 TouchPoint 对象
        auto touchPoint = TouchPoint::touchPointWithParent(this);
        // 获取当前触摸点的位置坐标
        auto location = touch->getLocation();
        // 将当前触摸点的位置坐标与 TouchPoint 对象关联
        touchPoint->setTouchPos(location);
        // 设置根据触摸点绘制的小方块和通过小方块的直线的颜色
        touchPoint->setTouchColor( * s_TouchColors[touch->getID()]);
        // 将 TouchPoint 对象添加到当前场景中
        addChild(touchPoint);
        // 将触摸点 ID 和对象的 TouchPoint 对象关联
        s_map.insert(touch->getID(), touchPoint);
    }
}
```

在 onTouchesBegan 方法中多次使用到了 TouchPoint 类，而且还使用 addChild 方法将

TouchPoint 对象添加到了当前的场景中，所以可以肯定，TouchPoint 是一个节点类（Node 的子类）。下面看一下 TouchPoint 类的代码。

Cocos2dxDemo/classes/Event/MultiTouchEvent/MultiTouchEventTest. cpp

```cpp
class TouchPoint : public Node
{
public:
    // 绘制以触摸点为中心的小方块和通过小方块的水平和垂直的直线
    virtual void draw(Renderer * renderer, const Mat4 &transform, bool transformUpdated)
    {
        DrawPrimitives::setDrawColor4B(_touchColor.r, _touchColor.g, _touchColor.b, 255);
        glLineWidth(10);
        // 绘制水平直线
        DrawPrimitives::drawLine( Vec2(0, _touchPoint.y), Vec2(getContentSize().width, _touchPoint.y) );
        // 绘制垂直直线
        DrawPrimitives::drawLine( Vec2(_touchPoint.x, 0), Vec2(_touchPoint.x, getContentSize().height) );
        glLineWidth(1);
        // 将点设为 30 个像素大小(直径)
        DrawPrimitives::setPointSize(30);
        // 以触摸点为中心绘制小方块
        DrawPrimitives::drawPoint(_touchPoint);
    }

    void setTouchPos(const Vec2& pt)
    {
        _touchPoint = pt;
    }

    void setTouchColor(Color3B color)
    {
        _touchColor = color;
    }
    // 创建 TouchPoint 对象
    static TouchPoint * touchPointWithParent(Node * pParent)
    {
        auto pRet = new TouchPoint();
        pRet -> setContentSize(pParent -> getContentSize());
        pRet -> setAnchorPoint(Vec2(0.0f, 0.0f));
        pRet -> autorelease();
        return pRet;
    }

private:
    Vec2 _touchPoint;
    Color3B _touchColor;
};
```

在 onTouchesBegan 方法中还使用了一个 s_TouchColors 数组，用于存储每个触摸点对应的颜色，TouchPoint∷draw 方法会使用这些颜色绘制小方块和通过小方块的直线。该数组的定义如下：

Cocos2dxDemo/classes/Event/MultiTouchEvent/MultiTouchEventTest. cpp

```
static const Color3B * s_TouchColors[EventTouch::MAX_TOUCHES] = {
    &Color3B::YELLOW,
    &Color3B::BLUE,
    &Color3B::GREEN,
    &Color3B::RED,
    &Color3B::MAGENTA
};
```

注意：onTouchesBegan 方法的 touches 参数返回了多个触摸点，但这里多个触摸点是指在同一时间同时触摸到屏幕上的触摸点。对于触摸点的触摸顺序有先有后的情况，每触摸一次，onTouchesBegan 方法都会调用一次，这时 touches 参数每次仍然只返回一个触摸点。

接下来实现 onTouchesMoved 方法，该方法在触摸点在屏幕上移动时会被调用。该方法会根据 s_map 中存储的触摸点的位置重新设置 TouchPoint 对象的位置，TouchPoint 对象的位置改变了，也就意味着与触摸点关联的小方块和通过小方块的直线会重新绘制（窗口会不断刷新，TouchPoint 对象也会不断重绘，当然，draw 方法也会不断调用）。这样就会使小方块和通过小方块的直线随着触摸点的移动而移动。onTouchesMoved 方法的代码如下：

Cocos2dxDemo/classes/Event/MultiTouchEvent/MultiTouchEventTest. cpp

```
void MultiTouchEventTest::onTouchesMoved(const std::vector < Touch * > & touches, Event    *
event)
{
    for( auto &item: touches)
    {
        auto touch = item;
        // 根据触摸点的 ID 获取对应的 TouchPoint 对象
        auto pTP = s_map.at(touch->getID());
        auto location = touch->getLocation();
        // 更新 TouchPoint 对象中触摸点的位置
        pTP->setTouchPos(location);
    }
}
```

最后来实现 onTouchesEnded 方法，该方法在手指抬起时被调用。该方法会从 s_map 中删除抬起的触摸点（TouchPoint 对象），同时会从当前场景中删除 TouchPoint 对象。这样与该抬起触摸点关联的小方块和通过小方块的直线也随之消失。onTouchesEnded 方法的代码如下：

Cocos2dxDemo/classes/Event/MultiTouchEvent/MultiTouchEventTest. cpp

```
void MultiTouchEventTest::onTouchesEnded(const std::vector < Touch * > & touches, Event    *
event)
```

```
    {
        for ( auto &item: touches )
        {
            auto touch =  item;
            auto pTP =  s_map.at(touch->getID());
            // 从当前场景中删除 TouchPoint 对象
            removeChild(pTP, true);
            // 从 s_map 中删除 TouchPoint 对象
            s_map.erase(touch->getID());
        }
    }
```

在测试本节的例子中,应使用支持多点触摸的设备进行测试,例如 iPhone、iPad、Android 手机等。

注意:经测试发现,多点触摸不能和单点触摸混合使用,否则系统只会响应单点触摸,而不会响应多点触摸。因此,在设置多点触摸监听器之前应使用 EventDispatcher::removeAllEventListeners 方法清除以前设置的事件监听器。

扩展学习:如何升级 Cocos2d-x 的版本

Cocos2d-x 是一个很优秀的跨平台 2D 游戏引擎。有一个缺点就是 Cocos2d-x 的每次升级可能会改动一些类名,甚至去掉某些类或修改系统目录,所以在升级时可能对于初学者会造成一定的困惑。通常,对于一个已经有一定规模的 Cocos2d-x 工程,要想升级到最新版本,只需要替换 Cocos2d-x 工程根目录中的 cocos2d 目录即可。但是,系统目录可能会不同。例如,在 3.10 节中将 platform 目录从 2d 目录中移到了 cocos 目录中。在这种情况下,如果只复制 cocos2d 目录,就会造成一些文件(如 CCPlatformDefine.h)找不到的情况,所以还要修改工程或 Targets 的搜索路径。例如,图 7-3 是修改 iOS Target 的搜索路径中的 platform 路径。将 \$(SRCROOT)/../cocos2d/cocos/2d/platform/ios 改成了 \$(SRCROOT)/../cocos2d/cocos/platform/ios。如果其他路径与新的 Cocos2d-x 版本不符,也同样处理。

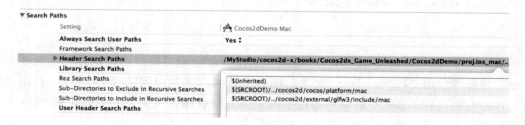

图 7-4　修改 iOS Target 的搜索路径

7.3　键盘响应事件

尽管现在很多移动设备已经不带键盘了，但Cocos2d-x也同样可以制作PC版本的游戏。所以仍然有必要介绍一下如何响应键盘响应事件。

键盘事件可以分为按键按下和按键抬起。EventListenerKeyboard是键盘事件的监听器。该监听器包含如下两个事件回调函数指针。

```
// 响应按键按下动作的回调函数
std::function<void(EventKeyboard::KeyCode, Event*)> onKeyPressed;
// 响应按键释放动作的回调函数
std::function<void(EventKeyboard::KeyCode, Event*)> onKeyReleased;
```

键盘事件的使用方法与7.1节介绍的触摸事件类似，首先需要创建键盘事件监听器（EventListenerKeyboard对象），然后要设置上面的两个回调函数指针变量。我们可以使用7.1节介绍的lambda表达式来设置这两个函数指针，不过在本节的例子中直接在类中声明了回调函数的原型，并使用CC_CALLBACK_2宏设置这两个函数指针。CC_CALLBACK_2用于绑定有两个参数的回调函数，如果绑定不含有参数、含有1个参数或含有3个参数的回调函数，需要分别使用CC_CALLBACK_0、CC_CALLBACK_1、CC_CALLBACK_2和CC_CALLBACK_3。

图7-5　键盘测试

读者可以运行Cocos2dxDemo程序，并选择"第07章事件处理">"键盘事件"菜单项运行本例，效果如图7-5所示。

如果使用的设备有键盘，按下和释放任意按键，将会在日志中输出相应的信息。

要实现这个例子，首先要在KeyboardEventTest类中定义如下两个相应键盘事件的方法。

Cocos2dxDemo/classes/Event/KeyboardEvent/KeyboardEventTest. hpp

```
class KeyboardEventTest : public BasicScene
{
public:
    virtual void onEnter();
    virtual bool init();
    // 响应按键按下事件
    void onKeyPressed(EventKeyboard::KeyCode keyCode, Event* event);
    // 响应按键释放事件
    void onKeyReleased(EventKeyboard::KeyCode keyCode, Event* event);
    CREATE_FUNC(KeyboardEventTest);
};
```

接下来实现这两个方法,代码如下:

Cocos2dxDemo/classes/Event/KeyboardEvent/KeyboardEventTest. cpp

```
void KeyboardEventTest::onKeyPressed(EventKeyboard::KeyCode keyCode, Event * event)
{
    log("按下的键盘码是 %d", keyCode);
}

void KeyboardEventTest::onKeyReleased(EventKeyboard::KeyCode keyCode, Event * event)
{
    log("释放的键盘码是 %d", keyCode);
}
```

最后,在 KeyboardEventTest::onEnter 方法中完成对键盘事件的设置工作,代码如下:

Cocos2dxDemo/classes/Event/KeyboardEvent/KeyboardEventTest. cpp

```
void KeyboardEventTest::onEnter()
{
    BasicScene::onEnter();

    auto size = Director::getInstance()->getWinSize();
    // 创建键盘事件监听器(EventListenerKeyboard 对象)
    auto listener = EventListenerKeyboard::create();
    // 设置响应按键按下的回调函数
    listener->onKeyPressed = CC_CALLBACK_2(KeyboardEventTest::onKeyPressed, this);
    // 设置响应按键释放的回调函数
    listener->onKeyReleased = CC_CALLBACK_2(KeyboardEventTest::onKeyReleased, this);
    // 将当前场景与键盘事件监听器绑定
    _eventDispatcher->addEventListenerWithSceneGraphPriority(listener, this);
    auto label = LabelTTF::create("按任意键将会在日志中显示按下和释放的键盘码", "Arial", 35);
    label->setPosition(Point(size.width / 2, size.height / 2));
    addChild(label);
}
```

注意:本例运行在没有键盘的 Android、iPhone、iPad 等设备上是不会响应键盘事件的,需要运行在 Mac OS X、Windows 等 PC 平台才可以响应键盘事件。

7.4 鼠标响应事件

鼠标响应事件与键盘响应事件类似,也需要设备的支持。鼠标响应事件包含如下的动作:

❑ 鼠标按键按下(包括左右中键和取代中键的滑轮);
❑ 鼠标按键抬起;
❑ 鼠标移动;

❑ 鼠标滑轮滑动。

这4个动作也对应于4个鼠标响应事件回调函数。在EventListenerMouse类中定义了这4个回调函数的指针成员变量,定义代码如下:

```
class EventListenerMouse : public EventListener
{
public:
    …
    std::function<void(Event * event)> onMouseDown;
    std::function<void(Event * event)> onMouseUp;
    std::function<void(Event * event)> onMouseMove;
    std::function<void(Event * event)> onMouseScroll;
    …
};
```

从这4个函数指针成员变量的定义可以看出,它们只包含了一个参数,所以绑定时要使用CC_CALLBACK_1宏。

要使用CC_CALLBACK_1宏来绑定鼠标响应事件,首先需要在MouseEventTest类中定义如下4个回调方法。

Cocos2dxDemo/classes/Event/MouseEvent/MouseEventTest. hpp

```
class MouseEventTest : public BasicScene
{
public:
    virtual void onEnter();
    virtual bool init();
    // 响应鼠标键按下的事件
    void onMouseDown(Event * event);
    // 响应鼠标键抬起的事件
    void onMouseUp(Event * event);
    // 响应鼠标移动的事件
    void onMouseMove(Event * event);
    // 响应鼠标滑轮滚动的事件
    void onMouseScroll(Event * event);
    CREATE_FUNC(MouseEventTest);
};
```

接下来实现这4个鼠标事件响应方法,代码如下:

Cocos2dxDemo/classes/Event/MouseEvent/MouseEventTest. cpp

```
void MouseEventTest::onMouseDown(Event * event)
{
    EventMouse * e = (EventMouse * )event;
    CCLOG("鼠标按键被按下,按键码是%d", e->getMouseButton());
}
void MouseEventTest::onMouseUp(Event * event)
```

```
{
    EventMouse * e = (EventMouse * )event;
    CCLOG("鼠标按键被抬起,按键码是 % d", e->getMouseButton());
}
void MouseEventTest::onMouseMove(Event * event)
{
    EventMouse * e = (EventMouse * )event;
    CCLOG("鼠标移动,按键码是 % d", e->getMouseButton());
}
void MouseEventTest::onMouseScroll(Event * event)
{
    CCLOG("鼠标滑轮滚动");
}
```

最后,在 MouseEventTest::onEnter 方法中完成鼠标响应事件的设置,代码如下:

Cocos2dxDemo/classes/Event/MouseEvent/MouseEventTest. cpp

```
void MouseEventTest::onEnter()
{
    BasicScene::onEnter();
    auto size = Director::getInstance()->getWinSize();
    // 创建鼠标响应事件监听器
    auto listener = EventListenerMouse::create();
    // 设置 onMouseMove 回调函数
    listener->onMouseMove = CC_CALLBACK_1(MouseEventTest::onMouseMove, this);
    // 设置 onMouseUp 回调函数
    listener->onMouseUp = CC_CALLBACK_1(MouseEventTest::onMouseUp, this);
    // 设置 onMouseDown 回调函数
    listener->onMouseDown = CC_CALLBACK_1(MouseEventTest::onMouseDown, this);
    // 设置 onMouseScroll 回调函数
    listener->onMouseScroll = CC_CALLBACK_1(MouseEventTest::onMouseScroll, this);
    // 将鼠标响应事件与当前场景绑定
    _eventDispatcher->addEventListenerWithSceneGraphPriority(listener, this);

    auto label = LabelTTF::create("操作鼠标将会在日志中显示鼠标按键码", "Arial", 35);
    label->setPosition(Point(size.width / 2, size.height / 2));
    addChild(label);
}
```

7.5 加速度传感器事件

现在,大多数移动设备(如 iPhone、iPad、Android 手机等)都会带很多传感器。其中,有一个加速度传感器几乎成了这些设备的标配。即使这些设备只带一个传感器,也很有可能就是加速度传感器。因为通过该传感器,可以利用手机相对于屏幕的位置让游戏中的精灵做各种动作。例如,对于射击飞船类游戏来说,可以通过加速度传感器对飞船的前后左右的位置进行控制,当然,也可以通过手指控制飞船。有的射击类游戏两种兼有,有的射击类游戏只使用其中的一种。

在 Cocos2d-x 中,默认是不会响应加速度传感器事件的,需要首先使用下面的代码允许加速度传感器事件监听。

```
Device::setAccelerometerEnabled(true);
```

在使用完加速度传感器时,最好在类的析构方法或 onExit 方法中使用下面的代码禁止加速度传感器事件监听。

```
Device::setAccelerometerEnabled(false);
```

要捕捉加速度事件,还需要创建 EventListenerAcceleration 对象,并设置事件监听方法。最后需要调用 EventDispatcher::addEventListenerWithSceneGraphPriority 方法将事件监听对象与某个节点对象(如场景对象)绑定。

本例将实现一个通过加速度传感器事件控制一个足球向上、下、左、右移动的程序,效果如图 7-6 所示。当手机在水平方向前后和左右翻转时,足球就会向较低的一端移动,随着翻转角度的加大,足球的移动也越来越快(加速运动)。

图 7-6　通过加速度传感器事件控制足球的移动

要实现这个效果,首先要在 AccelerometerTest::onEnter 方法中初始化加速度传感器事件监听器,并且在当前场景中添加一个足球。该方法的代码如下:

Cocos2dxDemo/classes/Event/Accelerometer/AccelerometerTest. cpp

```
void AccelerometerTest::onEnter()
{
    BasicScene::onEnter();
    // 允许监听加速度事件
    Device::setAccelerometerEnabled(true);
    // 创建 EventListenerAcceleration 对象,同时制定事件监听方法
    auto listener =
    EventListenerAcceleration::create(CC_CALLBACK_2(AccelerometerTest::onAcceleration, this));
    // 将加速度事件对象与当前场景绑定
    _eventDispatcher->addEventListenerWithSceneGraphPriority(listener, this);

    // 下面的代码会在当前场景中添加一个 Sprite 对象(足球图像)
    auto ball = Sprite::create("football.png");
    ball->setPosition(Vec2(VisibleRect::center().x, VisibleRect::center().y));
    // 设置 tag,在其他方法中会通过这个 tag 获取这个 Sprite 对象
    ball->setTag(1);
    addChild(ball);
}
```

然后，最好在 AccelerometerTest::onExit 方法中禁止加速度事件监听器，这样会节省一部分资源的消耗。该方法的代码如下：

Cocos2dxDemo/classes/Event/Accelerometer/AccelerometerTest.cpp

```
void AccelerometerTest::onExit()
{
    Device::setAccelerometerEnabled(false);
}
```

本例最关键的部分就是 AccelerometerTest::onAcceleration 方法，该方法是加速度事件监听方法。在这个方法中会根据在 X 和 Y 轴的加速系数计算足球的新位置，并重新设置足球的位置。该方法的代码如下：

Cocos2dxDemo/classes/Event/Accelerometer/AccelerometerTest.cpp

```
void AccelerometerTest::onAcceleration(Acceleration * acc, Event * event)
{
    // 根据 tag 获取显示足球的 Sprite 对象
    auto ball = dynamic_cast < Sprite * >(getChildByTag(1));
    // 获取足球图像的尺寸
    auto ballSize = ball->getContentSize();
    // 获得足球的当前位置
    auto pos = ball->getPosition();

    auto size = Director::getInstance()->getWinSize();
    // 在 X 轴加速系统乘以 9.81(重力加速度)，在水平方向会按重力加速
    pos.x += acc->x * 9.81f;
    // 在 Y 轴加速系统乘以 9.81(重力加速度)，在垂直方向会按重力加速
    pos.y += acc->y * 9.81f;
    // 防止足球超出左边界和右边界
    FIX_POS(pos.x, (ballSize.width/2), (size.width - ballSize.width/2));
    // 防止足球超出上边界和下边界
    FIX_POS(pos.y, (ballSize.height/2), (size.height - ballSize.height/2));
    // 重新设置足球的位置
    ball->setPosition(pos);
}
```

阅读 AccelerometerTest::onAcceleration 方法的代码时，需要了解如下几方面的内容。

1. 描述加速度的类

onAcceleration 方法的第一个参数类型是 Acceleration，该类描述了加速度，代码如下：

```
class Acceleration
{
public:
    double x;
    double y;
    double z;
```

```
    double timestamp;
    Acceleration(): x(0), y(0), z(0), timestamp(0) {}
};
```

其中,x、y、z 分别用于描述在 X、Y、Z 轴的加速度系数,初始值为 0。手机相对于水平方向翻转的角度越大,相应的 x、y、z 值就越大(根据翻转的方向不同,可能为正值或负值)。

2. 防止足球超出边界

在 onAcceleration 方法的最后使用了一个宏(FIX_POS),该宏有三个参数,第一个参数是足球当前的位置(足球锚点的 X 或 Y 值)。第二个参数是坐标的最小值,第三个参数是坐标的最大值。如果第一个参数值是 X,则第二个参数和第三个参数分别是 X 轴方向的最小值和最大值。如果第一个参数值是 Y,则第二个参数和第三个参数分别是 Y 轴方向的最小值和最大值。FIX_POS 宏的代码如下:

Cocos2dxDemo/classes/Event/Accelerometer/AccelerometerTest. cpp

```
#define FIX_POS(_pos, _min, _max) \
if (_pos < _min)          \
_pos = _min;       \
else if (_pos > _max)     \
_pos = _max;       \
```

在本例中,X 方向最小值(左边界)是 ballSize. width/2,最大值(右边界)是 size. width - ballSize. width/2。Y 方向最小值(下边界)是 ballSize. height/2,最大值(上边界)是 size. height - ballSize. height/2。

7.6　自定义事件

前面几节介绍的都是 Cocos2d-x 预定义的几种事件,而 Cocos2d-x 的事件处理机制还允许自定义事件。自定义事件也需要一个事件监听器(EventListenerCustom),该监听器只定义了如下的一个事件回调函数。

```
std::function < void(EventCustom * )> _onCustomEvent;
```

其中,EventCustom 主要用于向事件回调函数传递 void * 类型的数据。下面是 EventCustom 类的定义代码。

```
class EventCustom : public Event
{
public:
    EventCustom(const std::string& eventName);
    // 设置数据
    inline void setUserData(void * data) { _userData = data; };
    // 获取数据
    inline void * getUserData() const { return _userData; };
```

```
    inline const std::string& getEventName() const { return _eventName; };
protected:
    void * _userData;                      // /< User data
    std::string _eventName;
};
```

很明显,setUserData 和 getUserData 分别用于设置和获取数据。如果要触发事件,需要调用 EventDispatcher::dispatchEvent,该方法的参数类型是 EventCustom。

本例将 lambda 表达式实现一个自定义的事件,在触发该事件时,会向响应事件的回调方法中传入一个字符串。实现和触发自定义事件的工作都在 CustomEventTest::onEnter 方法中完成,该方法的代码如下:

Cocos2dxDemo/classes/Event/CustomEvent/CustomEventTest. cpp

```
void CustomEventTest::onEnter()
{
    BasicScene::onEnter();
    // 创建一个 EventListenerCustom 对象,并通过 create 方法和 lambda 表达式匿名指定一个
    // 自定义事件的回调函数.
    auto listener = EventListenerCustom::create("custom_event_name", [ = ](EventCustom *
event){
        // 获取传递过来的数据(一个字符串)
        char * buf = static_cast < char * >(event -> getUserData());
        // 在日志中输出该字符串
        CCLOG("定制事件被触发,接收到的数据: % s", buf);
    });

    // 将自定义事件与当前场景绑定,并设置优先级为 1
    _eventDispatcher -> addEventListenerWithFixedPriority(listener, 1);

    char buf[] = "I love you.";
    // 定义要传递给事件回调函数的 EventCustom 对象
    EventCustom event("custom_event_name");
    // 设置要传递的数据
    event.setUserData(buf);
    // 触发自定义事件
    _eventDispatcher -> dispatchEvent(&event);
}
```

当运行本例时,会看到在日志中输出"I love you."。

如果要移除已经添加的事件监听器,可以使用 EventDispatcher 类中的相应方法,这些方法的原型如下:

```
// 移除当前节点中指定的 listener
void removeEventListener(EventListener * listener);
// 移除当前节点中某一类型的 listener,如鼠标响应事件
```

```
void removeEventListeners(EventListener::Type listenerType);
// 移除当前节点中自定义的 listener
void removeCustomEventListeners(const std::string& customEventName);
// 移除当前节点中所有的 listener
void removeAllEventListeners();
```

7.7　小结

　　在本章介绍的各种事件中,触摸事件和加速度传感器事件是最常用的。而键盘和鼠标事件在一般的移动设备上很少用。这两个事件通常会在 PC 版的游戏中使用。因为移动设备上很少使用键盘和鼠标。当然,如果要处理自定义的工作,可以使用自定义事件。通过自定义事件,可以和自己编写的类进行交互,这一点的确很酷。

第 8 章

网络技术

在很多游戏中,需要加入网络功能以便可以访问服务端程序。Cocos2d-x 3.x 也支持有限的网络访问。这里的网络访问主要是指与 Web 兼容的网络技术,例如 HTTP、WebSocket 等。本章将通过例子来演示如何通过这些网络技术与服务端进行交互。

本章要点

❑ 发送 Http Get 请求;

❑ 发送 Http Post 请求;

❑ WebSocket 类与 ws 协议;

❑ SocketIO 类。

8.1 HttpClient 类

HttpClient 类可以向服务端发送 Http Get 和 Http Post 请求,并可以和服务端进行数据交互。本节主要介绍如何用 HttpClient 发送 Get 和 Post 请求。

要想使用 HttpClient 类以及相关的 API,需要引用 network/HttpClient. h 头文件,以及使用 cocos2d::network 命名空间。

8.1.1 发送 Http Get 请求

使用 HttpClient 发送 Http Get 请求相对比较简单。首先需要使用 HttpRequest 对象封装请求数据包,然后调用 HttpClient::send 方法发送请求。如果要接收服务端的返回结果,可以使用 HttpRequest::setResponseCallback 方法指定一个回调方法。当服务端返回结果时,就会调用这个回调方法。

本节的例子通过 HttpClient 向服务端发送了 3 个 Http Get 请求,将服务端的返回结果显示中窗口上,效果如图 8-1 所示。

首先,在 onEnter 方法中发送 Http Get 请求,代码如下:

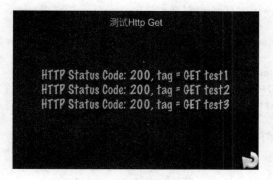

图 8-1　测试 Http Get

Cocos2dxDemo/classes/Network/HttpClientTest. cpp

```cpp
void HttpGetTest::onEnter()
{
    auto size = Director::getInstance()->getWinSize();
    // 创建用于显示服务端返回信息的 Text 控件
    text = Text::create();
    text->setFontName("Marker Felt");
    text->setFontSize(40);
    text->setColor(Color3B(159, 168, 176));
    text->setPosition(Point(size.width / 2, size.height / 2));
    addChild(text);

    BasicScene::onEnter();
    // 声明一个块,用于发送一条 Http Get 请求
    {
        HttpRequest * request = new HttpRequest();
        // 设置请求的 Url
        request->setUrl("http:// www.iciba.com/help");
        // 设置请求类型(Http Get)
        request->setRequestType(HttpRequest::Type::GET);
        // 设置用于接收服务端响应的回调方法
        request->setResponseCallback(CC_CALLBACK_2(HttpGetTest::onHttpRequestCompleted,
this));
        // 设置当前 Http Get 请求的标志
        request->setTag("GET test1");
        // 向服务端发送 Http Get 请求
        HttpClient::getInstance()->send(request);
        // 释放 HttpRequest 对象
        request->release();
    }
    // 向服务端发送第二个 Http Get 请求
    {
        HttpRequest * request = new HttpRequest();
```

```
        request->setUrl("http:// www.iciba.com/love");
        request->setRequestType(HttpRequest::Type::GET);
        request->setResponseCallback(CC_CALLBACK_2(HttpGetTest::onHttpRequestCompleted,
this));
        request->setTag("GET test2");
        HttpClient::getInstance()->send(request);
        request->release();
    }
    // 向服务端发送第三个 Http Get 请求
    {
        HttpRequest * request = new HttpRequest();
        request->setUrl("http:// www.iciba.com/but");
        request->setRequestType(HttpRequest::Type::GET);
        request->setResponseCallback(CC_CALLBACK_2(HttpGetTest::onHttpRequestCompleted,
this));
        request->setTag("GET test3");
        HttpClient::getInstance()->send(request);
        request->release();
    }
}
```

阅读这段代码时应注意如下几点。

❏ 在 onEnter 方法中定义了三个块(｛...｝),作用是可以在不同的块中定义相同的变量名,如 request。即使这些变量名都在同一个 onEnter 方法中。

❏ 由于服务端返回结果是异步的,所以调用回调方法也是异步的。因此,需要为每一个 HttpRequest 对象设置 Tag。否则如果发送多个 Http Get 请求,将无法确定是哪一个 Http Get 请求返回的数据。

下面看一下在 onHttpRequestCompleted 方法中是如何处理服务端响应信息的。

Cocos2dxDemo/classes/Network/HttpClientTest. cpp

```
void HttpGetTest::onHttpRequestCompleted(HttpClient * sender, HttpResponse * response)
{
    // 如果没有响应数据,则直接返回
    if (!response)
    {
        return;
    }
    // 如果 Http Get 请求设置了 tag,输出该 tag
    // 在实际的应用中,也可以利用这个 tag 区分具体的 Http Get 请求
    if (0 != strlen(response->getHttpRequest()->getTag()))
    {
        log(" %s completed", response->getHttpRequest()->getTag());
    }
    // 获取服务端响应状态码(如 200)
    long statusCode = response->getResponseCode();
```

```
        char statusString[64] = {};
        // 根据状态码和 tag 生成一个状态字符串
        sprintf(statusString, "HTTP Status Code: % ld, tag = % s", statusCode, response ->
getHttpRequest() -> getTag());
        stringstream ss;
        // 如果 Text 控件中已经有内容了,说明当前的 Http Get 请求不是第一个返回的请求
        // 所以要将当前的状态字符串插在 Text 控件内容的后面.因此,首先要将 Text 控件中现有
        // 的内容放到 stringstream 中
        if(!text -> getString().empty())
        {
            ss << text -> getString() << "\r";
        }
        // 将当前 Http Get 请求的响应状态字符串放入 stringstream 中
        ss << statusString;
        // 将所有的状态字符串显示在 Text 控件中
        text -> setString(ss.str());

        // 如果请求失败,则输出错误信息,并退出当前方法
        if (!response -> isSucceed())
        {
            log("response failed");
            log("error buffer: % s", response -> getErrorBuffer());
            return;
        }

        // 获取从服务端返回的数据
        std::vector < char > * buffer = response -> getResponseData();
        // 输出服务端的响应数据
        for (unsigned int i = 0; i < buffer -> size(); i++)
        {
            printf("% c", ( * buffer)[i]);
        }
        printf("\n");

}
```

现在运行程序,在程序主窗口就会显示图 8-1 所示的信息(根据网络情况,有一定的延迟),同时,在日志窗口,还会输出服务端返回的数据。

8.1.2 发送 Http Post 请求

向服务端发送 Http Post 请求和发送 Http Get 请求差不多,只是有下面两点不同。

❑ 需要设置 HttpRequest::Type::POST 请求;

❑ 需要调用 HttpRequest::setRequestData 方法指定要发送的数据。

本节的例子会向服务端发送 3 个 Http Post 请求,并将服务端的返回结果显示在窗口上,效果如图 8-2 所示。

图 8-2　测试 Http Post 请求

首先,需要在 HttpPostTest∷onEnter 方法中发送 3 个 Http Post 请求,代码如下:
Cocos2dxDemo/classes/Network/HttpClientTest. cpp

```
void HttpPostTest∷onEnter()
{
    auto size = Director∷getInstance()->getWinSize();
    text = Text∷create();
    text->setFontName("Marker Felt");
    text->setFontSize(40);
    text->setColor(Color3B(159, 168, 176));
    text->setPosition(Point(size.width / 2, size.height / 2 ));
    addChild(text);

    BasicScene∷onEnter();
    // 发送第 1 个 Http Post 请求
    {
        HttpRequest * request = new HttpRequest();
        request->setUrl("http:// www. iciba.com");
        // 设置 Post 请求
        request->setRequestType(HttpRequest∷Type∷POST);

request->setResponseCallback(CC_CALLBACK_2(HttpPostTest∷onHttpRequestCompleted, this));
        // 设置要向服务端发送的数据
        const char * postData = "word = help&id = 1234";
        // 指定要发送的数据
        request->setRequestData(postData, strlen(postData));
        // 设置当前请求的 Tag
        request->setTag("POST test1");
        // 发送请求
        HttpClient∷getInstance()->send(request);
        request->release();
    }
```

```cpp
    // 发送第 2 个 Http Post 请求
    {
        HttpRequest * request = new HttpRequest();
        request->setUrl("http:// www. iciba.com");
        request->setRequestType(HttpRequest::Type::POST);

request->setResponseCallback(CC_CALLBACK_2(HttpPostTest::onHttpRequestCompleted, this));
        // write the post data
        const char * postData = "word = job&id = 12";
        request->setRequestData(postData, strlen(postData));

        request->setTag("POST test2");
        HttpClient::getInstance()->send(request);
        request->release();
    }
    // 发送第 3 个 Http Post 请求
    {
        HttpRequest * request = new HttpRequest();
        request->setUrl("http:// www. iciba.com");
        request->setRequestType(HttpRequest::Type::POST);

request->setResponseCallback(CC_CALLBACK_2(HttpPostTest::onHttpRequestCompleted, this));
        // write the post data
        const char * postData = "word = but&id = 1234";
        request->setRequestData(postData, strlen(postData));

        request->setTag("POST test3");
        HttpClient::getInstance()->send(request);
        request->release();
    }
}
```

接下来，需要在 HttpPostTest::onHttpRequestCompleted 方法中接收 3 个 Http Post 请求的返回数据，并将这些数据显示在窗口上，代码如下：

Cocos2dxDemo/classes/Network/HttpClientTest. cpp

```cpp
void HttpPostTest::onHttpRequestCompleted(HttpClient * sender, HttpResponse * response)
{
    if (!response)
    {
        return;
    }
    if (0 != strlen(response->getHttpRequest()->getTag()))
    {
        log(" % s completed", response->getHttpRequest()->getTag());
    }
```

```
long statusCode = response->getResponseCode();
char statusString[64] = {};
sprintf(statusString, "HTTP Status Code: %ld, tag = %s", statusCode, response->
getHttpRequest()->getTag());
stringstream ss;
if(!text->getString().empty())
{
    ss << text->getString() << "\r";
}
ss << statusString;
text->setString(ss.str());


if (!response->isSucceed())
{
    log("response failed");
    log("error buffer: %s", response->getErrorBuffer());
    return;
}

// 获取从服务端返回的数据
std::vector<char> * buffer = response->getResponseData();
for (unsigned int i = 0; i < buffer->size(); i++)
{
    printf("%c", (*buffer)[i]);
}
printf("\n");
}
```

8.2　WebSocket 类

　　Cocos2d-x 支持 WebSocket 长连接协议。很多最新的浏览器也支持这个协议。协议头使用 ws,如 ws://echo.websocket.org。WebSocket 类用于实现这个长连接协议。也就是说,Cocos2d-x 可以像很多浏览器一样使用 ws 协议连接服务端。

　　要想使用 ws 协议与服务端通信,首先需要调用 WebSocket::init 方法初始化 Url(服务端地址)。init 方法会试图连接服务端。如果连接成功,init 方法返回 true,否则返回 false。

　　如果成功连接服务端,可以通过 WebSocket::send 方法向服务端发送数据,并且可以通过一些事件方法接收来自服务端的响应。例如,如果成功连接了服务端,会调用 onOpen 方法,如果服务端返回数据,会调用 onMessage 方法。如果连接关闭,会调用 onClose 方法,如果发生错误,会调用 onError 方法。

　　本节的例子会利用 ws 协议不断向服务端发送数据(时间间隔为 2 秒),并将服务端返回的数据显示在窗口上,效果如图 8-3 所示。

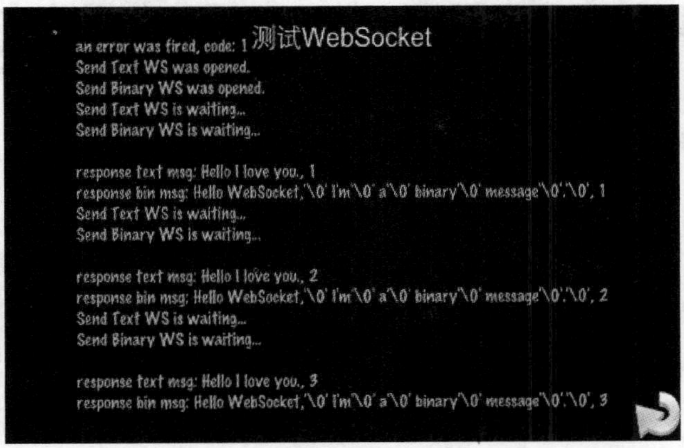

图 8-3　测试 WebSocket

要想实现这个例子，首先要在 WebSocketTest∷onEnter 方法中初始化 WebSocket。也就是调用 WebSocket∷init 方法指定要连接的 Url。代码如下：

Cocos2dxDemo/classes/Network/WebSocketTest. cpp

```cpp
void WebSocketTest∷onEnter()
{
    BasicScene∷onEnter();
    auto size = Director∷getInstance() -> getWinSize();
    text = Text∷create();
    text -> setFontName("Marker Felt");
    text -> setFontSize(20);
    text -> setColor(Color3B(159, 168, 176));
    text -> setPosition(Point(size.width / 2, size.height / 2 ));
    addChild(text);
    // 创建 3 个 WebSocket 对象，分别用于发送文本数据、二进制数据和接收错误信息
    wsSendText = new WebSocket();
    wsSendBinary = new WebSocket();
    wsError = new WebSocket();
    // 初始化 wsSendText
    if (!wsSendText -> init( * this, "ws:// echo. websocket. org"))
    {
        CC_SAFE_DELETE(wsSendText);
    }
    // 初始化 wsSendBinary
    if (!wsSendBinary -> init( * this, "ws:// echo. websocket. org"))
    {
        CC_SAFE_DELETE(wsSendBinary);
    }
    // 初始化 wsError
    if (!wsError -> init( * this, "ws:// invalid. url. com"))
```

```
    {
        CC_SAFE_DELETE(wsError);
    }
    // 启动调度器,每 2 秒向服务端发送一次数据
    schedule(schedule_selector(WebSocketTest::schedulerCallback),2);

}
```

接下来需要在回调方法 schedulerCallback 中不断向服务端发送数据,代码如下:
Cocos2dxDemo/classes/Network/WebSocketTest. cpp

```cpp
void WebSocketTest::schedulerCallback(float delta)
{
    stringstream ss;
    // 如果 Text 控件中有内容,先将原来的内容保存在 stringstream 中
    if(!text->getString().empty())
    {
        ss << text->getString() << "\r";
    }
    // wsSendText 已经成功打开了
    if (wsSendText->getReadyState() == WebSocket::State::OPEN)
    {
        ss << "Send Text WS is waiting...\r";
        // 向服务端发送文本
        wsSendText->send("Hello I love you.");
    }
    else
    {
        string warning = "Send text websocket instance wasn't ready...";
        // 还未打开,输出日志信息
        log("%s", warning.c_str());
        ss << warning << "\r";
    }
    // wsSendBinary 已经打开
    if (wsSendBinary->getReadyState() == WebSocket::State::OPEN)
    {
        ss << "Send Binary WS is waiting...\r";
        char buf[] = "Hello WebSocket,\0 I'm\0 a\0 binary\0 message\0.";
        // 向服务端发送二进制数据
        wsSendBinary->send((unsigned char * )buf, sizeof(buf));
    }
    else
    {
        string warning = "Send binary websocket instance wasn't ready...";
        log("%s", warning.c_str());
        ss << warning << "\r";
    }
```

```
      // 将发送的数据显示在 Text 控件上
      text->setString(ss.str());

}
```

如果成功打开了 Url,那么就会调用 onOpen 方法。在该方法中会将打开 Url 的信息显示在 Text 控件中,代码如下:

Cocos2dxDemo/classes/Network/WebSocketTest. cpp

```
void WebSocketTest::onOpen(WebSocket * ws)
{
      log("Websocket ( % p) opened", ws);

      stringstream ss;
      if(!text->getString().empty())
      {
          ss << text->getString() << "\r";
      }
      // wsSendText 已打开
      if (ws == wsSendText)
      {
          ss << "Send Text WS was opened.";
      }
      // wsSendBinary 已打开
      else if (ws == wsSendBinary)
      {
          ss << "Send Binary WS was opened.";
      }
      // 将相应的信息显示中 Text 控件中
      text->setString(ss.str());
}
```

如果服务端返回数据,则调用 onMessage 方法,在该方法中会读取服务端返回的数据,并将其显示在 Text 控件中,代码如下:

Cocos2dxDemo/classes/Network/WebSocketTest. cpp

```
void WebSocketTest::onMessage(WebSocket * ws, const WebSocket::Data& data)
{
      stringstream ss;
      if(!text->getString().empty())
      {
          ss << text->getString() << "\r";
      }
      // 返回的是文本数据
      if (!data.isBinary)
      {
          sendTextTimes++;                      // 发送文本数据的次数
```

```
        // 将数组元素都初始化为 0
        char times[100] = {0};
        sprintf(times, "%d", sendTextTimes);
        // 生成要显示的信息
        string textStr = string("response text msg: ") + data.bytes + ", " + times;
        log("%s", textStr.c_str());
        ss << textStr.c_str();
    }
    else
    {
        // 处理二进制返回数据

        sendBinaryTimes++;                        // 发送二进制数据的次数
        char times[100] = {0};
        sprintf(times, "%d", sendBinaryTimes);

        string binaryStr = "response bin msg: ";
        // 获取服务端返回的数据
        for (int i = 0; i < data.len; ++i)
        {
            if (data.bytes[i] != '\0')
            {
                binaryStr += data.bytes[i];
            }
            else
            {
                \\让"\0"可显示
                binaryStr += "\'\\0\'";
            }
        }

        binaryStr += string(", ") + times;
        log("%s", binaryStr.c_str());
        ss << binaryStr.c_str();
    }
    // 将返回数据显示在 Text 控件中
    text->setString(ss.str());
}
```

如果连接关闭，会调用 onClose 方法来处理收尾工作，代码如下：

Cocos2dxDemo/classes/Network/WebSocketTest.cpp

```
void WebSocketTest::onClose(WebSocket * ws)
{
    log("websocket instance (%p) closed.", ws);
    if (ws == wsSendText)
    {
```

```
        wsSendText = NULL;
    }
    else if (ws == wsSendBinary)
    {
        wsSendBinary = NULL;
    }
    else if (ws == wsError)
    {
        wsError = NULL;
    }
    // 安全释放 WebSocket 对象
    CC_SAFE_DELETE(ws);
}
```

如果无法成功连接服务端，会调用 onError 方法，在该方法中可以处理连接错误，代码如下：

Cocos2dxDemo/classes/Network/WebSocketTest. cpp

```
void WebSocketTest::onError(WebSocket * ws, const WebSocket::ErrorCode& error)
{
    stringstream ss;
    if(!text->getString().empty())
    {
        ss << text->getString() << "\r";
    }
    log("Error was fired, error code: % d", error);
    if (ws == wsError)
    {
        char buf[100] = {0};
        sprintf(buf, "an error was fired, code: % d", error);
        ss << buf;
    }
    // 在 Text 控件上显示错误信息
    text->setString(ss.str());
}
```

8.3 SocketIO 类

并不是所有的浏览器都支持 WebSocket 技术，例如，IE6 就不支持 WebSocket。那么，如果 Web 程序使用了 WebSocket 技术，在这些浏览器中就无法使用了（至少涉及 WebSocket 技术的功能不好使用）。为了解决这个问题，又在 WebSocket 的基础上进行封装，形成了 SocketIO 技术。SocketIO 会自动检测当前的浏览器是否支持 WebSocket，如果支持 WebSocket 技术，则直接使用 WebSocket 技术，否则会选择其他类似的技术代替。至于选择什么,通常和浏览器有关。这样,程序员就不需要再考虑浏览器是否支持 WebSocket 了,只需要直接使用 SocketIO 即可。

在 Cocos2d-x 中,使用 SocketIO 类实现 SocketIO 技术。不过,由于 Cocos2d-x 是模拟了浏览器的 WebSocket 技术,所以 Cocos2d-x 中的 SocketIO 只支持 WebSocket。

SocketIO 在使用上和 WebSocket 类似,也使用了若干个回调方法处理各种事件,只不过方法名称略有差别。例如,WebSocket 指定服务端的 Url 使用 init 方法,而 SocketIO 使用 connect 方法。当服务端连接成功后,WebSocket 会调用 onOpen 方法,而 SocketIO 则调用 onConnect 方法。同时,这些方法的参数的数据类型也不同。下面看看如何用 SocketIO 与服务端交互。

首先,需要在 SocketIOTest::onEnter 方法中初始化 SocketIO,代码如下:

Cocos2dxDemo/classes/Network/SocketIOTest. cpp

```cpp
void SocketIOTest::onEnter()
{
    BasicScene::onEnter();

    auto size = Director::getInstance()->getWinSize();
    text = Text::create();
    text->setFontName("Marker Felt");
    text->setFontSize(20);
    text->setColor(Color3B(159, 168, 176));
    text->setPosition(Point(size.width / 2, size.height / 2 ));
    addChild(text);

    // 指定 Url,并连接服务端
    sendText = SocketIO::connect("ws:// echo.websocket.org", *this);
    sendText->setTag("echo.websocket.org");
    // 设置一个事件,可使用 emit 方法触发
    sendText->on("testevent", CC_CALLBACK_2(SocketIOTest::testevent, this));
    // 开启一个调度器,在该调度器中每 3 秒向服务端发送一次数据
    schedule(schedule_selector(SocketIOTest::schedulerCallback),3);
}
```

调度方法 SocketIOTest::schedulerCallback 的代码如下:

```cpp
void SocketIOTest::schedulerCallback(float delta)
{
    stringstream ss;
    if(!text->getString().empty())
    {
        ss << text->getString() << "\r";
    }

    if (sendText != NULL)
```

```
{
    ss << "Send Text is waiting...\r";
    // 向服务端发送文本内容
    sendText -> send("Hello I love you.");
}
text -> setString(ss.str());
}
```

当连接成功,则调用 onConnect 方法,该方法的代码如下:

Cocos2dxDemo/classes/Network/SocketIOTest.cpp

```
void SocketIOTest::onConnect(SIOClient * client)
{
    log("socket io ( % p) connected", client);

    stringstream ss;
    if(!text -> getString().empty())
    {
        ss << text -> getString() << "\r";
    }
    if (client == sendText)
    {
        ss << "Send Text was connected.";
    }
    // 将连接成功的信息显示在 Text 控件中
    text -> setString(ss.str());
}
```

如果服务端返回数据,则调用 onMessage 方法,在该方法中会触发 onEnter 方法中指定的事件。onMessage 方法的代码如下:

Cocos2dxDemo/classes/Network/SocketIOTest.cpp

```
void SocketIOTest::onMessage(SIOClient * client, const std::string& data)
{
    stringstream ss;
    if(!text -> getString().empty())
    {
        ss << text -> getString() << "\r";
    }
    string textStr = "response text msg: " + data;
    // 输出接收到的数据
    log(" % s", textStr.c_str());
    ss << textStr.c_str();
    text -> setString(ss.str());
    // 触发 echotest 事件,第 1 个参数是事件名称,第二个参数表示要传给事件的数据
    sendText -> emit("testevent","event data");
}
```

下面看一看事件方法 testevent 的代码。

Cocos2dxDemo/classes/Network/SocketIOTest.cpp

```cpp
void SocketIOTest::testevent(SIOClient * client, const string& data)
{
    log("SocketIOTest::testevent called with data: % s", data.c_str());
    stringstream ss;
    if(!text->getString().empty())
    {
        ss << text->getString() << "\r";
    }

    ss << client->getTag() << " received event testevent with data: " << data.c_str();

// 将传给 testevent 方法的内容显示在 Text 控件上
text->setString(ss.str());
}
```

如果关闭连接，则调用 onClose 方法，代码如下：

```cpp
void SocketIOTest::onClose(cocos2d::network::SIOClient * client)
{
    log("socketio instance ( % p) closed.", client);
    if (client == sendText)
    {
        sendText = NULL;
    }
    CC_SAFE_DELETE(client);
}
```

8.4 小结

尽管 Cocos2d-x 支持的网络通信技术有限，不过对于大多数游戏还是足够的。除了对实时性要求很高的大型游戏外，手机游戏大多对于服务端交互的要求并不高。所以，使用 HTTP 或 WebSocket 足可以应付。当然，如果真要使用 Socket 通过 TCP 与服务端交互，可以利用平台本身的特性完成这些功能。例如，对于 Android 的 NDK 或 Android 本身实现 Socket 通信，也可以使用第三方的 Library(如 Boost)进行 Socket 通信。

第 9 章

Cocos2d-x 中的动作类

任何一款游戏都不会是静态的画面。在窗口上的各种图像、文本、动画都可能按一定规则移动、旋转、缩放，或做更复杂的运动。当然，这些完全可以通过自己编写程序来实现。不过对于非常复杂的运动规则（如贝塞尔曲线），自己编写程序会非常麻烦。而在 Cocos2d-x 中提供了一套处理预定义动作的 API，通过这套 API，可以很容易地对节点实现类似移动、旋转、缩放、贝塞尔曲线、淡入淡出、复合运动等特定的行为。在 Cocos2d-x 中将这套 API 称为动作（Action）。这些 Action 本质上都是异步运行的，不过这些对于使用 Action 的程序员来说都是透明的。

并不是每一款游戏必须使用 Action，但对于那些经常需要控制节点做各种运动的游戏来说，使用 Action 会使游戏开发变得更容易。为了使广大的程序员更好地掌握 Cocos2d-x 3.10 中的 Action[①]，本章将对 Cocos2d-x 3.10 中常用的 Action 的使用方法进行深入讲解。在最后的项目实战（星空大战）中也会大量使用本章介绍的 Action。因此，建议读者认真学习本章的内容。

本章要点

❑ 位置动作；

❑ 旋转和缩放动作；

❑ 执行规则动作；

❑ 控制节点显示和隐藏的动作；

❑ 可立即执行的动作；

❑ 回调函数动作；

❑ 变速动作；

❑ 网格动作；

❑ 其他动作（TargetedAction、DelayTime 等）。

---

① Cocos2d-x 3.x 在 Cocos2d-x 2.x 的基础上增加了很多新的 Action。

9.1　所有动作的基类（Action）

　　所有的动作都有一个基类 Action。在 Action 类中定义了一些所有的动作都可以使用的方法。因此，在深入介绍动作类之前，先来了解一下 Action 为我们提供了哪些方法。

　　Action 是 Ref 的子类，因此 Action 也可以使用 Cocos2d-x 提供的 ARC 技术自动释放内存。下面通过表 9-1 来介绍一下 Action 类提供了哪些主要的方法。

表 9-1　Action 类中的主要方法

方　　法	描　　述
Action * clone()	克隆当前的动作。也就是创建一个与当前动作对象完全相同的新对象。在某些情况下，同一个动作对象不允许被添加两次或两次以上。因此，该方法在这种情况下非常有用。也就是说，每次添加，都需要使用 clone 方法复制一个完全相同的新动作对象。该方法除了动作对象外，在很多其他类似情况下也经常用到。例如，前面章节介绍的将事件监听对象绑定到多个节点上，就需要使用 clone 方法复制多份事件监听对象
Action * reverse()	该方法与 clone 类似，也返回一个新的动作对象，只是返回的动作对象与原来的动作对象的运行方式正好相反。至于如何定义相反的动作，需要根据不同的动作而定。例如，移动动作 MoveTo 要求从 A 点移动到 B 点，那么通过 reverse 方法返回的动作就会从 B 点移动到 A 点
bool isDone()	如果当前的动作已经执行完，该方法返回 true
voidstartWithTarget(Node * target)	指定动作要控制的节点。该方法应在动作运行之前调用
void stop()	停止当前动作，并将 target 设为 NULL。注意：不要直接调用 stop 方法而要调用 target->stopAction(action) 方法停止动作。因为 stopAction 方法不只是停止动作，还需要做一些后续的工作，例如，从动作管理器中删除 Action
void step(floatdt)	动作运行的每一帧都会调用该方法。除非有必要，尽量不要覆盖该方法，否则可能会产生无法预料的后果
void update(float time)	该方法用于描述动作的运行进度。time 的取值从 0 到 1（包含 0 和 1）。如果 time 值为 0，表示动作刚开始执行。如果 time 值为 0.5，表示动作已经运行了一半。如果 time 值为 1，表示动作已运行完毕
Node * getTarget()	获取动作对象中的 target，也就是 startWithTarget 方法设置的节点
voidsetTarget(Node * target)	设置 target
Node * getOriginalTarget()	获取 OriginalTarget。与 target 的区别是前者会保留（即使动作已经停止），而后者当动作停止时不会保留

续表

方　法	描　述
voidsetOriginalTarget（Node ＊ originalTarget）	设置 OriginalTarget
int getTag（）	获取当前动作对象的 Tag。除了可以通过 target－＞stopAction（action）停止指定的 Action 外，还可以通过 target－＞ stopActionByTag(tag)关于与 tag 对应的动作
voidsetTag(int tag)	设置动作对象的 Tag

9.2　位置（Position）动作

在动作 API 中有一组动作类使用的频率最高，这就是可以控制节点以各种方式移动的位置动作。例如，使节点沿着直线或贝塞尔曲线移动。本节将详细介绍这些动作类的使用方法。

9.2.1　沿直线匀速移动动作（MoveBy/MoveTo）

用于匀速移动的动作可能是动作 API 中使用频率最高的动作类。节点在两点之间移动可以用如下两种方式描述目标点。

❑ 增量坐标；

❑ 绝对坐标。

增量坐标是指在初始坐标的基础上，X 和 Y 各加一个增量，形成一个新的坐标。而绝对坐标就是指定一个绝对的目标点坐标（在 OpenGL 坐标系中的坐标）。MoveBy 类用于指定增量坐标。MoveTo 类用于指定绝对坐标。其中，MoveTo 是 MoveBy 的子类，所以MoveTo 具备 MoveBy 的一切特性。至于使用哪个动作类描述目标点，要根据具体情况而定。主要就看使用增量坐标还是绝对坐标更方便。

MoveBy 和 MoveTo 对象的创建方式相同，只是指定的坐标点的含义不同，前者是增量坐标，后者是绝对坐标。所有的动作类都需要使用相应的 create 方法创建动作对象，这两个动作类也不例外，它们的 create 方法的参数类型是完全相同的，只是最后一个描述坐标点的参数名称以及返回值类型不同。MoveBy∷create 和 MoveTo∷create 方法的原型如下：

```
// MoveBy∷create 方法的原型
static MoveBy＊ create(float duration, const Point& deltaPosition);
// MoveTo∷create 方法的原型
static MoveTo＊ create(float duration, const Point& position);
```

其中，duration 是动作从开始到完成所需的时间，单位是秒。deltaPosition 参数表示增量坐标，也就是节点当前坐标的 X 和 Y 分别加上 deltaPosition. x 和 deltaPosition. y 后的新坐标。position 参数表示绝对坐标。

注意：所有动作类的 create 方法的第一个参数都是 duration，都代表完成该动作所需要的时间，单位是秒。所以在本章后面的讲解中不再重新介绍 duration 参数的含义。

在运行动作时，通常使用节点（也就是 9.1 节提到的 target）的 runAction 方法。例如，下面的代码将 sprite 从当前的位置移动到 (600,320)。

```
auto sprite = Sprite::create("images/image.png");
auto moveToAction = MoveTo::create(3, Point(600,320));
addChild(sprite);
// 运行动作
sprite->runAction(moveToAction));
```

本节的例子将移动窗口上的两个 Sprite。左下角的 Sprite（白雪公主）会向右上方移动，然后再移动回原来的位置，而左上角的 Sprite（小矮人）同时水平向右移动，然后也向左下角移动。图 9-1 是移动过程中的效果，图 9-2 是移动结束后的效果。

图 9-1　移动过程中　　　　　　　　　图 9-2　移动结束

创建和运行动作的完整代码如下：

Cocos2dxDemo/classes/Action/ActionInterval/ActionIntervalTest. cpp

```
void MoveActionTest::onEnter()
{
    BasicScene::onEnter();
    // 创建第一个 Sprite 对象
    auto sprite1 = Sprite::create("images/Snow_White.png");
    sprite1->setPosition(Point(60,150));
    // 创建第二个 Sprite 对象
    auto sprite2 = Sprite::create("images/littleman.png");
    sprite2->setPosition(Point(60,320));
    // 创建 MoveBy 对象,用于描述增量坐标,移动所需时间为 3 秒
    auto moveByAction = MoveBy::create(3, Point(500,200));
    // 创建 MoveTo 对象,用于描述绝对坐标,移动所需时间为 3 秒
    auto moveToAction = MoveTo::create(3, Point(600,320));
    addChild(sprite1);
    addChild(sprite2);
```

```
    // sprite1 顺序指定 moveByAction 和 moveByAction 的反向动作
    sprite1 - > runAction ( Sequence :: createWithTwoActions ( moveByAction,  moveByAction - >
reverse()));
    // sprite2 顺序指定 moveToAction 和 moveByAction 的反向动作
    sprite2 - > runAction ( Sequence :: createWithTwoActions ( moveToAction,  moveByAction - >
reverse()));
}
```

在 MoveActionTest∷onEnter 方法中除了使用 MoveBy 和 MoveTo 外，还使用了 Sequence 动作，该动作用于同一个节点顺序指定多个动作。对于本例的 sprite1 来说，当 moveByAction 执行完后，才会执行 moveByAction － > reverse ( )。其中，Sequence∷ createWithTwoActions 方法用于指定两个顺序指定的动作。关于 Sequence 的细节将在后面详细介绍。

9.2.2　跳跃动作（JumpBy/JumpTo）

JumpBy 和 JumpTo 用于完成节点的跳跃动作。它们都需要使用 create 方法创建各种的对象。create 方法的原型如下：

```
static JumpBy * create(float duration, const Point& position, float height, int jumps);
```

尽管这两个类的 create 方法原型完全一样，但第 2 个参数表示的含义却不相同。对于 JumpBy 来说，position 参数表示相对于节点当前位置的增量坐标；对于 JumpTo 来说，position 参数表示绝对坐标。不管是相对坐标，还是绝对坐标。position 都表示节点从当前的位置要跳跃到的新坐标。而 height 参数则表示节点每次跳跃的高度，jumps 参数则表示从当前点跳跃到 position 参数指定的新坐标这一过程中，需要的跳跃次数。例如，jumps＝5 则说明从起始点跳跃到目标点，节点共需要蹦 5 次。

本节的例子会在屏幕的左下角和右下角各方一个 Sprite。这两个 Sprite 会分别从左下角和右下角向屏幕的中心偏上的位置跳跃（需要蹦 5 次），然后再分别向右下角和左下角跳跃（需要蹦 5 次，这时两个 Sprite 会交换位置）。跳跃的效果如图 9-3 所示。

图 9-3　两个 Sprite 同时跳跃的效果

完成跳跃动作的代码如下：

Cocos2dxDemo/classes/Action/ActionInterval/ActionIntervalTest. cpp

```
void JumpActionTest∷onEnter()
{
    BasicScene∷onEnter();
```

```
// 创建在左下角显示的 Sprite
auto sprite1 = Sprite::create("images/Snow_White.png");
sprite1->setPosition(Point(120,150));
// 创建在右下角显示的 Sprite
auto sprite2 = Sprite::create("images/littleman.png");
sprite2->setPosition(Point(700,150));

addChild(sprite1);
addChild(sprite2);
// 创建第 1 个 JumpTo 动作,每次跳跃的高度为 50,共需要蹦 5 次才能到达目标点
auto jumpToAction1 = JumpTo::create(3, Point(400, 300), 50, 5);
// 创建第 1 个 JumpBy 动作,每次跳跃的高度为 50,共需要蹦 5 次才能到达目标点
auto jumpByAction1 = JumpBy::create(3, Point(300, -150), 50, 5);
// 创建第 2 个 JumpTo 动作,每次跳跃的高度为 50,共需要蹦 5 次才能到达目标点
auto jumpToAction2 = JumpTo::create(3, Point(120, 150), 50, 5);
// 创建第 2 个 JumpBy 动作,每次跳跃的高度为 50,共需要蹦 5 次才能到达目标点
auto jumpByAction2 = JumpBy::create(3, Point(-300,150), 50, 5);

// 开始让 sprite1 跳跃
sprite1->runAction(Sequence::createWithTwoActions(jumpToAction1, jumpByAction1));
// 开始让 sprite2 跳跃
sprite2->runAction(Sequence::createWithTwoActions(jumpByAction2,jumpToAction2));
}
```

注意:尽管很多时候从理论上可以使用动作的 reverse 方法获取与当前动作运动方向相反的新动作,例如本例中的 jumpByAction1 实际上与 jumpByAction2 互为反向,因此,可以将 jumpByAction2 替换成 jumpByAction1->reverse()。但在 Cocos2d-x 3.x 中,有些动作未实现 reverse 方法(如 JumpTo),这些未实现 reverse 方法的动作基本都是 XxxTo 类型的动作,可能是因为这类方法实现 reverse 没有实际的意义,因此,在使用 reverse 方法之前,应先确认该动作是否实现了 reverse 方法,否则将会抛出异常。

9.2.3 贝塞尔曲线动作(BezierBy/BezierTo)

前面两节介绍的匀速移动和跳跃动作都属于简单动作。而在 Cocos2d-x 中不仅提供了做简单运动的动作,还提供了让节点沿着贝塞尔曲线的轨迹运动的动作。这就是 BezierBy 和 BezierTo。当然,这里的 By 和 To 和前面介绍的动作的含义完全相同。

贝塞尔曲线动作使用起来相对复杂一些。在使用该动作之前,最好先了解一下什么是贝塞尔曲线,否则会无法理解程序中设置的各种坐标的含义。

贝塞尔曲线又称贝兹曲线或贝济埃曲线,一般用于精确绘制曲线矢量图,贝塞尔曲线由线段与节点组成。节点是可拖动的支点,线段像可伸缩的皮筋。在很多绘图工具中都有贝塞尔曲线工具。例如,Photoshop 中的钢笔工具可用于绘制贝塞尔曲线路径。

贝塞尔曲线是二维图形中的数学曲线。曲线使用4个点定义[①]，这4个点如下：

- 起始点；
- 终止点（也称锚点）；
- 中间点1；
- 中间点2。

其中，中间点1和中间点2是两个不重合的中间点。滑动这两个中间点，贝塞尔曲线的形状会发生变化。20世纪60年代晚期，Pierre Bézier（见图9-4）应用数学方法为雷诺公司的汽车制造描绘出了贝塞尔曲线。

图9-4　Pierre Bézier

由于用计算机画图大部分时间是操作鼠标来掌握线条的路径，与手绘的感觉和效果有很大的差别。即使一位专业的画师能轻松绘出各种图形，但使用鼠标随心所欲地画图也不是一件容易的事。不过，贝塞尔曲线及其相关绘图工具的出现在很大程度上弥补了这一缺憾。

贝塞尔曲线是计算机图形图像造型的基本工具，是图形造型运用得最多的基本线条之一。它通过控制曲线上的四个点（起始点、终止点以及两个相互分离的中间点）来创造、编辑图形。其中起重要作用的是位于曲线中央的控制线。这条线是虚拟的，控制线的中心与贝塞尔曲线交叉，两端是控制端点。移动两端的端点时贝塞尔曲线改变曲线的曲率（弯曲的程度）；移动中间点（也就是移动虚拟的控制线）时，贝塞尔曲线在起始点和终止点锁定的情况下做均匀移动。注意，贝塞尔曲线上的所有控制点、节点均可编辑。这种"智能化"的矢量线条为艺术家提供了一种理想的图形编辑与创造的工具。图9-5就是一个典型的由4个点控制的贝塞尔曲线。

现在回到Cocos2d-x中，来看一下如何在Cocos2d-x中使用贝塞尔曲线描述节点的运动轨迹。从前面的描述可知，贝塞尔曲线由4个点进行描述。而节点当前的位置可看做是起始点，因此，只需要指定另外3个点的坐标即可。在Cocos2d-x中通过_ccBezierConfig结构体定义这3个点的坐标，并且声明了一个ccBezierConfig类型，所以在程序中可以

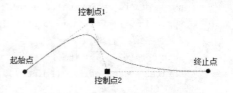

图9-5　由4个点控制的贝塞尔曲线

直接使用ccBezierConfig定义这3个点。_ccBezierConfig结构体的定义代码如下：

＜Cocos2d-x 根目录＞/cocos/2d/CCActionInterval. h

```
typedef struct _ccBezierConfig {
    //终止点坐标
```

---

① 实际上贝塞尔曲线可以由更多的点控制，但它们都是以4个点控制为基础，而且BezierBy/BezierTo目前只支持4点控制的贝塞尔曲线，所以本节不再介绍更复杂的贝塞尔曲线。

```
        Point endPosition;
        //控制点坐标 1
        Point controlPoint_1;
        //控制点坐标 2
        Point controlPoint_2;
    } ccBezierConfig;
```

在创建 BezierBy 和 BezierTo 对象时要使用 create 方法，该方法的原型如下：

```
static BezierTo *  create(float t, const
ccBezierConfig& c);
```

很明显，在创建这两个对象时需要将定义好的 ccBezierConfig 结构体变量传入 create 方法的第 2 个参数。

本例会在屏幕上放两个 Sprite，并且从左到右和从右到左沿着贝塞尔曲线的轨迹运动，运动过程中的效果如图 9-6 所示。

图 9-6　贝塞尔曲线的移动效果

实现贝塞尔曲线运动的代码如下：

Cocos2dxDemo/classes/Action/ActionInterval/ActionIntervalTest. cpp

```cpp
void BezierActionTest::onEnter()
{
    BasicScene::onEnter();
    auto size = Director::getInstance()->getWinSize();
    // 创建第一个 Sprite
    auto sprite1 = Sprite::create("images/Snow_White.png");
    sprite1->setPosition(Point(120,150));
    // 创建第二个 Sprite
    auto sprite2 = Sprite::create("images/littleman.png");
    sprite2->setPosition(Point(700,150));

    addChild(sprite1);
    addChild(sprite2);
    // 定义第一条贝塞尔曲线的中间点 1、中间点 2 和终止点
    ccBezierConfig bezier1;
    bezier1.controlPoint_1 = Point(400, size.height * 2);
    bezier1.controlPoint_2 = Point(300, - size.height/2);
    bezier1.endPosition = Point(700,300);
    // 定义第二条贝塞尔曲线的中间点 1、中间点 2 和终止点
    ccBezierConfig bezier2;
    bezier2.controlPoint_1 = Point( -300, size.height );
    bezier2.controlPoint_2 = Point( -300, - size.height/2);
```

```
bezier2.endPosition = Point( - 600,200);

// 使用第一条贝塞尔曲线创建 BezierTo 对象
auto bezierToAction = BezierTo::create(3, bezier1);
// 使用第二条贝塞尔曲线创建 BezierBy 对象
auto bezierByAction = BezierBy::create(3, bezier2);

// 使第一个 Sprite 做贝塞尔曲线运动
sprite1 -> runAction(bezierToAction);
// 使第二个 Sprite 做贝塞尔曲线运动
sprite2 -> runAction(bezierByAction);

}
```

9.2.4　固定张力的样条曲线动作（CatmullRomBy/CatmullRomTo）

使用贝塞尔曲线只能经过端点，但不能直接到达端点。而使用本节介绍的 CatmullRomBy 和 CatmullRomTo 动作，可以设置多个端点。并且节点会以各个端点之间的连线作为轨迹，并以张力为 0.5 移动，这里的张力可以理解为惯性。张力越大，惯性越大。

CatmullRomBy::create 和 CatmullRomTo::create 方法分别用于创建 CatmullRomBy 和 CatmullRomTo 对象，这两个 create 方法的原型如下：

```
static CatmullRomBy * create(float duration, PointArray * points);
static CatmullRomTo * create(float duration, PointArray * points);
```

其中，points 表示移动路径要经过的坐标点的集合。对于 CatmullRomTo::create 方法来说，points 表示绝对的坐标点。对于 CatmullRomBy::create 方法来说，表示相对坐标点。这里的相对是相对于节点最初位置的。而且，points 中的所有坐标点都是相对于这个位置的。并不是 points 中的当前点相对于移动路径上一个经过的坐标点，这一点在使用时要注意。

本节的例子在屏幕上放置了两个图像。这两个图像将分别使用 CatmullRomBy 和 CatmullRomTo 进行移动。为了更清楚地观察移动路径，本例使用不同颜色在 draw 方法中将移动路径绘制了出来。这两个图像将沿着路径移动，效果如图 9-7 所示。

为了在 CatmullRomActionTest :: onEnter 和 CatmullRomActionTest :: ondraw 方法中都使用移动路径经过的坐标点集合。本例将两个坐标点集合定义在了 CatmullRomActionTest 类中，代码如下：

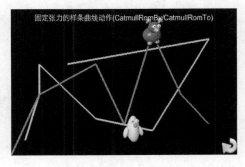

图 9-7　CatmullRomBy/CatmullRomTo 动作

Cocos2dxDemo/classes/Action/ActionInterval/ActionIntervalTest. hpp

```
class CatmullRomActionTest : public BasicScene
{
private:
    PointArray * mPointArray1;          // 坐标点集合 1(绝对坐标)
    PointArray * mPointArray2;          // 坐标点集合 2(相对坐标)
public:
    virtual void onEnter();
    virtual bool init();
    virtual void draw();                // 在 draw 方法中将绘制移动路径
    CREATE_FUNC(CatmullRomActionTest);
};
```

接下来先实现 CatmullRomActionTest∷draw 方法,在该方法中将绘制两条移动路径。第一条移动路径是基于绝对坐标点的,第二条移动路径是基于相对坐标的。CatmullRomActionTest∷draw 方法的代码如下:

Cocos2dxDemo/classes/Action/ActionInterval/ActionIntervalTest. cpp

```
void CatmullRomActionTest∷draw(){
    // 设置线条的颜色
    DrawPrimitives∷setDrawColor4B(0, 255, 255, 255);
    // 设置线条的宽度
    glLineWidth(4);
    // 用绝对坐标点绘制移动路径
    for(int i = 0; i < mPointArray1 -> count();i++)
    {
        // 绘制移动路径中的线段
        DrawPrimitives∷drawLine(mPointArray1 -> getControlPointAtIndex(i - 1),mPointArray1 ->
getControlPointAtIndex(i));
    }
    // 设置线条的颜色
    DrawPrimitives∷setDrawColor4B(255, 0, 0, 255);
    // 开始用相对坐标点绘制移动路径

    // 由于该图像的起始坐标为(0,0),所以可以将相对坐标看做绝对坐标
    // 绘制移动路径中的第一个线段
    DrawPrimitives∷drawLine(Point(0,0),mPointArray2 -> getControlPointAtIndex(0));
    // 开始绘制移动路径中的其他线段
    for(int i = 0; i < mPointArray2 -> count();i++)
    {
        DrawPrimitives∷drawLine(mPointArray2 -> getControlPointAtIndex(i - 1),mPointArray2 ->
getControlPointAtIndex(i));
    }
}
```

最后,我们来实现本例中最关键的部分:CatmullRomActionTest∷onEnter 方法,在该

方法中首先初始化了两组坐标点，然后创建了 CatmullRomBy 和 CatmullRomTo 对象，最后分别在 sprite1 和 sprite2 上运行这些动作。CatmullRomActionTest∷onEnter 方法的代码如下：

Cocos2dxDemo/classes/Action/ActionInterval/ActionIntervalTest. cpp

```cpp
void CatmullRomActionTest∷onEnter()
{
    BasicScene∷onEnter();
    // 初始化绝对坐标点集合
    mPointArray1 = PointArray∷create(20);
    mPointArray1 - > addControlPoint(Point(50,50));
    mPointArray1 - > addControlPoint(Point(100,200));
    mPointArray1 - > addControlPoint(Point(100,200));
    mPointArray1 - > addControlPoint(Point(100,300));
    mPointArray1 - > addControlPoint(Point(300,120));
    mPointArray1 - > addControlPoint(Point(500,80));
    mPointArray1 - > addControlPoint(Point(700,380));
    mPointArray1 - > addControlPoint(Point(200,300));
    // 必须调用 retain 方法,否则 mPointArray1 创建不久就会被释放
    mPointArray1 - > retain();

    // 初始化相对坐标点集合
    mPointArray2 = PointArray∷create(20);
    mPointArray2 - > addControlPoint(Point(0,0));
    mPointArray2 - > addControlPoint(Point(100,200));
    mPointArray2 - > addControlPoint(Point(300,300));
    mPointArray2 - > addControlPoint(Point(400,100));
    mPointArray2 - > addControlPoint(Point(500,400));
    mPointArray2 - > addControlPoint(Point(600,200));
    mPointArray2 - > addControlPoint(Point(700,100));
    // 必须调用 retain 方法,否则 mPointArray2 创建不久就会被释放
    mPointArray2 - > retain();

    auto sprite1 = Sprite∷create("images/penguin1.png");
    addChild(sprite1);
    // 将 sprite1 的起始位置设为 mPointArray1 的第一个坐标点
    sprite1 - > setPosition(mPointArray1 - > getControlPointAtIndex(0));

    auto sprite2 = Sprite∷create("images/bull1.png");
    addChild(sprite2);
    // 将 sprite2 的起始位置设为 mPointArray2 的第一个坐标点
    sprite2 - > setPosition(mPointArray2 - > getControlPointAtIndex(0));

    // 创建 CatmullRomTo 对象,需要在 4 秒内走完整个移动路径
    auto actionCatmullRomTo = CatmullRomTo∷create(4, mPointArray1);
    // 创建 CatmullRomBy 对象,需要在 4 秒内走完整个移动路径
    auto actionCatmullRomBy = CatmullRomBy∷create(4, mPointArray2);
    // 在 sprite1 顺序运行 actionCatmullRomTo 和 actionCatmullRomTo 的反向动作
    sprite1 - > runAction(Sequence∷createWithTwoActions(actionCatmullRomTo,
```

```
                                    actionCatmullRomTo -> reverse()));
    // 在 sprite2 顺序运行 actionCatmullRomBy 和 actionCatmullRomBy 的反向动作
    sprite2 -> runAction(Sequence::createWithTwoActions(actionCatmullRomBy,
actionCatmullRomBy -> reverse()));
}
```

9.2.5 可变张力的样条曲线动作(CardinalSplineBy/CardinalSplineTo)

CardinalSplineBy 和 CardinalSplineTo 动作与 9.2.4 节介绍的 CatmullRomBy 和 CatmullRomTo 类似。只是前者可以指定张力(tension),而后者将张力固定在 0.5。CardinalSplineBy::create 和 CardinalSplineTo::create 方法分别用于创建 CardinalSplineBy 和 CardinalSplineTo 对象,这两个方法的原型如下:

```
static CardinalSplineBy * create(float duration, PointArray * points, float tension);
static CardinalSplineTo * create(float duration, PointArray * points, float tension)
```

其中,tension 参数表示张力。

本节的例子和 9.2.4 节例子中的代码大多相同,只有 CardinalSplineActionTest::onEnter 方法中创建 CardinalSplineBy 和 CardinalSplineTo 对象的部分不同,下面就看看这些不同的代码。

Cocos2dxDemo/classes/Action/ActionInterval/ActionIntervalTest. cpp

```
void CardinalSplineActionTest::onEnter()
{
    BasicScene::onEnter();
    …
    // 创建 CardinalSplineTo 对象,并指定张力为 0.9
    auto actionCardinalSplineTo = CardinalSplineTo::create(4, mPointArray1, 0.9);
    // 创建 CardinalSplineBy 对象,并指定张力为 0.9
    auto actionCardinalSplineBy = CardinalSplineBy::create(4, mPointArray2, 0.9);
    sprite1 -> runAction(Sequence::createWithTwoActions(actionCardinalSplineTo,
actionCardinalSplineTo -> reverse()));
    sprite2 -> runAction(Sequence::createWithTwoActions(actionCardinalSplineBy,
actionCardinalSplineBy -> reverse()));
}
```

9.3 旋转与缩放动作

旋转和缩放可能是除了移动外最常用的两类动作。例如,在一个射击类游戏中,飞船发射激光炮时,可能炮弹会一边移动,一边旋转。本节将详细介绍如何使用这两个较常用的动作。

9.3.1　旋转动作（RotateBy/RotateTo）

旋转动作可以让节点以锚点为中心顺时针或逆时针匀速旋转指定的角度。在默认情况下，大多数节点的锚点在节点的中心，所以在不改变锚点的情况下，旋转动作会使节点自转。当然，如果要显示类似一个物体绕着另一个物体旋转的效果，就需要改变节点的锚点了。

创建 RotateBy 和 RotateTo 对象需要使用 create 方法，该方法的原型如下：

```
static RotateBy * create(float duration, float angle);
static RotateTo * create(float duration, float angle);
```

其中，angle 对于 RotateBy 是增量角度，对于 RotateTo 是绝对角度。

本节的例子在窗口上放一个风车的图像。该图像一开始会从左侧一边向右移动，一边顺时针旋转，直到到达右侧，然后会一边向左侧移动，一边逆时针旋转，直到回到原来的位置。运行效果如图 9-8 所示。

图 9-8　旋转动作的效果

使用旋转动作的代码如下：

Cocos2dxDemo/classes/Action/ActionInterval/ActionIntervalTest. cpp

```
void RotateActionTest::onEnter()
{
    BasicScene::onEnter();
    // 创建执行旋转和移动动作的 Sprite
    auto sprite = Sprite::create("images/windmill.png");
    sprite->setPosition(Point(100,240));
    addChild(sprite);
    // 创建 RotateBy 对象，在 3 秒内顺时针旋转 180 度
    auto rotationByAction = RotateBy::create(3, 180);
    // 创建 RotateTo 对象，在 3 秒内逆时针旋转到 0 度（逆时针旋转）
    auto rotationToAction = RotateTo::create(3, 0);

    // 创建第一个 MoveTo 对象
    auto moveToAction1 = MoveTo::create(3, Point(700, 240));
    // 创建第二个 MoveTo 对象
```

```
auto moveToAction2 = MoveTo::create(3, Point(100, 240));

// 创建 Spawn 对象,让 rotationByAction 和 moveToAction1 两个动作同时运行
auto spawnAction1 = Spawn::createWithTwoActions(rotationByAction, moveToAction1);
// 创建 Spawn 对象,让 rotationToAction 和 moveToAction2 两个动作同时运行
auto spawnAction2 = Spawn::createWithTwoActions(rotationToAction, moveToAction2);
// 创建 Sequence 动作,让 spawnAction1 和 spawnAction2 按顺序运行
auto sequenceAction = Sequence::createWithTwoActions(spawnAction1, spawnAction2);
// 开始移动和旋转 Sprite
sprite->runAction(sequenceAction);
}
```

要注意的是,由于本例需要同时让节点移动和旋转,所以使用了 Spawn 动作,该动作与 Sequence 动作的用法相同,只是前者允许指定的动作并行,而 Sequence 允许指定的动作按指定顺序执行。这两个动作会在后面详细介绍。

9.3.2　缩放动作(ScaleBy/ScaleTo)

缩放动作可以让节点以锚点为中心在 X 和 Y 方向放大和缩小。在默认情况下,大多数节点的锚点在节点的中心,所以在不改变锚点的情况下,缩放动作会使节点以正中心为基点向 X 和 Y 方向缩放。

创建 ScaleBy 和 ScaleTo 对象需要使用 create 方法,该方法的原型如下:

```
static ScaleTo* create(float duration, float s);
static ScaleBy* create(float duration, float s);
```

其中,s 对于 ScaleBy 是增量缩放比例,对于 ScaleTo 是绝对缩放比例。要注意的是,对于缩放的增量,是乘的关系,而不是加的关系。例如,要将原来被缩放到 0.5 的节点放大到当前的 3 倍,也就是 1.5。如果使用 ScaleTo,s 的值就是 1.5,但如果要使用 ScaleBy,s 的值是 3,也就是 0.5×3。

本节的例子在窗口左上角和右下角各放置一个心形图像,这两个图像会不断放大和缩小。左上角的心形图像先放大,再缩小。而右下角的心形图像先缩小,再放大。效果如图 9-9 所示。

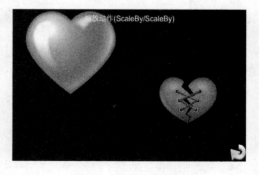

图 9-9　缩放动作效果

使用缩放动作的代码如下:

Cocos2dxDemo/classes/Action/ActionInterval/ActionIntervalTest. cpp

```
void ScaleActionTest::onEnter()
{
    BasicScene::onEnter();
```

```
// 创建在左上角显示的 Sprite
auto sprite1 = Sprite::create("images/heart1.png");
sprite1->setPosition(Point(200,350));
addChild(sprite1);
// 现将节点缩小到原来的一半
sprite1->setScale(0.5);
// 创建在右下角显示的 Sprite
auto sprite2 = Sprite::create("images/heart2.png");
sprite2->setPosition(Point(600,200));
addChild(sprite2);
// 现将节点放大到原来的 150%
sprite2->setScale(1.5);
// 创建第一个 ScaleTo 对象,将节点在 0.4 秒内放大到原始大小的 1.5 倍
auto scaleToAction1 = ScaleTo::create(0.4, 1.5);
// 创建第二个 ScaleTo 对象,将节点在 0.4 秒内缩小到原始大小的 0.5 倍
auto scaleToAction2 = ScaleTo::create(0.4, 0.5);
// 按顺序执行 scaleToAction1 和 scaleToAction2
auto sequenceAction1 = Sequence::createWithTwoActions(scaleToAction1,
                                                      scaleToAction2);
// 创建 ScaleBy 对象,将节点放大到原来比例的 3 倍(如果原来的比例的 0.5,则放大到 1.5 倍)
auto scaleByAction = ScaleBy::create(0.4, 3);
// 按顺序执行 scaleToAction1 和 scaleToAction2,注意,这里要克隆一个 scaleToAction2,
// 不能使用原来的 scaleToAction2
auto sequenceAction2 = Sequence::createWithTwoActions(scaleToAction2->clone(),
scaleByAction);
// 缩放 sprite1
sprite1->runAction(RepeatForever::create(sequenceAction1));
// 缩放 sprite2
sprite2->runAction(RepeatForever::create(sequenceAction2));

}
```

9.4 执行规则动作

前面已经介绍了一些常用的动作。不过,如果只使用这些动作,只能孤立地运行。但在很多时候,需要让这些动作按着不同的规则执行。例如,如果让一个皮球沿着屏幕四周,就需要使用 4 个 MoveTo 动作按顺序执行,如果皮球还需要滚动,那么在执行 MoveTo 动作的同时,还需要执行 RotateTo 动作。在这一过程中就涉及两个执行规则:顺序执行和并行执行。这两个执行规则实际上也是动作,只是它们并不执行控制节点的行为,而是将多个动作组合起来以一定规则运行。顺序执行对应的动作是 Sequence,并行执行对应的动作是 Spawn。这两个动作在前面的例子中已经使用过了,不过没有详细介绍,本节除了向读者详细介绍这两个动作外,还会介绍一下其他执行规则动作,例如可以让某个动作无限循环执行的 RepeatForever 动作。

9.4.1 顺序执行动作(Sequence)

Sequence 动作用于让两个或多个动作按顺序执行。Sequence 通常用来将多个简单的动作组合起来完成更复杂的动作。在使用 Sequence∷create 方法时允许使用不定参数或 Vector 对象形式指定多个动作。create 方法的原型如下:

```
static Sequence * create(FiniteTimeAction * action1, ...);
static Sequence * create(const Vector<FiniteTimeAction *> & arrayOfActions);
```

从 create 方法的原型可以看出,接受的动作需要是 FiniteTimeAction 的子类。FiniteTimeAction 是 Action 的子类。只不过 FiniteTimeAction 多了个 Duration,也就是允许设置完成动作所需要的时间,换句话说,FiniteTimeAction 表示可以在有限时间内完成的动作。如果读者要自定义动作,并且想使用 Sequence,动作类就要从 FiniteTimeAction 或其子类继承,否则无法使用 create 方法添加到 Sequence 中。

在使用 create 方法的第 1 个重载形式时要注意。最后一个参数值必须为 NULL,因为 C++要用这个 NULL 来判断参数已经结束。在后面介绍的这类拥有不定参数的方法或函数,最后一个参数值都必须为 NULL。这一点读者一定要牢记,否则将会产生难以预料的后果。

第 2 个 create 方法的重载形式中使用的 Vector 在 4.6 节已经介绍过了,读者可以参考该节的内容创建和使用 Vector 对象。

在很多时候,可能涉及的动作只有两个,所以 Sequence 又提供了一个只能设置两个动作的 createWithTwoActions 方法,该方法在前面的例子中已经多次使用过。createWithTwoActions 方法的原型如下:

```
static Sequence * createWithTwoActions(FiniteTimeAction * actionOne, FiniteTimeAction *
actionTwo);
```

本节的例子会在屏幕的左下角放置一个小球,并使用 Sequence 控制 4 个 MoveTo 动作,使小球逆时针绕屏幕一周。效果如图 9-10 所示。

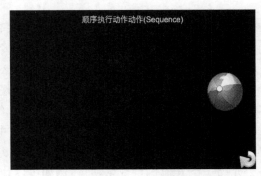

图 9-10　Sequence 动作效果

使用 Sequence 动作控制小球逆时针绕行一周的代码如下：

Cocos2dxDemo/classes/Action/ActionInterval/ActionIntervalTest. cpp

```
void SequenceActionTest::onEnter()
{
    BasicScene::onEnter();
    // 创建显示小球的 Sprite
    auto sprite = Sprite::create("images/beachball.png");
    sprite->setPosition(Point(100,100));
    addChild(sprite);
    // 创建第 1 个 MoveTo 动作,使小球沿底边向右运动
    auto moveToAction1 = MoveTo::create(2, Point(700,100));
    // 创建第 2 个 MoveTo 动作,使小球沿右边向上运动
    auto moveToAction2 = MoveTo::create(2, Point(700,380));
    // 创建第 3 个 MoveTo 动作,使小球沿顶边向左运动
    auto moveToAction3 = MoveTo::create(2, Point(100,380));
    // 创建第 4 个 MoveTo 动作,使小球沿左边向下运动,回到原来的位置
    auto moveToAction4 = MoveTo::create(2, Point(100,100));
    // 创建 Sequence 动作,使者 4 个 MoveTo 动作按顺序执行
    auto sequenceAction = Sequence::create(moveToAction1, moveToAction2, moveToAction3,
moveToAction4, NULL);
    // 在 sprite 上执行动作
    sprite->runAction(sequenceAction);
}
```

9.4.2 并行动作（Spawn）

Spawn 动作用于使多个动作同时执行。Spawn 的用法与 Sequence 完全一样,同样可以用 createWithTwoActions 或 create 方法指定两个或多个动作,这两个方法的原型也与 Sequence 类同名方法的原型完全相同。

本节的例子给出了一个比较复杂和结合 Sequence 及 Spawn 的综合用法。在屏幕一开始,会显示两颗重合的"心",这两颗"心"同时缩小,当缩小的同时,两颗"心"分别向左右移动,当放大时,两颗"心"再次重合。效果如图 9-11 所示。

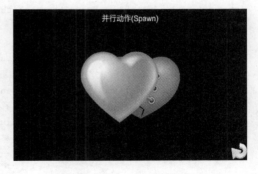

图 9-11 Spawn 动作效果

使用 Spawn 动作控制"心"缩放和移动的代码如下：

Cocos2dxDemo/classes/Action/ActionInterval/ActionIntervalTest. cpp

```
void SpawnActionTest::onEnter()
{
```

```
BasicScene::onEnter();
auto size = Director::getInstance()->getWinSize();
// 创建显示第一个"心"的 Sprite
auto sprite1 = Sprite::create("images/heart1.png");
sprite1->setPosition(Point(size.width/2,size.height/2));
addChild(sprite1, 2);
sprite1->setScale(1.5);
// 创建显示第二个"心"的 Sprite
auto sprite2 = Sprite::create("images/heart2.png");
sprite2->setPosition(Point(size.width/2,size.height/2));
addChild(sprite2, 1);
sprite2->setScale(1.5);
// 左移 80
auto moveByAction1 = MoveBy::create(0.4, Point(-80, 0));
// 右移 80
auto moveByAction2 = MoveBy::create(0.4, Point(80, 0));
// 缩小到原来的 50%
auto scaleToAction1 = ScaleTo::create(0.4, 0.5);
// 放大到原来的 150%
auto scaleToAction2 = ScaleTo::create(0.4, 1.5);
// 缩小左移
auto spawnAction1 = Spawn::createWithTwoActions(scaleToAction1, moveByAction1);
// 放大右移
auto spawnAction2 = Spawn::createWithTwoActions(scaleToAction2, moveByAction2);
// 缩小右移
auto spawnAction3 = Spawn::createWithTwoActions(scaleToAction1->clone(), moveByAction2
->clone());
// 放大左移
auto spawnAction4 = Spawn::createWithTwoActions(scaleToAction2->clone(), moveByAction1
->clone());
// 先缩小左移,再放大右移
auto sequenceAction1 = Sequence::createWithTwoActions(spawnAction1, spawnAction2);
// 先缩小右移,再放大左移
auto sequenceAction2 = Sequence::createWithTwoActions(spawnAction3, spawnAction4);
// 对第一个"心"先缩小左移,再放大右移
sprite1->runAction(RepeatForever::create(sequenceAction1));
// 对第二个"心"先缩小右移,再放大左移
sprite2->runAction(RepeatForever::create(sequenceAction2));

}
```

9.4.3 重复执行动作(Repeat)

Repeat 动作允许指定动作重复执行有限次数。Repeat::create 方法用于创建 Repeat 对象,该方法的原型如下:

```
static Repeat * create(FiniteTimeAction * action, unsigned int times);
```

其中,action 参数表示要重复执行的动作,times 参数表示重复执行的次数。

本节的例子在屏幕中心放一个如图 9-12 所示的图像。通过 Sequence 和 Repeat 结合使用,使该图像首先按顺时针旋转 3 圈,然后按逆时针旋转 3 圈后停止。

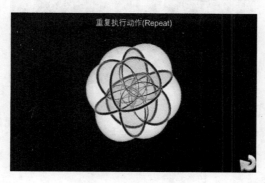

图 9-12　Repeat 动作

使用 Repeat 动作控制图像旋转的代码如下:

Cocos2dxDemo/classes/Action/ActionInterval/ActionIntervalTest. cpp

```
void RepeatActionTest∷onEnter()
{
    BasicScene∷onEnter();
    auto size = Director∷getInstance() -> getWinSize();
    // 创建用于旋转的 Sprite 对象
    auto sprite = Sprite∷create("images/cell.png");
    sprite -> setPosition(Point(size.width/2, size.height/2));
    addChild(sprite);
    // 在当前角度的基础上,顺时针再旋转 180 度
    auto rotateByAction = RotateBy∷create(2, 180);
    // 先顺时针旋转 3 圈(6 个 180 度),然后再逆时针旋转 3 圈
    auto sequenceAction = Sequence∷create(Repeat∷create(rotateByAction, 6), Repeat∷create
(rotateByAction -> reverse(), 6), NULL);
    sprite -> runAction(sequenceAction);
}
```

9.4.4　无限循环动作(RepeatForever)

RepeatForever 是 Repeat 的特例。允许指定的动作无限次运行。RepeatForever∷create 方法只有一个参数,用于指定要无限循环执行的动作。

在本节的例子中在屏幕的中心显示一个"太阳",在"太阳"旁边有一个"地球","太阳"每 2 秒逆时针旋转一周,"地球"重新设置了锚点,并且每 4 秒顺时针绕"太阳"一周。效果如图 9-13 所示。

图 9-13　RepeatForever 动作

使用 RepleatForever 控制"太阳"自转和"地球"公转的代码如下：

Cocos2dxDemo/classes/Action/ActionInterval/ActionIntervalTest. cpp

```
void RepeatForeverActionTest::onEnter()
{
    BasicScene::onEnter();
    auto size = Director::getInstance()->getWinSize();
    // 创建"地球"Sprite
    auto spriteEarth = Sprite::create("images/earth.png");
    spriteEarth->setPosition(Point(size.width/2,size.height/2));
    // 重新设置了锚点,该锚点不在"地球"图像上,而在"地球"图像的右侧,所以"地球"
    // 会绕着"太阳"公转
    spriteEarth->setAnchorPoint(Point(4, 0.5));
    addChild(spriteEarth);
    // 创建"太阳"Sprite
    auto spriteSun = Sprite::create("images/sun.png");
    spriteSun->setPosition(Point(size.width/2,size.height/2));
    addChild(spriteSun);
    // 每 2 秒顺时针旋转 180 度
    auto rotateByAction = RotateBy::create(2, 180);
    // "地球"图像使用顺时针旋转动作
    spriteEarth->runAction(RepeatForever::create(rotateByAction));
    // "太阳"图像使用逆时针旋转动作
    spriteSun->runAction(RepeatForever::create(rotateByAction->reverse()));
}
```

9.4.5　反序动作（ResverseTime）

ResverseTime 动作相对简单一些。该动作可以将指定的动作按相反的顺序执行。例如，RotateBy 动作如果按下面的代码使用 ResverseTime，则会从顺时针改为逆时针运动。读者可以以将 ResverseTime 使用在前面的例子中来关注最终的效果。

```
auto resverseTimeAction = ResverseTime::create(RotateBy(4, 180));
sprite.runAction(resverseTimeAction);
```

9.5　控制节点显示和隐藏的动作

在动作类中有一类动作可以控制节点的显示和隐藏。这些动作可以允许节点以一定频率闪烁(显示和隐藏),也可以允许节点在颜色和透明度上完成一个过渡的变化,然后再隐藏或显示。例如,FadeIn(淡入)和 FadeOut(淡出)可以控制节点的透明度在 0 到 255 之间变化。当然,还有更多的动作可以实现各种使节点显示和隐藏的功能,本节将详细介绍这些动作的使用方法。

9.5.1　闪烁动作(Blink)

Blink 动作允许一个节点在一定时间内闪烁指定的次数。这里的闪烁就是指节点隐藏再显示的过程。Blink::create 方法用于创建 Blink 对象,该方法的原型如下:

```
static Blink * create(float duration, int blinks);
```

其中,blinks 参数表示闪烁的次数。

本节的例子在屏幕的中心显示一个图像,并在 2 秒中闪烁 3 次。实现代码如下:

Cocos2dxDemo/classes/Action/ActionInterval/ActionIntervalTest.cpp

```
void BlinkActionTest::onEnter()
{
    BasicScene::onEnter();
    auto size = Director::getInstance()->getWinSize();
    auto sprite = Sprite::create("images/cell.png");
    sprite->setPosition(Point(size.width/2,size.height/2));
    addChild(sprite);
    // 创建 Blink 对象,在 2 秒内闪烁 3 次
    auto blinkAction = Blink::create(2, 3);
    // 在 sprite 上运行该动作
    sprite->runAction(blinkAction);
}
```

9.5.2　淡入淡出动作(FadeIn/FadeOut)

FadeIn 和 FadeOut 可以控制节点的透明度。FadeIn 使节点的透明度从 0 变化到 255 (从完全透明到完全不透明),FadeOut 使节点的透明度从 255 变化到 0(从完全不透明到完全透明)。所以,FadeIn 和 FadeOut 又称为淡入(逐渐显示)和淡出(逐渐隐藏)。要注意的是,FadeIn 和 FadeOut 只在 0 和 255 之间变化。如果节点的当前透明度不是 0 或 255,那么 FadeIn 会首先将节点的透明度设为 0,而 FadeOut 回将节点的透明度设为 255。也就是说,FadeIn 和 FadeOut 是不能让节点从当前透明度逐渐变化到 255 或 0 的。

FadeIn::create 和 FadeOut::create 方法分别用来创建 FadeIn 和 FadeOut 对象。这两

个 create 方法都只有一个 duration 参数,表示需要多长时间完成淡入淡出效果。

本节的例子在屏幕左侧和右侧分别放了一朵花。左侧的花先淡出,再淡入。与此同时,右侧的花先淡入,再淡出。并使用 RepeatForever 动作让这一过程永远循环下去。效果如图 9-14 所示。

图 9-14　淡入淡出动作的效果

实现淡入淡出效果的代码如下:

Cocos2dxDemo/classes/Action/ActionInterval/ActionIntervalTest. cpp

```
void FadeInOutActionTest::onEnter()
{
    BasicScene::onEnter();
    auto size = Director::getInstance()->getWinSize();
    // 创建显示左侧花的 Sprite
    auto sprite1 = Sprite::create("images/flower1.png");
    sprite1->setPosition(Point(size.width/2 - 200,size.height/2));
    addChild(sprite1);
    // 创建显示右侧花的 Sprite
    auto sprite2 = Sprite::create("images/flower2.png");
    sprite2->setPosition(Point(size.width/2 + 210,size.height/2));
    addChild(sprite2);
    sprite2->setOpacity(0);
    // 创建 FadeIn 对象(淡入效果)
    auto actionFadeIn = FadeIn::create(3);
    // 创建 FadeOut 对象(淡出效果)
    auto actionFadeOut = FadeOut::create(3);
    // 先淡入,再淡出
    auto actionSequence1 = Sequence::createWithTwoActions(actionFadeIn, actionFadeOut);
    // 先淡出,再淡入
    auto actionSequence2 = Sequence::createWithTwoActions(actionFadeOut->clone(),
    actionFadeIn->clone());
    // 左侧的花先淡出,再淡入
    sprite1->runAction(RepeatForever::create(actionSequence2));
    // 右侧的花先淡入,再淡出
```

```
sprite2->runAction(RepeatForever::create(actionSequence1));

}
```

9.5.3　透明度渐变动作（FadeTo）

在 9.5.2 节介绍的 FadeIn 和 FadeOut 只能控制透明度在最大范围（0 至 255）内变化。而 FadeTo 支持从当前的透明度变化到指定的透明度。因此，FadeTo 可以完全取代 FadeIn 和 FadeOut。不过如果只想让透明度从 0 变化到 255，或从 255 变化到 0，还是用 FadeIn 或 FadeOut 更方便。

FadeTo::create 方法用于创建 FadeTo 对象，该方法的原型如下：

```
static FadeTo * create(float duration, GLubyte opacity);
```

其中，Glubyte 是自定义类型，实际上就是 unsigned char 类型。

本节的例子在屏幕中心显示一个图像，该图像的透明度从 255 变化到 80，再从 80 变化到 255，并且循环执行这一过程。实现代码如下：

Cocos2dxDemo/classes/Action/ActionInterval/ActionIntervalTest. cpp

```
void FadeToActionTest::onEnter()
{
    BasicScene::onEnter();
    BasicScene::onEnter();
    auto size = Director::getInstance()->getWinSize();
    auto sprite = Sprite::create("images/flower1.png");
    sprite->setPosition(Point(size.width/2 ,size.height/2));
    addChild(sprite);
     // 从当前的透明度(255)变化到80
    auto actionFadeTo1 = FadeTo::create(3, 80);
    // 从当前的透明度(80)变化到255
    auto actionFadeTo2 = FadeTo::create(3, 255);
    // 透明度从 255 变化到 80,再从 80 变化到 255
    auto actionSequence = Sequence::createWithTwoActions(actionFadeTo1,actionFadeTo2);
    // 在 sprite 上运行动作
    sprite->runAction(RepeatForever::create(actionSequence));
}
```

9.5.4　颜色渐变动作（TintBy/ TintTo）

TintBy 和 TintTo 可以使节点从当前颜色渐变到指定的颜色（颜色值增量或绝对颜色值）。TintBy::create 和 TintTo::create 方法分别用来创建 TintBy 和 TintTo 对象，这两个方法的原型如下：

```
static TintBy * create(float duration, GLshort deltaRed, GLshort deltaGreen, GLshort deltaBlue);
static TintTo * create(float duration, GLubyte red, GLubyte green, GLubyte blue);
```

其中,deltaRed、deltaGreen 和 deltaBlue 参数表示颜色增量值,red、green 和 blue 参数表示颜色绝对值。

本节的例子会在窗口中心放置一个背景色为绿色的 LayoutColor,并且利用 TintBy 和 TintTo 使背景色从绿色变为红色,再由红色变为蓝色。效果如图 9-15 所示。

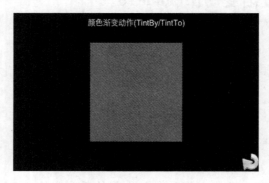

图 9-15　渐变颜色动作

实现颜色渐变的代码如下:

Cocos2dxDemo/classes/Action/ActionInterval/ActionIntervalTest. cpp

```
void TintActionTest::onEnter()
{
    BasicScene::onEnter();
    auto size = Director::getInstance()->getWinSize();
    auto layoutColor = LayerColor::create(Color4B(0,255,0,255), 300,300);
    layoutColor->ignoreAnchorPointForPosition(false);
    layoutColor->setPosition(Point(size.width/2 ,size.height/2));
    addChild(layoutColor);
    // 红色从 0 变为 255,绿色从 255 变为 0,蓝色不变
    auto actionTintBy = TintBy::create(3, 255, -255,0);
    // 红色从 255 变为 0,绿色不变,蓝色从 0 变为 255
    auto actionTintTo = TintTo::create(3, 0,0,255);
    // 在 LayoutColor 上运行动作
    layoutColor->runAction(Sequence::createWithTwoActions(actionTintBy, actionTintTo));

}
```

9.6　可立即执行的动作

在众多的动作类中,有一类最简单的动作。这些动作只能使节点隐藏、显示,移动位置或从父节点删除自己。尽管这些工作很容易通过节点的某个方法完成,但这些动作却是在异步情况下完成的。如果读者想异步实现节点的隐藏、显示、删除、移位等动作,不妨使用本

节介绍的几个动作。

1. 显示节点（Show）

Show 动作用于显示节点。如果 sprite 当前处于隐藏状态，下面的代码会显示 sprite。

```
auto sprite = Sprite::create("image.png");
addChild(sprite);
// 隐藏 sprite
sprite->setVisible(false);
// 显示 sprite,相当于调用 sprite->setVisible(true)
sprite->runAction(Show::create());
```

2. 隐藏节点（Hide）

Hide 动作用于隐藏节点。如果 sprite 当前处于可视状态，下面的代码会隐藏 sprite。

```
auto sprite = Sprite::create("image.png");
addChild(sprite);
// 隐藏 sprite,相当于调用 sprite->setVisible(false)
sprite->runAction(Hide::create());
```

3. 显示/隐藏开关动作（ToggleVisibility）

ToggleVisibility 动作会根据当前节点的状态来显示或隐藏当前的节点。如果节点处于可视状态，节点会隐藏，如果节点处于隐藏状态，节点会变为可视状态。例如，下面的代码会将节点变为隐藏状态。

```
auto sprite = Sprite::create("image.png");
addChild(sprite);
// 隐藏 sprite,相当于调用 sprite->setVisible(sprite->isVisible())
sprite->runAction(ToggleVisibility::create());
```

4. 改变节点位置的动作（Place）

Place 动作可以改变节点的位置。例如，下面的代码会将 sprite 的位置设为(200,200)。

```
auto sprite = Sprite::create("image.png");
addChild(sprite);
// 移动 sprite,相当于调用 sprite->setPosition(Point(200,200))
sprite->runAction(Place::create(Point(200,200)));
```

5. 水平翻转动作（FlipX）

FlipX 动作可以让节点水平翻转，翻转后的效果与从镜子中观看节点一样，所以也可称为镜面动作。下面的代码使用 FlipX 动作水平翻转了 sprite。

```
auto sprite = Sprite::create("image.png");
addChild(sprite);
// 水平翻转 sprite,相当于调用 sprite->setFlippedX(true)
sprite->runAction(FlipX::create(true));
```

假设图 9-16 是正常的图像，那么水平翻转后，效果如图 9-17 所示。

图 9-16　正常的图像　　　　　　　　　　图 9-17　水平翻转后的图像

6. 垂直翻转动作（FlipY）

FlipY 可以将节点垂直翻转。下面的代码使用 FlipY 动作垂直翻转了图 9-16 所示的图像，垂直翻转后的效果如图 9-18 所示。

```
auto sprite = Sprite::create("image.png");
addChild(sprite);
// 垂直翻转 sprite,相当于调用 sprite->setFlippedY(true)
sprite->runAction(FlipY::create(true));
```

9-18　垂直翻转后的图像

7. 移除自身动作（RemoveSelf）

RemoveSelf 动作可以将某个节点从其父节点中删除。下面的代码通过 RemoveSelf 动作将 sprite 从其父节点中移除。

```
auto sprite = Sprite::create("image.png");
addChild(sprite);
// 从父节点中移除 sprite,相当于调用 sprite->removeFromParentAndCleanup(true)
sprite->runAction(RemoveSelf::create(true));
```

9.7　回调函数动作（CallFunc/ CallFuncN）

在很多情况下，当节点完成一系列动作后，需要做一下收尾工作，或在动作序列进行到某一阶段，需要执行其他的代码进行处理。这就需要将回调函数作为动作使用。这就是本节要讲的 CallFunc 和 CallFuncN。这两个类尽管也属于 9.6 节介绍的立即执行动作（ActionInstant 的子类），但由于其特殊性，所以单独拿出一节来介绍它们。

CallFunc 和 CallFuncN 都指向一个回调函数，只是回调函数的参数不同。前者指向的回调函数没有任何参数，而后者指向的回调函数有一个 Node * 类型的参数，该参数表示当前正在运行该动作的节点。这一点从这两个类的 create 方法的原型就可以看出。

```
// CallFunc::create 方法的原型
static CallFunc * create(const std::function<void()>& func);
// CallFuncN::create 方法的原型
static CallFuncN * create(const std::function<void(Node *)>& func);
```

在使用 CallFunc 和 CallFuncN 动作之前，首先要定义回调函数，例如下面的代码在 MyClass 中定义了两个回调函数，分别用于 CallFunc 和 CallFuncN 动作。

```
class MyClass : public Scene
{
public:
    …
    // 用于 CallFunc 动作
    void callback();
    // 用于 CallFuncN 动作
    void callbackN(Node * node);
};
```

然后需要实现这两个函数，代码如下：

```
void MyClass::callback()
{
    CCLOG("callback");
}
void MyClass::callbackN(Node * node)
{
    CCLOG("callbackN");
}
```

最后需要使用下面的代码创建和使用 CallFunc 和 CallFuncN 动作。在这段代码中，sprite1 先执行 actionMoveTo1，然后再执行 actionCallFunc（调用 MyClass::callback 方法）。Sprite2 先执行 actionMoveTo2，然后再执行 actionCallFuncN（调用 MyClass::callbackN 方法）。

```
auto sprite1 = Sprite::create("image1.png");
auto sprite2 = Sprite::create("image2.png");
addChild(sprite1);
addChild(sprite2);
// 创建 CallFunc 动作
auto actionCallFunc = CallFunc::create(CC_CALLBACK_0(MyClass::callback,this));
// 创建 CallFuncN 动作
auto actionCallFuncN = CallFuncN::create(CC_CALLBACK_1(MyClass::callbackN,this));
auto actionMoveTo1 = MoveTo::create(2, Point(200,200));
auto actionMoveTo2 = MoveTo::create(4, Point(400,400));
// 最后一个动作执行了 actionCallFunc
auto actionSequence1 = Sequence::create(actionMoveTo1, actionCallFunc, NULL);
// 最后一个动作执行了 actionCallFuncN
auto actionSequence2 = Sequence::create(actionMoveTo2, actionCallFuncN, NULL);
sprite1 -> runAction(actionSequence1);
sprite2 -> runAction(actionSequence2);
```

要注意的是,由于 CallFunc::create 和 CallFuncN::create 方法的参数类型在 Cocos2d-x 3.x 中已改为 std::function<void()>和 std::function<void(Node∗)。所以,参数值需要使用 CC_CALLBACK_0 或 CC_CALLBACK_1 宏(在 Cocos2d-x 2.x 中使用 callfunc_selector 和 callfuncN_selector 宏)。这两个宏分别表示绑定无参数的回调方法和有一个参数的回调方法。它们在内部都调用了 std::bind 模板进行绑定。

9.8　变速动作(Ease Action)

本节将介绍一类 Ease 动作,这些动作都是 EaseRateAction 或 ActionEase 的子类。Ease 动作可以认为是变速运动。Ease 动作本身不具备任何运动的能力。要使用 Ease 动作,必须将一个其他的动作(如 MoveTo、ScaleTo 等)与 Ease 动作绑定。原本 MoveTo、ScaleTo 这些动作都是匀速的。但使用了 Ease 动作后,它们不再是匀速运动了。本节将详细介绍 Cocos2d-x 3.10 中提供的各种 Ease 动作。

9.8.1　幂加速动作(EaseIn)

EaseIn 动作可以使与其绑定的动作一开始运行缓慢,然后速度会越来越快,直到动作停止为止。EaseIn::create 方法用于创建 EaseIn 对象,该方法的原型如下:

```
static EaseIn ∗ create(ActionInterval ∗ action, float rate);
```

其中,action 表示与 EaseIn 绑定的动作,rate 表示变化率。这个变化率可以认为是速度变化率,当然,也可以认为是时间变化率。为了更清楚地理解 rate,可以查看一下 EaseIn::update 方法的代码(因为所有的动作类都通过该方法来完成每一帧的动作)。

＜Cocos2d-x 根目录＞/cocos/2d/CCActionEase.cpp

```
void EaseIn::update(float time)
{
    // 可以将 time 看成是变量,_rate 可以看成是常量,这也就相当于 X^n(幂函数)
    // 所以 EaseIn 也可以称为幂加速动作
    _inner->update(powf(time, _rate));
}
```

从 EaseIn::update 方法的代码很容易理解 rate 的函数。其中,_inner 是 EaseIn 成员变量,该变量就是 EaseIn::create 方法的第一个参数(action)的值。而_rate 就是 EaseIn::create 方法的第二个参数(rate)的值。powf 是 C 语言函数,用于计算 float 类型值的次方(x 的 y 次方)。所以 powf(time, _rate)就是计算 time 的_rate 次方。由于 time 的值从 0 到 1,表示动作完成的程度。如果_rate 等于 1,EaseIn 的作用将被忽略。如果_rate 大于 1,那么当 EaseIn::update 方法的 time 参数值是 0.5 时,powf(time, _rate)的计算结果肯定比 0.5 小。这也就意味着 EaseIn 动作完成了一半工作时,与 EaseIn 绑定的 action 完成的工作并不到一半。如果 action 在自己的 update 方法中考虑了 time 参数,自然在一开始,action 的反应会慢一些。但随着 EaseIn::update 方法的 time 参数值不断接近 1,该值就与 powf(time, _rate)的计算结果越来越接近,直到 time 等于 1,这时 time ＝ powf(time, _rate)。也就是说,尽管 EaseIn 动作一开始运行较慢,但会不断加速,并且与 action 同时完成工作。如果将_rate 设为小于 1 的值,则 EaseIn 就会一开始运行速度很快,然后速度会逐渐变慢,相当于 EaseOut(在下一节介绍)。

本节的例子会在窗口左下角放置两个图像,它们的位置和移动目标坐标点是相同的。这两个图像同时向右上角移动。一个图像使用了普通的 MoveTo 动作,另外一个图像使用了与 MoveTo 绑定的 EaseIn 动作,将 rate 设为 3。我们会发现,使用 MoveTo 动作的图像一开始会比使用 EaseIn 动作的图像速度快,但使用 EaseIn 动作的图像速度会越来越快(会逐渐超过使用 MoveTo 动作的图像),直到两个图像同时移动到目标点。图 9-19 是这两个图像运动过程中的效果。"心"图像使用了 MoveTo 动作,而"风车"图像使用了 EaseIn 动作。这时"风车"图像还没有赶上"心"图像。

图 9-19　EaseIn 动作

本例的实现代码如下:

Cocos2dxDemo/classes/Action/ActionEaseTest/ActionEaseTest.cpp

```
void EaseInActionTest::onEnter()
{
    BasicScene::onEnter();
    auto sprite1 = Sprite::create("images/windmill.png");
```

```
sprite1 -> setPosition(Point(100,100));
addChild(sprite1);

auto sprite2 = Sprite::create("images/heart1.png");
sprite2 -> setPosition(Point(100,100));
addChild(sprite2);
// 创建 MoveTo 对象
auto actionMoveTo = MoveTo::create(3, Point(500,300));
// 创建 EaseIn 对象,并与 actionMoveTo 绑定,同时设置 rate 为 3
auto actionEaseIn = EaseIn::create(actionMoveTo, 3);
// sprite1 运行 actionEaseIn 动作
sprite1 -> runAction(actionEaseIn);
// sprite2 运行 actionMoveTo 动作
sprite2 -> runAction(actionMoveTo -> clone());
}
```

9.8.2 幂减速动作(EaseOut)

EaseOut 与 EaseIn 正好相反,当 rate 大于 1 时,前者是先快后慢,后者是先慢后快。这一点从下面的 EaseOut::update 方法的代码也可以看出来。当然,调整 rate 的值,EaseOut 和 EaseIn 可以互相取代。不过习惯设置 rate 大于 1 的读者,就需要根据具体的效果选用 EaseOut 或 EaseIn 了。EaseOut 和 EaseIn 的使用方法完全相同。

＜Cocos2d-x 根目录＞/cocos/2d/CCActionEase.cpp

```
void EaseOut::update(float time)
{
    // 使用_rate 的倒数
    _inner -> update(powf(time, 1 / _rate));
}
```

图 9-20　EaseOut 动作

本节的例子在窗口上放置了两个图像,分为位于左侧和右侧。左侧的图像使用了 RotateBy 动作顺时针从 0 旋转到 270 度。右侧的图像使用与 RotateBy 绑定的 EaseOut 动作顺时针从 0 旋转到 270 度。因此,左侧的图像是匀速旋转的,右侧的图像先旋转得很快,然后旋转速度逐渐减慢,效果如图 9-20 所示。

本例的实现代码如下:

Cocos2dxDemo/classes/Action/ActionEaseTest/ActionEaseTest.cpp

```
void EaseOutActionTest::onEnter()
{
    BasicScene::onEnter();
```

```
auto size = Director::getInstance()->getWinSize();
auto sprite1 = Sprite::create("images/windmill.png");
sprite1->setPosition(Point(size.width / 2 - 200, size.height / 2));
addChild(sprite1);

auto sprite2 = Sprite::create("images/cell.png");
sprite2->setPosition(Point(size.width / 2 + 200, size.height / 2));
addChild(sprite2);
// 创建 RotateBy 对象,在 3 秒内从 0 顺时针旋转到 270 度
auto actionRotateBy = RotateBy::create(3, 270);
//创建于 actionRotateBy 绑定的 EaseOut 对象
auto actionEaseOut = EaseOut::create(actionRotateBy, 3);
// 左侧图像运行 actionRotateBy 动作
sprite1->runAction(actionRotateBy->clone());
// 右侧图像运行 actionEaseOut 动作
sprite2->runAction(actionEaseOut);
}
```

9.8.3　幂加速减速动作(EaseInOut)

EaseInOut 实际上整合了 EaseIn 和 EaseOut。也就是在动作运行的前一半时间使用
EaseIn(先慢后快),后一半时间使用 EaseOut(先快后慢)。这一点从 EaseInOut::update 方
法的代码中也可以看出。

<Cocos2d-x 根目录>/cocos/2d/CCActionEase.cpp

```
void EaseInOut::update(float time)
{
    time *= 2;                          // 将时间扩大一倍
    // 前一半时间,先慢,后快
    if (time < 1)
    {
        _inner->update(0.5f * powf(time, _rate));
    }
    else // 后一半时间,先快后慢
    {
        _inner->update(1.0f - 0.5f * powf(2 - time, _rate));
    }
}
```

本节的例子与 9.8.1 节中的例子类似,只是使用了 EaseInOut。效果也和图 9-20 类似。
只是使用 EaseInOut 的图像移动的前一半时间会先慢后快,后一半时间会先快后慢。实现
代码如下:

Cocos2dxDemo/classes/Action/ActionEaseTest/ActionEaseTest.cpp

```
void EaseInOutActionTest::onEnter()
```

```
{
    BasicScene::onEnter();
    … …
    auto actionMoveTo = MoveTo::create(3, Point(500,300));
    auto actionEaseInOut = EaseInOut::create(actionMoveTo, 3);
    sprite1 -> runAction(actionEaseInOut);
    sprite2 -> runAction(actionMoveTo -> clone());
}
```

9.8.4 指数加速动作(EaseExponentialIn)

前面几节分别介绍了 EaseIn、EaseOut 和 EaseInOut 动作,这三个动作都使用了幂函数(以 time 为底,rate 为幂)来计算与其绑定的动作的时间。实际上,凡是以 Ease 开头的动作都是以不同的函数形式计算内嵌动作的时间。例如,本节要介绍的 EaseExponentialIn 动作尽管也属于加速动作,但却是以指数函数(以 2 为底)来计算内嵌动作的时间的。这一点从 EaseExponentialIn::update 方法的实现代码就可以看出来。

＜Cocos2d-x 根目录＞/cocos/2d/CCActionEase.cpp

```
void EaseExponentialIn::update(float time)
{
    // 以 2 为底,指数中包含 time
    _inner -> update(time == 0 ? 0 : powf(2, 10 * (time/1 - 1)) - 1 * 0.001f);
}
```

使用 EaseExponentialIn 时不需要指定 rate,只需要指定与其绑定的动作即可。例如,下面的代码将 acitonMoveTo 与 actionEaseExponentialIn 绑定,并在 sprite1 上运行 actionEaseExponentialIn。

```
auto actionMoveTo = MoveTo::create(3, Point(500,300));
auto actionEaseExponentialIn = EaseExponentialIn::create(actionMoveTo);
sprite1 -> runAction(actionEaseExponentialIn);
```

本例及后面介绍的 EaseXxx 动作(Xxx 表示 SineIn、SineOut 等),都使用了 9.8.1 节中的两个 Sprite 进行测试,运行效果也与图 9.20 类似,只是在加速或减速上略有差别。读者可自行运行 Cocos2dxDemo 程序来测试本节及后面的例子。

9.8.5 指数减速动作(EaseExponentialOut)

EaseExponentialOut 动作与 EaseExponentialIn 正好相反。后者加速动作,而前者是减速动作。这一点从 EaseExponentialOut::update 方法的代码就可以看出来。

＜Cocos2d-x 根目录＞/cocos/2d/CCActionEase.cpp

```
void EaseExponentialOut::update(float time)
{
```

```
    _inner -> update(time == 1 ? 1 : (-powf(2, -10 * time / 1) + 1));
}
```

创建 EaseExponentialOut 对象与创建 EaseExponentialIn 对象的方式相同,代码如下:

```
auto actionMoveTo = MoveTo::create(3, Point(500,300));
auto actionEaseExponentialOut = EaseExponentialOut::create(actionMoveTo);
sprite1 -> runAction(actionEaseExponentialOut);
```

9.8.6　指数加速减速动作(EaseExponentialInOut)

EaseExponentialInOut 动作在前一半时间加速,后一半时间减速,EaseExponential-InOut::update 方法的代码如下:

<Cocos2d-x 根目录>/cocos/2d/CCActionEase.cpp

```
void EaseExponentialInOut::update(float time)
{
    time /= 0.5f;
    // 前一半事件加速
    if (time < 1)
    {
        time = 0.5f * powf(2, 10 * (time - 1));
    }
    else
    {
        // 后一半时间减速
        time = 0.5f * (-powf(2, -10 * (time - 1)) + 2);
    }

    _inner -> update(time);
}
```

使用 EaseExponentialInOut 的代码如下:

```
auto actionMoveTo = MoveTo::create(3, Point(500,300));
auto actionEaseExponentialInOut = EaseExponentialInOut::create(actionMoveTo);
sprite1 -> runAction(actionEaseExponentialInOut);
```

9.8.7　正弦加速动作(EaseSineIn)

EaseSineIn 动作用于通过三角函数计算内嵌动作的时间。尽管动作名称包含正弦(Sine),但在 EaseSineIn::update 方法中使用的是余弦函数,不过这无所谓,因为正弦和余弦可以互相转换。下面看一下 EaseSineIn::update 方法的代码。

<Cocos2d-x 根目录>/cocos/2d/CCActionEase.cpp

```
void EaseSineIn::update(float time)
```

```
{
    _inner->update(-1 * cosf(time * (float)M_PI_2) + 1);
}
```

使用 EaseSineIn 动作的代码如下：

```
auto actionMoveTo = MoveTo::create(3, Point(500,300));
auto actionEaseSineIn = EaseSineIn::create(actionMoveTo);
sprite1->runAction(actionEaseSineIn);
```

9.8.8 正弦减速动作（EaseSineOut）

EaseSineOut 动作用于使内嵌动作减速。EaseSineOut::update 方法的代码如下：
＜Cocos2d-x 根目录＞/cocos/2d/CCActionEase.cpp

```
void EaseSineOut::update(float time)
{
    _inner->update(sinf(time * (float)M_PI_2));
}
```

使用 EaseSineOut 动作的代码如下：

```
auto actionMoveTo = MoveTo::create(3, Point(500,300));
auto actionEaseSineOut = EaseSineOut::create(actionMoveTo);
sprite1->runAction(actionEaseSineOut);
```

9.8.9 正弦加速减速动作（EaseSineInOut）

EaseSineInOut 动作可以使内嵌节点前一半时间加速，后一半时间减速，这当然是以三角函数的变化规律进行的。EaseSineInOut::update 方法的代码如下：
＜Cocos2d-x 根目录＞/cocos/2d/CCActionEase.cpp

```
void EaseSineInOut::update(float time)
{
    // M_PI 宏定义了 π(3.1435926…)
    _inner->update(-0.5f * (cosf((float)M_PI * time) - 1));
}
```

如果读者无法从 EaseSineInOut::update 方法的代码中明显地看出 time 在小于或等于 0.5 时是加速，大于 0.5 便是减速。那么可以先看一下图 9-21 所示的余弦曲线。X 轴表示度，Y 轴表示余弦函数（cos）的值。对于余弦函数来说（正弦函数也类似），从 0 到 90 度的过程中，余弦值从 1 到 0。从余弦曲线上看，这一过程是加速进行的（X 越接近 90，在 X 轴经过单位距离对应的 Y 轴增量越大），所以（cosf((float)M_PI * time) - 1）的的绝对值就会增加的越快，但该值不会小于 -1，所以 -0.5f * (cosf((float)M_PI * time) - 1) 的值在 time 从 0 到 0.5 时不会超过 0.5。

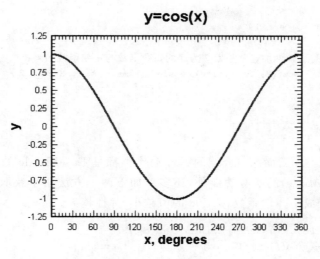

图 9-21 余弦曲线

当正弦函数中的 X 从 90 到 180 度的过程中,余弦值从 0 到 -1。这一过程是减速进行的,这种情况与加速的过程正好相反。因此 $-0.5f * (cosf((float)M\_PI * time) - 1)$ 的值在 time 从 0.5 到 1 时会增加得越来越慢,而且该值会在 0.5 和 1 之间,所以 EaseSineInOut 动作会使内嵌节点在前一半时间加速,后一半时间减速。

使用 EaseSineInOut 动作的代码如下:

```
auto actionMoveTo = MoveTo::create(3, Point(500,300));
auto actionEaseSineInOut = EaseSineInOut::create(actionMoveTo);
sprite1 -> runAction(actionEaseSineInOut);
```

9.8.10 弹性加速动作(EaseElasticIn)

EaseElasticIn 动作用于使内嵌节点进行弹性加速运动。这里的弹性有些类似于拉橡皮筋。对于弹性加速来说,节点会先向后一段距离(相当于向后拉橡皮筋),然后突然向前加速(相当于松开橡皮筋)。下面看一下在 EaseElasticIn::update 方法中是如何实现弹性加速的。

＜Cocos2d-x 根目录＞/cocos/2d/CCActionEase.cpp

```
void EaseElasticIn::update(float time)
{
    float newT = 0;
    if (time == 0 || time == 1)
    {
        newT = time;
    }
    else
```

```
    {
        float s = _period / 4;
        time = time - 1;
        // 实际上,弹性加速就是以 2 为底的指数函数与正弦函数的乘积
        newT = - powf(2, 10 * time) * sinf((time - s) * M_PI_X_2 / _period);
    }

    _inner -> update(newT);
}
```

EaseElasticIn 类和后面两节介绍的弹性动作类都是 EaseElastic 的子类。该类除了用于动作基类(ActionBase)的所有功能外,还多了如下两个方法用于获取和设置 period。我们可以将 period 看成是弹性系数,period 的值越小,弹性越大。

```
inline float getPeriod() const { return _period; }
inline void setPeriod(float fPeriod) { _period = fPeriod; }
```

EaseElasticIn∷create 方法用于创建 EaseElasticIn 对象,该方法有两个重载形式,原型如下:

```
// 运行指定 period
static EaseElasticIn * create(ActionInterval * action, float period);
// period 的默认值是 0.3,后面两节将要介绍的弹性动作的 period 默认值也是 0.3
static EaseElasticIn * create(ActionInterval * action);
```

下面的代码创建了一个 EaseElasticIn 对象(actionElasticIn),并设置 period 为 0.5,同时与 actionMoveTo 动作绑定,最后在 sprite1 上运行 actionElasticIn。

```
auto actionMoveTo = MoveTo∷create(3, Point(500,300));
auto actionElasticIn = EaseElasticIn∷create(actionMoveTo, 0.5);
sprite1 -> runAction(actionElasticIn);
```

9.8.11   弹性减速动作(EaseElasticOut)

EaseElasticOut 动作可以使内嵌节点做弹性减速动作。也就是先做放开橡皮筋的加速动作,然后再坐拉动橡皮筋的减速动作。这一点可以从 EaseElasticOut∷update 方法的代码中看出来。

<Cocos2d-x 根目录>/cocos/2d/CCActionEase.cpp

```
void EaseElasticOut∷update(float time)
{
    float newT = 0;
    if (time == 0 || time == 1)
    {
        newT = time;
    }
```

```
else
{
    float s = _period / 4;
    newT = powf(2, -10 * time) * sinf((time - s) * M_PI_X_2 / _period) + 1;
}

_inner->update(newT);
}
```

EaseElasticOut 与 EaseElasticIn 中的 create 方法的原型完全一样,下面的代码用于创建和运行 EaseElasticOut 对象。

```
auto actionMoveTo = MoveTo::create(3, Point(500,300));
// 创建 EaseElasticOut 对象,并设置 period 为 0.8
auto actionElasticOut = EaseElasticOut::create(actionMoveTo, 0.8);
sprite1->runAction(actionElasticOut);
```

9.8.12　弹性加速减速动作(EaseElasticInOut)

EaseElasticInOut 动作用于使内嵌节点在前一半时间做弹性加速动作,后一半时间做弹性减速动作。EaseElasticInOut::update 方法也跟前面介绍的大多数 update 方法一样,先将 time 扩大一倍,然后在 time 小于 1 时处理加速动作,大于或等于 1 时做加速动作。EaseElasticInOut::update 方法的代码如下:

<Cocos2d-x 根目录>/cocos/2d/CCActionEase.cpp

```
void EaseElasticInOut::update(float time)
{
    float newT = 0;
    if (time == 0 || time == 1)
    {
        newT = time;
    }
    else
    {
        time = time * 2;            // 将时间扩大一倍
        if ( _period == 0)
        {
            _period = 0.3f * 1.5f;
        }

        float s = _period / 4;

        time = time - 1;
        // 前一半时间弹性加速
        if (time < 0)
        {
```

```
            newT = - 0.5f * powf(2, 10 * time) * sinf((time - s) * M_PI_X_2 / _period);
        }
        else
        {
            // 后一半时间减速
            newT = powf(2, - 10 * time) * sinf((time - s) * M_PI_X_2 / _period) * 0.5f + 1;
        }
    }

    _inner -> update(newT);
}
```

创建和使用 EaseElasticInOut 动作的代码如下：

```
auto actionMoveTo = MoveTo::create(3, Point(500,300));
// 创建 EaseElasticInOut 对象,并将 period 设为 0.8
auto actionElasticInOut = EaseElasticInOut::create(actionMoveTo, 0.8);
sprite1 -> runAction(actionElasticInOut);
```

9.8.13　弹跳加速动作(EaseBounceIn)

BaseBounceIn 动作可以使节点以弹跳方式加速运动。BaseBounceIn::update 方法的代码如下：

＜Cocos2d-x 根目录＞/cocos/2d/CCActionEase.cpp

```
void EaseBounceIn::update(float time)
{
    float newT = 1 - bounceTime(1 - time);
    _inner -> update(newT);
}
```

在 BaseBounceIn::update 方法中调用了 bounceTime 方法获取实现弹跳动作的时间，该方法在 BaseBounceIn 的父类 BaseBounce 中实现,代码如下：

＜Cocos2d-x 根目录＞/cocos/2d/CCActionEase.cpp

```
float EaseBounce::bounceTime(float time)
{
    if (time < 1 / 2.75)
    {
        return 7.5625f * time * time;
    } else
    if (time < 2 / 2.75)
    {
        time -= 1.5f / 2.75f;
        return 7.5625f * time * time + 0.75f;
    } else
```

```
if(time < 2.5 / 2.75)
{
    time -= 2.25f / 2.75f;
    return 7.5625f * time * time + 0.9375f;
}

time -= 2.625f / 2.75f;
return 7.5625f * time * time + 0.984375f;
}
```

下面的代码创建和使用了 BaseBounceIn 动作。

```
auto actionMoveTo = MoveTo::create(3, Point(500,300));
// 创建 EaseBounceIn 动作
auto actionEaseBounceIn = EaseBounceIn::create(actionMoveTo);
sprite1 -> runAction(actionEaseBounceIn);
```

9.8.14　弹跳减速动作（EaseBounceOut）

EaseBounceOut 动作用于使内嵌节点做弹跳减速运动，EaseBounceOut∷update 方法的代码如下：

＜Cocos2d-x 根目录＞/cocos/2d/CCActionEase. cpp

```
void EaseBounceOut∷update(float time)
{
    float newT = bounceTime(time);
    _inner -> update(newT);
}
```

创建和使用 EaseBounceOut 动作的代码如下：

```
auto actionMoveTo = MoveTo::create(3, Point(500,300));
// 创建 EaseBounceOut 动作
auto actionEaseBounceOut = EaseBounceOut::create(actionMoveTo);
sprite1 -> runAction(actionEaseBounceOut);
```

9.8.15　弹跳加速减速动作（EaseBounceInOut）

EaseBounceInOut 动作用于使内嵌节点在前一半时间做弹跳加速运动，后一半时间做弹跳减速运动。EaseBounceInOut∷update 方法的代码如下：

＜Cocos2d-x 根目录＞/cocos/2d/CCActionEase. cpp

```
void EaseBounceInOut∷update(float time)
{
    float newT = 0;
    // 前一半时间做弹跳加速运动
```

```
    if (time < 0.5f)
    {
        time = time * 2;
        newT = (1 - bounceTime(1 - time)) * 0.5f;
    }
    else
    {
        // 有一半时间做弹跳减速运动
        newT = bounceTime(time * 2 - 1) * 0.5f + 0.5f;
    }

    _inner->update(newT);
}
```

创建和使用 EaseBounceInOut 动作的代码如下：

```
auto actionMoveTo = MoveTo::create(3, Point(500,300));
// 创建 EaseBounceInOut 动作
auto actionEaseBounceInOut = EaseBounceInOut::create(actionMoveTo);
sprite1->runAction(actionEaseBounceInOut);
```

9.8.16　回退加速动作(EaseBackIn)

EaseBackIn 动作用于使内嵌节点做回退加速运动。回退加速的效果有些类似于弹性加速动作,也是一开始回退一点,然后加速。EaseBackIn::update 方法的代码如下：

<Cocos2d-x 根目录>/cocos/2d/CCActionEase. cpp

```
void EaseBackIn::update(float time)
{
    float overshoot = 1.70158f;
    _inner->update(time * time * ((overshoot + 1) * time - overshoot));
}
```

创建和使用 EaseBackIn 动作的代码如下：

```
auto actionMoveTo = MoveTo::create(3, Point(500,300));
// 创建 EaseBackIn 动作
auto actionEaseBackIn = EaseBackIn::create(actionMoveTo);
sprite1->runAction(actionEaseBackIn);
```

9.8.17　回退减速动作(EaseBackOut)

EaseBackOut 动作用于使内嵌节点做回退减速运动。EaseBackOut::update 方法的代码如下：

＜Cocos2d-x 根目录＞/cocos/2d/CCActionEase.cpp

```
void EaseBackOut::update(float time)
{
    float overshoot = 1.70158f;
    time = time - 1;
    _inner->update(time * time * ((overshoot + 1) * time + overshoot) + 1);
}
```

创建和使用 EaseBackOut 动作的代码如下：

```
auto actionMoveTo = MoveTo::create(3, Point(500,300));
// 创建 EaseBackOut 动作
auto actionEaseBackOut = EaseBackOut::create(actionMoveTo);
sprite1->runAction(actionEaseBackOut);
```

9.8.18　回退加速减速动作（EaseBackInOut）

EaseBackInOut 动作用于使内嵌节点在前一半时间做回退加速运动，后一半时间做回退减速运动。EaseBackInOut::update 方法的代码如下：

＜Cocos2d-x 根目录＞/cocos/2d/CCActionEase.cpp

```
void EaseBackInOut::update(float time)
{
    float overshoot = 1.70158f * 1.525f;

    time = time * 2;
    // 前一半时间做回退加速运动
    if (time < 1)
    {
        _inner->update((time * time * ((overshoot + 1) * time - overshoot)) / 2);
    }
    else
    {
        // 后一半时间做回退减速运动
        time = time - 2;
        _inner->update((time * time * ((overshoot + 1) * time + overshoot)) / 2 + 1);
    }
}
```

创建和使用 EaseBackInOut 动作的代码如下：

```
auto actionMoveTo = MoveTo::create(3, Point(500,300));
// 创建 EaseBackInOut 动作
auto actionEaseBackInOut = EaseBackInOut::create(actionMoveTo);
sprite1->runAction(actionEaseBackInOut);
```

9.9 网格动作(Grid Action)

在 Cocos2d－x 中提供了一类基于网格(Grid)的动作,这些动作类都是 GridAction 的子类,所以称这类动作为网格动作。通过网格动作,可以实现更炫的效果。例如,实现 2D 或 3D 的波浪运动效果、水波纹效果等。本节将详细介绍这类动作的功能和使用方法。

9.9.1 实现测试网格动作的基类

为了方便测试各种网格动作,所有的测试程序都使用了如图 9-22 所示的效果。因此,需要先编写一个基类(GridActionBaseScene),然后所有用于测试网格动作的类都继承该类,这样就不再需要每一个测试类都实现同样的代码了。在每一个测试网格动作的类中会使用相应的网格动作使图 9-22 所示的背景网格和左右两个图像动起来。

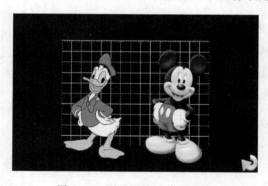

图 9-22　测试网格动作的基类

首先应编写 GridActionBaseScene 的定义部分,代码如下:

Cocos2dxDemo/classes/Action/ActionGrid/ActionGridTest. hpp

```
class GridActionBaseScene : public BasicScene
{
protected:
    NodeGrid * mNodeGrid;              // 在子类中需要使用 NodeGrid
public:
    virtual void onEnter();
    virtual bool init(const char * title);
    // CREATE_FUN1 为自定义的宏,为了在 init 方法中添加一个参数
    CREATE_FUNC1(GridActionBaseScene);
};
```

要注意的是,不能在普通的节点上使用网格动作,需要在网格节点上使用 NodeGrid。因此,在 GridActionBaseScene 类中定义了一个 NodeGrid 指针变量(mNodeGrid)。

下面来实现最重要的 GridActionBaseScene∷onEnter 方法,在该方法中实现了图 9-23

所示的效果。

Cocos2dxDemo/classes/Action/ActionGrid/ActionGridTest. cpp

```
void GridActionBaseScene::onEnter()
{
    BasicScene::onEnter();
    // 创建 NodeGrid 对象
    mNodeGrid = NodeGrid::create();
    mNodeGrid->setAnchorPoint(Point(0.5,0.5));
    addChild(mNodeGrid);
    // 创建显示背景图像(网格)的 Sprite
    auto bg = Sprite::create("Images/background3.png");
    bg->setPosition( VisibleRect::center() );
    // 将背景添加到网格节点中
    mNodeGrid->addChild(bg);
    // 创建显示唐老鸭图像的 Sprite
    auto sprite1 = Sprite::create("Images/DonaldDuck.png");
    // 将 sprite1 添加到网格节点中
    mNodeGrid->addChild(sprite1);
    // 设置 Sprite 的位置
    sprite1->setPosition( Point(VisibleRect::left().x + VisibleRect::getVisibleRect().
size.width/3.0f, VisibleRect::bottom().y + 200) );
    // 创建显示米老鼠图像的 Sprite
    auto sprite2 = Sprite::create("Images/MickeyMouse.png");
    // 将图像添加到网格节点中
    mNodeGrid->addChild(sprite2);
    // 设置 sprite2 的位置
    sprite2->setPosition( Point(VisibleRect::left().x + 2 * VisibleRect::getVisibleRect().
size.width/3.0f,VisibleRect::bottom().y + 200) );
}
```

9.9.2　2D 波浪动作(Waves)

Waves 动作用于实现 2D 效果的波浪动作。这里所谓的 2D 是指网格沿着 X-Y 方向抖动(效果类似于波浪,所以称为 2D 波浪动作)。为了更清晰地观察抖动效果,所以在上一节添加了一个网格图像背景。当然,唐老鸭和米老鼠也会随着抖动。因为背景和这两个图像都已在 GridActionBaseScene::onEnter 方法中添加到了网格节点(mNodeGrid)中。2D 波浪抖动的效果如图 9-23 所示。

Waves::create 方法用于创建 Waves 对象,该方法的原型如下:

```
static Waves * create(float duration, const Size& gridSize, unsigned int waves, float
amplitude, bool horizontal, bool vertical);
```

在 create 方法中除了 duration 参数外,其他参数还未接触过。这些参数的含义如下:

❏ gridSize:网格尺寸。如(16,12)表示水平方向有 16 个点用于控制波浪水平滚动,垂直方向有 12 个点用于控制波浪的垂直滚动。通常来讲,gridSize 的值越大,波浪滚动的越平滑。

- ❑ waves:波浪前进的速度,值越大,前进的速度越快。
- ❑ amplitude:波浪的幅度,值越大,波浪的幅度越大。
- ❑ horizontal:控制水平方向是否有波浪滚动。如果该参数值为 false,则水平方向不再有波浪滚动。
- ❑ vertical:控制垂直方向是否有波浪滚动。如果 horizontal = false,vertical = true,那么波浪的效果如图 9-24 所示。水平方向会呈一条直线,只在垂直方向滚动。

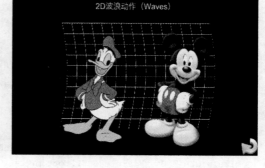

图 9-23　Waves 动作(水平和垂直方向波动)　　　图 9-24　Waves 动作(只在垂直方向波动)

注意:gridSize 参数值和本例使用的网格背景图像无关,加上这个背景图像只是为了让波浪显得更逼真。gridSize 的值也不一定等于网格背景图像中的网格数。

下面的代码通过 Waves 实现了图像的 2D 波浪运动。其中 WavesActionTest 类是 GridActionBaseScene 的子类。

Cocos2dxDemo/classes/Action/ActionGrid/ActionGridTest. cpp

```cpp
void WavesActionTest::onEnter()
{
    GridActionBaseScene::onEnter();
    auto actionWaves = Waves::create(10, Size(16,12), 10, 20, true, true);
    mNodeGrid->runAction(RepeatForever::create(actionWaves));
}
```

9.9.3　3D 波浪动作(Waves3D)

Waves3D 动作用于实现 3D 效果的波浪动作。这里的 3D 效果是指波浪将沿着 X-Y-Z 三个方向运动,有一种立体的感觉。效果如图 9-25 所示。

Waves3D::create 方法用于创建 Waves3D 对象,该方法的原型如下:

static Waves3D * create(float duration, const Size& gridSize, unsigned int waves, float amplitude);

Waves3D::create 与 Waves::create 方法的同名参数的含义完全相同,这里不再赘述。

图 9-25　Waves3D 动作

本节的例子会在 9.9.1 节实现的基类的基础上添加一个红旗的图像,并让红旗和下面两个图像移动抖动。实现代码如下:

Cocos2dxDemo/classes/Action/ActionGrid/ActionGridTest. cpp

```
void Waves3DActionTest::onEnter()
{
    GridActionBaseScene::onEnter();
    // 创建显示红旗的 Sprite 对象
    auto sprite = Sprite::create("Images/redflag.png");
    // 将 sprite 添加到网格节点中
    mNodeGrid->addChild(sprite);
    // 设置 sprite 的位置
    sprite->setPosition( Point(VisibleRect::left().x + VisibleRect::getVisibleRect().
size.width/2, VisibleRect::bottom().y+ 350) );
    // 创建 Waves3D 对象
    auto actionWaves3D = Waves3D::create(10, Size(15,10), 18, 30);
    // 在网格节点上运行 actionWaves3D 动作
    mNodeGrid->runAction(RepeatForever::create(actionWaves3D));
}
```

9.9.4　水平 3D 翻转动作(FlipX3D)

FlipX3D 动作用于使网格节点进行水平 3D 旋转。也就是说,网格节点将绕着 Y 轴旋转。效果如图 9-26 所示。

FlipX3D::create 方法用于创建 FlipX3D 对象,该方法除了指定动作完成时间 (duration)外什么都不需要指定。下面的代码可以使网格节点做水平 3D 旋转,而且旋转角度是 360 度。

Cocos2dxDemo/classes/Action/ActionGrid/ActionGridTest. cpp

```
void FlipX3DActionTest::onEnter()
{
```

```
GridActionBaseScene::onEnter();
auto actionFlipX3D = FlipX3D::create(5);
// 运行 actionFlipX3D 动作

mNodeGrid->runAction(RepeatForever::create(Sequence::createWithTwoActions(actionFlipX3D,
ReuseGrid::create(1))));
}
```

由于 FlipX3D 只能使网格节点绕 Y 轴旋转 180 度，所以如果只对 FlipX3D 动作进行无线循环，那么网格节点旋转完后，又会突然跳到 0 度重新运行。也就是说，网格节点总是从 0 到 180 度进行旋转。而我们希望网格节点从 0 度一直旋转到 360 度，然后再从 0 度开始，这样网格节点将完整地绕 Y 轴一圈。为了实现功能，需要使用 ReuseGrid 动作。该动作可以让当前网格节点中的动作重新运行 N 次。如果 N 等于 1，那么正好网格节点会从 180 度旋转到 360 度。然后再对这一过程进行无限循环。就

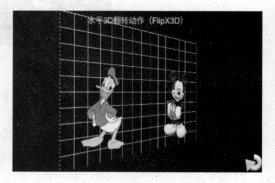

图 9-26　FlipX3D 动作

会使用网格节点绕着 Y 轴永远旋转下去。其中，这个 N 需要通过 ReuseGrid::create 方法的参数指定，本例中 N 为 1。

与 ReuseGrid 动作类似，可以控制网格动作运行的还有 StopGrid 动作。StopGrid::create()方法可以创建 StopGrid 对象。该动作用于停止网格动作的运行。

9.9.5　垂直 3D 翻转动作（FlipY3D）

FlipY3D 动作可以使网格节点垂直翻转。也就是说，绕着 X 轴旋转 180 度，效果如图 9-27 所示。

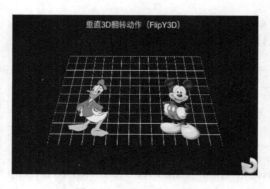

图 9-27　FlipY3D 动作

FlipY3D 的用法与 FlipX3D 是相同的，下面的代码实现了网格节点绕 X 轴无限旋转的功能。

Cocos2dxDemo/classes/Action/ActionGrid/ActionGridTest.cpp

```
void FlipY3DActionTest::onEnter()
{
    GridActionBaseScene::onEnter();
    auto actionFlipY3D = FlipY3D::create(5);
    // 运行 actionFlipY3D 动作

mNodeGrid->runAction(RepeatForever::create(Sequence::createWithTwoActions(actionFlipY3D,
ReuseGrid::create(1))));
}
```

9.9.6　3D震动动作（Shake3D）

Shake3D 可以使网格节点产生 3D 效果的震动，效果如图 9-28 所示。如果长时间震动，网络节点中的图像将被震碎（不知这是 bug，还是震动算法就是这样），效果如图 9-29 所示。

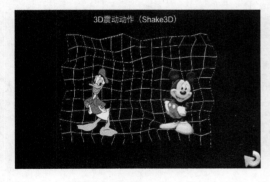

图 9-28　Shake3D 动作

图 9-29　快被震碎的唐老鸭和米老鼠

Shake3D::create 方法用于创建 Shake3D 对象，该方法的原型如下：

```
static Shake3D * create(float duration, const Size& gridSize, int range, bool shakeZ);
```

gridSize 参数表示网格尺寸（震动点个数）；range 参数表示震动频率，值越大，震动的越剧烈；shakeZ 参数表示是否在 Z 轴方向震动。

实现无限循环震动的代码如下：

Cocos2dxDemo/classes/Action/ActionGrid/ActionGridTest.cpp

```
void Shake3DActionTest::onEnter()
{
    GridActionBaseScene::onEnter();
    auto actionShaky3D = Shake3D::create(5, Size(15,10), 10, true);
```

```
mNodeGrid->runAction(RepeatForever::create(Sequence::createWithTwoActions(actionShaky3D,
ReuseGrid::create(1))));
}
```

9.9.7 3D 透镜动作（Lens3D）

Lens3D 动作可以使网格节点呈现如图 9-30 所示的透镜效果。

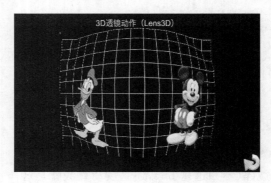

图 9-30 Lens3D 动作

Lens3D::create 方法用于创建 Lens3D 对象，该方法的原型如下：

static Lens3D * create(float duration, const Size& gridSize, const Point& position, float radius);

其中，gridSize 参数表上网格的尺寸，position 参数表上透镜中心的坐标，radius 参数表上透镜的半径。

使用 Lens3D 动作实现图 9-30 所示效果的代码如下：

Cocos2dxDemo/classes/Action/ActionGrid/ActionGridTest.cpp

```
void Lens3DActionTest::onEnter()
{
    GridActionBaseScene::onEnter();
    auto size = Director::getInstance()->getWinSize();
    auto actionLens3D = Lens3D::create(5, Size(15,10), Point(size.width/2, size.height/2), 240);
    mNodeGrid->runAction(actionLens3D);
}
```

9.9.8 3D 波纹动作（Ripple3D）

Ripple3D 动作可以使网格节点产生如图 9-31 所示的波纹效果。

Ripple3D::create 方法用于创建 Ripple3D 对象，该方法的原型如下：

static Ripple3D * create(float duration, const Size& gridSize, const Point& position, float
radius, unsigned int waves, float amplitude);

其中，position 参数表示波纹在中心坐标；Radius 参数表示波纹的半径；waves 参数表

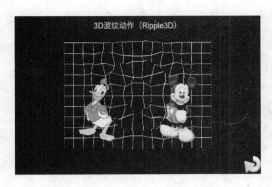

图 9-31　Ripple3D 动作

示波纹的运动频率，该值越大，频率越高。amplitude 参数表示波纹的幅度，值越大，幅度越大。

使用 Ripple3D 动作实现图 9-31 所示波纹效果的代码如下：

Cocos2dxDemo/classes/Action/ActionGrid/ActionGridTest. cpp

```
void Ripple3DActionTest::onEnter()
{
    GridActionBaseScene::onEnter();
    auto size = Director::getInstance()->getWinSize();
    auto actionRipple3D = Ripple3D::create(4, Size(32,24),
        Point(size.width/2,size.height/2), 240, 10, 160);
    mNodeGrid->runAction(RepeatForever::create(actionRipple3D));
}
```

9.9.9　流体动作（Liquid）

Liquid 动作可以使网格节点产生流动的效果。这里的水平流动，也就是每个单元格的大小的变化。效果如图 9-32 所示。

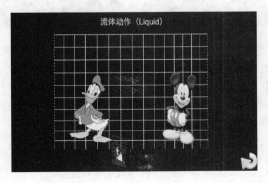

图 9-32　Liquid 动作

Liquid∷create 方法用于创建 Liquid 对象,该方法的原型如下:

```
static Liquid * create(float duration, const Size& gridSize, unsigned int waves, float
amplitude);
```

Liquid∷create 方法参数的含义与前面介绍的方法的同名参数含义相同。本节及后面
类似的网格动作将不再逐一阐述这些参数的含义。

使用 Liquid 动作实现图 9-32 所示效果的代码如下:

Cocos2dxDemo/classes/Action/ActionGrid/ActionGridTest.cpp

```
void LiquidActionTest∷onEnter()
{
    GridActionBaseScene∷onEnter();
    auto size = Director∷getInstance()->getWinSize();
    auto actionLiquid = Liquid∷create(4, Size(16,12), 4, 20);
    mNodeGrid->runAction(RepeatForever∷create(actionLiquid));
}
```

9.9.10　旋转变形动作(Twirl)

Twirl 动作可以使网格节点实现左右旋转变形的效果。如图 9-33 和图 9-34 分别是向
右和向左旋转的效果。

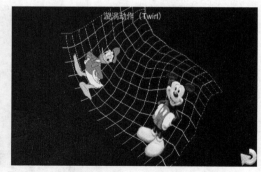

图 9-33　Twirl 动作(向右转)　　　　图 9-34　Twirl 动作(向左转)

Twirl∷create 方法用于创建 Twirl 对象,该方法的原型如下:

```
static Twirl * create(float duration, const Size& gridSize, Point position, unsigned int
twirls, float amplitude);
```

其中,twirls 参数表示网格节点左右旋转的频率。该参数值越大,旋转的频率越大(旋
转的越快)。

使用 Twirl 动作实现图 9-33 和图 9-34 所示效果的代码如下:

Cocos2dxDemo/classes/Action/ActionGrid/ActionGridTest. cpp

```
void TwirlActionTest::onEnter()
{
    GridActionBaseScene::onEnter();
    auto size = Director::getInstance()->getWinSize();
    auto actionTwirl = Twirl::create(3, Size(12,8), Point(size.width/2, size.height/2), 4,
2.5f);
    mNodeGrid->runAction(RepeatForever::create(actionTwirl));
}
```

9.9.11　3D 瓦片震动动作（ShakyTiles3D）

ShakyTiles3D 动作与 Shaky3D 动作的效果类似，只是前者将网格分成了若干个瓦片（Tile），并且让这些瓦片震动，而后者是让整个网格震动。ShakyTiles3D 动作的效果如图 9-35 所示。

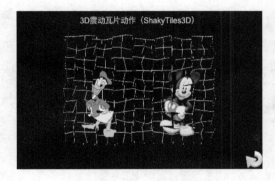

图 9-35　ShakeTiles3D 动作

ShakeTiles3D::create 方法用于创建 ShakeTiles3D 对象，该方法的原型如下：

```
static ShakeTiles3D * create(float duration, const Size& gridSize, int range, bool shakeZ);
```

其中，range 参数表示震动频率。该参数值越大，震动频率越高（震动越剧烈）。

使用 ShakeTiles3D 动作实现图 9-35 所示效果的代码如下：

Cocos2dxDemo/classes/Action/ActionGrid/ActionGridTest. cpp

```
void ShakeTiles3DActionTest::onEnter()
{
    GridActionBaseScene::onEnter();
    auto size = Director::getInstance()->getWinSize();
    auto actionTiles3D = ShakeTiles3D::create(5, Size(16,12), 10, false);
    mNodeGrid->runAction(RepeatForever::create(actionTiles3D));
}
```

9.9.12　3D 瓦片破碎动作（ShatteredTiles3D）

ShatteredTiles3D 动作可以使网格节点产生如图 9-36 所示的瓦片破碎效果。

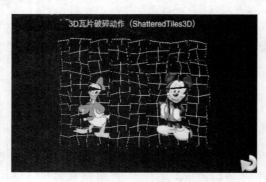

图 9-36　ShatteredTiles3D 动作

ShatteredTiles3D∷create 方法用于创建 ShatteredTiles3D 对象，该方法的原型如下：

```
static ShatteredTiles3D * create(float duration, const Size& gridSize, int range, bool
shatterZ);
```

使用 ShatteredTiles3D 动作实现如图 9-36 所示效果的代码如下：

Cocos2dxDemo/classes/Action/ActionGrid/ActionGridTest.cpp

```
void ShatteredTiles3DActionTest∷onEnter()
{
    GridActionBaseScene∷onEnter();
    auto size = Director∷getInstance()->getWinSize();
    auto actionShatteredTiles3D = ShatteredTiles3D∷create(4, Size(16,12), 10, false);
    mNodeGrid->runAction(actionShatteredTiles3D);
}
```

9.9.13　3D 瓦片洗牌动作（ShuffleTiles）

ShuffleTiles 动作可以使网格节点中的每个单元格随机向四周移动，就像洗牌一样。移动过程的效果如图 9-37 所示，图 9-38 是移动的最终效果。

ShuffleTiles∷create 方法用于创建 ShuffleTiles 对象，该方法的原型如下：

```
static ShuffleTiles * create(float duration, const Size& gridSize, unsigned int seed);
```

其中，seed 参数表示随机种子。

使用 ShuffleTiles 动作的代码如下：

Cocos2dxDemo/classes/Action/ActionGrid/ActionGridTest.cpp

```
void ShuffleTilesActionTest∷onEnter()
```

```
{
    GridActionBaseScene::onEnter();
    auto size = Director::getInstance()->getWinSize();
    auto actionShuffleTiles = ShuffleTiles::create(4, Size(16,12), 25);
    // 由于使用了 actionShuffleTiles->reverse()获取相反的动作,所以瓦片破碎后,又会复原
    mNodeGrid->runAction(RepeatForever::create(Sequence::createWithTwoActions
(actionShuffleTiles, actionShuffleTiles->reverse())));

}
```

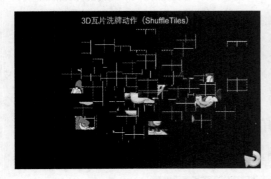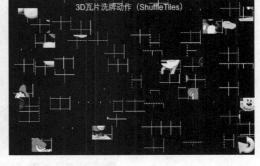

图 9-37　ShuffleTiles 动作(移动过程中)　　图 9-38　ShuffleTiles 动作(移动的最终结果)

9.9.14　瓦片从左下角到右上角淡出动作(FadeOutTRTiles)

FadeOutTRTiles 动作可以使网格节点从左下角到右上角慢慢淡出(消失),效果如图 9-39 所示。

图 9-39　FadeOutTRTiles

FadeOutTRTiles::create 方法用于创建 FadeOutTRTiles 对象,该方法的原型如下:

static FadeOutTRTiles * create(float duration, const Size& gridSize);

使用 FadeOutTRTiles 动作的代码如下:

Cocos2dxDemo/classes/Action/ActionGrid/ActionGridTest. cpp

```
void FadeOutTRTilesActionTest::onEnter()
{
    GridActionBaseScene::onEnter();
    auto size = Director::getInstance()->getWinSize();
    auto actionFadeOutTRTiles = FadeOutTRTiles::create(4, Size(16,12));
    // 由于使用 actionFadeOutTRTiles->reverse()获取了反向动作,所以运行动作后,先是
    // 从左下角到右上角淡出,然后从右上角到左小角淡入,并不断重复这一过程
mNodeGrid->runAction(RepeatForever::create(Sequence::createWithTwoActions
(actionFadeOutTRTiles, actionFadeOutTRTiles->reverse())));
}
```

注意：在 Cocos2d-x 中并未提供网格节点淡入的动作。不过将本节介绍的 FadeOutTRTiles 和后面三节介绍的淡出动作使用 reverse 方法分别取反向动作,就是相反方向的淡入动作。

9.9.15 瓦片从右上角到左下角淡出动作(FadeOutBLTiles)

FadeOutBLTiles 动作可使网格节点从右上角到左下角逐渐淡出,效果如图 9-40 所示。

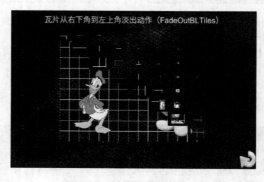

图 9-40 FadeOutBLTiles

FadeOutBLTiles::create 方法用于创建 FadeOutBLTiles 对象,该方法的原型如下：

```
static FadeOutBLTiles * create(float duration, const Size& gridSize);
```

使用 FadeOutBLTiles 动作的代码如下：

Cocos2dxDemo/classes/Action/ActionGrid/ActionGridTest. cpp

```
void FadeOutBLTilesActionTest::onEnter()
{
    GridActionBaseScene::onEnter();
    auto size = Director::getInstance()->getWinSize();
    auto actionFadeOutBLTiles = FadeOutBLTiles::create(4, Size(16,12));
```

```
mNodeGrid - > runAction ( RepeatForever :: create ( Sequence :: createWithTwoActions
(actionFadeOutBLTiles, actionFadeOutBLTiles->reverse()))));
}
```

9.9.16　瓦片向上淡出动作（FadeOutUpTiles）

FadeOutUpTiles 动作可以使网格节点向上逐渐淡出，效果如图 9-41 所示。

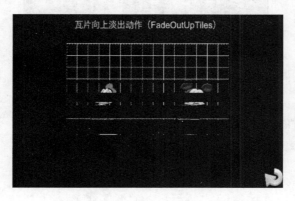

图 9-41　FadeOutUpTiles 动作

FadeOutUpTiles::create 方法用于创建 FadeOutUpTiles 对象，该方法的原型如下：

static FadeOutUpTiles * create(float duration, const Size& gridSize);

使用 FadeOutUpTiles 动作的代码如下：

Cocos2dxDemo/classes/Action/ActionGrid/ActionGridTest. cpp

```
void FadeOutUpTilesActionTest::onEnter()
{
    GridActionBaseScene::onEnter();
    auto size = Director::getInstance()->getWinSize();
    auto actionFadeOutUpTiles = FadeOutUpTiles::create(4, Size(16,12));

mNodeGrid - > runAction ( RepeatForever :: create ( Sequence :: createWithTwoActions
(actionFadeOutUpTiles, actionFadeOutUpTiles->reverse()))));
}
```

9.9.17　瓦片向下淡出动作（FadeOutDownTiles）

FadeOutDownTiles 动作可以使网格节点从上到下逐渐淡出，效果如图 9-42 所示。
FadeOutDownTiles::create 方法用于创建 FadeOutDownTiles 对象，该方法的原型如下：

static FadeOutDownTiles * create(float duration, const Size& gridSize);

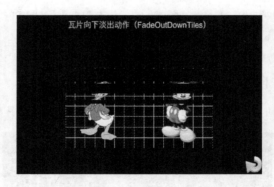

图 9-42 FadeOutDownTiles 动作

使用 FadeOutDownTiles 动作的代码如下：

Cocos2dxDemo/classes/Action/ActionGrid/ActionGridTest.cpp

```
void FadeOutDownTilesActionTest::onEnter()
{
    GridActionBaseScene::onEnter();
    auto size = Director::getInstance()->getWinSize();
    auto actionFadeOutDownTiles = FadeOutDownTiles::create(4, Size(16,12));
mNodeGrid - > runAction ( RepeatForever :: create ( Sequence :: createWithTwoActions
(actionFadeOutDownTiles, actionFadeOutDownTiles->reverse()))));
}
```

9.9.18　关闭瓦片动作（TurnOffTiles）

TurnOffTiles 动作可以使网格节点随机关闭。实际上，这里的关闭也是消失的方式。在关闭时，系统会不断随机选择一些单元格（瓦片）使其消失。图 9-43 是关闭过程中的效果。如果用 TurnOffTiles∷ reverse 方法获取反向动作，那么该反向动作就是瓦片打开（显示）动作。

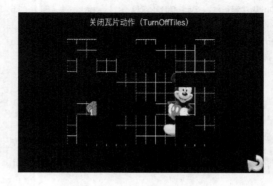

图 9-43 TurnOffTiles 动作

TurnOffTiles∷create 方法用于创建 TurnOffTiles 对象,该方法的原型如下:

```
static TurnOffTiles * create(float duration, const Size& gridSize);
static TurnOffTiles * create(float duration, const Size& gridSize, unsigned int seed);
```

其中,seed 参数表示随机种子,如果不指定该参数值(TurnOffTiles∷create 方法的第一种重载形式),则 seed 的默认值为 0。

使用 TurnOffTiles 动作的代码如下:

Cocos2dxDemo/classes/Action/ActionGrid/ActionGridTest.cpp

```
void TurnOffTilesActionTest∷onEnter()
{
    GridActionBaseScene∷onEnter();
    auto size = Director∷getInstance()->getWinSize();
    auto actionTurnOffTiles = TurnOffTiles∷create(4, Size(16,12),4);
mNodeGrid -> runAction ( RepeatForever ∷ create ( Sequence ∷ createWithTwoActions
(actionTurnOffTiles, actionTurnOffTiles->reverse())));

}
```

9.9.19 3D 波浪瓦片动作(WavesTiles3D)

WavesTiles3D 动作与 Waves3D 动作的效果类似,只是前者是一个个单元格(瓦片)在做波浪运动,而后者是整体在做波浪运动。WavesTiles3D 动作的效果如图 9-44 所示。

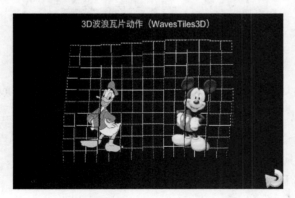

图 9-44 WavesTiles3D 动作

WavesTiles3D∷create 方法用于创建 WavesTiles3D 对象,该方法的原型如下:

```
static WavesTiles3D * create(float duration, const Size& gridSize, unsigned int waves, float
amplitude);
```

使用 WavesTiles3D 动作的代码如下:

Cocos2dxDemo/classes/Action/ActionGrid/ActionGridTest. cpp

```
void WavesTiles3DActionTest::onEnter()
{
    GridActionBaseScene::onEnter();
    auto size = Director::getInstance()->getWinSize();
    auto actionWavesTiles3D = WavesTiles3D::create(4, Size(16,15),10,20);

mNodeGrid - > runAction ( RepeatForever :: create ( Sequence :: createWithTwoActions
(actionWavesTiles3D, actionWavesTiles3D->reverse())));

}
```

9.9.20　3D 跳跃瓦片动作(JumpTiles3D)

JumpTiles3D 动作可以使网格节点中的单元格(瓦片)沿 Z 轴上下运动(跳跃)，所以称为 3D 跳跃瓦片动作，效果如图 9-45 所示。

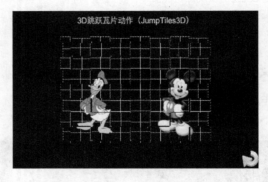

图 9-45　JumpTiles3D 动作

JumpTiles3D::create 方法用于创建 JumpTiles3D 对象，该方法的原型如下：

```
static JumpTiles3D * create(float duration, const Size& gridSize, unsigned int numberOfJumps,
float amplitude);
```

其中，numberOfJumps 参数表示瓦片的跳跃数。

使用 JumpTiles3D 动作的代码如下：

Cocos2dxDemo/classes/Action/ActionGrid/ActionGridTest. cpp

```
void JumpTiles3DActionTest::onEnter()
{
    GridActionBaseScene::onEnter();

    auto size = Director::getInstance()->getWinSize();
    auto actionJumpTiles3D = JumpTiles3D::create(4, Size(16,12), 5, 10);
```

```
mNodeGrid - > runAction ( RepeatForever :: create ( Sequence :: createWithTwoActions
(actionJumpTiles3D, actionJumpTiles3D - > reverse()))));
}
```

9.9.21 拆分行动作(SplitRows)

SplitRows 动作允许按行拆分网格节点,效果如图 9-46 所示。

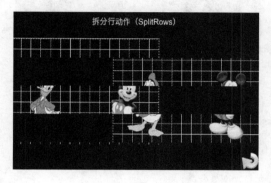

图 9-46 SplitRows 动作

SplitRows::create 方法用于创建 SplitRows 对象,该方法的原型如下:

static SplitRows * create(float duration, unsigned int rows);

其中,rows 参数表示拆分的行数。

使用 SplitRows 动作的代码如下:

Cocos2dxDemo/classes/Action/ActionGrid/ActionGridTest. cpp

```
void SplitRowsActionTest::onEnter()
{
    GridActionBaseScene::onEnter();
    auto size = Director::getInstance() - > getWinSize();
    auto actionSplitRows = SplitRows::create(4, 6);

mNodeGrid - > runAction ( RepeatForever :: create ( Sequence :: createWithTwoActions
(actionSplitRows, actionSplitRows - > reverse()))));
}
```

9.9.22 拆分列动作(SplitCols)

SplitCols 动作允许按列拆分网格节点,效果如图 9-47 所示。

SplitCols::create 方法用于创建 SplitCols 对象,该方法的原型如下:

static SplitCols * create(float duration, unsigned int cols);

其中,cols 参数表示拆分的列数。

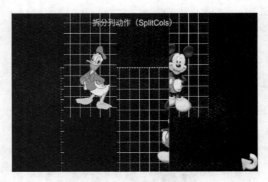

图 9-47　SplitCols 动作

使用 SplitCols 动作的代码如下：

Cocos2dxDemo/classes/Action/ActionGrid/ActionGridTest. cpp

```
void SplitColsActionTest::onEnter()
{
    GridActionBaseScene::onEnter();
    auto size = Director::getInstance()->getWinSize();
    auto actionSplitCols = SplitCols::create(4, 6);

mNodeGrid - > runAction ( RepeatForever :: create ( Sequence :: createWithTwoActions
(actionSplitCols, actionSplitCols->reverse()))));
}
```

9.9.23　3D 翻页动作（PageTurn3D）

PageTurn3D 动作可以实现如图 9-48 所示的翻页效果。

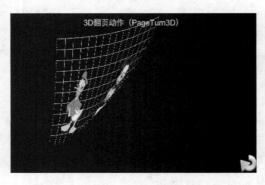

图 9-48　PageTurn3D 动作

PageTurn3D::create 方法用于创建 PageTurn3D 对象，该方法的原型如下：

```
static PageTurn3D * create(float duration, const Size& gridSize);
```

使用 PageTurn3D 动作是翻页效果的代码如下：

Cocos2dxDemo/classes/Action/ActionGrid/ActionGridTest. cpp

```
void PageTurn3DActionTest::onEnter()
{
    GridActionBaseScene::onEnter();

    auto size = Director::getInstance()->getWinSize();
    auto actionPageTurn3D = PageTurn3D::create(3, Size(16,12));

mNodeGrid - > runAction ( RepeatForever :: create ( Sequence :: createWithTwoActions
(actionPageTurn3D, actionPageTurn3D - > reverse()))));
}
```

9.10　其他动作

本节将结束一些还未分类的动作，这些动作有些需要与其他动作绑定才能使用，例如 TargetedAction。还有些用于干预动作集合的行为，如 DelayTime 用于延迟。

9.10.1　绑定节点和动作（TargetedAction）

动作通常都是独立的，并不和节点发生关系，但可以通过 TargetedAction 动作将节点与指定的动作进行关联。这样再运行该动作，就会同时将该动作作用于与其关联的节点。TargetedAction::create 方法用于创建 TargetedAction 对象，该方法的原型如下：

```
static TargetedAction * create(Node * target, FiniteTimeAction * action);
```

其中，target 参数表示要关联的节点，action 表示要关联的动作。

本节的例子在屏幕上放置两个图像，并且将左侧的图像与向右平移的动作（actionMoveBy1）关联，关联后的 TargetedAction 是 t。右侧图像在运行向左平移的动作的同时会运行 t。这样左右两个图像就会交换位置，效果如图 9-49 所示。

图 9-49　TargetedAction 动作

本例的实现代码如下：

Cocos2dxDemo/classes/Action/OtherActions/OtherActionTest. cpp

```
void TargetedActionTest::onEnter()
{
    BasicScene::onEnter();

    auto size = Director::getInstance()->getWinSize();
    auto sprite1 = Sprite::create("images/flower1.png");
    sprite1->setScale(0.5);
    sprite1->setPosition(Point(size.width/2 - 200 ,size.height/2));
    addChild(sprite1);

    auto sprite2 = Sprite::create("images/flower2.png");
    sprite2->setScale(0.5);
    sprite2->setPosition(Point(size.width/2 + 200 ,size.height/2));
    addChild(sprite2);
    // 向右平移动作
    auto actionMoveBy1 = MoveBy::create(3, Point(400,0));
    // 将 sprite1 与 actionMoveBy1 绑定,运行 t 就相当于在 sprite1 上运行 actionMoveBy1
    auto t = TargetedAction::create(sprite1, actionMoveBy1);
    // 向左平移动作
    auto actionMoveBy2 = MoveBy::create(3, Point(-400,0));
    // 同时运行 t 和 actionMoveBy2
    sprite2->runAction(Spawn::createWithTwoActions(t, actionMoveBy2));
}
```

9.10.2　扭曲动作(SkewBy 和 SkewTo)

SkewBy 和 SkewTo 允许设置相对和绝对的扭曲相对或绝对值。创建 SkewBy 和 SkewTo 对象的 create 方法原型如下：

```
static SkewBy * create(float t, float deltaSkewX, float deltaSkewY);
static SkewTo * create(float t, float sx, float sy);
```

其中,t 参数表示扭曲过程需要的时间,单位是秒。deltaSkewX 参数表示水平相对扭曲值,deltaSkewX 参数表示垂直相对扭曲值,sx 参数表示水平绝对扭曲值,sy 参数表示垂直绝对扭曲值。

本节的例子在窗口上放置了两个 Sprite,并分别使用 SkewBy 和 SkewTo 来扭曲这两个 Sprite,扭曲后的效果如图 9-50 所示。

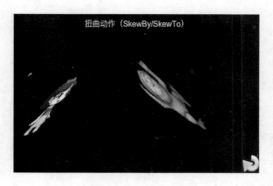

图 9-50　扭曲后的效果

创建和使用 SkewBy 及 SkewTo 动作的代码如下：

Cocos2dxDemo/classes/Action/OtherActions/OtherActionTest. cpp

```
void SkewActionTest::onEnter()
{
    BasicScene::onEnter();
    // 创建第一个 Sprite
    auto sprite1 = Sprite::create("images/Snow_White.png");
    sprite1 -> setPosition(Point(120,200));
    // 创建第二个 Sprite
    auto sprite2 = Sprite::create("images/littleman.png");
    sprite2 -> setPosition(Point(500,240));
    // 创建 SkewTo 动作
    auto skewToAction = SkewTo::create(3, 300, 120);
    // 创建 SkewBy 动作
    auto skewByAction = SkewBy::create(3, 400,200);
    addChild(sprite1);
    addChild(sprite2);
    // 扭曲 sprite1
    sprite1 -> runAction(skewByAction);
    // 扭曲 sprite2
    sprite2 -> runAction(skewToAction);
}
```

9.10.3　轨道照相机动作（OrbitCamera）

OrbitCamera 动作可以变换照相机①相对于图像的位置。例如，图 9-51 所示的效果就是由于变损了照相机的相对位置而产生的。

———————————

①　由于 Cocos2d-x 是基于 OpenGL 的，在 OpenGL 中使用照相机（Camera）的概念设置节点在 OpenGL 坐标系中的位置。而 OrbitCamera 动作的目的就是改变照相机的默认位置。也就相当于观察节点的角度变换了，因此也就会改变节点在 OpenGL 坐标系中的形状。这种形状的变换不是因为节点变化了，而是因为观察的角度不同而已。

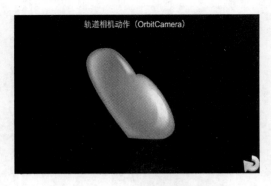

图 9-51　OrbitCamera 动作

OrbitCamera∷create 方法用于创建 OrbitCamera 对象，该方法的原型如下：

```
static OrbitCamera * create(float t, float radius, float deltaRadius, float angleZ, float
deltaAngleZ, float angleX, float deltaAngleX);
```

读者可以参考图 9-52 所示的三位坐标系来理解 OrbitCamera∷create 方法参数的含义。

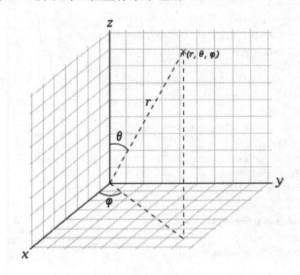

图 9-52　三维坐标系

假设三位坐标系中的 (r, θ, φ) 是节点的坐标，那么 OrbitCamera∷create 方法参数的含义如下：

t：动作持续的时间，单位是秒。

radius：镜头距离图像中心的距离，称为半径（也就是坐标中的 r）。

dr：半径在持续时间内变化总量。

z：动作开始时，镜头到图像中心的连线与 z 轴的夹角，也就是坐标系中的 θ 角。

dz：θ 角的变化总量。

x：x轴的初始倾斜角度。

dx：x轴的总变化角度（也就是 φ 的总变换量）。

使用 OrbitCamera 动作的代码如下：

Cocos2dxDemo/classes/Action/OtherActions/OtherActionTest. cpp

```cpp
void OrbitCameraActionTest::onEnter()
{
    BasicScene::onEnter();

    auto sprite = Sprite::create("images/heart1.png");
    sprite->setPosition(400,240);
    sprite->setScale(1.5);
    addChild(sprite);
    auto orbit = OrbitCamera::create(5, 1, 2, 0, 180, 0, -90);
    auto orbit_back = orbit->reverse();

    sprite->runAction( RepeatForever::create( Sequence::create( orbit, orbit_back, NULL ) ) );

}
```

9.10.4　延迟运行动作（DelayTime）

使用 Sequence 顺序执行动作序列是，当一个动作执行完后，会立刻执行下一个动作，直到遇到 Null 才终止执行。不过有时需要某个动作运行完后暂停一会，然后再运行下一个动作。这就需要使用 DelayTime 动作。该动作会暂停 N 秒。例如，下面的代码在 actionMoveTo1 运行完后，等待 5 秒后，才运行 actionMoveTo2。

```cpp
auto sprite = Sprite::create("image.png");
addChild(sprite);
// 暂停 5 秒
auto actionDelayTime = DelayTime::create(5);
auto actionMoveTo1 = MoveTo::create(3, Point(100,100));
auto actionMoveTo2 = MoveTo::create(3, Point(400,400));
auto actionSequence = Sequence::create(actionMoveTo1, actionDelayTime, actionMoveTo2, NULL);
sprite1->runAction(actionSequence);
```

9.11　小结

本章主要介绍了 Cocos2d-x 中的动作类，这些动作类可以实现很多常用的效果，例如，移动、旋转、缩放、加速、震动等。不过，要实现更复杂的效果，就需要继续本书的学习。因为在后面的章节会介绍如何实现更复杂、更酷的效果。例如，骨骼动画、粒子系统都是复杂游戏中必不可少的技术。

第 10 章

调度器、绘图 API 与动画

对于大多数游戏,动画是游戏中必不可少的元素。然后,动画有很多种形式,也有很多种实现方法。本章将结合调度器、绘图 API、Animate 动作的技术介绍两种比较简单的动画实现方式。其中一种是利用绘图 API 和调度器实现绘制图像在屏幕上做简单运动的动画;另外一种是通过若干个静态图像实现帧动画。

在第一种动画形式中涉及的调度器不仅可以用来实现动画,也可用于实现游戏中的各种检测,例如检测战斗机和导弹是否碰撞。因此,调度器的重要性一点都不亚于动画。本章将详细介绍 Cocos2d-x 中涉及的各种调度器的功能和使用方法。

本章要点

□ update 调度器;

□ 自定义调度器;

□ 绘图 API;

□ 通过调度器实现动画;

□ 帧动画。

10.1　调度器(Scheduler)

在大多数游戏中需要周期性执行一些检测。例如,对于射击游戏来说,每一帧都需要进行碰撞检测,同时,还需要处理我方和敌方的飞船发射子弹工作。对于这些检测,可以在同一频率下进行,也可以在不同频率下进行。这就需要使用本节介绍的调度器。最简单的调度器是 update 定时器,该定时器在每一帧都会被调用,而稍微复杂一点的是自定义调度器,这类调度器允许以一定时间间隔(如 4 秒)执行调度方法,这对于不需要每一帧都进行检测的情况尤为重要。本节将详细介绍这两种调度器的使用方法。

10.1.1　update 定时器调度

本节介绍的 update 定时器调度是 Cocos2d-x 中最常用的调度方式。当 Cocos2d-x 通过

OpenGL 完成每一帧绘制后,都会调用 update 方法。如果周期性检测要求非常实时,那么就需要使用 update 定时器调度。

使用 update 定时器调度非常简单。在 4.2.2 节的表 4-3 中曾提到一个 update 方法,该方法是 Node 类中的成员方法,而 update 定时器调用的就是这个方法。因此,无论哪个节点类,只要使用 update 定时器调度,就必须覆盖 update 方法。例如,本例对应的类是 UpdateSchedulerTest,如果在该类中使用 update 定时器调度,就必须按下面的形式覆盖 update 方法。

Cocos2dxDemo/classes/Scheduler/SchedulerTest. hpp

```
class UpdateSchedulerTest : public BasicScene
{
public:
    virtual void update(float delta);
    …
};
```

其中,delta 是时间增量。这个时间增量是指从上一次执行完 update 方法后到当前开始调用 update 方法这一过程所需要的时间。

接下来要实现 update 方法,代码如下:

Cocos2dxDemo/classes/Scheduler/SchedulerTest. cpp

```
void UpdateSchedulerTest::update(float delta)
{
    CCLOG("UpdateSchedulerTest: % f", delta);
}
```

UpdateSchedulerTest::update 方法的实现很简单,只使用 CCLOG 宏输出了 delta 参数值。

最后一步就是在 UpdateSchedulerTest::onEnter 方法[①]中调用 scheduleUpdate 方法来启动 update 定时器,代码如下:

Cocos2dxDemo/classes/Scheduler/SchedulerTest. cpp

```
void UpdateSchedulerTest::onEnter()
{
    BasicScene::onEnter();
    // 启动 update 定时器
    scheduleUpdate();
}
```

现在运行程序,会看到日志视图中快速输出了大量的信息,下面是一个输出片段。

---

① 也可以在 init 或其他方法中调用 scheduleUpdate 方法。不过 init 方法在创建节点对象时调用,而 onEnter 方法是在当前节点被添加到其他节点中才调用。至于到底在那个方法中调用 scheduleUpdate 方法,需要根据具体情况而定。

```
cocos2d: UpdateSchedulerTest:0.066114
cocos2d: UpdateSchedulerTest:0.009271
cocos2d: UpdateSchedulerTest:0.042832
cocos2d: UpdateSchedulerTest:0.080995
cocos2d: UpdateSchedulerTest:0.016871
cocos2d: UpdateSchedulerTest:0.013366
cocos2d: UpdateSchedulerTest:0.032955
cocos2d: UpdateSchedulerTest:0.033096
cocos2d: UpdateSchedulerTest:0.032943
cocos2d: UpdateSchedulerTest:0.033112
cocos2d: UpdateSchedulerTest:0.033053
cocos2d: UpdateSchedulerTest:0.040554
cocos2d: UpdateSchedulerTest:0.076369
```

很明显,update 方法会不断进行调用,那么每一次调用 update 方法时输出的 delta 参数值为什么不一样,而且有的相邻输出值还差很多。实际上,绘制帧的频率越高,delta 的值越不精确。如果读者使用 Cocos2d-x 默认生成的工程模板,绘制帧的频率是 60,也就是说 1/60 秒绘制一帧(调用一次 update 方法)。

4.1.1 节也曾讲过,在 AppDelegate∷applicationDidFinishLaunching 方法中使用下面的代码设置了动画时间间隔。这个时间间隔也就是每一帧的停留时间。很明显,在默认生成的工程中,这一间隔时间是 1/60 秒①。如果按这个值计算,update 方法的 delta 参数值应为 0.016667。但由于不同设备的硬件计数器和相关软件的差别。每一次调用 update 方法时 delta 参数值是不同的。但通常来讲不会超过 0.1。

```
director - > setAnimationInterval(1.0/60);
```

读者可以根据需要修改这个值,如果不需要使用高频率进行检查,可以将这个间隔时间设为较大的值,例如下面的代码设为 1.0/10。

```
director - > setAnimationInterval(1.0/10);
```

如果使用上面的设置,再重新运行本例,将会在日志视图中输出如下内容。很明显,当时间间隔增大时,delta 参数值也越来越精确了。理论上,delta 的值应为 0.1。但从日志输出内容上看,输出值基本上都在 0.09～0.15 之间。而不像时间间隔为 1/60 时,delta 的最大值和最小值相差几十倍。

```
cocos2d: UpdateSchedulerTest:0.105786
cocos2d: UpdateSchedulerTest:0.098394
cocos2d: UpdateSchedulerTest:0.107761
cocos2d: UpdateSchedulerTest:0.123032
cocos2d: UpdateSchedulerTest:0.125306
cocos2d: UpdateSchedulerTest:0.099351
```

---

① 这是默认值,就算不调用 Director∷setAnimationInterval 方法,时间间隔仍然是 1/60 秒。

```
cocos2d: UpdateSchedulerTest:0.106174
cocos2d: UpdateSchedulerTest:0.105267
cocos2d: UpdateSchedulerTest:0.092852
cocos2d: UpdateSchedulerTest:0.141439
cocos2d: UpdateSchedulerTest:0.093792
cocos2d: UpdateSchedulerTest:0.101687
cocos2d: UpdateSchedulerTest:0.119062
cocos2d: UpdateSchedulerTest:0.126011
cocos2d: UpdateSchedulerTest:0.120123
cocos2d: UpdateSchedulerTest:0.098097
```

10.1.2　设置 update 定时器的优先级

由于每一个节点只能有一个 update 定时器,所以单对一个节点来说,并不存在 update 定时器的优先级问题。不过,如果在当前节点中添加其他子节点,而这些子节点中又都实现了 update 方法,这就会涉及一个优先级的问题。也就是说,到底是父节点的 update 方法先执行,还是子节点的 update 方法先执行。如果同为子节点,那么哪个子节点的 update 方法先执行呢?

在默认情况下(使用 scheduleUpdate 方法启动 update 定时器),所有的 update 定时器的优先级都为 0,也就是说,系统会同等对待这些 update 定时器。至于谁先执行,就要看谁先注册到系统的 update 定时器链表中了。

现在举一个例子,假设有一个 MySprite 节点类(Sprite 的子类)和一个 MyScene 类(Scene 的子类)。在这两个类中都实现了 update 方法。在下面两段代码中,分别先启动了 MySprite 和 MyScene 中的 update 定时器。因此,第一段代码会导致 MySprite∷update 方法先于 MyScene∷update 方法执行,而第二段代码正好相反。

MySprite∷update 方法执行。

```
void MyScene∷onEnter()
{
    Scene∷onEnter();
    // 先调用 MySprite∷update 方法
    addChild(MySprite∷create());
    // 启动 update 定时器,后调用 MyScene∷update 方法
    scheduleUpdate();
}
MyScene∷update 方法先执行.
void MyScene∷onEnter()
{
    Scene∷onEnter();
    // 启动 update 定时器,先调用 MyScene∷update 方法
    scheduleUpdate();
    // 后调用 MySprite∷update 方法
    addChild(MySprite∷create());
}
```

如果要想改变这种依靠启动 update 定时器的顺序来决定 update 定时器优先级的方式,就需要使用 scheduleUpdateWithPriority 方法来显式指定 update 定时器的优先级。该方法的原型如下:

```
void scheduleUpdateWithPriority(int priority);
```

其中,priority 参数表示优先级。参数值越小,优先级越大。例如,现在有两个节点类(MySprite 和 PriorityUpdateSchedulerTest,在 PriorityUpdateSchedulerTest∷onEnter 方法中将创建 MySprite 对象,并将 MySprite 对象添加到当前节点中。在 PriorityUpdate-SchedulerTest∷onEnter 方法中将 update 定时器的优先级设为 -20,而在 MySprite∷onEnter 方法中,将 update 定时器的优先级设为 -21。根据优先级的规则,MySprite 中的 update 定时器的优先级高于 PriorityUpdateSchedulerTest 中 update 定时器的优先级。

Cocos2dxDemo/classes/Scheduler/SchedulerTest. cpp

```cpp
void PriorityUpdateSchedulerTest∷onEnter()
{
    BasicScene∷onEnter();
    scheduleUpdateWithPriority( - 20);
    addChild(MySprite∷create());
}
void PriorityUpdateSchedulerTest∷update(float delta)
{
    CCLOG("PriorityUpdateSchedulerTest: % f", delta);
}
void MySprite∷onEnter()
{
    Sprite∷onEnter();
    scheduleUpdateWithPriority( - 21);
}
void MySprite∷update(float delta)
{
    CCLOG("MySprite: % f", delta);
}
```

从下面的输出结果可知,尽管创建和添加 MySprite 对象的代码在调用 scheduleUp-dateWithPriority 方法之后,但 MySprite∷update 方法仍然先于 PriorityUpdateScheduler-Test∷update 方法调用。

```
cocos2d: MySprite:0.054350
cocos2d: PriorityUpdateSchedulerTest:0.054350
cocos2d: MySprite:0.055860
cocos2d: PriorityUpdateSchedulerTest:0.055860
cocos2d: MySprite:0.031209
cocos2d: PriorityUpdateSchedulerTest:0.031209
cocos2d: MySprite:0.043248
```

```
cocos2d: PriorityUpdateSchedulerTest:0.043248
cocos2d: MySprite:0.055600
cocos2d: PriorityUpdateSchedulerTest:0.055600
cocos2d: MySprite:0.034224
cocos2d: PriorityUpdateSchedulerTest:0.034224
```

如果读者改变 MySprite 中 update 定时器的优先级（比 - 20 大），或使用 scheduleUpdate 方法启动 MySprite 中的 update 定时器，那么会得到相反的结果。

注意：对于一个节点的子节点，即使在该子节点中启动了 update 定时器，也必须将该子节点通过 addChild 方法添加到父节点中，子节点中的 update 方法才会被调用。如果只是在父节点中创建了子节点对象，但并未通过 addChild 方法将该子节点添加到父节点中，子节点的 update 定时器并不会工作。

10.1.3　自定义调度器

前面介绍的 update 定时器调度只能每一帧调用一次 update 方法，对于处理指定调度时间的检测任务非常麻烦。例如，如果要实现每两秒检测一次的任务，需要在 update 方法中累加时间，直到时间超过两秒后，才执行检测任务，然后时间清零，并重新累加时间。为了更方便地完成这类任意时间调度的检测任务，Cocos2d-x 提供了另一种更强大的调度器：自定义调度器。这里的自定义是指可以在如下 4 个方面控制调度器。

- ❑ 调度回调函数：可以任意指定函数名，但方法参数必须包含一个 float 类型的参数，该参数的含义与 update 方法的 float 类型参数的含义相同。
- ❑ 调度时间：可以任意指定一个调度周期，例如可以指定每 2 秒执行一次调度回调函数。
- ❑ 调度次数：update 定时器是无限循环调用的，除非暂停或停止调度器，否则 update 方法将永远被调用下去。而自定义调度器允许指定要调用的次数。例如，在某些情况下，只需要调用回调函数执行一次，这时就可以指定调度次数为 1。
- ❑ 延迟时间：update 定时器都是立即执行 update 方法，而自定义调度器允许指定在第一次执行调度回调函数需要等待的时间。

使用自定义调度器与使用 update 定时器调度器的大多数步骤相同，只是需要使用 schedule 方法启动自定义调度器，该方法的原型如下：

```
void schedule(SEL_SCHEDULE selector);
void schedule(SEL_SCHEDULE selector, float interval);
void schedule(SEL_SCHEDULE selector, float interval, unsigned int repeat, float delay);
```

从 schedule 方法的原型可以看出，该方法有 3 个重载形式。涉及的参数含义如下：

- ❑ selector：调度回调函数的函数指针。
- ❑ interval：调度时间，单位：秒。如果该参数值为 0，表示每一帧都会调用回调函数，相当于 update 定时器调度。

❑ repeat：重复次数。要注意的是，该参数表示重复次数，而不是调度次数，因此，实际的调度次数是 repeat ＋ 1。例如，当 repeat 为 0 时，回调函数仍然会被调用一次。

❑ delay：延迟时间，单位：秒。

其中，SEL_SCHEDULE 是调度回调函数类型，定义代码如下：

```
typedef void (Object:: * SEL_SCHEDULE)(float);
```

从 SEL_SCHEDULE 的定义代码可以看出，该函数与 update 方法的返回值和参数类型完全相同，因此只要按着 update 方法的样式定义回调函数即可，不过最好不要用 update，而是用其他方法名称。

如果只想让调度回调函数执行一次，可以使用一个更简单的方法 scheduleOnce，该方法的原型如下：

```
void scheduleOnce(SEL_SCHEDULE selector, float delay);
```

本节的例子在窗口上放置了两个 Text 控件，并使用了两个自定义调度器，一个每一秒调度一次（称为 1 秒调度器），另外一个每两秒调度一次（称为 2 秒调度器）。1 秒调度器更新左侧 Text 控件中的内容（数字从 0 开始每一秒加 1），2 秒调度器更新右侧 Text 控件中的内容（数字从 0 开始每两秒加 2）。效果如图 10-1 所示。

要实现这个例子，首先要在 Custom-SchedulerTest 类中定义两个调度回调函数，代码如下：

图 10-1　自定义调度器

Cocos2dxDemo/classes/Scheduler/SchedulerTest. hpp

```
class CustomSchedulerTest : public BasicScene
{
public:
    // 1 秒调度器的回调函数
    virtual void schedulerCallback1(float delta);
    // 2 秒调度器的回调函数
    virtual void schedulerCallback2(float delta);
    …
};
```

接下来先在 CustomSchedulerTest∷onEnter 方法中创建两个 Text 控件，并使用 schedule 方法启动两个自定义调度器。实现代码如下：

Cocos2dxDemo/classes/Scheduler/SchedulerTest. cpp

```
void CustomSchedulerTest::onEnter()
```

```
{
    BasicScene::onEnter();
    auto size = Director::getInstance()->getWinSize();
    // 创建左侧的 Text 控件(每一秒数字加 1)
    auto textCounter1 = Text::create();
    textCounter1->setText("0");
    textCounter1->setFontName("Marker Felt");
    textCounter1->setFontSize(80);
    textCounter1->setColor(Color3B(255,255,255));
    textCounter1->setPosition(Point(size.width / 2 - 120, size.height / 2 ));
    // 设置 tag,在回调函数中需要通过这个 tag 获取该 Text 控件
    textCounter1->setTag(1);
    addChild(textCounter1);
    // 创建右侧的 Text 控件(每两秒数字加 2)
    auto textCounter2 = Text::create();
    textCounter2->setText("0");
    textCounter2->setFontName("Marker Felt");
    textCounter2->setFontSize(80);
    textCounter2->setColor(Color3B(255,255,255));
    textCounter2->setPosition(Point(size.width / 2 + 120, size.height / 2 ));
    // 设置 tag,在回调函数中需要通过这个 tag 获取该 Text 控件
    textCounter2->setTag(2);
    addChild(textCounter2);
    // 启动 1 秒调度器
    schedule(schedule_selector(CustomSchedulerTest::schedulerCallback1),1);
    // 启动 2 秒调度器
    schedule(schedule_selector(CustomSchedulerTest::schedulerCallback2),2);
}
```

其中 schedule_selector 是一个宏,用于返回回调函数指针,该宏的定义代码如下:

```
#define schedule_selector(_SELECTOR) static_cast<cocos2d::SEL_SCHEDULE>(&_SELECTOR)
```

最后,需要实现两个回调函数,代码如下:

Cocos2dxDemo/classes/Scheduler/SchedulerTest. cpp

```
// 实现 1 秒调度器
void CustomSchedulerTest::schedulerCallback1(float delta)
{
    // 获取左侧的 Text 控件
    auto textCounter1 = dynamic_cast<Text *>(getChildByTag(1));
    // 将 Text 控件中的文本转换为 int 类型的值
    int value = atoi(textCounter1->getStringValue().c_str());
    // 值加 1
    value++;
    // 将已经加 1 的值重新赋给 Text 控件
    textCounter1->setText(to_string(value));
```

```
    // 在日志视图中输出 delta 参数值
    CCLOG("1 秒定时器:%f", delta);
}
// 实现 2 秒调度器
void CustomSchedulerTest::schedulerCallback2(float delta)
{
    // 获取右侧的 Text 控件
    auto textCounter2 = dynamic_cast<Text*>(getChildByTag(2));
    // 将 Text 控件中的文本转换为 int 类型的值
    int value = atoi(textCounter2->getStringValue().c_str());
    // 值加 2
    value += 2;
    // 将已经加 2 的值重新赋给 Text 控件
    textCounter2->setText(to_string(value));
    // 在日志视图中输出 delta 参数值
    CCLOG("2 秒定时器:%f", delta);
}
```

运行本例后,会在日志视图中看到如下的输出信息,很明显,两个调度器分别每 1 秒和 2 秒调度一次。

```
cocos2d: 1 秒定时器:1.004039
cocos2d: 2 秒定时器:2.015808
cocos2d: 1 秒定时器:1.025059
cocos2d: 1 秒定时器:1.042952
cocos2d: 2 秒定时器:2.005479
cocos2d: 1 秒定时器:1.014806
cocos2d: 1 秒定时器:1.031430
cocos2d: 2 秒定时器:2.049877
```

如果要获取某个调度回调函数是否正处于调度状态,可以使用 isScheduled 方法,该方法的原型如下:

```
bool isScheduled(SEL_SCHEDULE selector);
```

10.1.4 停止调度器

尽管当场景退出后,系统会自动停止调度器。但在某些时候,需要在场景不退出时停止调度器。在这种情况下,可以通过如下几个方法停止调度器。

```
// 停止 update 定时器调度器
void unscheduleUpdate(void);
// 停止指定回调函数的调度器
void unschedule(SEL_SCHEDULE selector);
// 停止当前节点中所有的调度器(不包括子节点中的调度器)
unscheduleAllSelectors();
```

10.2 绘图 API

Cocos2d-x 提供了一套用于绘制简单图形的 API。要想使用这套 API，需要实现节点类的 draw 方法，该方法没有任何参数。例如，在 DrawingTest 类中使用绘图 API，需要按下面的形式在 DrawingTest 类中定义 draw 方法。

Cocos2dxDemo/classes/Drawing/DrawingTest. hpp

```
class DrawingTest : public BasicScene
{
public:
    virtual void draw();
};
```

在实现 draw 方法时，需要使用 DrawPrimitives 命名空间的若干函数绘制图像。下面先看看在 DrawPrimitives 命名空间中定义了哪些绘图函数。

```
// 绘制像素点，point 参数表示像素点的坐标
void drawPoint( const Point & point );

// 绘制若干个像素点，points 参数表示要绘制像素点的坐标头指针，
// numberOfPoints 参数表示要绘制像素点的个数
void drawPoints( const Point * points, unsigned int numberOfPoints );

// 绘制一条直线，origin 参数表示直线的开始点坐标，destination 参数表示直线的结束点坐标
void drawLine( const Point& origin, const Point& destination );

// 绘制一个矩形，origin 参数表示矩形左上顶点的坐标，destination 参数表示矩形右下顶点的坐标
void drawRect( Point origin, Point destination );

// 绘制一个实心矩形，其中 color 参数表示填充颜色
void drawSolidRect( Point origin, Point destination, Color4F color );

// 绘制一个多边形，vertices 参数表示多边形顶点集合的头指针，numOfVertices 参数表示多边形定点数
// closePolygon 参数表示是否连接首顶点和尾顶点. 该参数值为 true，多边形是闭合的，该参数值为 false
// 多边形可能不是闭合的(如果首顶点和尾顶点重合，即使该参数值是 false，多边形也是闭合的)
void drawPoly( const Point * vertices, unsigned int numOfVertices, bool closePolygon );

// 绘制一个实心多边形，其中 color 参数表示填充颜色
void drawSolidPoly(const Point * vertices, unsigned int numOfVertices, Color4F color );
// 绘制一个圆，center 参数表示圆的中心坐标；radius 参数表示圆的半径；angle 参数表示角度，如
果是圆，该参数值为 360，如果小于 360，是弧；segments 参数表示矢量线段数，由于绘制圆使用的是
矢量线段，所以要想绘制平滑的圆，segments 参数值应该比较大，例如，100. 如果 segments 参数值较
```

小,如 5,则圆就成五边形了;drawLineToCenter 参数表示是否从圆(弧)的两个端点到圆心绘制直线;scaleX 参数表示在 X 方向的缩放比例,scaleY 参数表示在 Y 方向的缩放比例.如果 scaleX 和 scaleY 参数值不同,则绘制的是椭圆

```
void drawCircle( const Point& center, float radius, float angle, unsigned int segments, bool
drawLineToCenter, float scaleX, float scaleY);
```

```
// 绘制一个圆,该方法是 drawCircle 的一个重载形式
void drawCircle( const Point& center, float radius, float angle, unsigned int segments, bool
drawLineToCenter);
```

```
// 绘制实心圆
void drawSolidCircle( const Point& center, float radius, float angle, unsigned int segments,
float scaleX, float scaleY);
```

```
// 绘制实心圆
void drawSolidCircle( const Point& center, float radius, float angle, unsigned int segments);
```

```
// 绘制有一个控制点的贝塞尔曲线,origin 参数表示贝塞尔曲线的开始点坐标; control 参数表示
贝塞尔曲线的控制点坐标; destination 参数表示贝塞尔曲线的结束点坐标; segments 参数表示矢
量线段的个数,后面介绍函数中所有的 segments 参数的含义都相同,因此不再赘述
void drawQuadBezier (const Point& origin, const Point& control, const Point& destination,
unsigned int segments);
```

```
// 绘制有两个控制点的贝塞尔曲线
void drawCubicBezier(const Point& origin, const Point& control1, const Point& control2, const
Point& destination, unsigned int segments);
```

```
// 绘制固定张力样条曲线,arrayOfControlPoints 参数表示样条曲线经过点的坐标集合
void drawCatmullRom( PointArray * arrayOfControlPoints, unsigned int segments );
```

```
// 绘制可变张力样条曲线,config 和 arrayOfControlPoints 参数的含义是一行的,
// tension 参数表示张力
void drawCardinalSpline( PointArray * config, float tension, unsigned int segments );
```

```
// 设置绘图颜色(接收字节类型数值)
void setDrawColor4B( GLubyte r, GLubyte g, GLubyte b, GLubyte a );
```

```
// 设置绘图颜色(接收 float 类型数值)
void setDrawColor4F( GLfloat r, GLfloat g, GLfloat b, GLfloat a );
```

```
// 设置像素点的尺寸
void setPointSize( GLfloat pointSize );
```

现在已经了解了 DrawPrimitives 命名空间中的所有绘图函数,下面来利用这些函数实现 DrawingTest::draw 函数。在 draw 函数中绘制了像素点、矩形、多边形、圆形和贝塞尔曲线,效果如图 10-2 所示。

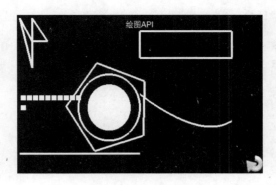

图 10-2 绘图 API

DrawingTest∷draw 方法的实现代码如下：

Cocos2dxDemo/classes/Drawing/DrawingTest. cpp

```
void DrawingTest∷draw()
{
    // 设置绘图颜色
    DrawPrimitives∷setDrawColor4B(255, 255, 255, 255);
    // 设置绘制线条的宽度(4 个像素点)
    glLineWidth(4);
    DrawPrimitives∷setPointSize(10);
    // 绘制一个点
    DrawPrimitives∷drawPoint(Point(20,200));
    // 用于绘制像素点的坐标
    Point points[10];
    // 计算 points 数值的长度
    int pointCount = sizeof(points)/sizeof(Point);
    // 自动设置 10 个坐标点的值
    for(int i = 0; i < pointCount;i++)
    {
        points[i].x = 20 + i * 20;
        points[i].y = 230;
    }
    // 绘制 10 个像素点
    DrawPrimitives∷drawPoints(points, pointCount);
    // 绘制直线
    DrawPrimitives∷drawLine(Point(10,60), Point(400,60));
    // 绘制圆
    DrawPrimitives∷drawCircle(Point(300,200), 100, 360, 100, false, 1, 1);
    DrawPrimitives∷drawCircle(Point(300,200), 140, 360, 5, false, 1, 1);

    // 绘制实心圆
    DrawPrimitives∷drawSolidCircle(Point(300,200), 70, 360, 100);
```

```
        Point polyPoints[5];

        polyPoints[0].x = 10;
        polyPoints[0].y = 470;
        polyPoints[1].x = 50;
        polyPoints[1].y = 400;
        polyPoints[2].x = 100;
        polyPoints[2].y = 400;
        polyPoints[3].x = 50;
        polyPoints[3].y = 470;
        polyPoints[4].x = 50;
        polyPoints[4].y = 320;
        // 绘制由 5 各顶点组成的多边形
        DrawPrimitives::drawPoly(polyPoints, 5, true);
        // 绘制矩形
        DrawPrimitives::drawRect(Point(400,430), Point(700,350));
        // 绘制有一个控制点的贝塞尔曲线
        DrawPrimitives::drawQuadBezier(Point(400,240),
    Point(600,100),Point(700,160),100);
    }
```

注意：draw 方法与其他语言中类似方法的调用方式相同。当前窗口的每一帧都会调用 draw 方法。因此，在 draw 方法中绘制的图形实际上是每一帧都重新绘制的。在每一次绘制之前，会清除上一次绘制的所有图形。之所以看着和静态图形一样，是因为每次重绘图像的参数都一样。如果以不同频率改变绘图参数，那将产生动画效果，这一点将在 10.2 节详细介绍。

10.3　动画

在 Cocos2d-x 中有很多种实现动画的方式。本节将介绍两种最基本和最简单的动画实现方式。其中一种动画的实现方式是基于前两节介绍的绘图 API 和调度器实现的动画。另外一种就是帧动画，也就是以一定频率不断切换静态图像实现的动画（类似于放电影）。

10.3.1　基于绘图 API 与调度器的动画

使用绘图 API 可以实现相对简单的动画，例如移动实心圆。这种动画的实现原理就是以一定频率改变绘制的参数，如圆的中心点坐标。如果要移动的比较平滑或比较快，可以直接在 draw 方法中改变绘制参数（因为 draw 方法总是被频率调用），也可以使用 10.1 节介绍的调度器以一定时间间隔改变绘制参数。

本节的例子同时采用了这两种方法。在屏幕上绘制了一个空心圆和一个实心圆。空心圆采用了在 draw 方法中改变中心点坐标的方式，而实心圆使用了调度器每 0.5 秒改变一次中心点的坐标。空心圆从左到右水平匀速运动，当运动到最右侧时，会向左继续水平匀速运动。实心圆从底部向上匀速运动,当运动到顶端时,会继续匀速向下运动。空心圆和实心圆都不断重复这一过程。效果如图 10-3 所示。

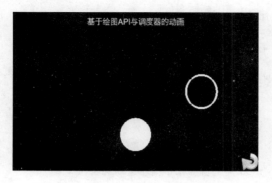

图 10-3　基于绘图 API 与调度器的动画

本例对应的类是 SchedulerAnimationTest,首先应在 SchedulerAnimationTest 类中定义一些成员变量和 draw、调度回调方法。SchedulerAnimationTest 类的定义代码如下:

Cocos2dxDemo/classes/Animation/AnimationTest. hpp

```
class SchedulerAnimationTest : public BasicScene
{
private:
    float x;             // 空心圆圆心坐标的 X 值
    float y;             // 实心圆圆心坐标的 Y 值
    bool flag1;          // true: 空心圆水平向右运动,false: 空心圆水平向左运动
    bool flag2;          // true: 实心圆垂直向上运动,false: 实心圆垂直向下运动
public:
    virtual void onEnter();
    virtual bool init();
    virtual void draw();
    // 调度回调方法
    virtual void animationCallback(float delta);
    CREATE_FUNC(SchedulerAnimationTest);
};
```

接下来实现 SchedulerAnimationTest::draw 方法,代码如下:

Cocos2dxDemo/classes/Animation/AnimationTest. cpp

```
void SchedulerAnimationTest::draw()
{
    // 设置绘制颜色
    DrawPrimitives::setDrawColor4B(255, 255, 255, 255);
    // 设置绘制线条宽度
    glLineWidth(4);
    // 绘制空心圆
    DrawPrimitives::drawCircle(Point(x,240), 50, 360, 100, false);
```

```
    // 空心圆水平向右运动
    if(flag1)
    {
        // X 坐标值加 4
        x += 4;
        // 如果 X 坐标值大于 750,则空心圆向左水平运动
        if(x > 750)
            flag1 = false;
    }
    else
    {
        // 空心圆水平向右运动,X 减 4
        x -= 4;
        // 如果 X 小于 50,空心圆做水平向右运动
        if(x < 50)
            flag1 = true;
    }
    // 绘制实心圆,y 的值中调度回调函数(animationCallback)中改变
    DrawPrimitives::drawSolidCircle(Point(400,y), 50, 360, 100);
}
```

现在,我们来实现调度回调函数(SchedulerAnimationTest∷animationCallback 方法),在该方法中改变 y 的值。该方法的代码如下:

Cocos2dxDemo/classes/Animation/AnimationTest.cpp

```
void SchedulerAnimationTest∷animationCallback(float delta)
{
    // 实心圆向上运动
    if(flag2)
    {
        // y 加 4
        y += 4;
        // 当 y 大于 430 时,实心圆向下运动
        if(y > 430)
            flag2 = false;
    }
    else
    {
        // 实心圆向下运动,y 减 4
        y -= 4;
        // 当 y 小于 50 时,实心圆向上运动
        if(y < 50)
            flag2 = true;
    }
}
```

最后,需要在 SchedulerAnimationTest∷onEnter 方法中初始化相关的成员变量,并使

用 schedule 方法开始调度器。SchedulerAnimationTest::onEnter 方法的代码如下:

Cocos2dxDemo/classes/Animation/AnimationTest. cpp

```
void SchedulerAnimationTest::onEnter()
{
    BasicScene::onEnter();
    x = 50;
    y = 50;
    flag1 = true;
    flag2 = true;
    // 开始调度器,每 0.5 秒调度一次
    schedule(schedule_selector(SchedulerAnimationTest::animationCallback),0.5);
}
```

10.3.2 帧(Frame)动画

帧动画在本质上就是以一定频率切换若干个静态图像的过程。由于人类大脑会将过去看过的图像保留一定时间,所以如果静态图像切换足够快时(通常每秒 25 帧以上),大脑就会自动将离散的静态图像连接起来形成连续的动画。

在 Cocos2d-x 帧动画中切换静态图像的方法很多,也很简单。例如,最笨的方法是创建若干个 Sprite 对象,然后不断控制这些 Sprite 对象的显示和隐藏,使其同时只能有一个 Sprite 对象处于可视状态,这就是一个简单的帧动画。不过,在 Cocos2d-x 中大可不必这么麻烦。Cocos2d-x API 提供了专门用于处理帧动画的 Animation 类。通过该类,可以很容易实现静态图像之间的切换,当然,还可以自定义静态图像停留时间,也就是静态图像之间的切换时间。

尽管 Animation 可以自己控制静态图像的切换,但仍然需要我们通过 Animation::createWithSpriteFrames 方法为其提供若干个静态图像。该方法接收 Vector 形式的 SpriteFrame 对象集合,原型如下:

```
static Animation *  createWithSpriteFrames(const Vector < SpriteFrame * > &arrayOfSpriteFrameNames,
float delay = 0.0f);
```

其中,arrayOfSpriteFrameNames 参数表示 SpriteFrame 对象集合,delay 参数表示每一帧停留的时间,单位是秒。如果不设置 delay 参数,则默认值为 0,表示不进行帧动画播放。

对于大多数游戏来说,为了减少资源消耗,很多图像都放到一整张图像中,并使用 plist 文件指定每一个小图的位置和尺寸。plist 文件不仅仅支持静态图像,也支持定义利用 plist 文件中的静态图像定义帧动画,并使用 AnimationCache:: getAnimation 方法从 plist 文件中获取动画对象(Animation)。这些内容会在本节的例子中详细介绍。

本例实现了两个帧动画,效果如图 10-4 所示。其中左侧的帧动画直接从 SpriteFrame 集合创建了 Animation 对象。右侧的帧动画通过在 plist 文件中定义的动画创建了 Animation 对象。

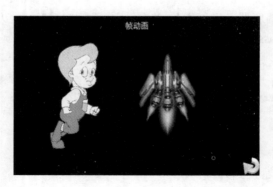

图 10-4　帧动画

根据以上描述,在实现本例之前,需要先准备若干资源文件(图像和 plist 文件)。首先要准备若干个静态图像,本例是 12 个 png 图像,文件名是 boy1. png、boy2. png、…、boy12. png。这些文件存储在 Resources/anim 目录中,用于实现左侧的帧动画。除此之外,还要准备一张大图(player. png),该文件存储在 Resources/list 目录中。在大图中包含了若干个小图。本例准备的大图效果如图 10-5 所示。

图 10-5　帧动画使用的静态图像

在图 10-5 中包含了两种飞机。也是两个帧动画的静态图像。在本例中使用第一个帧动画。最后要准备一个 plist 文件(player. plist),该文件与 player. png 在同一个目录。在 player. plist 文件中除了定义图 10-5 所示若干个小图在大图中的绝对坐标和尺寸外,还需要定义帧动画。帧动画需要制定动画名称、每帧要停留的时间以及每一帧对应的静态图像名称。建议读者使用 XCode 编辑 player. plist 文件。

如果读者使用 XCode 的 Property List 打开 player. plist 文件,会看到如图 10-6 所示的界面。很明显,所有的动画都必须在 animations 节点中。其中 player1 是本例要使用的帧动画的名称,delay 表示每一帧停留的时间(0. 3 秒),frames 中的 6 个 item 对应于每一帧的静态图像,这些图像都需要在下面的 frames 中定义。

最后,需要在程序的某个地方缓冲静态图像和帧动画。例如,本例在 AppDelegate∷applicationDidFinishLaunching 方法中使用下面的代码缓冲了这两种资源。当然,读者也可以在相应场景的 onEnter 或 init 方法或其他任何地方进行缓冲,只要还没有开始使用动画

Key	Type	Value
▼ Root	Dictionary	(3 items)
▼ animations	Dictionary	(1 item)
▼ player1 ○ ○	Dictionary ⇕	(2 items)
delay	Number	0.3
▼ frames	Array	(6 items)
Item 0	String	player00.png
Item 1	String	player00_l.png
Item 2	String	player00_r.png
Item 3	String	player01.png
Item 4	String	player01_l.png
Item 5	String	player01_r.png
▼ frames	Dictionary	(12 items)
▶ player00.png	Dictionary	(5 items)
▶ player00_l.png	Dictionary	(5 items)
▶ player00_r.png	Dictionary	(5 items)
▶ player01.png	Dictionary	(5 items)
▶ player01_l.png	Dictionary	(5 items)
▶ player01_r.png	Dictionary	(5 items)
▶ player10.png	Dictionary	(5 items)
▶ player10_l.png	Dictionary	(5 items)
▶ player10_r.png	Dictionary	(5 items)
▶ player11.png	Dictionary	(5 items)
▶ player11_l.png	Dictionary	(5 items)
▶ player11_r.png	Dictionary	(5 items)
▶ metadata	Dictionary	(5 items)

图 10-6　player.plist 文件中的内容

的地方就可以。

Cocos2dxDemo/classes/AppDelegate.cpp

```
// 缓冲player.plist文件中的静态图像
SpriteFrameCache::getInstance() -> addSpriteFramesWithFile("list/player.plist", "list/
player.png");
// 缓冲player.plist文件中的帧动画
AnimationCache::getInstance() -> addAnimationsWithFile("list/player.plist");
```

现在,我们已经完成了所有的准备工作和初始化工作。最后,让我们来完成本例的主要部分,实现代码如下:

Cocos2dxDemo/classes/Animation/AnimationTest.cpp

```
void FrameAnimationTest::onEnter()
{
    BasicScene::onEnter();
    // 处理左侧的帧动画
    Vector<SpriteFrame*> spriteFrames;
    string prefix = "anim/boy";
    // 生成12个静态图像的文件名,并将与其对应的SpriteFrame添加到spriteFrames中
    for(int i = 1; i <= 12;i++)
    {
        stringstream ss;
        // 连接字符串和数字,已形成完整的图像文件名,如anim/boy1.png
```

```
        ss << prefix << i << ".png";
        string name = ss.str();
        // 装载当前的图像
        auto sprite = Sprite::create(name);
        // 将 SpriteFrame 对象添加到 spriteFrames 中
        spriteFrames.pushBack(sprite->getSpriteFrame());
    }
    // 利用 SpriteFrame 对象集合创建 Animation 对象,每一帧的停留时间是 0.1 秒
    auto animation1 = Animation::createWithSpriteFrames(spriteFrames,0.1);
    // 设置帧动画无限循环
    animation1->setLoops(-1);
    // 要想运动帧动画,还需要一个可以运行帧动画的动作(Animate)
    auto animate1 = Animate::create(animation1);
    // 在运行帧动画之前,还需要一个静态的图像(通常为帧动画的第一帧),并在该 Sprite 上运行
    // 帧动画
    auto sprite1 = Sprite::create("anim/boy1.png");
    sprite1->setPosition(200,240);
    addChild(sprite1);
    // 播放帧动画
    sprite1->runAction(animate1);


    // 处理右侧的帧动画
    // 获取 AnimationCache 对象
    auto cache = AnimationCache::getInstance();
    // 从动画缓冲中获取帧动画(Animation 对象)
    auto animation2 = cache->getAnimation("player1");
    animation2->setLoops(-1);
    // 创建播放帧动画的 Animate 对象
    auto animate2 = Animate::create(animation2);
    // 装载一个静态图像
    SpriteFrame * frame =
        SpriteFrameCache::getInstance()->getSpriteFrameByName("player00.png");
    // 创建一个 Sprite 对象,用于播放帧动画
    auto sprite2 = Sprite::createWithSpriteFrame(frame);
    addChild(sprite2);
    // 将 Sprite 放大到原来的 3 倍
    sprite2->setScale(3);
    sprite2->setPosition(Point(500,240));
    // 播放帧动画
    sprite2->runAction(animate2);

}
```

从 FrameAnimationTest::onEnter 方法的代码可知,要想播放帧动画,需要依靠一个动画动作(Animate)。并在某个节点上通过 Node::runAction 方法播放帧动画。

10.4　小结

　　本章涉及的核心技术是调度器和帧动画。调度器的主要作用是进行各种检测，如碰撞检测、生命值检测、死亡检测等。而帧动画对于描述很多节点的细节尤其重要。例如，10.3.2节例子中右侧的帧动画显示了一个可以喷火和左右倾斜的战斗机的效果。为了使游戏中的主角更生动，往往会加入各种类似战斗机的帧动画，这样会使游戏显得更酷。

第 11 章

数据存储技术

数据存储是永久保存数据的技术。估计除了非常简单的游戏外,几乎所有的游戏都会使用到数据存储技术。因为当用户由于某些原因,暂停了游戏或关闭了游戏设备,那么就要求将当前的游戏状态保存起来,以便玩家下次接着玩。否则玩家每次就都得重新玩了。

Cocos2d-x 3.10 支持多种存储技术,这些数据存储技术涉及的数据格式也有很多,包括无任何结构可言的流文件,以及有一定结构的 XML 和 JSON 文件,还有完全结构化的关系型数据库。本章将详细讲解如何使用各种 API 来读写各种格式的数据。

本章要点

❑ 使用 UserDefault 读写 Key-Value 类型的数据;
❑ 使用标准的 C 语言函数读写流文件;
❑ 用 tinyxml2 读写 XML 文件;
❑ 用 SAXParser 读取 XML 文件,并将 XML 文件转换为 C++ 对象;
❑ 使用 rapidjson 读写 JSON 格式的数据;
❑ 使用 SQLite 数据库。

11.1 使用 UserDefault 读写 Key-Value 类型的数据

大多数游戏都需要保存游戏的状态。对于比较简单的状态(如游戏分值、比赛排名、精灵位置等),使用 Key-Value 类型的数据[①]保存它们是最佳的选择。对于不同的平台都有相应的用于读写 Key-Value 值的 API。例如,Android 可以使用 SharedPreferences 读写 Key-Value 值,而 iOS 可以使用 Objective-C 中的 NSDictionary 对象读写 Key-Value 值。当然,Cocos2d-x 有能力访问这些与平台相关的 API。不过,既然 Cocos2d-x 称为跨平台游戏引擎,自然会提供与平台无关的用于读写 Key-Value 值的 API。当然,这样的 API 不止一个。但最容易使用的无疑是 UserDefault。

---

① Key-Value 值是指一对数据,Key 表示关键字(如 name),Value 与关键字对应的值(如姚明)。

在使用 UserDefault 之前,必须通过 UserDefault∷instance 方法创建 UserDefault 对象。在创建 UserDefault 对象时不需要指定文件名,因为 UserDefault 对象使用的用于读写数据的文件名已经在内部确定了。UserDefault 类提供了若干个 getXxx 和 setXxx 方法。这些方法用于读写 Key-Value 值,它们的原型如下:

```
// 读取 Bool 类型的值,如果 key 不存在,返回 false
bool getBoolForKey(const char * pKey);
// 读取 Bool 类型的值,如果 key 不存在,返回 defaultValue 参数指定的值
bool getBoolForKey(const char * pKey, bool defaultValue);
// 读取 Integer 类型的值,如果 key 不存在,返回 0
int getIntegerForKey(const char * pKey);
    // 读取 Integer 类型的值,如果 key 不存在,返回 defaultValue 参数指定的值
    int getIntegerForKey(const char * pKey, int defaultValue);
    // 读取 Float 类型的值,如果 key 不存在,返回 0.0f
    float getFloatForKey(const char * pKey);
    // 读取 Float 类型的值,如果 key 不存在,返回 defaultValue 参数指定的值
    float getFloatForKey(const char * pKey, float defaultValue);
    // 读取 Double 类型的值,如果 key 不存在,返回 0.0
    double getDoubleForKey(const char * pKey);
    // 读取 Double 类型的值,如果 key 不存在,返回 defaultValue 参数指定的值
    double getDoubleForKey(const char * pKey, double defaultValue);
    // 读取 String 类型的值,如果 key 不存在,返回""(长度为 0 的字符串)
    std∷string getStringForKey(const char * pKey);
    // 读取 String 类型的值,如果 key 不存在,返回 defaultValue 参数指定的值
    std∷string getStringForKey(const char * pKey, const std∷string & defaultValue);
    // 读取 Data 类型(相当于字节数组类型)的值,如果 key 不存在,返回 NULL
    Data getDataForKey(const char * pKey);
    // 读取 Data 类型(相当于字节数组类型)的值,如果 key 不存在,返回 defaultValue 参数指定的值
    Data getDataForKey(const char * pKey, const Data& defaultValue);

    // 设置 Bool 类型的值
    void setBoolForKey(const char * pKey, bool value);
    // 设置 Integer 类型的值
    void setIntegerForKey(const char * pKey, int value);
    // 设置 Float 类型的值
    void setFloatForKey(const char * pKey, float value);
    // 设置 Double 类型的值
    void setDoubleForKey(const char * pKey, double value);
    // 设置 String 类型的值
    void setStringForKey(const char * pKey, const std∷string & value);
    // 设置 Data 类型的值
    void setDataForKey(const char * pKey, const Data& value);
```

UserDefault 类有一个 getXMLFilePath 方法,该方法用于获取存储数据的 XML 文件路径。不过对于 iOS 和 Android 来说,该方法获取的 XML 文件实际上并不存在。因此,不能直接使用该方法获取的路径操作 XML 文件。对于 iOS 来说,通过 UserDefault 对象读写

的文件名为 org. cocos2d-x. Cocos2dxDemo-iOS. plist^①，该文件位于 Library/Preferences 目录中。如果读者使用 iOS 模拟器，可以使用下面的代码获取 Documents 目录的绝对路径，而 Library 与 Document 在同一个目录下。

```
string documentPath = FileUtils::getInstance()->getWritablePath();
```

找到 org. cocos2d-x. Cocos2dxDemo-iOS. plist 文件后，建议使用 XCode 打开，会看到弹出一个如图 11-1 所示的属性列表窗口，在该窗口显示的三个值是本节的例子写入的（后面会详细介绍）。

Key	Type	Value
▼ Root	Dictionary	(3 items)
姓名	String	比尔.盖茨
收入	Number	100,000
年龄	Number	55

图 11-1   org. cocos2d-x. Cocos2dxDemo-iOS. plist 文件的内容

UserDefault 对象是通过完全透明的方式读写 plist 文件的。但如果想自己直接操作 org. cocos2d-x. Cocos2dxDemo-iOS. plist 或其他 plist 文件，就需要使用__ Dictionary。该类名是 Dictionary 前面加两个下划线。__ Dictionary 的使用方法类似于 Objective-C 中的 NSDictionary。可以通过下面的代码将读取 plist 文件，并创建__ Dictionary 对象。

```
auto dictionary = __Dictionary::createWithContentsOfFile(plist_filename);
```

__ Dictionary 没有 UserDefault 那么多的 getXxx 和 setXxx 方法，但可以使用__ Dictionary::valueForKey 方法通过 key 返回__ String 类型的值，然后通过__ String:: getCString 方法获取 const char * 类型的值。当然，__ String 类还有其他方法用于返回 int、float 等值。这些内容会在本节的例子中详细介绍。

本节的例子同时使用了 UserDefault 和 __ Dictionary 来操作 Key-Value 值。UserDefault 用于读写三对 Key-Value 值，并将读取的 Value 显示在窗口上，效果如图 11-2 所示。而__ Dictionary 用于直接读取 org. cocos2d-x. Cocos2dxDemo-iOS. plist 文件中的值，并将读取的结果通过 CCLOG 宏显示在日志视图中（__ Dictionary 使用的路径只针对 iOS，所以建议使用 iOS 模拟器测试本例）。

图 11-2   读写 Key-Value 值

---

① 该文件的名称与 XCode 工程名有关，如果读者使用了另外一个工程，该文件名将会发生变化。

本例的实现代码如下：

Cocos2dxDemo/classes/Storage/StorageTest. cpp

```cpp
void KeyValueTest::onEnter()
{
    BasicScene::onEnter();
    auto size = Director::getInstance() -> getWinSize();
    auto text = Text::create();
    text -> setFontName("Marker Felt");
    text -> setFontSize(40);
    text -> setColor(Color3B(255, 255, 255));
    text -> setPosition(Point(size.width / 2, size.height / 2));
    addChild(text);

    // 创建 UserDefault 对象
    auto userDefault = UserDefault::getInstance();
    // 写入 string 类型的值
    userDefault -> setStringForKey("姓名", "比尔.盖茨");
    // 写入 float 类型的值
    userDefault -> setFloatForKey("收入", 100000);
    // 写入 int 类型的值
    userDefault -> setIntegerForKey("年龄", 55);
    // stringstream 用于连接字符串
    stringstream ss;
    // 读取 string 类型的值
    ss << "姓名: " << userDefault -> getStringForKey("姓名") << "\r";
    // 读取 float 类型的值
    ss << "收入: " << userDefault -> getFloatForKey("收入") << "\r";
    // 读取 int 类型的值
    ss << "年龄: " << userDefault -> getIntegerForKey("年龄");
    // 将读取的值显示在 Text 控件上
    text -> setText(ss.str());

    // 由于__Dictionary 使用的路径是 iOS 的, 所以下面的代码只针对 iOS 平台

// 通过 #if 宏判断当前平台是否为 iOS
#if (CC_TARGET_PLATFORM == CC_PLATFORM_IOS)
    // 获取可写路径, 对于 iOS 来说, 是 Documents 的绝对路径
    string plistPath = FileUtils::getInstance() -> getWritablePath();
    // 重新定位到 org.cocos2d-x.Cocos2dxDemo-iOS.plist 文件的绝对路径
    plistPath.append("../Library/Preferences/org.cocos2d-x.Cocos2dxDemo-iOS.plist");
    // 下面的代码判断 org.cocos2d-x.Cocos2dxDemo-iOS.plist 文件是否存在
    FILE * fp = fopen(plistPath.c_str(), "r");
    // 如果文件存在, 则进行下面的操作
    if (fp)
    {
        // 打开 org.cocos2d-x.Cocos2dxDemo-iOS.plist 文件,
        // 并创建封装该文件中数据的__Dictionary 对象
        auto dictionary = __Dictionary::createWithContentsOfFile(plistPath.c_str());
        // 读取 string 类型的值
```

```
        const __ String * value = dictionary->valueForKey("姓名");
        // 在日志视图中输出该值
        CCLOG("姓名: % s", value->getCString());
        // 读取 float 类型的值
        value = dictionary->valueForKey("收入");


        // 调用__ String::floatValue 方法,返回 float 类型的值,并输出该值
        CCLOG("收入: %.0f", value->floatValue());
        // 读取 int 类型的值
        value = dictionary->valueForKey("年龄");
        // 调用__ String::intValue 方法,返回 int 类型的值,并输出该值
        CCLOG("年龄: % d", value->intValue());
    }

# endif
}
```

11.2 读写流文件

Cocos2d-x 支持多种方式读写流文件。这里的流文件是指将文件内容当做字节读取。而这些字节具体代表什么意义,在读写文件时并不关心。

在 Cocos2d-x 中最直接的读写流文件的方式就是使用标准 C 语言的那套文件操作函数。由于本书的主要目的并不是讲解 C 语言 API,所以在这里并不会详细介绍 C 语言的相关 API 的使用。不过为了完成本节的例子,会介绍几个简单的读写流文件的函数,这些函数也是在本例中涉及的。其他函数的详细使用方法,请读者参阅 C 语言的相关书籍和资料。

本例涉及的读写流文件的 C 语言函数包括 fopen、fwrite、fread、fseek 和 fclose。这些函数的原型如下:

```
// 以不同的模式(mode 参数值)打开 path 指定的文件,如果成功打开文件,则返回文件指针,如果打开文件失败
// 则返回 NULL
FILE * fopen(const char * path,const char * mode);

// 向 file 指定的文件写入数据,buffer 参数表示要写入的数据,
// size 参数表示单个元素的字节数,count 参数表示元素个数
size_t fwrite(const void * buffer, size_t size, size_t count, FILE * file);

// 读取 file 指定的文件的内容,并将读取的内容放到 buffer 参数指定的内存空间中
// size 参数表示单个元素的字节数,count 参数表示元素个数
size_t fread(void * buffer,size_t size,size_t count,FILE * file);

// 重新定位流文件内部位置指针,offset 参数表示偏移量,origin 参数表示起始位置
int fseek(FILE * file, long offset, int origin);
```

```
// 关闭已经打开的文件,如果成功关闭文件,返回 0,否则返回 EOF( - 1)
int fclose(FILE * file);
```

在使用 C 语言函数读写文件之前,先要用下面的代码确定读写的文件名称。

```
string filename = FileUtils::getInstance() ->
                        getWritablePath().append("streamfile.txt");
```

对于 iOS 来说,filename 指定的文件通常在 Documents 目录下,这一点在前面已经多次提到过。对于 Android 来说,文件在/data/data/package name/files 目录下。

在使用 fopen 函数打开文件时,需要指定打开模式。打开模式比较多。在本例中只使用了"w"和"r",分别表示以写入方式打开文件和读取方式打开文件。如果想以读写方式打开文件,可以使用"w+"模式。"w"和"w+"模式当文件存在是打开文件,并且文件长度清零(文件中原来的内容都会消失)。当文件不存在时,则创建新文件。使用"r"模式打开文件时,文件必须存在。

除了使用 C 语言函数读写文件外,还可以使用 FileUtils 类中的若干方法读取文件的内容,实际上,这些方法也是对 C 语言函数的封装,只是用起来更容易一些。

在 FileUtils 类中主要有如下三个方法用于读取文件的内容。

```
// 将文件内容转换为 string 返回
virtual std::string getStringFromFile(const std::string& filename);
// 将文件内容直接以 unsigned char * 形式(通过 Data::getBytes 方法获取返回数据)返回
virtual Data getDataFromFile(const std::string& filename);
// 从 zip 文件中读取文件的内容,并以 unsigned char * 形式返回
// 其中 zipFilePath 参数表示 zip 文件的路径,filename 参数表示相对于 zip 文件的内部文件名(支持路径)
// size 参数表示要读取的尺寸(单位是字节)
virtual unsigned char * getFileDataFromZip(const std::string& zipFilePath, const std::string&
filename, ssize_t * size);
```

本节的例子同时使用了 C 语言函数和 FileUtils 类中的相应方法读写 Documents 目录中的流文件。并将读取的内容显示到窗口上,效果如图 11-3 所示。

图 11-3 读写流文件

本例的实现代码如下：

Cocos2dxDemo/classes/Storage/StorageTest. cpp

```
void StreamFileTest::onEnter()
{
    BasicScene::onEnter();
    auto size = Director::getInstance() -> getWinSize();
    auto text = Text::create();
    text -> setFontName("Marker Felt");
    text -> setFontSize(40);
    text -> setColor(Color3B(255,255,255));
    text -> setPosition(Point(size.width / 2, size.height / 2));
    addChild(text);
    // 用于连接字符串
    stringstream ss;
    // 指定要读写的文件名
    string filename = FileUtils::getInstance() ->
                        getWritablePath().append("streamfile.txt");
    // 在日志视图中输出该文件名
    CCLOG("stream file: % s", filename.c_str());
    // 以只写方式打开 streamfile.txt 文件
    FILE * fp = fopen(filename.c_str(), "w");
    // 指定要写入的内容
    const char * data = "I love you. See you later.";
    // 成功打开文件
    if(fp != NULL)
    {
        // 将内容写入 streamfile.txt 文件中
        fwrite(data, 25, 1, fp);
        // 关闭文件
        fclose(fp);
    }
    // 以只读方式打开 streamfile.txt 文件
    fp = fopen(filename.c_str(), "r");
    // 定义存储读取内容的数组
    char buffer[15];
    // 数组清零
    memset(buffer,0,sizeof(buffer));
    if(fp != NULL)
    {
        // 重新定位文件流的当前位置,因为只读取"See you later."
        fseek(fp, 11, 0);
        // 读取"See you later."
        fread(buffer, 14, 1, fp);
        // 连接字符串
        ss << "stream file data:\n" << buffer;
        // 关闭文件
```

```
        fclose(fp);
    }
    // 直接使用 FileUtils::getStringFromFile 方法读取文件的内容
    string str = FileUtils::getInstance()->getStringFromFile(filename.c_str());
    // 连接字符串
    ss << "\r\r" << str;
    // 指定 zip 文件的路径
    string zipFilename = FileUtils::getInstance()->
                            getWritablePath().append("streamfile.zip");
    // 判断 zip 文件是否存在
    if(FileUtils::getInstance()->isFileExist(zipFilename))
    {
        // 指定 zip 文件中要读取的文件名,支持路径,如 streamfile.txt 文件在 abc 目录中,
        // 可以设为"abc/streamfile.txt"
        string txtFilename = "streamfile.txt";
        ssize_t filesize;
        // 从 zip 文件中获取数据
        unsigned char * fileData =
FileUtils::getInstance()->getFileDataFromZip(zipFilename, txtFilename, &filesize);
        // 定义一个 char 数组,需要比返回的数据尺寸大 1
        char fileBuffer[filesize + 1];
        // 对 char 数组清零
        memset(fileBuffer, 0, sizeof(fileBuffer));
        // 将数据复制到 fileBuffer 中
        memcpy(fileBuffer,fileData , filesize);
        // 连接字符串
        ss << "\r\r" << fileBuffer;
    }
    // 在窗口上显示读取的内容
    text->setText(ss.str());

}
```

在使用前面介绍的 FileUtils 类中的三个方法时,要注意:尽管后两个方法可以用 unsigned char * 类型的数据,也可以作为字符串使用;但字符串的最后并没有加'\0',所以如果将这两个方法的返回值作为字符串使用的话。通常的做法是将其复制到另外一个 char 数组中,该数组长度比返回的数据长度大 1,并且 char 数组最后一个元素值为'\0'。在本例中已经使用了这种方式将 getFileDataFromZip 方法返回的 unsigned char * 类型数据转换为可以使用的字符串形式。

注意:由于本例需要使用 zip 压缩格式的文件,所以在运行本例之前,需要在 Documents 目录中建立一个 streamfile.zip 文件,并在该文件中放一个 streamfile.txt 文件。当然,读者也可以使用其他文件名,不过需要修改本例的代码。

11.3　操作 XML 文件

　　XML 文件是游戏中使用的主要文件格式之一。XML 格式不仅可用于本地数据的读写,也可用于网络传输。读取 XML 文件分为 DOM 和 SAX 方式。前者将整个 XML 文件装载到内存中,而后者一边读,一边对 XML 文件进行分析,并不是一下子将整个 XML 文件装载到内存中。DOM 方式的优点是可以在任何时候随意获取任何节点的数据,但缺点也很明显,就是如果 XML 文件很大的话,会大量占用内存资源。SAX 的优点和缺点正好和 DOM 相反。占用很少量的内存,但只能顺序读取 XML 文件的内容。当然,如果想使用 SAX 方式灵活处理 XML 文件,也有折中的方案,详细内容会在 11.3.3 节详细介绍。

　　在 Cocos2d-x 中提供了多种 API 对 XML 文件进行读写操作。本节将结合 DOM 和 SAX 的方式,分别介绍通过 tinyxml2 和 SAXParser 两套 API 进行 XML 文件操作。

11.3.1　使用 tinyxml2 生成 XML 文件

　　如果要生成 XML 文件,那是再简单不过了,因为 XML 文件就是纯文本格式,只需要安装相应的格式生成纯文本内容即可。不过在有的时候,生成 XML 文件的工作并不是在一个程序块完成的。可能是在一个复杂的交叉递归中完成的,也可能是通过并发方式多步完成的。这些分散生成 XML 文件的方式通常不会一下子形成一个 XML 文档,而是在创建时就采用了结构化的方式。也就是说,节点、属性、文本等元素都使用相应的对象,然后再将这些对象以某种方式组合在一起。等 XML 文档完全创建完成,再生成文本形式的 XML 文档,最后将 XML 文件存储到本地或通过网络传输。

　　现在有很多第三方的 Library 可以完成这样的工作,其中 tinyxml2 就是一个比较不错的 C++ XML Library。在 Cocos2d-x 中已经集成了 tinyxml2,所以不再需要到官方网站下载这个 Library 了。

　　在使用 tinyxml2 之前,需要先使用下面的代码包含 tinyxml2.h 头文件,并使用 tinyxml2 命名空间。

```
#include "tinyxml2/tinyxml2.h"
using namespace tinyxml2;
```

　　tinyxml2 既可以生成 XML 文件,也可以读取 XML 文件。这里只介绍如何使用 tinyxml2 生成 XML 文件,在下一节会详细介绍如何使用 tinyxml2 读取 XML 文件。

　　在 tinyxml2 中,整个 XML 文档使用 XMLDocument 类描述。通过 XMLDocument::NewElement 方法可以创建一个 XMLElement 对象,相当于一个节点。XMLDocument 和 XMLElement 都是 XMLNode 的子类。通过 XMLNode::InsertFirstChild、XMLNode::InsertEndChild 和 XMLNode::InsertAfterChild 方法,可以将 XMLNode 对象插到 XML 文档的任何位置。

如果想设置节点的属性,可以使用 XMLNode∷SetAttribute 方法。如果要设置节点中的文本,还需要使用 XMLDocument∷NewText 方法创建一个 XMLText 对象(文本节点对象,XMLText 也是 XMLNode 的子类),并使用 XMLNode∷InsertFirstChild 方法将 XMLText 对象插入到相应的节点中。

最后,可以使用 XMLDocument∷SaveFile 方法将已经建立的 XML 文档以文件的形式存到本地。下面给出一个如何使用 tinyxml2 生成 XML 文件的完整例子。

在本节的例子中将生成一个如下内容的 XML 文件。

```
< products >
    < product id = "00001">
        < name > IPhone6 </name >
        < price > 5000 </price >
    </product >
    < product id = "00002">
        < name >智能手表(Android Wear Device)</name >
        < price > 1200 </price >
    </product >
</products >
```

本例的代码如下:

Cocos2dxDemo/classes/Storage/StorageTest. cpp

```cpp
void XMLFileTest∷onEnter()
{
    BasicScene∷onEnter();
    string filename = FileUtils∷getInstance() -> getWritablePath().append("data.xml");

    // 下面的代码使用 tinyxml2 创建 data.xml 文件
    auto writeXMLDocument = new XMLDocument();

    // 创建根节点
    auto rootElement = writeXMLDocument -> NewElement("products");
    auto rootXMLNode = writeXMLDocument -> InsertFirstChild(rootElement);
    // 创建第一个< product >子节点
    auto productNode1 = writeXMLDocument -> NewElement("product");
    rootXMLNode -> InsertFirstChild(productNode1);
    productNode1 -> SetAttribute("id", "00001");
    // 创建< name >子节点
    auto productNameNode = writeXMLDocument -> NewElement("name");
    auto productNameTextNode = writeXMLDocument -> NewText("IPhone6");
    productNameNode -> InsertFirstChild(productNameTextNode);
    productNode1 -> InsertFirstChild(productNameNode);

    // 创建< price >子节点
    auto productPriceNode = writeXMLDocument -> NewElement("price");
```

```
auto productPriceTextNode = writeXMLDocument->NewText("5000");
productPriceNode->InsertFirstChild(productPriceTextNode);
productNode1->InsertEndChild(productPriceNode);


// 创建第二个<product>子节点
auto productNode2 = writeXMLDocument->NewElement("product");
rootXMLNode->InsertEndChild(productNode2);
productNode2->SetAttribute("id", "00002");
// 创建<name>子节点
productNameNode = writeXMLDocument->NewElement("name");
productNameTextNode = writeXMLDocument->NewText("智能手表(Android Wear Device)");
productNameNode->InsertFirstChild(productNameTextNode);
productNode2->InsertFirstChild(productNameNode);


// 创建<price>子节点
productPriceNode = writeXMLDocument->NewElement("price");
productPriceTextNode = writeXMLDocument->NewText("1200");
productPriceNode->InsertFirstChild(productPriceTextNode);
productNode2->InsertEndChild(productPriceNode);
// 生成 data.xml 文件
writeXMLDocument->SaveFile(filename.c_str());
CCLOG("filename: %s", filename.c_str());
// 释放 writeXMLDocument
delete writeXMLDocument;
…
// 省略了使用 tinyxml2 读取 XML 文档的代码(在 11.3.2 节给出)
…
// 省略了使用 SAXParser 读取 XML 文档的代码(在 11.3.3 节给出)
…
}
```

运行本例后,如果使用的是 iOS,就会在 Documents 目录中看到一个 data.xml 文件。该文件的内容与前面给出的 XML 文件内容完全一样。

11.3.2　使用 tinyxml2 以 DOM 方式读取 XML 文件

tinyxml2 需要通过 DOM 方式读取 XML 文件。读取 XML 文件与生成 XML 文件一样,一开始也需要创建 XMLDocument 对象,然后使用 XMLDocument::LoadFile 方法装载 XML 文件。

在成功装载 XML 文件后,需要使用 XMLDocument::RootElement 方法获取封装根节点的 XMLElement 对象。然后可以使用 XMLNode::FirstChildElement 方法获取当前节点的第一个子节点对象,接下来就可以使用 XMLNode::NextSiblingElement 方法获取与当前节点相邻的节点对象。通过这几个方法,可以很容易获取 XML 文档中的所有节点对象。如果要获取某个节点中的文本,可以直接通过 XMLElement::GetText 方法获取。

本节的例子使用 tinyxml2 读取上一节生成的 data.xml 文件,并将读取到的内容显示在窗口上,效果如图 11-4 所示。

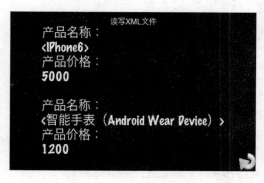

图 11-4 使用 tinyxml2 读取 XML 文件

本例的实现代码如下:

Cocos2dxDemo/classes/Storage/StorageTest.cpp

```cpp
void XMLFileTest::onEnter()
{
    BasicScene::onEnter();
    string filename = FileUtils::getInstance()->getWritablePath().append("data.xml");
    … …
    // 省略了使用 tinyxml2 生成 data.xml 文件的代码(在 11.3.1 节给出)
    …
    auto size = Director::getInstance()->getWinSize();
    auto text = Text::create();
    text->setFontName("Marker Felt");
    text->setFontSize(40);
    text->setColor(Color3B(255,255,255));
    text->setPosition(Point(size.width / 2, size.height / 2));
    addChild(text);

    stringstream ss;
    // 下面的代码使用 tinyxml2 读取 data.xml 文件

    auto readXMLDocument = new XMLDocument();
    // 装载 data.xml 文件
    readXMLDocument->LoadFile(filename.c_str());
    // 获取根节点对象
    auto rootNode = readXMLDocument->RootElement();
    // 获取第一个 product 节点对象
    auto product = rootNode->FirstChildElement("product");
    // 获取 name 节点对象
    auto productName = product->FirstChildElement();
    // 连接字符串
```

```
ss << "产品名称：\r <" << productName -> GetText() << ">\r";
// 获取 price 节点对象
auto productPrice = productName -> NextSiblingElement();
// 连接字符串
ss << "产品价格：\r" << productPrice -> GetText() << "\r\r";

// 获取第二个 product 节点对象
product = product -> NextSiblingElement();
// 获取 name 节点对象
productName = product -> FirstChildElement();
// 连接字符串
ss << "产品名称：\r <" << productName -> GetText() << ">\r";
// 获取 price 节点对象
productPrice = productName -> NextSiblingElement();
// 连接字符串
ss << "产品价格：\r" << productPrice -> GetText() << "\r";
// 删除 readXMLDocument
delete readXMLDocument;
…
// 省略了使用 SAXParser 读取 data.xml 文件的代码
…
}
```

11.3.3 使用 SAXParser 以 SAX 方式读取 XML 文件

SAXParser 在使用上要简单一些。SAXParser 对象在分析 XML 时，每遇到一个节点，都会调用相应的回调函数，这就给我们一次机会来处理 XML 文档中的内容。

本节的例子将使用 SAXParser 读取 11.3.1 节创建的 data.xml 文件的内容，并将 data. xml 文件的内容转换为 vector<Product * >对象。最后，将该对象的内容输出到日志视图中，输出内容如下：

```
cocos2d: id = 00001
cocos2d: name = IPhone6
cocos2d: price = 5000
cocos2d: id = 00002
cocos2d: name = 智能手表(Android Wear Device)
cocos2d: price = 1200
```

在使用 SAXParser 之前，应首先定义一个用于存储每一个 product 的 Product 类，代码如下：

Cocos2dxDemo/classes/Storage/StorageTest. hpp

```
class Product
{
public:
```

```
    char * id;            // 存储 product 节点中的 id 属性值
    char * name;          // 存储 name 节点中的文本
    float price;          // 存储 price 节点中的文本
};
```

接下来,还需要为 SAXParser 实现一个 SAX 委托类(SAXDelegator 的子类),在该类中需要定义三个回调函数(startElement、endElement 和 textHandler),分别在遇到节点、节点内容读取完毕和遇到节点中文本三种情况下调用。SAX 委托类的定义代码如下:

Cocos2dxDemo/classes/Storage/StorageTest. hpp

```
class MySAXDelegator:public SAXDelegator
{
private:
    Product * product;            // 当前的 Product 对象
    char * value;                 // 当前节点中的文本
public:
    vector < Product * > products;    // 用于存储 data.xml 文件的内容

    virtual void startElement(void * ctx, const char * name, const char ** atts);
    virtual void endElement(void * ctx, const char * name);
    virtual void textHandler(void * ctx, const char * s, int len);
};
```

现在来实现本例的核心部分,就是 MySAXDelegator 类中三个回调函数的实现。在这三个回调函数中,需要在 startElement 方法中遇到 product 节点时创建 Product 对象,并设置 Product. id 的值。在 endElement 方法中,如果遇到的是 product 节点,则将 Product 对象添加到 products 中,这样就完成了一个 Product 对象的创建和设置工作。如果遇到了 name 或 price 节点,需要将当前节点中的文本(value)转换为相应类型的值,并赋给 Product. name 或 Product. price。在 textHandler 方法中则需要把当前遇到的节点文本值保存到 value 中。

Cocos2dxDemo/classes/Storage/StorageTest. cpp

```
void MySAXDelegator::startElement(void * ctx, const char * name, const char ** atts)
{
    if(strcmp(name, "product") == 0)
    {
        // 创建 Product 对象
        product = new Product();
        // 设置 Product. id
        product -> id = (char * )atts[1];
    }


}
void MySAXDelegator::endElement(void * ctx, const char * name)
```

```
{
    if(strcmp(name, "product") == 0)
    {
        // 将 product 添加到 products 中,完成一个 Product 对象的创建和设置工作
        products.push_back(product);
    }
    else if(strcmp(name, "name") == 0)
    {
        // 设置 Product.name
        product->name = value;
    }
    else if(strcmp(name, "price") == 0)
    {
        // 设置 Product.price
        product->price = (float)atof(value);
    }
}
void MySAXDelegator::textHandler(void * ctx, const char * s, int len)
{
    // 分配一个空间
    value = (char*)malloc(len + 1);
    // 空间清零
    memset(value, 0, len + 1);
    // 将节点文本保存到 value 中
    memcpy(value, s, len);
}
```

最后,需要在 XMLFileTest::onEnter 方法中为 SAXParser 指定 SAX 委托对象,并输出读取的结果。实现代码代码如下:

Cocos2dxDemo/classes/Storage/StorageTest. cpp

```
void XMLFileTest::onEnter()
{
    BasicScene::onEnter();
    string filename = FileUtils::getInstance()->getWritablePath().append("data.xml");
    … …
    // 省略了使用 tinyxml2 生成 data.xml 文件的代码(在 11.3.1 节给出)
    … …
    // 省略了使用 tinyxml2 读取 data.xml 文件的代码(在 11.3.2 节给出)
    … …
    // 创建 SAX 委托对象
    auto saxDelegator = new MySAXDelegator();
    SAXParser saxParser;
    // 指定 SAX 委托对象
    saxParser.setDelegator(saxDelegator);
    // 开始读取并分析 data.xml 文件
    saxParser.parse(filename);
```

```
// 获取读取的结果
vector < Product * > products = saxDelegator -> products;
// 释放 saxDelegator
delete saxDelegator;
// 输出读取的结果
for(int i = 0; i < products.size(); i++)
{
    Product * product = products[i];
    CCLOG("id = % s", product -> id);
    CCLOG("name = % s", product -> name);
    CCLOG("price = % .0f", product -> price);
}
}
```

SAXParser 不仅可以分析 XML 文件,还可以直接分析文本形式存在的 XML 文档。SAXParser::parse 方法除了前面介绍的重载形式(用于指定 XML 文件名)外,还有另外一种重载形式,原型如下:

```
bool parse(const char * xmlData, size_t dataLength);
```

这个重载形式可以通过 xmlData 参数直接指定文本形式的 XML 文档。dataLength 参数表示该文档的长度,单位是字节。

11.4 使用 rapidjson 读写 JSON 文件

JSON 是一种轻量级的数据存储格式,近年来大有取代 XML 之势。由于 XML 存在大量的数据冗余,而 JSON 除了一些必要的符号外,其他的都是数据。所以,目前大多数移动 App 都采用 JSON 格式进行网络数据传输,当然,对于存储在本地的应用,由于历史的原因,仍然有很多 App 使用 XML 格式。

在不同 Cocos2d-x 版本中,提供了不同的用于读写 JSON 格式文件的 API。在 Cocos2d-x 2.x 中使用了 jsoncpp 来处理 JSON 文件,而在 Cocos2d-x 3.10 中改用了速度更快的 rapidjson。所以,老版本的游戏如果移植到 Cocos2d-x 3.10,除非原来就使用了 rapidjson[①],否则需要修改这部分代码。

由于本书主要以 Cocos2d-x 3.10 为主,所以不再介绍 jsoncpp 的使用方法,感兴趣的读者可以参阅相关的文档。由于 Cocos2d-x 3.10 的源代码已经包含了 jsoncpp,所以不用再到官方网站去下载 jsoncpp。

---

① 尽管老版本的 Cocos2d-x 已经嵌入了 jsoncpp,但从理论上说,Cocos2d-x 可以使用任何第三方的 C++ API Library。所以,建议仍然使用 Cocos2d-x 2.x 的用户,就算暂时不打算升级到 Cocos2d-x 3.10,也最好使用 rapidjson 来处理 JSON 文件,或干脆自己封装一个抽象层,将处理 JSON 文件的动作包装起来,这样再更换 Library 时就不需要修改与业务紧密相关的程序了。

rapidjson 支持读写 JSON 格式的文件。由于 rapidjson 中包含了一些类，所以在使用 rapidjson 之前，需要 include 必要的头文件，例如通常需要包含下面的几个头文件。

```
# include "json/document.h"
# include "json/writer.h"
# include "json/stringbuffer.h"
# include "json/filestream.h"
```

要注意的是，rapidjson 的头文件和源代码文件都在＜Cocos2d-x 根目录＞/external/ json 目录，而不是 rapidjson，所以在引用头文件时要使用"/json.／…"。

由于 rapidjson 中所有的类都在 rapidjson 命名空间中，所以为了方便，可以使用下面的代码引用这个命名空间。

```
using namespace rapidjson;
```

与 XML 文档一样，在建立和读取 JSON 文档时也涉及一个根节点的问题。只是 XML 文档的根节点只能是一个，而 JSON 文档的头可能是一个对象，也可能是一个数组。因为 JSON 格式只能表示这两种数据结构。例如，本节的例子要创建并读取如下内容的 JSON 文件。

```
[{"name":"比尔.盖茨","company":"微软"},{"name":"李嘉诚","company":"长江实业"}]
```

很明显，根节点是一个数组（用"［…］"括起来的部分），而每一个数组元素是一个对象（用"｛…｝"括起来的部分）。每一个对象属性和属性值之间用冒号（：）分隔，不同属性之间用逗号（，）分隔。

基于以上描述，要想创建 JSON 文件，首先需要创建一个根节点对象。对于 rapidjson 来说，根节点就是 Document 对象。在创建了 Document 对象之后，还需要做一件重要的工作，就是确定 Document 到底是数组，还是对象。对于前面给出的 JSON 文档，Document 表示的是数组，因此需要调用 Document∷setArray 方法，如果 Document 是对象，则需要调用 Document∷setObject。

接下来的工作就容易得多了。对于本节的例子，接下来就需要建立数组中的每一个元素。在这里，每一个元素都是一个对象。不过，不管是对象，还是数组，只要先创建一个 Value 对象即可。该对象表示 JSON 中的值。实际上，Value 是使用 typedef 定义的类型，本质上，Value 就是 GenericValue 类型，而 Document 是 GenericValue 的子类。所以 Document 和 Value 都有 setArray 和 setObject 方法（这两个方法属于 GenericValue）。因此，在创建完 Value 对象后，需要调用 setArray 或 setObject 确定当前的 JSON 值是数组还是对象。

如果 Value 是数组，则使用 Value∷PushBack 方法添加数组元素，如果 Value 是对象，则使用 Value∷addMember 方法添加成员属性。如果属性值仍然是对象或数组，则按着前面的方法做。如果属性值是简单类型（int、float、字符串等），可以使用一系列的 Value∷ SetXxx 方法处理。其中 Xxx 表示 Int、Double、String 等。例如，如果属性值的类型是

String,可以使用下面的代码获取相应的 Value 对象。

```
rapidjson::Value nameValue;
rapidjson::Value&name = name Value.SetString("Google");
```

注意：尽管已经引用了 rapidjson 命名空间，但由于 Value 与 Cocos2d-x 自身的另一个 Value 类（在 CCValue.h 文件中定义）存在命名上的冲突，所以在使用 rapidjson 中的 Value 时应添加 rapidjson 命名空间。

在完成上面的工作后，还需要按着下面的方式生成 JSON 字符串，然后如何处理 JSON 字符串，就和 rapidjson 无关了。

```
StringBuffer buffer;
Writer < StringBuffer > writer(buffer);
document.Accept(writer);
const char * jsonStr = buffer.GetString();
```

以上介绍的是如何用 rapidjson 生成 JSON 格式的字符串。使用 rapidjson 读取 JSON 文件或分析 JSON 文档要简单得多。与生成 JSON 文档一样，分析 JSON 文档也需要一个根节点（Document）。如果要分析字符串形式的 JSON 文档，可以使用 Document::Parse 方法。例如，下面的代码分析了只包含一个对象的 JSON 文档。

```
Document document;
// 0 为分析标志
document.Parse < 0 >("{\"name\":\"bill gates\"}");
```

在定义 Parse 方法时使用了方法模板，其中一个模板参数需要指定分析标志，通常为 0 即可。

如果需要分析 JSON 文件，那么还需要一个在 rapidjson 中定义的 FileStream 类，该类的构造方法需要指定一个 FILE * 类型的值，也就是 11.2 节介绍的 fopen 函数的返回值。因此，在使用 FileStream 之前，要先用 fopen 函数打开 JSON 文件，然后再创建 FileStream 对象，最后需要使用 Document::ParseStream 方法分析 JSON 文件。分析 JSON 文件的示意代码如下：

```
File * fp = fopen(filename.c_str(), "r");
if(fp != NULL)
{
    Document document;
    FileStream fs(fp);
    Document document;
    document.ParseStream < 0 >(fs);
    …
    // 省略了其他的处理代码
    fclose(fp);
}
```

在前面描述的是使用 rapidjson 读写 JSON 文档的基本过程,当然,中间还有很多细节没有介绍。如果读者还不太清楚如何使用 rapidjson 来处理 JSON 文档,可以继续学习本节的例子。

本例先使用 rapidjson 创建了一个 JSON 文件(data.json),文件的内容在本节的开头已经给出了。然后再使用 rapidjson 读取 data.json。并将读取的内容显示在窗口上,效果如图 11-5 所示。

图 11-5　读写 JSON 文件

本例的实现代码如下:

Cocos2dxDemo/classes/Storage/StorageTest.cpp

```cpp
void JSONFileTest::onEnter()
{
    BasicScene::onEnter();

    // 指定 data.json 文件的绝对路径
    string filename = FileUtils::getInstance()->getWritablePath().append("data.json");
    // 下面的代码使用 rapidjson 生成 data.json 文件,并写入相应的数据
    // 定义 Document 对象(根节点)
    Document writeDocument;
    // 指定 Document 对象为数组类型
    writeDocument.SetArray();
    // 获取一个 AllocatorType 对象,用于生成 JSON 文档
    Document::AllocatorType& allocator = writeDocument.GetAllocator();
    // 定义根节点数组的第一个对象元素
    rapidjson::Value object1;
    // 对象中的 name 属性
    rapidjson::Value object1_name;
    // 对象中的 company 属性
    rapidjson::Value object1_company;
    // 指定第一个数组元素类型为对象
    object1.SetObject();
    // 设置 name 属性的字符串值
```

```
object1_name.SetString("比尔·盖茨");
// 设置 company 属性的字符串值
object1_company.SetString("微软");
// 为 object1 添加 name 成员属性
object1.AddMember("name", object1_name, allocator);
// 为 object1 添加 company 成员属性
object1.AddMember("company", object1_company, allocator);

// 定义根节点数组的第二个对象元素
rapidjson::Value object2;
// 对象中的 name 属性
rapidjson::Value object2_name;
// 对象中的 company 属性
rapidjson::Value object2_company;
// 指定第二个数组元素类型为对象
object2.SetObject();
// 设置 name 属性的字符串值
object2_name.SetString("李嘉诚");
// 设置 company 属性的字符串值
object2_company.SetString("长江实业");
// 为 object1 添加 name 成员属性
object2.AddMember("name", object2_name, allocator);
// 为 object1 添加 company 成员属性
object2.AddMember("company", object2_company, allocator);
// 为根节点添加第一个数组元素
writeDocument.PushBack(object1, allocator);
// 为根节点添加第二个数组元素
writeDocument.PushBack(object2, allocator);


StringBuffer buffer;
Writer<StringBuffer> writer(buffer);
writeDocument.Accept(writer);
// 在日志视图中输出 JSON 文档
CCLOG("json: % s",buffer.GetString());
// 在日志视图中输出 data.json 文件的绝对路径
CCLOG("json file: % s", filename.c_str());
// 以只写的方式打开 data.json 文件
FILE * fp = fopen(filename.c_str(), "w");
if(fp != NULL)
{
    // 将 JSON 文档的内容写入 data.json 文件
    fwrite(buffer.GetString(), buffer.Size(), 1, fp);
    // 关闭 data.json 文件
    fclose(fp);
}

// 下面的代码使用 rapidjson 读取 data.json 文件的内容
```

```
auto size = Director::getInstance()->getWinSize();
auto text = Text::create();
text->setFontName("Marker Felt");
text->setFontSize(40);
text->setColor(Color3B(255,255,255));
text->setPosition(Point(size.width / 2, size.height / 2));
addChild(text);

stringstream ss;
// 以只读方式打开 data.json 文件
fp = fopen(filename.c_str(), "r");
if(fp != NULL)
{
    // 定义 FileStream 对象
    FileStream fs(fp);
    // 定义 Document 对象
    Document documentReader;
    // 当成功分析 data.json 文件后，继续执行条件语句中的内容
    if(documentReader.ParseStream<0>(fs).HasParseError() == false)
    {
        // 循环读取 data.json 文件中的内容
        for(rapidjson::SizeType index = 0;index < documentReader.Size();index++)
        {
            // 由于 GenericValue 对"[]"进行了操作符重载,
            // 可以接收 SizeType(就是 unsigned 类型)和字符串类型,所以允许直接使用
            // 数组索引和属性名来获取相应的 JSON 值

            // 读取数组的第一个对象元素
            const rapidjson::Value &object = documentReader[index];
            // 读取 name 属性值
            const rapidjson::Value &name = object["name"];
            // 读取 company 属性值
            const rapidjson::Value &company = object["company"];
            // 连接相应的字符串
              ss << "name:" << name.GetString() << "\r";
              ss << "company:" << company.GetString() << "\r\r" ;
        }
    }
    // 关闭 data.json 文件
    fclose(fp);
}
// 在窗口上显示 data.json 文件的内容
text->setText(ss.str());
}
```

11.5 使用 SQLite 数据库

在前面几节介绍的 Key-Value、流文件、XML 和 JSON 格式的文件,尽管读写很容易。但这些文件通常只用于存储简单的数据,并且对于数据检索有很大的限制。例如,Key-Value 只能通过 Key 来检索 Value,而 JSON 只能通过数组索引或属性名检索相应的 JSON 值。但在很多时候,需要存储更复杂的数据,更复杂的信息检索,要实现这些功能,关系型数据库是最佳的选择。理论上说,任何支持 C/C++ 接口[①]的数据库驱动程序都可以在 Cocos2d-x 中使用。但一般不会在 Cocos2d-x 中使用大型的关系数据库,而对于本地数据库来说,尤其对于移动平台来说,SQLite 无论从跨平台特性,还是从性能,或是从轻量级来看,都是非常出众的。所以本节将介绍如何在 Cocos2d-x 中使用 SQLite 数据库。

尽管 Cocos2d-x 中带有 SQLite 的头文件(在<Cocos2d-x 根目录>/external/sqlite3 目录中),但并未包含 SQLite 的源代码文件,所以要想在 Cocos2d-x 中使用 SQLite,可以到 SQLite 的官方网站(https://sqlite.org/download.html)下载最新的 C/C++ 驱动程序。

下载完驱动并解压后,共有如下 4 个文件。

- ❑ shell. c
- ❑ sqlite3. c
- ❑ sqlite3. h
- ❑ sqlite3ext. h

对于本例来说,只需要使用中间两个文件(sqlite3. c 和 sqlite3. h)即可,将 sqlite3ext. h 包含进搜索路径也没问题,但不要将 shell. c 包含进搜索路径,因为该文件是 SQLite 的命令行数据库管理程序,其中包含了 main 函数,与 Cocos2d-x 工程中的 main 函数冲突。

如果读者使用本书提供的 Cocos2dxDemo 程序,由于在该程序中已经包含了上述源代码文件,所以不再需要从官方网站下载这些文件了。

Cocos2dxDemo 已经在名为 sqlite3 的 group 中,如图 11-6 所示。

要想使用 SQLite,首先需要使用下面的代码包含 sqlite3. h 头文件。

图 11-6 与 SQLite 相关的有多么文件

```
#include "sqlite3.h"
```

由于 SQLite 的相关函数比较多,因此,本节不再一一介

---

① 尽管 Java 可以在 Cocos2d-x for Android 中使用,Objective-C 可以在 Cocos2d-x for iOS 中使用,但只有 C/C++ 才可以在 Cocos2d-x 支持的所有平台上使用。所以这里为了考虑跨平台特性,只考虑使用 C/C++ 语言编写的数据库驱动。

绍,这里只介绍一些基本的函数,例如,打开和关闭数据库、执行 SQL 语句,检索数据等。其他更复杂的函数请读者参阅 SQLite 的官方文档。

由于 SQLite 的驱动是用 C 语言写的,所以没有类,只有结构体和一堆函数。首先,应定义一个 sqlite3 结构体指针,该结构体表示一个 SQLite 数据库。然后使用 sqlite3_open 函数打开数据库,如果数据库文件不存在,则创建一个新的数据库文件。下面的代码是一个标准的打开或创建 SQLite 数据库的代码片段。如果 sqlite3_open 函数成功打开数据库,则返回 SQLITE_OK。

```
sqlite3  * db = NULL;
int result;
// 打开数据库
result = sqlite3_open(filename.c_str(), &db);
```

如果要执行 SQL 语句,需要使用 sqlite3_exec 函数,该函数的参数比较多,但常用的只有前面两个参数。例如,下面的代码创建了一个 weather 表。创建成功,sqlite3_exec 函数返回 SQLITE_OK。

```
result = sqlite3_exec(db,"create table weather(ID integer primary key autoincrement,city text,
temperature FLOAT)",NULL,NULL,NULL);
```

如果要检索数据,需要使用 sqlite3_get_table 方法,该方法通过相应的参数返回检索到的数据以及数据的行数和列数。例如,下面的代码检索了 weather 表中所有的数据,并通过 data 返回检索到的数据,row 返回数据行数,col 返回数据列数。

```
char ** data;
int row,col;
sqlite3_get_table(db,"select * from weather",&data,&row,&col,NULL);
```

注意:sqlite3_get_table 函数使用了 char ** 返回检索到的数据,char ** 相当于一个字符串数组。这个数组是一维的,而且不仅包含数据,在数组的开始还包含每一列的字段名。所以如果只想获取数据,可以使用 data[current_row * col + current_col]。其中 current_row 表示当前行,从 1 开始。Col 表示列的总数,current_col 表示当前列,从 1 开始。从这一点可以看出,sqlite3_get_table 函数将字段名和检索到的所有数据都放到一个一维的字符串数组中,在获取相应字段相应行的数据时,需要使用当前行和当前列计算字段值在 data 中的索引。

前面已经介绍了 SQLite 数据库的基本操作,下面看一个完整的例子,在这个例子中首先会创建一个数据库(data.db3),如果数据库文件存在,就打开该文件。如果数据库文件是新创建的,则会在数据库中创建一个 weather 表,并会插入两条记录。接下来会检索 weather 表中的所有数据,并将数据显示在窗口上,效果如图 11-7 所示,最后会关闭数据库。

图 11-7　使用 SQLite 数据库

本例的实现代码如下：

Cocos2dxDemo/classes/Storage/StorageTest. cpp

```
void SQliteTest::onEnter()
{
    BasicScene::onEnter();
    // 指定 data.db3 的绝对路径
    string filename = FileUtils::getInstance()->getWritablePath().append("data.db3");
    sqlite3 * db = NULL;
    int result;
    // 判断 data.db3 文件是否存在
    if(!FileUtils::getInstance()->isFileExist(filename))
    {
        // 如果 data.db3 文件不存在,则创建一个新的 data.db3 文件
        result = sqlite3_open(filename.c_str(), &db);

        if(result!= SQLITE_OK)
        {
            CCLOG ("数据库创建失败, 错误号: %d",result);
            return;
        }
        // 在 data.db3 中创建一个 weather 表
        result = sqlite3_exec(db,"create table weather(ID integer primary key autoincrement,
city text,temperature FLOAT)",NULL,NULL,NULL);
        if(result!= SQLITE_OK)
        {
            CCLOG("表建立失败");
            return;
        }
        // 向 weahter 表中插入一条记录
        result = sqlite3_exec(db,"insert into weather values(1, '沈阳', 16)",NULL,NULL,NULL);
        if(result!= SQLITE_OK)
```

```
            CCLOG("数据插入失败!");
        // 向 weahter 表中插入一条记录
        result = sqlite3_exec(db,"insert into weather values(2, '北京', 22)",NULL,NULL,NULL);
        if(result!= SQLITE_OK)
            CCLOG("数据插入失败!");
    }
    else
    {
        // 如果 data.db3 文件存在,则直接打开该文件(不再创建新表和插入新的数据)
        result = sqlite3_open(filename.c_str(), &db);
        if(result!= SQLITE_OK)
        {
            CCLOG ("数据库打开失败, 错误号: % d",result);
            return;
        }
    }
    auto size = Director::getInstance()->getWinSize();
    auto text = Text::create();
    text->setFontName("Marker Felt");
    text->setFontSize(40);
    text->setColor(Color3B(255,255,255));
    text->setPosition(Point(size.width / 2, size.height / 2));
    addChild(text);

    stringstream ss;
    char ** data;
    int row,col;
    // 检索 weahter 表中的所有数据
    sqlite3_get_table(db,"select * from weather",&data,&row,&col,NULL);
    // 通过循环获取这些数据
    for( int i = 1; i<= row;i++)
    {
        ss << "城市: " << data[i * col + 1] << "\r";
        ss << "温度: " << data[i * col + 2] << "\r\r";
    }
    // 将检索到的数据显示在窗口上
    text->setString(ss.str());
    // 释放检索数据占用的内存空间
    sqlite3_free_table(data);
    // 关闭数据库
    sqlite3_close(db);
}
```

11.6 小结

从本章的内容可以看出，Cocos2d-x 支持数据存储的 API 还是很多的。但在一款游戏中，未必使用到所有的数据存储技术。因此，应根据具体的情况使用一种或多种数据存储技术。例如，如果要保存比较简单的数据（如当前的得分），可以使用 UserDefault 保持 Key-Value 类型的值。对于有一定结构的少量的数据，如得分排名，可以使用 XML 或 JSON 格式存储。对于大量的数据，并且需要经常对其进行复杂的检索，建议使用 SQLite 数据库，因为其他的数据存储技术都不太适合大量和复杂的数据检索。

第 12 章

Sprite3D 技术

Sprite3D 技术可用于装载和处理 3D 模型文件。目前, Sprite3D 支持 obj、c3t、c3b 格式的 3D 模型文件。这些文件可以使用相应的 3D 建模工具生成, 也可以使用相应的工具进行转换。本章主要介绍如何通过 Sprite3D 以及相关的 API 来使用这些 3D 模型文件实现 3D 的效果。

本章要点

❑ Sprite3D 简介;

❑ Cocos2d-x 支持哪些 3D 模型, 这些模型都是怎样的;

❑ 装载 obj 格式的 3D 模型文件;

❑ 装载 c3t 和 c3b 格式的 3D 模型文件。

12.1 什么是 Sprite3D

我们对 Sprite 并不陌生, 因为在前面的章节中已经多次使用 Sprite 显示图像。不过对于 Sprite3D, 到现在为止还是第一次遇到。从 Sprite3D 的名字不难推断, 这个东西和 3D 有关, 结合前面的 Sprite。从字面上理解是用于装载 3D 图像的。其实也确实如此。

尽管从名字看, Sprite3D 包含 Sprite。不过 Sprite3D 类与 Sprite 类一点关系都没有。Sprite3D 是直接从 Node 继承的, 同时还继承了 BlendProtocol 类, 该类用于实现颜色混合效果。

Sprite3D 类的定义代码框架如下:

```
class Sprite3D : public Node, public BlendProtocol
{
    …
}
```

Sprite3D 可以装载多种 3D 文件格式。这些 3D 文件格式中, 有些是使用 3ds Max、Maya 等 3D 建模工具生成的, 有些是直接用工具转换的。不过本书主要介绍的是 Cocos2d-x 游戏开发，所以如何使用 3ds Max、Maya 这些工具制作 3D 模型并不在本书的范围内。现在，假设设计师已经将 3D 模型文件交到了程序员手中，接下来就需要程序员使用 Cocos2d-x 装载这些 3D 模型，并进行相应的处理了。从 12.2 节开始，将逐步带领读者使用各种 3D 模型文件来实现 3D 效果展示。

12.2　Cocos2d-x 支持哪些 3D 模型格式

Cocos2d-x 支持如下几种 3D 模型格式。

❏ obj 格式：obj 是由 3ds Max 或 Maya 导出的一个格式。Sprite3D 可以直接读取 obj 格式的 3D 模型文件。但遗憾的是，obj 格式不支持动画效果，只是一个静态的 3D 图像。

❏ c3t 格式（Cocos 3d text）：c3t 是一个 Json 格式的文件。该文件由 FBX 格式①文件通过 fbv-conv 工具转换而来（这个工具会在后面详细介绍）。由于 c3t 是 Json 格式，所以非常易于人工核对文件的内容。不过，c3t 文件的尺寸太大了，因此并不推荐在游戏的最终发型包中使用 c3t 格式的 3D 模型文件。

❏ c3b（Cocos 3d binary）：c3b 是二进制文件格式。该文件也是使用 fbx-conv 工具从 FBX 文件转换而来。尽管 c3b 无法通过人工检查其内容，但该文件的尺寸非常小，而且读取速度非常快，所以大多数情况下使用 c3t 开发或调试，而在最终发行版中则使用 c3b 格式的 3D 模型文件。

12.3　装载 obj 格式的 3D 模型文件

实际上，obj 格式的 3D 模型文件就是一个纯文本文件。例如，下面的代码就是本例中使用的 boss.obj 文件的部分内容。

```
v 0.5491 − 0.2313 7.4010
v 0.5491 − 0.3996 7.0495
v 0.5491 − 0.3669 7.0495
v 0.5491 − 0.0174 7.0495
v 0.5491 0.0042 7.2281
v − 0.5491 − 0.3669 7.0495
```

① FBX 也是一种 3D 模型文件，3ds Max 和 Maya 都可以导出，也可以读取。Cocos2d-x 目前还不支持 FBX 格式的 3D 模型文件，不过有很多常用的 3D 游戏引擎，如 Unity3D 是支持 FBX 格式文件的。读者可以到 Unity3D 的官方网站下载免费的 3D 模型，或直接在 Unity3D 中的 Asset Store 下载这些 3D 模型。这些 3D 模型中都或多或少包含一些 fbx 文件。读者可以使用 fbx-conv 工具将其转换成 c3t 或 c3b 格式的 3D 模型文件，然后在 Cocos2d-x 中使用。

从 boss.obj 文件中可以看出，定义的都是一些数值，并没有图像。所以要想使用 boss.obj 文件，还需要配一个图像（这个图像可以在导出 obj 文件的同时导出），通常是 png 格式的图像文件①。本例使用的是 boss.png。

在二维平面上显示三维图像，实际上是利用了人类的左右眼视觉不同产生的 3D 效果。所以 3D 图形本质上还是二维图形。只是通过不同角度、不同的相对位置的摆放让其产生 3D 的效果。因此，3D 图形通常是若干个 2D 图像按着一定规则拼成的，所以 boss.png 也是这样，如图 12-1 所示。从这张图一点都看不出 3D 到效果，不过 boss.obj 文件就是用来描述 boss.png 中各个小图是如何组合的，经过这么一加工，就会形成一个 3D 效果的图像。

本例将使用 boss.obj 和 boss.png 两个文件来显示一个 3D 图像（一个战斗机的 3D 图像），并让这个 3D 图像不断顺时针旋转，效果如图 12-2 所示。

图 12-1　boss.png

图 12-2　boss.obj 效果演示

现在将两个文件（boss.obj 和 boss.png）放到 Resources/Sprite3D 目录中，这时若 Sprite3D 目录还没导入 XCode 的 Resources 目录中，可以将其导入。在导入窗口（如图 12-3 所示）中要选择列表中的 Cocos2dDemo Mac 项，否则该资源不会编译进 OS X 程序。如果只想开发 iOS 游戏，则不需要选择这一项。注意，要选中 Create folder references for any added folders 选项（第 2 个选项），这样会建立一个蓝色的 Sprite3D 目录。因为这是实际的目录，所以在引用 boss.obj 和 boss.png 文件时需要指定路径（Sprite3D），如果选中第 1 个选项，则会创建一个黄色的目录（实际上是 group）。如果是 group，在 iOS 中使用 boss.obj 和 boss.png，则需要直接指定文件名，不需要指定路径。但在 Android 中将无法找到这两个文件。所以在引用资源时应使用蓝色的目录，这样可以指定资源路径，从而使 iOS 和 Android 保持一致。

接下来，需要在 Sprite3DBasicTest::onEnter 方法中使用下面的代码装载 boss.obj 和 boss.png 文件。

---

① 图像文件和 obj 文件不需要同名。

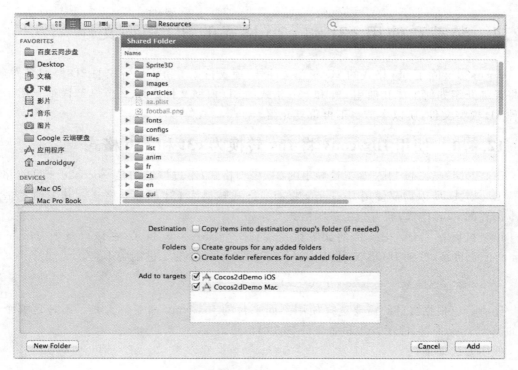

图 12-3　加入 Sprite3D

Cocos2dxDemo/classes/Sprite3D/Sprite3DBasicTest. cpp

```
void Sprite3DBasicTest::onEnter()
{
    BasicScene::onEnter();
    auto size = Director::getInstance() -> getWinSize();
    // 装载 boss.obj 文件
    auto sprite = Sprite3D::create("Sprite3D/boss.obj");
    // 将 3D 模型放大到原来的 20 倍
    sprite -> setScale(20);
    // 装载 boss.png 图像文件
    sprite -> setTexture("Sprite3D/boss.png");

    addChild( sprite );
    // 让 3D 模型在屏幕中心显示
    sprite -> setPosition( Vec2(size.width/2, size.height/2) );
    auto action = RotateBy::create(3, 360);
    sprite -> runAction( RepeatForever::create(action));
}
```

12.4　装载和使用 c3t 和 c3b 格式的 3D 模型文件

Cocos2d-x 除了 obj 格式的 3D 模型文件外,还支持 c3t 和 c3b 格式的 3D 模型文件,本节将详细介绍如何生成和使用 c3t 和 c3b 格式的 3D 模型文件。12.2 节已经详细介绍了这两种 3D 模型文件,所以本节将不再重复介绍。

12.4.1　使用 fbx-conv 将 fbx 转换为 c3t 和 c3b 格式

fbx 是 Maya、3ds Max 等工具导出的 3D 模型格式,不过遗憾的是 Cocos2d-x 目前并不支持 fbx 格式,所以需要使用 fbx-conv 将 fbx 格式转换为 c3t 或 c3b 格式。其中前者是纯文本形式的 json 格式,后者是二进制格式。

读者可以在 Cocos2d-x 中的如下目录找到一个 fbx-conv 目录,在该目录中有 mac 和 win 两个子目录,分别为 OS X 和 Windows 下的 fbx-conv 的二进制版本。

```
<Cocos2d-x 根目录>/cocos2d-x-3.10/tools
```

读者可以根据自己的需要选择使用不同平台的 fbx-conv 命令行工具。不管是哪个平台的 fbx-conv 工具,使用方法和命令行参数都相同。

使用方法如下:

```
fbx-conv [-a|-b|-t] FBXFile
```

其中-a、-b 和-t 是选项,FBXFile 表示 fbx 格式的文件名。

fbx-conv 命令的选项含义如下:

- ❑ -a:同时导出文本(c3t)和二进制(c3b)格式的文件。
- ❑ -b:只导出二进制格式(c3b)的文件。
- ❑ -t:只导出文本格式(c3t)的文件。

例如,要将 girl.fbx 同时转换为 girl.c3t 和 girl.c3b,可以使用下面的命令。

```
fbx-conv -a girl.fbx
```

c3t 格式的文件通常要比 c3b 格式文件的尺寸大,而且装载速度要缓慢一些,不过更容易调试(因为可以直接查看和修改 c3t 格式文件的内容),而 c3b 格式的文件恰好相反,文件尺寸比 c3t 格式的文件小,装载速度也更快。不过,由于 c3b 格式的文件是二进制的,所以不容易查看和调试。因此,通常的做法是在游戏开发的过程中使用 c3t 格式的文件,待到游戏正式发布打包时,再用 c3b 格式的文件替换 c3t 格式的文件。

12.4.2　旋转的 3D 怪物

本节将实现一个绕着 Y 轴旋转的 3D 怪物,这里使用了 c3b 格式的 3D 模型文件,当然也可以使用同名的 c3t 格式的 3D 模型文件,读者可以根据需要自己切换。图 12-4 是旋转的 3D 怪物的效果。这个 3D 怪物会匀速自转（绕着 Y 轴旋转）。

图 12-4 旋转的 3D 怪物

　　装载 c3b 文件同样也需要创建 Sprite3D 对象。如果 c3b 文件包含动画，还需要使用 Animation3D 对象处理。本例中，不仅怪物会旋转，怪物本身也会有一定的动作，例如挥拳的动作。其中，怪物旋转的动画是利用调度方法完成的，而怪物本身的动作，是通过 c3b 本身的动画完成的，后者需要 Animation3D 处理。

　　要实现本例的效果，需要在 Sprite3DRotateMonsterTest∷onEnter 方法中装载 orc.c3b 文件（也可以装载 orc.c3t 文件），然后通过 Animation3D 处理 c3b 中的动画，最后启动调度器完成怪物旋转的动作。Sprite3DRotateMonsterTest∷onEnter 方法的实现代码如下：

Cocos2dxDemo/classes/Sprite3D/Sprite3DRotateMonsterTest. cpp

```
void Sprite3DRotateMonsterTest∷onEnter()
{
    BasicScene∷onEnter();
    auto size = Director∷getInstance() -> getWinSize();
    // 指定 orc.c3b 文件的路径
    string fileName = "Sprite3D/orc.c3b";
    // 装载 orc.c3b 文件
    mSprite3D = Sprite3D∷create(fileName);
    // 将怪物放大到原来的 10 倍
    mSprite3D -> setScale(10);
    // 让怪物绕 Y 轴旋转(自身旋转)
    mSprite3D -> setRotation3D(Vec3(0,mRotateAngleY,0));
    // 将怪物添加到当前场景中
    addChild(mSprite3D);

    mSprite3D -> setPosition( Vec2( size.width/2, size.height/2 - 100 ) );
    // 装载 orc.c3b 中的动画
    auto animation = Animation3D∷create(fileName);
    // 如果 orc.c3b 中存在动画,继续完成下面的工作
    if (animation)
    {
```

```
// 创建 3D 动画动作
auto animate = Animate3D::create(animation);
// 如果产生的随机数可以被 3 整除,则 inverse 为 true,表示向相反的方向运动
bool inverse = (rand() % 3 == 0);

int rand2 = rand();
float speed = 1.0f;
// 下面的代码随机设置动画运动的速度
if(rand2 % 3 == 1)
{
    speed = animate->getSpeed() + CCRANDOM_0_1();
}
else if(rand2 % 3 == 2)
{
    speed = animate->getSpeed() - 0.5 * CCRANDOM_0_1();
}
// 设置动画的速度
animate->setSpeed(inverse ? -speed : speed);
// 运行动作
mSprite3D->runAction(RepeatForever::create(animate));
}
// 启动调度器,让 3D 怪物绕 Y 轴旋转
schedule(schedule_selector(Sprite3DRotateMonsterTest::rotateCallback), 0.1f);
}
```

下面看一下调度方法的实现,在该方法中通过调用 Sprite3D::setRotation3D 方法,让怪物绕 Y 轴旋转。

Cocos2dxDemo/classes/Sprite3D/Sprite3DRotateMonsterTest. cpp

```
void Sprite3DRotateMonsterTest::rotateCallback(float dt)
{
    mRotateAngleY += 5;
    // 如果旋转角度大于等于 360 度,将旋转角度重新设为 0
    if(mRotateAngleY >= 360)
        mRotateAngleY = 0;
    // 将 3D 怪物旋转到指定角度(绕 Y 轴)
    mSprite3D->setRotation3D(Vec3(0,mRotateAngleY,0));
}
```

12.4.3 游泳的海龟

本节将实现一个比较有意思的 3D 动画效果,在这个动画效果中,一个 3D 小海龟在屏幕的水平方向游来游去,效果如图 12-5 所示。

实现本例的关键是通过调度方法让移动动作不断取反(调用 reverse 方法获得相反的移动动作)。首先,需要在 Sprite3DSwimmingTurtleTest::onEnter 方法中装载 tortoise. c3b

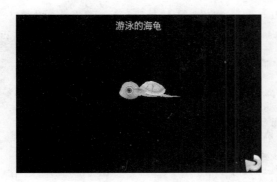

图 12-5　游泳的海龟

文件，代码如下：

Cocos2dxDemo/classes/Sprite3D/Sprite3DSwimmingTurtleTest. cpp

```
void Sprite3DSwimmingTurtleTest::onEnter()
{
    BasicScene::onEnter();
    auto size = Director::getInstance()->getWinSize();

    string fileName = "Sprite3D/tortoise.c3b";
    // 装载 tortoise.c3b 文件
    mSprite3D = Sprite3D::create(fileName);
    mSprite3D->setScale(0.2);
    addChild(mSprite3D);

    mSprite3D->setPosition(Vec2(size.width * 4.f / 5.f, size.height / 2.f));
    auto animation = Animation3D::create(fileName);
    if (animation)
    {
        // 创建 3D 动画动作
        auto animate = Animate3D::create(animation, 0.f, 2.0f);
        // 运行 3D 动画动作
        mSprite3D->runAction(RepeatForever::create(animate));
    }
    // 创建水平移动动作
    mMoveAction = MoveTo::create(4.f, Vec2(size.width / 5.f, size.height / 2.f));
    // 创建顺序执行动作，移动完后调用 reachEndCallback 方法
    auto seq = Sequence::create(mMoveAction,
      CallFunc::create(CC_CALLBACK_0(Sprite3DSwimmingTurtleTest::reachEndCallBack, this)),
nullptr);
    seq->setTag(100);
    // 运行动作
    mSprite3D->runAction(seq);

}
```

调度方法的代码如下：

Cocos2dxDemo/classes/Sprite3D/Sprite3DSwimmingTurtleTest. cpp

```
void Sprite3DSwimmingTurtleTest::reachEndCallBack()
{
    // 停止顺序执行动作
    mSprite3D->stopActionByTag(100);
    // 获取与当前移动方向相反的移动动作
    auto inverse = (MoveTo*)mMoveAction->reverse();
    // 更新当前的移动动作
    mMoveAction = inverse;
    // 创建旋转动作
    auto rot = RotateBy::create(1.f, Vec3(0.f, 180.f, 0.f));
    // 创建顺序执行动作
    auto seq = Sequence::create(rot, mMoveAction,
    CallFunc::create(CC_CALLBACK_0(Sprite3DSwimmingTurtleTest::reachE    ndCallBack,
this)), nullptr);
    seq->setTag(100);
    // 运行动作(朝着相反的方向移动)
    mSprite3D->runAction(seq);
}
```

12.5　小结

现在的发展趋势是，原来主打 3D 领域的游戏引擎打算往 2D 方向扩展，原来主打 2D 领域的游戏引擎打算往 3D 方向扩展。因此，Unity3D 推出了 2D 功能，而 Cocos2d-x 推出了 3D 功能。尽管 Cocos2d-x 的 3D 功能目前还比较弱，也缺乏相应的设计工具，不过通过 Cocos2d-x 实现一些基本的 3D 游戏还是很容易的。

第 13 章

Cocos2d-x 中的瓦片和地图

在游戏中经常会涉及复杂的背景,例如,在草地上的绿树、砖墙等。这些背景通常都不是由一个图像组成的,而是由若干个单独的图像拼接而成。这样做最直接的好处是让背景图显得更灵活。例如,如果草地上的绿树从形态上都一样,就可以单独将绿树的图像提出来。并且可以在草地背景的任意位置复制绿树图像,这样可以编程实现绿树的位置。当然,即使不移动绿树的图像,在设计背景图时也容易通过各种可视工具进行处理。当然,这类背景图只是复杂,并无其他特殊的功能。还有一类背景图,这类背景图带有很多障碍物。而精灵(Sprite)在移动时是不能穿越这些障碍物的(如推箱子游戏)。这类背景图可以称为地图。也就是说,地图不仅仅是作为游戏的装饰品,而是参与到游戏中。不管是哪类背景图或地图。都需要一个重要的元素:瓦片(Tile)。本章将详细介绍如何用可视化编辑器设计由瓦片组成的地图,并且将自己设计的地图应用在基于 Cocos2d-x 的游戏中。

本章要点

❑ 瓦片地图的种类和作用;

❑ 地图编辑器(Tiled);

❑ 在程序中显示地图;

❑ 隐藏地图图层;

❑ 编辑图块;

❑ 获取图块的属性值;

❑ 在地图上添加精灵;

❑ 让精灵在道路上移动;

❑ 改变遮挡关系;

❑ 拖动地图;

❑ 在 45 度角地图上种树;

❑ 对象层的使用。

13.1 瓦片和地图编辑器

Cocos2d-x 支持 TMX[①] 瓦片地图集,这种瓦片地图集以 TMX 文件为主(文件的扩展名通常是 tmx),并附带这若干个相关的文件(如包含瓦片的图像文件)。通过 Cocos2d-x 可以装载 TMX 格式的瓦片地图集,并做进一步的操作。本节将详细介绍 TMX 瓦片地图集以及制作 TMX 瓦片地图集的 Tiled 工具,并学习如何在 Cocos2d-x 中装载 TMX 瓦片地图集。

13.1.1 瓦片地图的种类和用途

瓦片地图主要分为如下三种:

❑ 直角鸟瞰地图(90 度角);

❑ 45 度角地图;

❑ 六边形地图。

直角鸟瞰地图是最常用的瓦片地图,效果如图 13-1 所示。该类地图主要用于俯视视角闯关类游戏。如推箱子游戏的地图就是直角鸟瞰地图。

对于直角鸟瞰地图来说,通常会赋予不同的地图块(也就是瓦片)不同的"意义",如在推箱子游戏中,会将包含"墙"的地图块设为不可穿越(阻挡功能)。对于某些游戏来说,还可以为地图块加入机关。例如,当精灵撞击某个地图块时,会抛出金币。这些包含机关的地图块在程序中可以通过代码获取,并进行相应的逻辑处理。

等距斜视地图效果如图 13-2 所示。

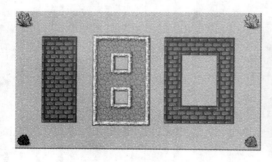

图 13-1　直角鸟瞰地图

图 13-2　等距斜视地图

45 度角地图一般用于战旗游戏(类似于图 13-3 的效果)、塔防游戏(类似于图 13-4 所示的效果)和建造类游戏(类似于图 13-5 所示的效果)。在这些游戏中,通常要求玩家点击地图块后,在地图块上"放置"或"建设"某些"建筑"。通过获取地图块的索引,很容易实现这些功能。关于 45 度角地图的使用方法会在本章后面的内容详细介绍。

---

① 由 Tiled 创建的瓦片地图集。

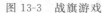

图 13-3　战旗游戏　　　　　　　　　　　　　图 13-4　塔防游戏

图 13-5　建造游戏

六边形地图的效果如图 13-6 所示。

六边形地图并不十分常见（至少和前两种地图比起来是这样），有一些策略类游戏会使用六边形地图，如图 13-7 所示的效果是一款经典的策略类游戏《卡坦岛》。

图 13-6　六边形地图　　　　　　　　　　　　图 13-7　策略游戏卡坦岛

13.1.2　瓦片地图编辑器（Tiled Map Editor）

Cocos2d-x 支持 Tiled 地图编辑器生成的地图数据文件（TMX 格式）。TMX 是 Tile Map XML 的缩写，为 Tiled 用于描述瓦片地图的数据格式，如果读者想了解 TMX 格式的详细内容，可以访问下面的页面。

https://github.com/bjorn/tiled/wiki/TMX-Map-Format

Tiled 是一个通用的地图编辑器。理论上，可以在任何游戏引擎中使用。在 Cocos2d-x 中已经内置了对 Tiled 生成的 TMX 地图格式的支持。目前，Tiled 有两个版本。一个是最初实现的 Java 版本，另外一个是 QT 实现的版本。尽管这两个版本都可以跨平台，但 Java 版本现在已经不再进行维护了。目前，Tiled 团队已将工作重心转到了 QT 版本上。在笔者写作本书时，QT 版本的 Tiled 还没有推出正式版（1.0），而最新的版本是 0.9.1。遗憾的是，目前 QT 版本的 Tiled 还没有实现 Java 版本的全部功能（大部分已经实现），例如，并不支持六边形地图。因此，读者要使用这些 QT 版未实现的功能时，还需要从下面的地址下载 Java 版本的 Tiled。

https://github.com/bjorn/tiled-java

如果读者不喜欢用 git 下载，可以单击右侧的 Download ZIP 按钮下载完整的 zip 压缩包。为了编译 Java 版本的 tiled，需要安装 JDK 和 ant。然后进入解压目录，执行 ant build. xml 命令即可。成功编译后，进入 build 目录。然后执行 java tiled. Main 命令即可运行 tiled。

如果读者想使用 QT 版本的 Tiled，可以到 http://www. mapeditor. org/download. html 下载最新的版本。目前 Tiled for QT 的发行版有 Windows 和 Mac OS X。如果读者想在其他系统（如 Linux）中使用 Tiled for QT，需要下载 Tiled 的源代码，并在 QT 环境中重新编译 Tiled。下载完后，直接安装即可。运行 Tiled 后，界面效果如图 13-8 所示（Mac OS X 版本的界面，Windows 版本有类似的效果）。

在本节的最后看一下 Tiled 的主要功能。

❑ 地图格式基于 TMX 格式（XML 格式），以便于在不同的游戏引擎中使用。

❑ 支持直角鸟瞰和 45 度角（正常和交错）两种地图。

❑ 对象的放置位置可以精确到像素。

❑ 自动重新载入图素集。

❑ 支持撤销（undo）/重做（redo）和复制（copy）/粘贴（paste）的操作。

❑ 支持图素、图层和对象等概念。

❑ 可以重置地图的尺寸和偏移。

❑ 支持地形刷、图章刷、填充、橡皮等辅助地图设计工具。

❑ 支持将地图存储成 TMX 格式或图像文件格式。

图 13-8　Tiled for QT

13.1.3　用 Tiled 编辑地图

本节将介绍如何使用 Tiled 地图编辑器建立和编译一个新地图,下面看一下具体的操作步骤。

第 1 步:新建地图

运行 Tiled,然后选择"文件">"新文件"菜单项,这时会弹出"新地图"对话框,如图 13-9 所示。

在"新地图"对话框中需要指定如下属性。

❑ 地图方向,也就是垂直鸟瞰地图(正常)和 45 度角地图。

❑ 层格式。

❑ 地图大小,也就是在水平和垂直方向的地图块个数。

❑ 块大小。

本节以测试为目的,所以使用了 Tiled 的默认值。读者可以根据需要设置相应的地图属性。

在新建地图后,最好先将地图保存,然后再做其他的编辑工作。本例将地图保存为

如 13-9　"新地图"对话框

TestMap. tmx 文件。保存地图后，会在主界面显示一个 100×100 的网格，每一个单元格就是一个地图块（32×32），效果如图 13-10 所示。如果未显示网格，可以选择"视图"＞"显示网格"菜单项。

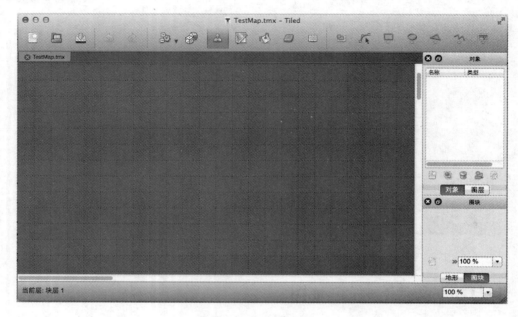

图 13-10　新建地图

第 2 步：新建图块集

在建立新的地图后，首先应该做的是至少建立一个新的图块集。因为地图是以图块为单位绘制的，所以没有图块集，就没有办法绘制地图。

在当前地图中添加新的图块集有如下两种方法：

❏ 根据图像文件定制图块集；

❏ 导入其他地图中的图块集。

现在，先来看第一种建立图块集的方法。选择"地图"＞"新图块"选项，打开如图 13-11 所示的"新图块"对话框①，选择一个已经设计好的图像文件，这是"名称"文本框自动填入了图像文件名作为图块集的名称，当然，这个名称可以任意修改。接下来要设置每一个块的宽度和高度，默认都是 32 个像素点。如果必要，还需要设置图块内部的边距（margin）和图块之间的间距（spacing），以及绘制偏移。

按照上述方法建立了新的图块集后，会在 Tiled 主界面的右下方显示新建立的图块集，如图 13-12 所示。图块集上方是图块集的名称（tmw_desert_spacing）。

---

① 其实更准确的名称应该叫"新图块集"对话框。因为建立的是图块集（将一个大图等分成若干个小图，每个小图称为一个图块），而不是单个图块。不过既然 Tiled 这么叫了，为了统一，本书也采用 Tiled 的叫法——"新图块"对话框。

图 13-11　新建图块对话框

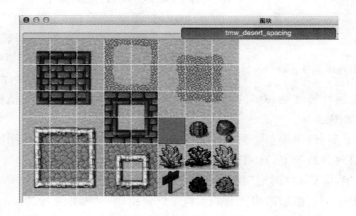

图 13-12　新图块效果

　　我们会发现，Tiled 会在图块集对应的图像上按着图块的宽和高以及其他一些设置绘制白色线条的网格。这个网格并不属于原图，而是为了显示将原图分成了多少个图块，以及每一个图块对应的具体内容。以便通过这些图块拼接出自己想要的地图。

　　在使用上面的方法新建图块集时，在指定图块高度、宽度以及其他一些关于块位置的设置时应注意如下几点。

　　❑ 对于大图中每一个完整的图素，如一面墙、一盆花，如果图块的尺寸大于这些图素，通常图块会完全包含这样的图素；如果图素的尺寸大于图块尺寸，对于需要扩展的图素（如砖墙），通常用一个或一组图块放到这类图素中间的位置，这样可以采用水平或垂直放置多个这样的图块来实现对图素的扩展。

❑ 对于需要绘制背景的地图,通常需要至少有一个图块位于大图的背景区域,否则将无法绘制纯净的背景。

以上几点需要在设计大图和设置图块尺寸等值时通盘考虑。

如果已经有其他的地图(TMX 文件)包含了我们需要的图块集,那么可以采用第二种方式,也就是直接将其他地图中的图块集直接导入当前的地图。

要想导入外部的图块,需要单击"地图">"添加外部图块"菜单项,然后选择一个 tmx 文件,如果该 tmx 文件中包含图块集,则会自动将它们导入当前的地图。导入的图块集仍然会在图 13-12 所示的位置显示。

图 13-13　图块属性设置窗口

第 3 步:添加图块(瓦片)属性

这一步非常重要,因为在地图上放置图块的目的不仅仅是为了好看,也不仅仅是为了方便。而是为了在程序中获取相应图块的特性。而这些特性在 Tiled 中用属性表示。

为了设置指定图块的属性,右击图 13-12 所示的图块集中的某个图块,这时会弹出一个菜单,单击"图块属性"菜单项,会弹出如图 13-13 所示的"图块属性"对话框。单击"<新的属性>"会建立新属性。在图 13-13 中建立了两个属性。这些属性都可以在程序中获取。

不必为每一个图块都设置属性,而对于参与编程的图块来说,设置属性通常是必要的,这也为程序识别和控制图块提供了便利。

第 4 步:添加图层

与 Photoshop 类似,图块都必须放在某个图层上。当然,可以有多个图层,并进行叠加。因此,要想将图块放到地图上,首先要建立一个图层。

为了添加图层,需要在"图层"视图中右击,这时会弹出一个菜单,菜单项包括"添加图层"、"添加对象图层"和"添加图像图层"。本节只介绍第一类图层,该类图层为透明图层。后两类图层会在本章后面的部分详细介绍。现在单击"添加图层"菜单项,会添加一个新图层,双击图层名称,可以修改图层名称,图层列表的效果如图 13-14 所示。取消图层前面的复选框,会隐藏图层,同时,被隐藏图层上的所有图块也随之隐藏。如果建立了多个图层,最前面的图层就是当前可以操作的图层。如果要操作后面的图层,选中该图层,并右击,会弹出一个菜单,选择"前置图层"菜单项,就会将当前图层向前移动一个位置。如果要将该图层移到最开始的位置,不断重复这个过程即可。

图 13-14　图层列表

第 5 步:绘制地图

这是关键一步,因为前面几步都是为这步做准备的。绘制地图实际上就是将将图 13-12

所示的图块集中的某个图块或某些图块(可以是不连续的,也可以是连续的)放到图层上的过程,例如,图 13-15 就是利用图 13-12 中的某些图块绘制的地图。

选择要绘制的图块可分为如下几种情况。

情况 1:只绘制一个图块。

对于这种情况,只需要用鼠标在图 13-12 所示的图块集中点击,然后松开鼠标。接着将鼠标移到地图上,最后在要绘制地图的位置单击即可放置图块。

情况 2:绘制连续的图块

如果要绘制一个连续的图块,例如,图 13-12 所示图块集左上角的那个砖墙,可以用鼠标选择左上角的那个图块,然后按住鼠标左键,拖动选择多个图块即

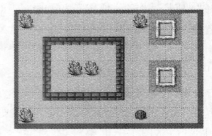

图 13-15　绘制地图

可。选完后,松开鼠标,然后的操作方法与情况 1 完全相同。选中多个连续的图块,也可以先选中一个图块,然后按住 Shift 键,再选中另外一个图块,这样 Tiled 就会选中这两个图块之间的所有图块。

情况 3:绘制不连续的图块

对于 Windows 或 Linux 来说,按住 Ctrl 键可以选择图连续的图块。对于 Mac OS X 来说,需要按住 Command 键进行选择。

第 6 步:使用地图工具

Tiled 提供了一些工具,用于快速绘制地图,主要的工具图标如图 13-16 所示。

图 13-16　Tiled 工具集

这些工具依次是"随机模式"、"图章刷"、"地形刷"、"填充"、"橡皮"和"矩形选择"。其中"图章刷"、"填充"和"橡皮"是最常用的几个工具。"图章刷"工具只要按住鼠标左键,就可以不断将当前的图块绘制到地图上。"填充"用于快速绘制背景。如果选中"填充"功能,并且将鼠标放到地图的某一区域。如果该区域从来没有放置任何图块,或是使用"图章刷"一次性绘制的区域(也就是按住鼠标左键直到松开为止绘制的区域),则该区域将使用当前的图块填充。所以"填充"功能常被用作绘制地图的背景。

"橡皮"很好理解,就是擦除已经绘制的图块。"矩形选择"用于选择某一区域的图块,同时可对选中的区域进行各种操作。如删除该区域中的所有图块,或复制该区域中的所有图块。如果进行复制,则复制的内容就会变成当前可绘制的图块集合。

"随机模式"比较有意思。如果当前图块集合包含多于一个的图块,则使用"图章刷"工具时会随机选择图块集中的一个图块绘制,而不是一下绘制整个图块集。

第 7 步：挪动地图

如果发现地图中某些图块的位置不合适，可以用"矩形选择"工具选中这些图块，然后选择"地图"＞"挪动地图"菜单项，会弹出如图 13-17 所示的"挪动地图"对话框。读者可以设置挪动的偏移量（X 和 Y），要注意，X 和 Y 的单位是图块数，而不是像素。例如，如果 X 为 2，则表示被选中区域向右移动 2 个图块的位置。一般移动时，需要选择整个地图范围。

第 8 步：改变地图大小

如果最后发现地图太大了或太小了，就需要调整地图的尺寸。选择"地图"＞"调整地图大小"菜单项，会弹出如图 13-18 所示的"调整大小"对话框。直接修改"宽度"和"高度"中的值即可，这两个值的单位也是图块。下面的"挪动"区域其实是不可用的，如果要挪动选择区域，请使用第 7 步的方法。估计是 Tiled 的作者忘记将这个地方去掉了。

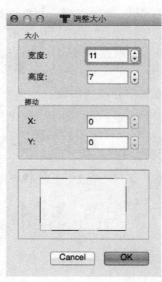

图 13-17　"挪动地图"对话框　　　　图 13-18　"调整大小"对话框

13.2　在 Cocos2d-x 中使用地图

在 13.1 节已经建立了一个地图文件（TestMap. tmx），本节将学习如何使用 Cocos2d-x 装载 TestMap. tmx，并在窗口中显示该地图。

13.2.1　在程序中显示地图

使用地图的第一步就是装载地图，并在窗口上显示地图。在 Cocos2d-x 中提供了若干个 API 用于完成与地图相关的工作。其中 TMXTiledMap 类的工作之一就是用于装载地图。TMXTiledMap 是 Node 的子类，所以 TMXTiledMap 对象可以直接作为节点添加到任何一个节点中。

TMXTiledMap∷create 和 TMXTiledMap∷createWithXML 方法都可以创建 TMXTiledMap 对象。但前者需要指定地图文件,也就是在上一节建立的 tmx 文件。后者需要直接指定 tmx 文件中的内容。这两个方法的原型如下:

```
static TMXTiledMap * create(const std∷string& tmxFile);
static TMXTiledMap * createWithXML (const std∷string& tmxString, const std∷string& resourcePath);
```

其中,tmxFile 参数表示 tmx 文件的路径,tmxString 参数表示 tmx 文件的内容(tmx 字符串),resourcePath 参数表示 tmx 字符串中应用的资源的路径。

本节仍然使用 13.1 节建立的地图文件(TestMap.tmx)来测试地图的装载和显示。不过先别忙,在使用 TestMap.tmx 文件之前还需要做如下修改。

1. 不能有空的图层

经过测试,如果在建立地图时添加了新的图层,该图层必须至少有一个图块,否则在使用 TMXTiledMap 装载地图时会抛出异常。由于在 TestMap.tmx 中建立的"透明图层 2"中没有任何图块,所以需要使用下一节的方法为"透明图层 2"添加一些图块,最终的效果如图 13-19 所示。

2. 修改图像路径

如果在添加包含图块的图像时,该图像文件与 tmx 文件不在同一个路径下,那么需要打开 tmx 文件,修改<image>标签的 source 属性值。通常去掉所有的路径,只保留图像文件名即可。

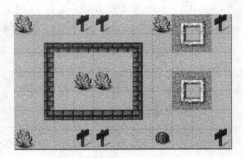

图 13-19 新修改的 TestMap.tmx

在完成上面的工作后,将 TestMap.tmx 文件连同其中引用的图像文件(本例使用的是 tmw_desert_ spacing.png)复制到 Resources/map 目录中。然后使用下面的代码装载并显示地图(TestMap.tmx)。

Cocos2dxDemo/classes/TileMap/TileMapTest.cpp

```cpp
void LoadAndShowMapTest∷onEnter()
{
    BasicScene∷onEnter();
    auto size = Director∷getInstance() -> getWinSize();
    // 装载地图
    auto map = TMXTiledMap∷create("map/TestMap.tmx");
    // 将地图放大到原来的 1.5 倍
    map -> setScale(1.5);
    // 设置锚点为中心点
    map -> setAnchorPoint(Point(0.5, 0.5));
    // 设置地图的位置
    map -> setPosition(size.width / 2, size.height / 2);
```

```
    // 将地图添加到当前的场景中
    addChild(map);
}
```

现在运行 Cocos2dxDemo，会看到如图 13-20 所示的效果。

图 13-20　在窗口中显示的地图

13.2.2　隐藏和显示图层

地图不仅可以用来显示，还可以用来编辑。而最常用的对地图的编辑就是隐藏和显示图层，这样可以一下子隐藏该图层中的所有图块。

在隐藏某个图层之前，首先需要使用 TMXTiledMap::getLayer 方法从地图中获取图层对象（TMXLayer 对象）。TMXLayer 是 SpriteBatchNode 的子类，很明显，TMXLayer 对象是一个节点的集合，这些节点就是该图层中的图块。下面看一下 TMXTiledMap::getLayer 方法的原型。

```
TMXLayer * getLayer(const std::string& layerName) const;
```

其中，layerName 参数表示图层名，也就是 13.1.3 节中的图 13-14 所示列表中的名称（支持中文）。在本节的例子中会将"透明图层 2"隐藏，所以最终的显示效果如图 13-21 所示。读者可以对比图 13-20 和图 13-21 的区别。

图 13-21　隐藏"透明图层 2"

本例的实现代码如下：

Cocos2dxDemo/classes/TileMap/TileMapTest. cpp

```
void EditMapLayerTest::onEnter()
{
    BasicScene::onEnter();
    auto size = Director::getInstance()->getWinSize();
    auto map = TMXTiledMap::create("map/TestMap.tmx");
    map->setScale(1.5);
    map->setAnchorPoint(Point(0.5, 0.5));
    map->setPosition(size.width / 2, size.height / 2);
    // 获取"透明图层 2"
    auto layer = map->getLayer("透明图层 2");
    // 隐藏"透明图层 2",将 false 改为 true,则显示"透明图层 2"
    layer->setVisible(false);
    addChild(map);
}
```

注意：既然 TMXLayer 是节点对象,自然除了隐藏/显示外,还可以做节点可以做的任何动作,如放大、缩小、旋转等。读者可以在本例的基础上做这些实验。

13.2.3 编辑图块

不仅图层,图块也可以编辑。要想编辑图块,首先应像上节一样获得图层,然后通过图块的 GID 来设置图块的位置。或通过图块对应的 Sprite 对象移除当前图块。在这一过程中涉及 TMXLayer 类中的几个方法。

```
// 获取指定图块对应的 Sprite 对象
Sprite* getTileAt(const Point& tileCoordinate);
// 获取指定图块对应的 GID
int getTileGIDAt(const Point& tileCoordinate, ccTMXTileFlags* flags = nullptr);
// 将 GID 对应的图块复制到指定的地图坐标
void setTileGID(int gid, const Point& tileCoordinate);
```

其中,tileCoordinate 参数表示相对于地图的坐标,单位是图块;flags 参数表示图块的标志;gid 参数表示图块对应的 GID。

注意：对于地图来说,地图坐标系的坐标值不再以像素为单位,而是以图块为单位。例如,TestMap.tmx 的尺寸是 11×7,这里的 11 和 7 分别是水平和垂直方向的图块数。在设置图块位置时,使用的也是以图块为单位的地图坐标系中的坐标。而且地图坐标系左上角为原点(0,0)。这一点和 OpenGL 坐标系是有区别的,OpenGL 坐标系的左下角为原点。

本节的例子将通过这三个方法,对 TestMap.tmx 描述的地图进行修改。首先将中间偏左的墙的右侧开一个小口,然后移动和删除地图中的花。效果如图 13-22 所示。读者可以对比图 13-22 和图 13-20 所示的效果,找找其中的差别。

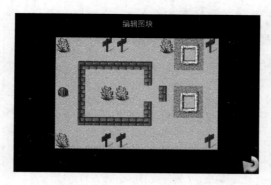

图 13-22 编辑图块

本例的实现代码如下：

Cocos2dxDemo/classes/TileMap/TileMapTest. cpp

```cpp
void EditTileTest::onEnter()
{
    BasicScene::onEnter();
    auto size = Director::getInstance()->getWinSize();
    auto map = TMXTiledMap::create("map/TestMap.tmx");
    map->setScale(1.5);
    map->setAnchorPoint(Point(0.5, 0.5));
    map->setPosition(size.width / 2, size.height / 2);
    // 获取"透明图层 1"对应的 TMXLayer 对象
    auto layer = map->getLayer("透明图层 1");
    Sprite * sprite;
    // 获取(7,6)位置(花)的图块对应的 Sprite 对象
    sprite = layer->getTileAt(Point(7,6));
    // 获取(6,3)位置(砖墙)的图块对应的 GID
    int gid1 = layer->getTileGIDAt(Point(6,3));
    // 获取(0,3)位置(背景图块)的图块对应的 GID
    int gid2 = layer->getTileGIDAt(Point(0,3));
    // 获取(7,6)位置(花)的图块对应的 GID
    int gid3 = layer->getTileGIDAt(Point(7,6));
    // 将 gid1 对应的图块(砖墙)复制到新的位置(向右以一个位置)
    layer->setTileGID(gid1, Point(7,3));
    // 用背景覆盖原来的砖墙
    layer->setTileGID(gid2, Point(6,3));
    // 将花复制到(0,3)的位置
    layer->setTileGID(gid3, Point(0,3));
    // 删除原来的花
    layer->removeChild(sprite, true);
    // 将 gid2 对应的图块(花)复制到(7,6)的位置
    layer->setTileGID(gid2, Point(7,6));
    addChild(map);
}
```

13.2.4　获取图块的属性值

在 13.1.3 节建立的地图中曾为一个图块设置了两个属性(attr1 和 attr2)。在程序中可以使用 TMXTiledMap∷getPropertiesForGID 方法来获取该图块的这两个属性的值。在本例中将获取这两个属性的值,并将它们显示在窗口上,效果如图 13-23 所示。

图 13-23　获取图块的属性

本例的实现代码如下:

Cocos2dxDemo/classes/TileMap/TileMapTest. cpp

```
void TilePropertyTest∷onEnter()
{
    BasicScene∷onEnter();
    auto size = Director∷getInstance()->getWinSize();
    // 装载地图
    auto map = TMXTiledMap∷create("map/TestMap.tmx");
    // 获取包含带属性的图块的图层
    auto layer = map->getLayer("透明图层1");
    // 获取包含属性的图块的 GID
    int gid = layer->getTileGIDAt(Point(7,6));
    // 获取 gid 指向的图块中的属性集合
    auto value = map->getPropertiesForGID(gid);
    // 由于属性可能是多个,所以将集合转换为 ValueMap 对象
    auto valueMap = value.asValueMap();
    // 获取 attr1 属性的值
    auto v1 = valueMap.at("attr1").asString();
    // 获取 attr2 属性的值
    auto v2 = valueMap.at("attr2").asString();

    auto text = Text∷create();
    text->setFontName("Marker Felt");
    text->setFontSize(40);
    text->setColor(Color3B(159, 168, 176));
    text->setPosition(Point(size.width / 2, size.height / 2));
```

```
        addChild(text);

        stringstream ss;
        // 将相关的文本放入字符串流
        ss << "attr1 = " << v1.c_str() << "\r\n" << "attr2 = " << v2.c_str();
        // 在屏幕上显示属性值
        text->setText(ss.str());
    }
```

13.2.5　在地图中添加精灵

由于 TMXTiledMap 是 Node 的子类,所以向地图中添加精灵(Sprite)与向其他节点中添加精灵完全一样。为了本节及以后各节的演示,需要重新设计一个更复杂的地图(BlockMap.tmx)。这个地图将尺寸增加到 25×15,并且添加了更复杂的图块。地图的最终效果如图 13-24 所示。

本例会在地图上添加一个精灵(偏下位置的小青蛙),效果如图 13-25 所示。

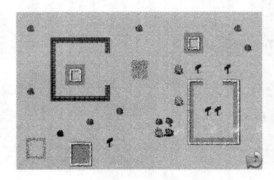
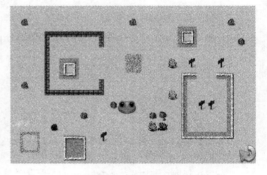

图 13-24　未添加精灵的地图　　　　图 13-25　添加精灵的地图

本例的实现代码如下:

Cocos2dxDemo/classes/TileMap/TileMapTest. cpp

```cpp
void AddSpriteOnMapTest::onEnter()
{
    BasicScene::onEnter();
    auto size = Director::getInstance()->getWinSize();
    // 装载地图
    auto map = TMXTiledMap::create("map/BlockMap.tmx");
    map->setAnchorPoint(Point(0.5, 0.5));
    map->setPosition(size.width / 2, size.height / 2);
    // 创建 Sprite 对象
    auto sprite = Sprite::create("images/frog.png");
    // 将精灵添加到地图中
```

```
map->addChild(sprite);
sprite->setPosition(Point(380,170));
addChild(map);
}
```

13.2.6　让精灵只在道路上移动

地图的一个重要作用就是作为背景使用,然后精灵在地图上移动,如果遇到包含某些属性的图块,会采取一定的行动。例如,当精灵遇到作为墙壁的图块时,会停止移动,或做跳跃动作。

本节给出一个 Demo,在该 Demo 中为表示墙壁的图块设置了一个 stop 属性,属性值为 true。当精灵移动时,如果遇到墙壁,则会停止移动。

由于前面使用的图块太大,每一个图块不完全是墙壁,还可能有一部分背景,所以本节将图块缩小到 15,然后按照前面的方法重新绘制地图(BlockMap.tmx),效果如图 13-26 所示。

本节的例子会在地图上放置一个小青蛙,当触摸青蛙的如下四个方向时,青蛙会匀速运动到该触摸点(实际上是青蛙的锚点位于触摸点)。如果运动过程中碰到了墙壁,则会停止运动。

- ❏ 水平右前方;
- ❏ 水平左前方;
- ❏ 垂直上方;
- ❏ 垂直下方。

青蛙的移动可以使用第 9 章介绍的动作,也可以直接在 update 方法中通过不断修改青蛙锚点的当前坐标实现,本例使用后者。感兴趣的读者可以将本例改成使用动作移动的形式,不过仍然要在 update 方法中不断检测青蛙是否遇到设有 stop=true 的图块,如果遇到这样的图块,直接停止动作即可。

图 13-27 是本例的效果图,一开始青蛙在右侧开口围墙的外面,经过移动,已经移到围墙里面了。

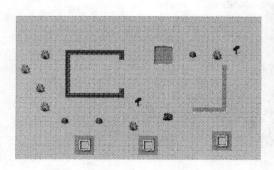

图 13-26　图块尺寸为 15×15 的地图

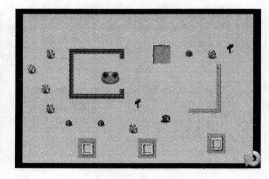

图 13-27　移动青蛙到围墙里面

下面是本例的实现过程。

首先,需要将 BlockMap.tmx 文件复制到 Resources/map 目录中,然后使用下面的代码装载地图和精灵(青蛙),然后设置触摸事件,最后通过调用 scheduleUpdate 方法来调度 update 方法移动青蛙。

Cocos2dxDemo/classes/TileMap/TileMapTest. cpp

```cpp
void MoveSpriteOnMapTest::onEnter()
{
    BasicScene::onEnter();
    auto size = Director::getInstance()->getWinSize();
    // 装载地图
    mMap = TMXTiledMap::create("map/BlockMap.tmx");
    // 获取图层
    mMapLayer = mMap->getLayer("透明图层");
    // 设置地图的锚点为(0.5,0.5)
    mMap->setAnchorPoint(Point(0.5, 0.5));
    // 设置地图的位置
    mMap->setPosition(size.width / 2, size.height / 2);
    // 装载青蛙图像
    mSprite = Sprite::create("images/frog.png");
    mMap->addChild(mSprite);
    // 设置青蛙的位置
    mSprite->setPosition(Point(380,170));
    addChild(mMap);

    // 创建单点触摸对象
    auto listener = EventListenerTouchOneByOne::create();
    // 设置是否终止事件方法的调用,在 onTouchBegan 方法返回 true 时,调用链在当前节点后面的
    // 所有节点对应的所有事件回调方法将不再被调用
    listener->setSwallowTouches(true);

    // 使用 lambda 实现 onTouchBegan 事件回调函数
    //或 listener->onTouchBegan = [ = ](Touch * touch, Event * event)
    // 该方法必须设置
    listener->onTouchBegan = [ = ](Touch * touch, Event * event)
    {
        return true;
    };
    // 使用 lambda 实现 onTouchEnded 事件回调函数
    listener->onTouchEnded = [ = ](Touch * touch, Event * event)
    {
        // mMoving = true 表示青蛙正在移动,在移动时不做任何处理
        if(mMoving)
        {
            return;
        }
```

```
// 获取触摸点的位置
mPoint = touch->getLocation();
// 将触摸点在世界坐标系中的坐标转换为节点坐标系中的坐标
Point locationInNode = mSprite->convertToNodeSpace(touch->getLocation());
// 获取精灵(青蛙)的尺寸
Size s = mSprite->getContentSize();
Rect rect = Rect(0, 0, s.width, s.height);
// 如果正好触摸的是精灵,则不做移动
if(rect.containsPoint(locationInNode))
{
    return;
}
// 精灵底边的纵坐标
float minY = mSprite->getPosition().y - mSprite->getTextureRect().size.height / 2;
// 精灵顶边的纵坐标
float maxY = mSprite->getPosition().y + mSprite->getTextureRect().size.height / 2;
// 精灵左边的横坐标
float minX = mSprite->getPosition().x - mSprite->getTextureRect().size.width / 2;

// 精灵右边的横坐标
float maxX = mSprite->getPosition().x + mSprite->getTextureRect().size.width / 2;
// 判断当前触摸的地点是否在精灵的上、下、左、右(斜上方、斜下方等方向不行)
if((touch->getLocation().x > minX && touch->getLocation().x < maxX) || (touch->getLocation().y > minY && touch->getLocation().y < maxY))
{
    // 触摸在精灵的右侧,精灵会向右移动
    if(touch->getLocation().x > maxX)
    {
        mMoveDirection = RIGHT;
        CCLOG("%s","right");
    }
    // 触摸在精灵的左侧,精灵会向左移动
    else if(touch->getLocation().x < minX)
    {
        mMoveDirection = LEFT;
        CCLOG("%s","left");
    }
    // 触摸在精灵的上方,精灵会向上移动
    else if(touch->getLocation().y > maxY)
    {
        mMoveDirection = UP;
        CCLOG("%s","up");
    }
    // 触摸在精灵的下方,精灵会向下移动
    else if(touch->getLocation().y < minY)
    {
        mMoveDirection = DOWN;
```

```
        CCLOG(" % s","down");
      }
      // 将 mMoving 变量设为 true,开始移动精灵
      mMoving = true;


    }

  };
  // 为当前场景添加触摸事件
  _eventDispatcher - > addEventListenerWithSceneGraphPriority(listener, this);
  // 开始调度 update 方法
  scheduleUpdate();
}
```

现在来编写 update 方法的代码,在该方法中首先会判断 mMoving 变量是否为 true,如果为 true,表示需要继续移动精灵。然后,判断精灵当前的移动位置是否设置了 stop 属性的图块,如果有这样的图块,则停止移动(将 mMoving 属性值设为 false)。

Cocos2dxDemo/classes/TileMap/TileMapTest. cpp

```
void MoveSpriteOnMapTest::update(float delta)
{
    if(mMoving)
    {
        float spriteWidth = mSprite - > getTextureRect().size.width;
        float spriteHeight = mSprite - > getTextureRect().size.height;
        // 判断精灵当前所在位置是否有设置了 stop = true 的图块,如果有,则终止移动
        if(!verifyBlock())
        {
            mMoving = false;
            return;
        }
        // 向右侧移动
        if(mMoveDirection == RIGHT)
        {
            mSprite - > setPosition(mSprite - > getPosition() + cocos2d::Point(1,0));
            if((mSprite - > getPosition().x + spriteWidth/2) > = mPoint.x)
            {
                mMoving = false;
            }
        }
        // 向左侧移动
        else if(mMoveDirection == LEFT)
        {
            mSprite - > setPosition(mSprite - > getPosition() - cocos2d::Point(1,0));
            if((mSprite - > getPosition().x - spriteWidth / 2) < = mPoint.x)
```

```
        {
            mMoving = false;
        }
    }
    // 向上移动
    else if(mMoveDirection == UP)
    {
        mSprite -> setPosition(mSprite -> getPosition() + cocos2d::Point(0,1));
        if((mSprite -> getPosition().y + spriteHeight/2) >= mPoint.y)
        {
            mMoving = false;
        }
    }
    // 向下移动
    else if(mMoveDirection == DOWN)
    {
        mSprite -> setPosition(mSprite -> getPosition() - cocos2d::Point(0,1));
        if((mSprite -> getPosition().y - spriteHeight/2) <= mPoint.y)
        {
            mMoving = false;
        }
    }
}
}
```

在 update 方法中使用了一个 verifyBlock 方法，该方法用来判断精灵当前的位置是否设置 stop＝true 的图块。如果有，返回 false，否则返回 true。

Cocos2dxDemo/classes/TileMap/TileMapTest. cpp

```
bool MoveSpriteOnMapTest::verifyBlock()
{
    // 获取精灵锚点的坐标
    cocos2d::Point edgeCenterPoint = mSprite -> getPosition();
    float spriteWidth = mSprite -> getTextureRect().size.width;
    float spriteHeight = mSprite -> getTextureRect().size.height;
    // 如果精灵向右移动，则需要根据锚点计算右边缘中心点的坐标
    if(mMoveDirection == RIGHT)
    {
        edgeCenterPoint += Point(spriteWidth/2,0);
    }
    // 如果精灵向左移动，则需要根据锚点计算左边缘中心点的坐标
    else if(mMoveDirection == LEFT)
    {
        edgeCenterPoint -= Point(spriteWidth/2,0);
    }
    // 如果精灵向上移动，则需要根据锚点计算上边缘中心点的坐标
    else if(mMoveDirection == UP)
```

```
    {
        edgeCenterPoint += Point(0, spriteHeight/2);
    }
    // 如果精灵向下移动,则需要根据锚点计算下边缘中心点的坐标
    else if(mMoveDirection == DOWN)
    {
        edgeCenterPoint -= Point(0, spriteHeight/2);
    }
    // 将精灵边缘中心点的坐标转换为地图上图块位置的坐标
    Point point = tileCoordForPosition(mMap, edgeCenterPoint);
    // 获取精灵边缘中心点所在的图块的 id
    int gid = mMapLayer -> getTileGIDAt(point);
    // 获取该图块的属性值集合
    auto value = mMap -> getPropertiesForGID(gid);
    if(!value.isNull())
    {
        auto valueMap = value.asValueMap();
        if(valueMap.size() > 0)
        {
            // 获取 stop 属性的值
            auto stop = valueMap.at("stop").asBool();
            if(stop == true)
            {
                // stop 属性值为 true,返回 false
                return false;
            }
        }
    }
    return true;
}
```

　　verifyBlock 方法的原理很简单。首先会获取精灵边缘中心点的坐标(根据移动方向,会分别获取上、下、左、右边缘的坐标),然后将该坐标转换为地图图块位置的坐标。最后,获取该图块的 stop 属性值,如果 stop 属性存在,并且值为 true,则返回 false,否则返回 true。

　　如果精灵可以任意移动,那么不能只对精灵的边缘中心点进行检查。通常的做法是从精灵的某个顶点开始,沿着边缘,每隔一段距离取一点检测一次(该距离是图块宽度的一半)。这样是为了避免精灵正好是位于两个或多个图块上,而这些图块并不都有 stop 属性值的情况下。

　　在 verifyBlock 方法中调用了一个 tileCoordForPosition 方法用于将节点坐标系中的坐标转换为图块位置坐标,该方法的代码如下:

Cocos2dxDemo/classes/TileMap/TileMapTest. cpp

```
cocos2d::Point MoveSpriteOnMapTest::tileCoordForPosition(TMXTiledMap * map,
                                        cocos2d::Point position)
```

```
{
    // 用当前的水平位置除以图块宽度,就是图块水平方向的坐标(水平方向第几个图块)
    int x = position.x / map->getTileSize().width;
    // 用同样的方法计算图块垂直方向的坐标
    int y = ((map->getMapSize().height * map->getTileSize().height) - position.y) / map
->getTileSize().height ;
    return Point(x, y);
}
```

13.2.7　改变遮挡关系(zOrder 和 PositionZ)

一个复杂的地图,通常是分层次的。也就是说在地图中有背景、墙、树,以及其他任何东西。而且,由于 Cocos2d-x 支持的地图是 2D 的,所以必须通过遮挡的方式分出层次。

Cocos2d-x 本身就支持遮挡设置,也就是设置节点的 ZOrder 值。该值大的节点会遮挡该值小的节点。这些技术在地图中也同样适用。

为了让地图分清层次,在设计地图时,要将同一层次的图块放到同一个图层,而且尽可能背景单独放到一个图层。例如,本节要使用的地图(MapZOrder.tmx)就添加了三个图层,分别是 block1、block2 和 background。其中 block1 放置砖墙、block2 放置其他的东西,background 是背景。设计效果如图 13-28 所示。

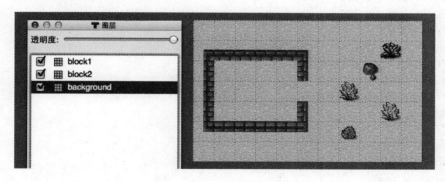

图 13-28　分层次的地图

为了使地图上的精灵和不同的图层(Layer)分出层次,可以通过如下两种方法实现:

❑ 修改 PositionZ(节点在 Z 轴的坐标);

❑ 修改 ZOrder(节点在 X-Y 平面上的遮挡顺序)。

由于 Cocos2d-x 是 2D 游戏引擎,因此所有节点的 Z 轴坐标都是 0。而 Z 轴的正方向是将手机屏幕朝上放到桌面上时垂直于桌面朝上的方向。因此,如果某个节点 Z 轴坐标大于 0,那么必然会遮挡其他 Z 轴坐标值小于或等于 0 的节点。通过这一点可以推出,Z 轴坐标值大的节点会遮挡 Z 轴坐标值小的节点。

设置节点 Z 轴坐标的方法是 Node::setPositionZ,该方法的原型如下:

```
// positionZ 参数表上 Z 轴的坐标值
void setPositionZ(float positionZ);
```

下面的代码通过修改 block1 和精灵(一个青蛙)的 Z 轴坐标值,使精灵显示在背景上,但却被墙壁遮挡。

Cocos2dxDemo/classes/TileMap/TileMapTest. cpp

```cpp
void MapZOrderTest::onEnter()
{
    BasicScene::onEnter();

    auto size = Director::getInstance()->getWinSize();
    // 装载地图
    auto map = TMXTiledMap::create("map/MapZOrder.tmx");
    // 获取 block1
    auto layer1 = map->getLayer("block1");
    // 设置 block1 在 Z 轴上的坐标是 0.2
    layer1->setPositionZ(0.2);
    // 将地图放大到原来的 1.5 倍
    map->setScale(1.5);
    map->setAnchorPoint(Point(0.5, 0.5));
    map->setPosition(size.width / 2, size.height / 2);
    // 装载图像
    auto sprite = Sprite::create("images/frog.png");
    // 将精灵添加到地图中
    map->addChild(sprite);
    // 设置精灵在 Z 轴的坐标是 0.1
    sprite->setPositionZ(0.1);
    // 将精灵放大的到原来的 2 倍
    sprite->setScale(2);
    sprite->setPosition(Point(120,170));
    addChild(map);
}
```

运行程序,会看到如图 13-29 所示的遮挡效果。之所以遮挡青蛙的部分还有一部分背景,是因为图块尺寸过大,包含了一部分背景图像。在实际应用中,图块应尽可能只包含相关的部分。

在设置节点 Z 轴坐标时要注意。由于 Z 轴坐标的变大或变小,会导致节点可变大和缩小[1]。所以不要将 Z 轴坐标值设得过大或过小(这里指小于 0 的值),否则地图会变形。例如,图 13-30 是将节点的 Z 轴坐标值设为 100,block1 的 Z 轴坐标值设为 200 的效果。

---

[1] 可以理解为当 Z 轴坐标值变大时,节点离观察者更近,所以节点会变大;反之,节点就会离观察者更远,所以节点变小。

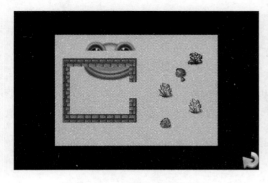
图 13-29　地图遮挡关系测试

图 13-30　变形的地图

除了通过设置节点 Z 轴坐标值改变节点之间的遮挡关系外,还可以通过设置节点的 ZOrder 值改变节点之间的遮挡关系。

在将节点添加到父节点时,可以通过父节点的 addChild 方法的第 2 个参数指定子节点的 ZOrder 值,这一点在前面的例子中已经多次使用到了,这里不再详细讨论。但在很多时候,需要动态修改节点的 ZOrder 值。在 Cocos2d-x 2.x 中,需要使用 Node∷setZOrder 方法设置节点的 ZOrder 值,不过在 Cocos2d-x 3.10 中,该方法已被标记为 DEPRECATED(不建议使用)。取而代之的是 Node∷setLocalZOrder 方法。其实,从 Node∷setZOrder 方法的代码中就可以看出在该方法中实际上也是调用了 Node∷setLocalZOrder 方法。

```
CC_DEPRECATED_ATTRIBUTE virtual void setZOrder(int localZOrder) { setLocalZOrder(localZOrder); }
```

前面给出的 MapZOrderTest∷onEnter 方法的代码完全可以使用 Node∷ setLocalZOrder 方法取代,修改后的代码如下:

Cocos2dxDemo/classes/TileMap/TileMapTest. cpp

```
void MapZOrderTest∷onEnter()
{
    BasicScene∷onEnter();
    …
    auto layer1 = map->getLayer("block1");
    // 设置 block1 的 ZOrder 值为 2
    layer1->setLocalZOrder(2);
    … …
    auto sprite = Sprite∷create("images/frog.png");
    map->addChild(sprite);
    …
    // 设置精灵的 ZOrder 值为 1
    sprite->setLocalZOrder(1);
    sprite->setScale(2);
    sprite->setPosition(Point(120,170));
```

```
    addChild(map);
}
```

运行上面的程序,效果和图 13-30 是一样的。

除了可以使用 Node::setLocalZOrder 方法修改节点的 ZOrder 值外,Node 类还提供了一个静态方法 reorderChild,可以用于修改节点的 ZOrder 值。例如,下面的代码将 sprite 的 ZOrder 值改为 10。

```
Node::reorderChild(sprite, 10);
```

13.2.8 拖动地图

在有些游戏中,地图会超过屏幕的可视范围,这就要求可以对地图进行拖动。拖动地图和拖动其他节点类似,需要使用 Cocos2d-x 中的触摸事件。本节的例子将前面章节使用的地图放大到原来的 5 倍,这时地图肯定超过屏幕可视范围了。该地图可以向屏幕的任何方向拖动,效果如图 13-31 所示。

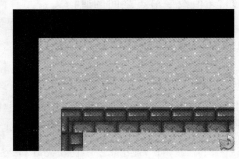

图 13-31   可拖动的地图

使地图可拖动的第一步需要指定 onTouch-Began 和 onTouchMoved 事件,其中前者当触摸开始时触发,后者触摸点移动时触发。本例并未使用 lambda 表达式指定触摸事件,而选择了直接定义这两个事件方法,然后使用 CC_CALLBACK_2 宏指定相应的事件方法。

定义这两个事件方法的代码如下:

Cocos2dxDemo/classes/TileMap/TileMapTest. h

```
class MoveMapTest : public BasicScene
{
public:
    virtual void onEnter();
    virtual bool init();
    void onTouchMoved(Touch * touch, Event * event);
    bool onTouchBegan(Touch * touch, Event * event);
    CREATE_FUNC(MoveMapTest);
};
```

要注意的是,Cocos2d－x 要求必须指定 onTouchBegan,才能监听触摸事件,所以必须设置 onTouchBegan 方法。

接下来需要在 MoveMapTest::onEnter 方法中装载地图,以及设置事件监听器。

Cocos2dxDemo/classes/TileMap/TileMapTest. cpp

```
void MoveMapTest::onEnter()
```

```
{
    BasicScene::onEnter();
    auto size = Director::getInstance()->getWinSize();
    auto map = TMXTiledMap::create("map/MapZOrder.tmx");
    // 将地图放大到原来的 5 倍
    map->setScale(5);
    map->setAnchorPoint(Point(0.5, 0.5));
    map->setPosition(size.width / 2, size.height / 2);
    // 指定地图的 tag 为 2,在 onTouchMoved 方法中需要通过这个 tag 获取该 Map
    addChild(map, 1, 2);
    // 创建单点触摸事件监听器
    auto listener = EventListenerTouchOneByOne::create();
    listener->setSwallowTouches(false);
    // 指定 ouTouchBegan 事件,其中 CC_CALLBACK_2 表示事件方法包含 2 个参数
    listener->onTouchBegan = CC_CALLBACK_2(MoveMapTest::onTouchBegan, this);
    // 指定 outTouchMoved 事件
    listener->onTouchMoved = CC_CALLBACK_2(MoveMapTest::onTouchMoved, this);
    // 将触摸事件与当前场景绑定
    getEventDispatcher()->addEventListenerWithSceneGraphPriority(listener, this);

}
```

最后,需要分别实现 onTouchBegan 和 onTouchMoved 事件方法,代码如下:
Cocos2dxDemo/classes/TileMap/TileMapTest. cpp

```
bool MoveMapTest::onTouchBegan(Touch * touch, Event * event)
{
    // 此处必须返回 true,否则 onTouchMoved 方法不会被调用
    return true;
}
void MoveMapTest::onTouchMoved(Touch * touch, Event * event)
{
    // 获取触摸点移动的增量
    auto diff = touch->getDelta();
    // 根据 tag 获取 Map 节点
    auto node = getChildByTag(2);
    // 获取地图节点当前的位置
    auto currentPos = node->getPosition();
    // 将地图节点移到新的位置
    node->setPosition(currentPos + diff);
}
```

13.2.9　在 45 度角地图上种树

我们经常会遇到一些游戏使用 45 度角地图,而且会通过触摸不断在地图上放置障碍物,例如,在地图上种树。如果在直角鸟瞰地图上种树会很简单,因为只要通过矩形的简单

运算，就很容易得知当前触摸的是哪一个图块。而对于 45 度角的地图，就需要经过较复杂的运算，才能获取当前触摸点位于地图的哪个图块。

本节的例子将通过三角函数的运算来获取触摸点所在的图块，并在该图块上放一颗树，如果点击的图块已经有树了，则删除树，并恢复原来的草坪。现在先看一下本例的运行效果，如图 13-32 所示。

下面来看一下如何通过三角函数来计算触摸点对应的图块。图 13-33 是 45 度角地图的示意图。

图 13-32　在 45 度角地图上种树

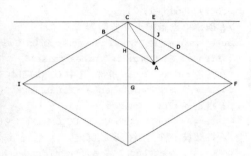

图 13-33　计算触摸点位置的原理

A 点是触摸点。CF 边可以作为地图的宽度，CI 可以作为地图的高度，并且 CF = CI。AB 平行于 CD、AD 平行于 BC。ABCD 形成了一个菱形。我们的目标就是计算 CD 和 AD 的长度，然后将 CD 和 AD 的长度分别除以图块的斜边长度，并取整（图块索引从 0 开始），就可以得出触摸点所在的图块在地图上的坐标了，最后就可以根据这个坐标在图块上放一个树。

在这一计算过程中，需要使用到一个公式，该公式的文字描述是：一个三角形的一边的长度与其对角的正弦之比等于另一边的长度与其对角的正弦之比。例如，现在以图 13-34 所示的三角形 ACD 为例。radian_acd 表示角 acd 的弧度，radian_adc 表示角 adc 的弧度，radian_cad 表示角 cad 的弧度。所以 AC、AD 和 CD 三条边和 adc、acd 和 cad 三个角有如下的关系。

```
AC/sin(radian_adc) = AD/sin(radian_acd) = CD/sin(radian_cad)
```

由于我们的目标是计算 AD 和 CD 的长度，这也就意味着首先应计算 AC、radian_adc、radian_acd 和 radian_cad。只要计算出 AC、radian_adc 和 radian_acd，就可以求出 AD，然后再计算出 radian_cad，就可以求出 CD。

现在我们首先计算 AC 的长度。

如果计算 AC，不能从三角形 ACD 中直接求出 AC，需要使用另外一个辅助三角形 ACE。该三角形是一个直角三角形。其中，最上面的横线（包含 CE 的直线）可以看做是经过地图顶点 C 的一条水平的直线。由于地图的 C 点可能没有到达屏幕的最顶端，所以需要进行坐标系转换。也就是将触摸点坐标转换为地图坐标系的坐标（这里的地图坐标系就是节点坐标系,因为地图是 Node 的子类)。

由于将地图放到了屏幕中心,所以很容易计算出 C 点的横坐标和纵坐标,而 A 点的横坐标和纵坐标已经知道了,所以 CE 和 AE 的长度就可以计算出来了,这样在直角三角形的两条直角边已知的情况下,很容易求出 AC 的长度,计算公式如下:

```
AC = sqrt(AE * AE + CE * CE)
```

其中,sqrt 表示求平方根。

接下来计算 radian_acd。很明显,可以得到如下的公式:

```
radian_acd = radian_fcg - radian_acg
```

而 AHCJ 又形成了一个菱形,AC 是该菱形的对角线,所以 radian_acg ＝ radian_cae。而 radian_cae 正好是三角形 ACE 的一个角,由于该三角形的三条边已经都计算出来了,所以 radian_cae 很容易可以求出。至于 radian_fcg,很容易根据地图形成的大菱形定角求出(是顶角的一半),所以 radian_acd 就可以计算出来了。

接下来求 radian_adc。要求这个角,需要考虑菱形 ABCD。radian_adc ＋ radian_bcd ＝π,而 radian_bcd 实际上和 radian_fci 是一个角,又由于 radian_fci ＝ radian_fcg * 2。所以计算 radian_adc 的公式如下:

```
radian_adc = π - radian_fcg * 2
```

这个 radian_fcg 在前面已经计算出来了,可以直接带入。

现在我们就差一个角 radian_cad 没计算了。既然前面已经计算了三角形 ACD 的两个角(radian_acd 和 radian_adc),那么根据三角形的内角和等于 180 度(π)可知,计算 radian_cad 的公式如下:

```
radian_cad = π - radian_acd - radian_adc;
```

现在我们需要的数据已经都搞定了,接下来就是用程序来描述这一计算过程了。这一计算过程都在触摸事件方法 onTouchBegan 中完成,该方法的代码如下:

Cocos2dxDemo/classes/TileMap/TileMapTest. cpp

```cpp
bool PlantTrees::onTouchBegan(Touch * touch, Event * event)
{
    auto map = dynamic_cast<TMXTiledMap *>(getChildByTag(2));
    // 将 OpenGL 坐标系转换为节点坐标系
    Vec2 a_point = map->convertToNodeSpace(touch->getLocation());
    // 获取显示草地的图层
    auto grassLayer = map->getLayer("grass");
    // 地图宽度(像素)
    float mapWidth = map->getMapSize().width * map->getTileSize().width;
    // 地图高度(像素)
    float mapHeight = map->getMapSize().height * map->getTileSize().height;
```

```
// 定义 C 点坐标
Vec2 c_point(mapWidth/2, mapHeight);
// 计算 AE 边的长度
float ae = mapHeight - a_point.y;
// 计算 CE 边的长度
float ce = abs(c_point.x - a_point.x);
// 计算 AC 边的长度
float ac = sqrt(ae * ae + ce * ce);
// 计算角 CFG 的弧度
float radian_cfg = atan(mapHeight/mapWidth);
// 计算角 CAE 的弧度
float radian_cae = acos(ae/ac);
// 定义 π 的值
float PI = 3.14159;
// 计算角 FCG 的弧度
float radian_fcg = PI - radian_cfg - PI / 2;
// 计算角 ACD 的弧度
float radian_acd = radian_fcg - radian_cae;
// 计算角 ADC 的弧度
float radian_adc = PI - radian_fcg * 2;
// 计算角 CAD 的弧度
float radian_cad = PI - radian_acd - radian_adc;

float ad = 0;
float cd = 0;
// 计算 AD 边的长度
ad = ac * sin(radian_acd)/sin(radian_adc);
// 计算 CD 边的长度
cd = ac * sin(radian_cad)/sin(radian_adc);
float point_width = 0;
float point_height = 0;
// 如果触摸点在地图的左半部，将 ad 作为宽度、cd 作为高度
if(a_point.x <= mapWidth / 2)
{
    point_width = ad;
    point_height = cd;
}
else
{
    // 如果触摸点在地图的左半部，将 cd 作为宽度、ad 作为高度
    point_width = cd;
    point_height = ad;
}
// 获取一个隐藏树的图层
auto treeLayer = map->getLayer("tree");

// 获取每一个图块的斜边的长度
```

```
    float tileLength =
    sqrt((map - > getTileSize ( ). width/2) * (map - > getTileSize ( ). width/2) + (map - >
getTileSize().height/2) * (map - > getTileSize().height/2));
    // 计算触摸点在地图坐标系的横坐标
    int x = (int)(point_width/tileLength);
    // 计算触摸点在地图坐标系的纵坐标
    int y = (int)(point_height/tileLength);
    // 如果触摸点正好落在地图中,则开始种树
    if(x < map - > getMapSize( ). width && x > = 0 && y < map - > getMapSize( ). height && y > = 0)
    {
        // 获取树在地图中的 ID
        int gid_tree = treeLayer - > getTileGIDAt(Vec2(0,0));
        // 获取草坪图块在地图中的 ID
        int gid_grass = treeLayer - > getTileGIDAt(Vec2(1,1));

        bool isTree = false;
        int gid = grassLayer - > getTileGIDAt(Vec2(x,y));
        auto value = map - > getPropertiesForGID(gid);
        if(!value.isNull())
        {
            auto valueMap = value.asValueMap();


            auto v = valueMap.at("tree").asString();

            if(v == "true")
            {
                isTree = true;
            }
        }
        // 如果当前图块上有树,则恢复原来的草坪(用草坪图块覆盖树图块)
        if(isTree)
        {
            grassLayer - > setTileGID(gid_grass, Vec2(x,y));
        }
        else
        {
            // 种树
            grassLayer - > setTileGID(gid_tree, Vec2(x,y));
        }
    }

// float
// unsi.,ngned int gid = grassLayer - > getTileGIDAt(vec2);
    // CCLOG(" % d", gid);
    return true;
}
```

13.2.10 使用对象层

Cocos2d-x 还可以读取地图中的对象层。并获取对象层中指定对象的相关信息。在 Tiled 中也可以用可视化的方法在地图中添加对象层。

现在用 Tiled 打开一个地图文件(tmx 文件),在图层列表窗口右击,在弹出菜单中选择"添加对象层"菜单项,就会在图层列表中添加一个对象层。对象层和普通的图层使用了不同的图标来表示。在本例中将对象层名称修改为 object,如图 13-34 所示。

现在读者可以选择名为 object 的对象层,这时会发现 Tiled 设计器中与普通图层的按钮都不好使了,而与对象层相关的按钮处于可选状态。这些按钮如图 13-35 所示。

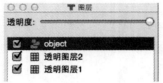

图 13-34 添加对象层

图 13-35 与对象层相关的按钮

这些按钮从左到右的功能依次为:

❑ 选择某个对象,以便使该对象可以移动和变形(多边形对象使用该功能只能移动,不能变形)。

❑ 选择多个对象,通过该功能可以选择多个对象,如果这些对象中包含多边形对象,该对象不仅可以移动,还可以变形。

❑ 插入矩形对象。

❑ 插入圆形(椭圆)对象。

❑ 插入多边形对象。

❑ 插入折线对象。

❑ 插入图块对象。

现在可以使用这些按钮在地图上绘制相应的对象了。这些对象使用灰色的粗线描述。例如,图 13-36 所示的地图上插入了 5 个对象,分别是矩形对象、多边形对象(这里是三角形)、圆形对象、折线对象和图块对象。其中多边形对象超出了地图的范围。

我们还可以为对象设置属性。选择某个对象,然后双击该对象,会弹出如图 13-37 所示的属性设置对话框。

在该属性设置窗口中可以设置若干个属性,这些属性的含义如下:

❑ 名称:对象的名称,主要用于标识该对象

❑ 类型:与名称类似,也用于标识对象,通常在程序中会使用名称和类型属性值。

❑ 位置:表示对象左上角的坐标,该坐标属于地图坐标系,坐标值是图块位置的索引。例如,本例中 X＝2.5,Y＝2.062,说明对象左上角水平位置处在 2.5 个图块的位置,而垂直的位置正好是 2 个图块过一点点(0.062)。

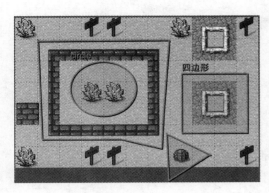

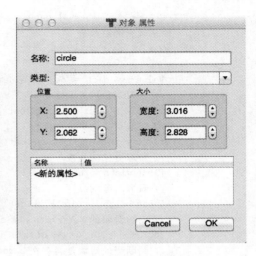

图 13-36　在地图上插入对象　　　　　图 13-37　设置对象属性

❑ 大小：对象水平和垂直占图块的个数。例如，本例中宽度是 3.016，高度是 2.828。
　说明图块宽度占了 3.016 个图块，高度占了 2.828 个图块。

❑ 属性列表：在这个列表中可以添加任意多个属性。这些属性和属性值可以在程序
　中获取。

现在将地图保存为 ObjectMap.tmx 文件，然后使用下面的代码装载该地图文件，并枚举所有对象中的相应属性值。

Cocos2dxDemo/classes/TileMap/TileMapTest. cpp

```cpp
void ObjectLayerTest::onEnter()
{
    BasicScene::onEnter();
    auto size = Director::getInstance()->getWinSize();
    auto map = TMXTiledMap::create("map/ObjectMap.tmx");
    map->setScale(2);
    map->setAnchorPoint(Point(0.5, 0.5));
    map->setPosition(size.width / 2, size.height / 2);

    addChild(map, 1, 2);
    // 获取对象层
    auto objectLayer = map->getObjectGroup("object");
    if(objectLayer != NULL)
    {
        // 获取对象层中的所有对象
        auto objects = objectLayer->getObjects();
        // 将 objects 转换位 Value 对象
        Value objectsVal = Value(objects);
        // 输出所有对象的文本描述
```

```
CCLOG(" % s", objectsVal.getDescription().c_str());
// 枚举所有的对象
for (auto& obj : objects)
{
    ValueMap& dict = obj.asValueMap();
    // 获取对象的 X 坐标值
    float x = dict["x"].asFloat();
    // 获取对象的 Y 坐标值
    float y = dict["y"].asFloat();
    // 获取对象的宽度
    float width = dict["width"].asFloat();
    // 获取对象的高度
    float height = dict["height"].asFloat();
    // 输出对象的 X、Y、width 和 height 属性值
    log("x = % .0f,y = % .0f,width = % .0f,height = % .0f", x,y,width,height);
    // 判断当前对象是否存在 border 属性
    if(!dict["border"].isNull())
    {
        // 输出 border 属性的值
        log("border = % d", dict["border"].asInt());
    }
    // 判断当前对象是否存在 name 属性
    if(!dict["name"].isNull())
    {
        // 输出 name 属性的值
        log("name = % s", dict["name"].asString().c_str());
    }
}

}
}
```

现在运行程序，显示的效果如图 13-38 所示。

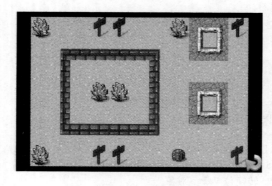

图 13-38　带对象层的地图

同时会在日志窗口输出如下的内容：

```
cocos2d:
[
0:
{
    y: 51.0000000
    gid:
    height: 89.0000000
    x: 241.0000000
    type: 四边形_type
    name: 四边形
    width: 95.0000000
    count: 4
}
1:
{
    name: circle
    width: 95.0000000
    x: 80.0000000
    type:
    height: 81.0000000
    gid:
    y: 77.0000000
}
2:
{
    y: 50.0000000
    gid:
    height: 0.0000000
    x: 219.0000000
    type:
    width: 0.0000000
    name:
    points:
    [
        0:
        {
            x: 0
            y: 0
        }
        1:
        {
            x: 3
            y: 70
        }
        2:
```

```
        {
            x: 61
            y: 32
        }
        3:
        {
            x: 64
            y: 32
        }
    ]
}
3:
{
    height: 0.0000000
    y: 189.0000000
    polylinePoints:
    [
        0:
        {
            x: 0
            y: 0
        }
        1:
        {
            x: 190
            y: -1
        }
        2:
        {
            x: 181
            y: 115
        }
        3:
        {
            x: 179
            y: 161
        }
        4:
        {
            x: 120
            y: 147
        }
        5:
        {
            x: 6
            y: 147
        }
```

```
      6:
      {
          x: 0
          y: - 2
      }
    ]
    gid:
    x: 33.0000000
    type:
    border: 20
    width: 0.0000000
    name: border1
}
4:
{
        width: 0.0000000
        name:
        x: 2.0000000
        type:
        height: 0.0000000
        gid: 10
        y: 65.0000000
}
]

cocos2d: x = 241, y = 51, width = 95, height = 89
cocos2d: name = 四边形
cocos2d: x = 80, y = 77, width = 95, height = 81
cocos2d: name = circle
cocos2d: x = 219, y = 50, width = 0, height = 0
cocos2d: x = 33, y = 189, width = 0, height = 0
cocos2d: border = 20
cocos2d: name = border1
cocos2d: x = 2, y = 65, width = 0, height = 0
```

从输出结果可以看出,输出对象的所有描述时,将每一个对象中的所有属性名和属性值都输出了。而后面输出每一个对象的 X、Y、Width 和 Height 属性值以及 border 和 name 属性值也同样成功输出了。不过从显示效果图(图13-39)和输出结果看,需要注意如下几点。

❏ 对象并不真正显示在地图上,而只是隐藏的一些标记而已;

❏ 在程序中获取的 X、Y、Width 和 Height,都将其转换为像素点了,而在 Tiled 中的单位是图块数;

❏ 只有矩形和圆形对象有宽度和高度值,其他对象的宽度和高度值都为 0。

通过对象层,可以实现更强大的功能。例如,用矩形对象将城堡的四周围起来,作为进去。当 Sprite 移动到这个禁区,就会触发某些动作,例如向 Sprite 发射武器。当然,这一区域只有系统知道,如果要将其显示在地图上,需要获取其坐标值和尺寸后,在地图上绘制。

13.3　小结

　　尽管地图并不是在每一个游戏程序中都需要,即使需要地图,也不是必须按照本章介绍的方式使用地图文件。不过使用地图文件,可以将地图的设计与代码分开。这样如果需要修改地图就会很方便。而且也可以由设计师完成地图的设计后,交给程序员来编写代码。所以地图文件在游戏开发中的作用还是相当大的。

第 14 章

粒子系统

粒子系统就是利用一些复杂的算法,在三维(或二维)坐标系中模拟一些特定的模糊现象的技术。这些现象使用其他传统的渲染技术难以实现。经常使用的粒子系统模拟的现象包括燃烧的火焰、爆炸、烟雾、水流、火花、落叶、云、雾、雪、尘、流星尾迹或者像发光轨迹这样的抽象视觉效果等。本章将主要介绍如何利用 Cocos2d-x 3.x 中提供的相关 API 和第三方粒子特效设计工具(如 Particle Designer)来实现绚丽的模糊特效。

本章要点

❑ Cocos2d-x 内置的粒子特效;

❑ 粒子特效属性详解;

❑ 通过 C++代码自定义粒子特效;

❑ Particle Designer 的使用方法;

❑ Particle Editor 的使用方法;

❑ 装载 plist 特效文件;

❑ 将 C++设置粒子属性的代码转换为 plist 特效文件;

❑ 控制粒子特效的属性。

14.1 Cocos2d-x 内置的标准粒子特效

在 Cocos2d-x 中内置了一些粒子特效的标准效果,如火焰、花朵、爆炸等。如果对效果要求不高,可以直接使用这些内置的标准粒子特效。在使用的过程中只需要指定一个用于生成特效的 png 图像文件即可。因为不管多炫丽的特效,都需要有特效原,不可能凭空产生那么多颜色。

14.1.1 群星闪烁

现在先来看我们的第一个特效——群星闪烁,图 14-1 是群星闪烁的效果。其实在这个窗口上放置了左右两个群星闪烁特效。

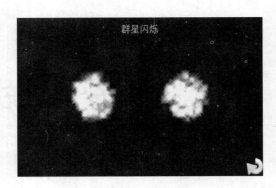

图 14-1　群星闪烁特效

　　我们可以仔细观察这个特效,可以发现特效是由多个小星星组成的,而且毫无规律可言,这就是本章开头所说的模糊现象。这种特效如果使用传统的方法实现是很费劲的,但使用粒子系统来实现就非常简单了。

　　首先说明一点,粒子系统是 Cocos2d-x 内置的,并不需要 include 任何头文件,可以直接使用与粒子系统相关的 API。

　　群星闪烁特效需要使用 ParticleFlower 类实现。这里要说明一下,所有的粒子特效类都是 Node 的子类(不是直接之类),所以可以像添加精灵一样将特效添加到当前场景中。

　　在使用 ParticleFlower 类之前,需要先准备一个带有星星的 png 图像,本例的图像文件名是 stars.png,位于 Resources/Images 目录下。stars.png 的效果如图 14-2 所示。

从 stars.png 的效果来看,该图像上并没有什么颜色,而且几乎都看不到图像了。不过,stars.png 提供的只是星星大概的形状而已,至于颜色的问题,ParticleFlower 类会利用一些算法来处理的。

图 14-2　stars.png 文件
的效果

　　剩下的工作就很简单了,只需要调用 ParticleFlower∷setTexture 方法添加一个绘制 stars.png 的 2D 纹理即可。当然,最后的工作就是将 ParticleFlower 对象添加到当前的场景中,做法和处理 Sprite 完全相同。下面看一下完整的实现代码。

Cocos2dxDemo/classes/Particles/ParticleFlowerTest.cpp

```
void ParticleFlowerTest∷onEnter()
{
    BasicScene∷onEnter();
    auto size = Director∷getInstance()->getWinSize();
    // 创建左侧的群星闪烁特效
    auto particle1 = ParticleFlower∷create();
    // 将 ParticleFlower 对象添加到当前的场景
    addChild(particle1);
    // 将 stars.png 添加到纹理缓冲中,并调用 setTexture 方法为粒子特效对象指定 2D 纹理
```

```
    particle1 -> setTexture( Director::getInstance() -> getTextureCache() -> addImage
("Images/stars.png") );
    // 设置粒子特效的位置
    particle1->setPosition(size.width / 2 - 150, size.height / 2);

    // 创建右侧的群星闪烁特效
    auto particle2 = ParticleFlower::create();
    addChild(particle2);
    particle2 -> setTexture( Director::getInstance() -> getTextureCache() -> addImage("
Images/stars.png") );
    particle2->setPosition(size.width / 2 + 150, size.height / 2);
}
```

14.1.2 幽灵鬼火

燃烧的火焰常常是游戏中的常客。在 Cocos2d-x 中内置了可以实现燃烧火焰效果的模糊现象。当然,在漆黑的屏幕上,让这些燃烧的火焰来回移动,有点像坟地中的鬼火,效果如图 14-3 所示。在窗口上,两个火焰左右不断地移动。

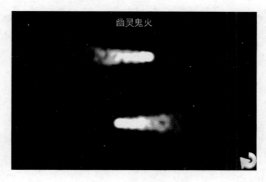

图 14-3 幽灵鬼火效果

实现这种特效需要使用 ParticleSun 类,该类和前面介绍的 ParticleFlower 类的使用方法完全一样,只是指定的 png 图像不同而已。但要注意,如果只显示静态的 ParticleSun 效果(静止不动),并不会产生燃烧的效果,所以要让 ParticleSun 动起来。当然,这里就要使用到前面介绍的移动动作了,还不熟悉动作的读者赶快温习一下吧!

下面给出了本例的完整代码。

Cocos2dxDemo/classes/Particles/ParticleSunTest. cpp

```
void ParticleSunTest::onEnter()
{
    BasicScene::onEnter();
    auto size = Director::getInstance()->getWinSize();
    // 创建左侧的粒子效果
    auto particle1 = ParticleSun::create();
```

```
    // 将左侧的粒子效果添加到当前的场景中
    addChild(particle1);
    // 设置粒子效果所使用的图像
    particle1 - > setTexture ( Director ∷ getInstance ( ) - > getTextureCache ( ) - > addImage
("Images/fire.png") );
    // 设置粒子效果的初始位置
    particle1 - > setPosition(size.width / 2 - 200, size.height / 2 - 100);

    // 创建右侧的粒子效果
    auto particle2 = ParticleSun∷create();
    addChild(particle2);
    particle2 - > setTexture ( Director ∷ getInstance ( ) - > getTextureCache ( ) - > addImage
("Images/fire.png") );
    particle2 - > setPosition(size.width / 2 + 200, size.height / 2 + 100);

    // 创建一个相对移动动作对象,该移动动作水平方向向右移动 500 个像素,垂直方向不动
    auto moveByAction = MoveBy∷create(3, Point(500,0));

    // 开始移动左侧的粒子效果(从左向右,然后从右向左无限循环移动)
    particle1 - > runAction ( RepeatForever ∷ create ( Sequence ∷ createWithTwoActions
(moveByAction, moveByAction - > reverse())));

    // 开始移动右侧的例子效果(从右向左,然后从左向右无线循环移动)
    particle2 - > runAction ( RepeatForever ∷ create ( Sequence ∷ createWithTwoActions
(moveByAction - > reverse(), moveByAction - > clone())));
}
```

14.1.3   群星爆炸

爆炸效果可以使用 ParticleExplosion 类实现。如果指定了星星的 png 图像,那么就会产生群星爆炸的效果,如图 14-4 所示。

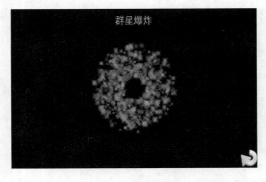

图 14-4   群星爆炸

实现群星爆炸效果的完整代码如下：

Cocos2dxDemo/classes/Particles/ParticleExplosionTest. cpp

```
void ParticleExplosionTest::onEnter()
{
    BasicScene::onEnter();
    auto size = Director::getInstance()->getWinSize();

    auto particle = ParticleExplosion::create();
    addChild(particle);
    particle->setTexture( Director::getInstance()->getTextureCache()->addImage
("Images/stars.png") );
    particle->setPosition(size.width / 2 , size.height / 2);
}
```

14.2　粒子特效属性详解

前面介绍的几个特效都是固定的效果。如果想改变特效的效果，就需要对粒子系统的属性进行设置了。在设置这些属性之前，本章先介绍一下这些常用的属性。

所有用于设置粒子系统属性的方法都在 ParticleSystem 类中。下面将列出所有的粒子特效属性。假设属性名为 PropertyName，那么通常设置属性的方法是 setPropertyName，获取属性值的方法是 getPropertyName。如果不是这两个方法，会加以说明。

1．通用属性

❑ Duration 发射器生存时间，即它可以发射粒子的时间，注意这个时间和粒子生存时间不同。单位：秒。如果该属性值为−1，表示发射器会永远发射粒子。

❑ EmissionRate：每秒喷发的粒子数目。

❑ AutoRemoveOnFinish：粒子结束时是否自动删除。setAutoRemoveOnFinish 方法用于设置 AutoRemoveOnFinish 属性，isAutoRemoveOnFinish 方法用于读取 AutoRemoveOnFinish 属性的值。默认值：false。

❑ Mode：喷发器模式，包括重力模式（Gravity）和半径模式（Radius，也叫放射模式）。setEmitterMode 方法用于设置 Mode 属性的值，getEmitterMode 方法用于读取 Mode 属性的值。默认值：Gravity。

❑ TotalParticles：场景中存在的最大粒子数目，往往与 EmissionRate 属性配合起来使用。setTotalParticles 方法用于设置 TotalParticles 属性。

半径模式：可以使粒子以圆圈方式旋转，它也可以创造螺旋效果让粒子急速前进或后退。下列各属性只在半径模式下起作用。

❑ EndRadius：结束半径。

❑ EndRadiusVar 结束半径变化范围，也就是说结束半径值的范围在（EndRadius −EndRadiusVar）和（EndRadius ＋ EndRadiusVar ）之间，下面的同类属性的范围也用类似的计算方法。

- ❏ RotatePerSecond：粒子每秒围绕起始点旋转的角度。
- ❏ RotatePerSecondVar：粒子每秒围绕起始点旋转的角度变化范围。
- ❏ StartRadius：初始半径。
- ❏ StartRadius：初始半径变化范围。

重力模式：用于模拟重力，可以让粒子围绕一个中心点移近或远离，它的优点是非常动态，而且移动有规则。下列各属性只在重力模式下起作用。

- ❏ GravityX：沿 X 轴的重力。
- ❏ GravityY：沿 Y 轴的重力。

这两个属性都使用 setGravity 方法设置，使用 getGravity 获取属性值。可通过 Vec2 同时设置 GravityX 和 GravityY 属性。

- ❏ RadiaAccel：粒子径向加速度，即平行于重力方向的加速度。
- ❏ RadiaAccelVar：粒子径向加速度变化范围。
- ❏ Speed：速度。
- ❏ SpeedVar：速度变化范围。
- ❏ TangentialAccel：粒子切向加速度，即垂直于重力方向的加速度。
- ❏ TangentialAccelVar：粒子切向加速度变化范围。

2．生命属性

- ❏ Life：粒子生命，即粒子的生存时间。
- ❏ LifeVar：粒子生命变化范围。

3．尺寸属性

- ❏ StartSize：粒子开始时的尺寸。
- ❏ StartSizeVar：粒子初始尺寸的变化范围。
- ❏ EndSize：粒子结束时的尺寸，−1 表示和初始大小一致。
- ❏ EndSizeVar：粒子结束尺寸的变化范围。

4．角度属性

- ❏ Angle：粒子角度。
- ❏ AngleVar：粒子角度变化范围。

5．颜色属性（用于为粒子上色的属性）

- ❏ StartColor：粒子开始时的颜色。
- ❏ StartColorVar：粒子开始时颜色的变化范围。
- ❏ EndColor：粒子结束时的颜色。
- ❏ EndColorVar：粒子结束时颜色的变化范围。

6．位置属性

- ❏ PositionType：粒 子 位 置 类 型，Cocos2d-x 支 持 ABSOLUTE（绝 对 模 式）和 PERCENT（百分比模式）。

❑ PosVarX：发射器位置的横向变化范围。

❑ PosVarY：发射器位置的纵向变化范围。

这两个属性都使用 setPosVar 方法设置属性，使用 getPosVar 方法获取属性值。使用 Vec2 同时指定 PosVarX 和 PosVarY 属性值。

❑ SourcePositionX：发射器原始 X 坐标位置。

❑ SourcePositionY：发射器原始 Y 坐标位置。

这两个属性都使用 setSourcePosition 方法设置属性，使用 getSourcePosition 方法获取属性值。使用 Vec2 同时设置 SourcePositionX 和 SourcePositionY 属性值。

7．自旋属性

❑ StartSpin：粒子开始时的自旋角度。

❑ StartSpinVar：粒子开始时自旋角度的变化范围。

❑ EndSpin：粒子结束时的自旋角度。

❑ EndSpinVar 粒子结束时自旋角度的变化范围。

14.3 自定义粒子特效

在 14.1 节已经介绍了几个 Cocos2d-x 内置的粒子特效类。对这些特效类的使用，没有改变任何的属性，只是直接创建特效类的对象，并设置了粒子系统使用的纹理图像。不过在本节，将会改变一些粒子系统的属性，让同一个粒子类可以做出不同的粒子特效。

14.3.1 五彩旋转戒指

这个特效的效果是一圈五颜六色的星星从中心向外不断变大（圆圈半径增大），而且不断旋转，有点像一枚戒指。效果如图 14-5 所示。

实现这个特效仍然要使用 14.1.1 节介绍的 ParticleFlower 类，而且纹理图像还是 Images/starts.png，不过只需改变几个属性，效果就会变成图 14-5 的样子。

我们在 14.2 节已经学习过所有的粒子系统属性，那么这么多属性，到底该设置哪一个呢？这里需要分析一下。为了对比，再把群星闪烁的图放到这一节，如图 14-6 所示。

图 14-5 五彩旋转戒指特效

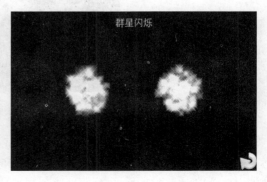

图 14-6 群星闪烁特效

将图 14-5 和图 14-6 进行对比。很明显,图 14-5 比图 14-6 特效中的星星多,而且都从中心喷发得很快,所以会成为一个圆。因此需要修改 EmissionRate 和 speed 属性,也就是每秒发射的粒子数目和速度。当然,如果要让戒指存在久一点,可以设置 Life 属性,例如,设成 10 秒。了解了这些以后,就可以按下面的代码编写程序。

Cocos2dxDemo/classes/Particles/ParticleRingTest. cpp

```cpp
void ParticleRingTest::onEnter()
{
    BasicScene::onEnter();
    auto size = Director::getInstance()->getWinSize();
    auto particle = ParticleFlower::create();
    addChild(particle);
particle->setTexture( Director::getInstance()->getTextureCache()->addImage("Images/
stars.png") );
    particle->setLifeVar(0);
    particle->setLife(10);
    particle->setSpeed(100);
    particle->setSpeedVar(0);
    particle->setEmissionRate(10000);
}
```

读者可以试着将这几个属性修改一下,看看会有什么改变,其实这些属性值设成多少,并没有一个严格的规定,只能一边观看效果一边修改。

14.3.2　放大版的群星闪烁

本节实现一个放大版的群星闪烁,和 14.1.1 节实现的群星闪烁的区别主要是星星变大了。效果如图 14-7 所示。

图 14-7　放大版的群星闪烁特效

我们在这里实现这个特效并不使用现成的粒子特效类,而是使用 ParticleSystemQuad 类。ParticleSystemQuad 是 ParticleSystem 的直接子类。几乎所有和粒子系统相关的方法都在 ParticleSystem 中实现,包括设置粒子系统属性的方法。而 ParticleSystemQuad 类只是在

ParticleSystem 类的基础上加了一些特殊的功能,例如,读取 plist 粒子特效文件的功能,这一点到后面再介绍。本节只介绍通过 ParticleSystemQuad 对象设置一些粒子系统属性来实现图 14-7 所示的粒子特效。

本例的完整实现代码如下:

Cocos2dxDemo/classes/Particles/ParticleBigFlowerTest.cpp

```cpp
void ParticleBigFlowerTest::onEnter()
{
    BasicScene::onEnter();
    auto size = Director::getInstance()->getWinSize();
    auto particle = ParticleSystemQuad::createWithTotalParticles(50);
    addChild(particle);
particle->setTexture( Director::getInstance()->getTextureCache()->addImage("Images/
stars.png") );
    // 让发射器永远发送粒子
    particle->setDuration(-1);

    // 设置重力为 0,也就是没有重力效果
    particle->setGravity(Vec2::ZERO);

    // 设置粒子角度
    particle->setAngle(90);
    // 设置粒子角度变化范围
    particle->setAngleVar(360);

    // 设置粒子速度
    particle->setSpeed(160);
    // 设置粒子速度的变化范围
    particle->setSpeedVar(20);

    // 设置粒子径向加速度,即平行于重力方向的加速度
    particle->setRadialAccel(-120);
    // 设置粒子径向加速度变化范围
    particle->setRadialAccelVar(0);

    //设置粒子切向加速度,即垂直于重力方向的加速度
    particle->setTangentialAccel(30);
    // 设置粒子切向加速度变化范围
    particle->setTangentialAccelVar(0);


    // 设置粒子的生存时间
    particle->setLife(4);
    // 设置粒子的生存时间的变化范围
    particle->setLifeVar(1);
```

```
// 设置粒子的开始颜色
Color4F startColor(0.5f, 0.5f, 0.5f, 1.0f);
particle->setStartColor(startColor);

Color4F startColorVar(0.5f, 0.5f, 0.5f, 1.0f);
particle->setStartColorVar(startColorVar);

// 设置粒子的结束颜色
Color4F endColor(0.1f, 0.1f, 0.1f, 0.2f);
particle->setEndColor(endColor);

Color4F endColorVar(0.1f, 0.1f, 0.1f, 0.2f);
particle->setEndColorVar(endColorVar);

// 设置粒子的开始尺寸
particle->setStartSize(80.0f);
particle->setStartSizeVar(40.0f);
// 设置粒子的介绍尺寸
particle->setEndSize(ParticleSystem::START_SIZE_EQUAL_TO_END_SIZE);

// 每秒喷发的粒子数目
particle->setEmissionRate(particle->getTotalParticles()/particle->getLife());

// 设置混合模式
particle->setBlendAdditive(true);

particle->setPosition(size.width / 2, size.height / 2);
}
```

14.4　可视化粒子特效设计器

　　尽管前面几节实现的粒子效果很绚丽,但也需要设置大量的粒子系统属性才能实现这样的效果。而且还不是实时显示,可能每设置几个,甚至一个属性,就需要运行一下看看效果。这对于需要设计大量粒子特效的游戏来说是不能接受的,因此,就需要使用可视化的粒子特效设计器来设计粒子特效,并保存成粒子特效文件(plist 文件)。然后在 Cocos2d-x 中使用这些粒子特效文件实现粒子特效。

14.4.1　Particle Designer(仅适用于 OS X)

　　Particle Designer 是一款功能非常强大的粒子特效设计器。不过遗憾的是,Particle Designer 目前只支持 OS X 系统[①]。如果读者使用的正好是 OS X 系统,强烈建议使用这款

---

　　①　可能那些自称屌丝的程序员抱怨买不起 Mac 机器,不过也别着急,下面再介绍另外一款在 Windows 下运行的粒子特效设计器 Particle Editor。

粒子特效设计器。感兴趣的读者可以到 https://71squared.com/particledesigner 下载 Particle Designer 的最新版。

现在让我们先来领略一下 Particle Designer 的风采,本书使用的是该软件的 1.3 版本。启动 Particle Designer,会看到如图 14-8 所示的主界面。

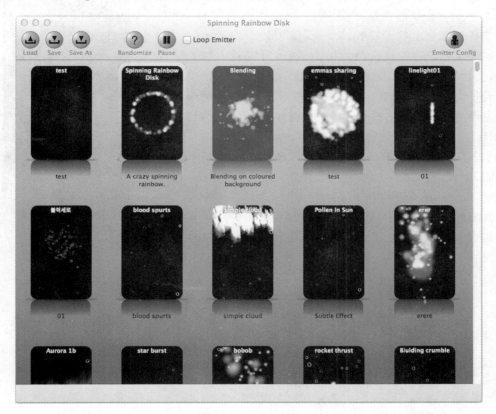

图 14-8　Particle Designer 的主界面

在 Particle Designer 的主界面中列出了很多已经做好的粒子特效模板。当点击某个模板时,就会在右侧(默认位置,可以拖动)的仿 iPhone 窗口上显示该粒子特效的实际效果,如图 14-9 所示。

如果对当前的粒子特效模板的效果满意,可以单击位于主界面上方的 Save As 按钮,保存该粒子特效。保存窗口如图 14-10 所示。

在 File Format 列表中选择 Cocos2d/Cocos2d-x 使用的 plist 文件。如果读者打算只生成一个 plist 文件,需要选中 Embed texture 复选框。这样 Particle Designer 就会将粒子特效所使用的图像文件进行编码,然后保存到 plist 文件中。这样只需要带一个 plist 文件就可以了。当然,如果读者在后期要替换这个图像文件,就要取消选择 Embed texture 复选框,并在 Texture File Name 文本框中输入图像文件的名字,一般会在 Texture Format 列表

中选择 PNG 图像文件格式。然后单击 Save 按钮保存特效
文件。

如果没有选中 Embed texture 复选框，会发现在保存目
录中不仅有一个 plist 文件，还有一个 png 图像文件。在复制
plist 文件时，千万不要忘了复制这个 png 图像文件，否则
plist 文件无法显示粒子特效。

如果对粒子特效默认的效果不满意，可以双击粒子特效
模板，会弹出设置粒子系统属性的窗口，如图 14-11 所示。

看过 14.2 节的读者一眼就会发现，图 14-11 所示窗口中
的设置项在 14.2 节基本都出现过，例如，最大粒子数（Max
Particles）、粒子生命周期（Lifespan）、粒子开始尺寸（Start
Size）、粒子结束尺寸（Finish Size）。只是有些属性名字的叫
法不同，例如，在 Cocos2d-x 中，粒子结束尺寸叫 EndSize，而
在 Particle Designer 中，叫 Finish Size。

在属性设置窗口中，如果调整属性值，iPhone 中的预览效
果立刻会变化。例如，对于图 14-9 所示的特效，如果将粒子
开始尺寸变大，效果就会变成图 14-12 所示的样子。

图 14-9　粒子特效预览

图 14-10　保存粒子特效

如果读者有现成的 plist 文件，也可以单击主界面上面的 Load 按钮装载这个 plist 文
件。并根据需要设置粒子系统属性。

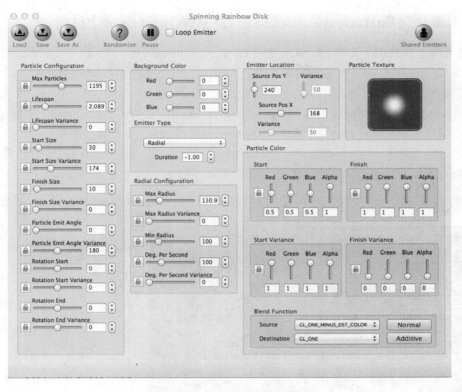

图 14-11　粒子系统属性的设置窗口

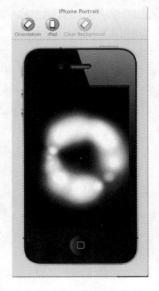

图 14-12　改变属性后的粒子特效

14.4.2　Particle Editor（只适用于 Windows 系统）

如果读者没有 OS X 系统，那么也可以使用 Windows 版的粒子特效设计器（Particle Editor）。Particle Editor 是一款开源的粒子特效设计器。使用 Visual C++编写，所以目前只能在 Windows 上运行。感兴趣的读者可以到 https://github.com/fjz13/Cocos2d-x-ParticleEditor-for-Windows 下载 Particle Editor 的最新版源代码，直接用 Visual Studio 2012 或以上的版本打开.sln 文件即可成功编译和运行，也可以下载二进制版本。

Particle Editor 的主界面有些 Visual Studio 风格，就连粒子系统属性编辑器也和 Visual Studio 类似。这款粒子特效设计器的主界面如图 14-13 所示。

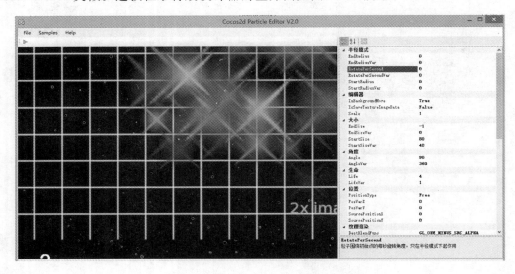

图 14-13　Particle Editor 的主界面

从主界面上看，右侧是粒子系统属性设置区域，这一区域的属性就是在 14.2 节介绍的属性。左侧的区域是粒子特效预览区域。从表面上看，Particle Editor 和上一节介绍的 Particle Designer 的功能差不多。前者也有很多预置的粒子效果。读者可以打开上面的 Samples 菜单项，会弹出一组很长的子菜单项，如图 14-14 所示。估计看过 Cocos2d-x Demo 源代码的粒子特效部分会对这个菜单很熟悉，因为 Cocos2d-x 中自带的粒子特效的名称几乎和这组菜单项一模一样，其实效果也几乎一模一样。估计 Cocos2d-x 项目组的某个家伙是参考了 Particle Editor 的特效效果，然后将粒子系统属性值一个一个地硬编码到程序中的，不过具体情况还需要问 Cocos2d-x 项目组了。

图 14-14　Particle Editor 内置
的特效

　　读者可以选择其中的某个特效,并且调整属性值,看看效果。如果满意,就可以选择
File>Save As 菜单项另存一个特效文件了(plist 文件)。不过要注意,Particle Editor 在默
认情况下,plist 文件和相应的 png 图像文件都在同一个目录下。如果将特效文件另存到其
他的目录,png 图像文件是不会自动跟着 plist 文件走的,所以还需要手工将 png 图像复制
到 plist 文件所在的路径。

　　注意:本章仍然使用 Particle Designer 作为实验对象,如果读者喜欢使用 Particle
Editor,也不妨一用。使用的基本理念是相同的,都是使用内置的特效模板,如果不符合我
们的要求,可以修改相应的属性值,直到符合我们的要求为止,然后将当前特效存成 plist 文
件即可。

14.5　通过 plist 文件实现粒子特效

　　本节将介绍如何通过 plist 文件实现粒子特效,以及如何将用代码实现的粒子特效转换
为用 plist 文件实现的粒子特效。

14.5.1　彗星特效

　　在这一节将利用 Particle Designer 生成一个 plist 粒子特效文件,本例选择将 png 图像
文件内嵌到 plist 文件中(使用 Base64 编码格式),所以在使用时只需要复制 plist 文件到
Resources 资源目录即可。

　　本例实现的是一个拖着长尾巴的彗星的效果。当然,读者可以在 Particle Designer 中
选择自己喜欢的任何特效。本节只是使用这个彗星特效作为例子而已。彗星特效的文件名
是 comet.plist。该文件位于 Resources/particles 目录中。

　　下面看一下这个特效在 Particle Designer 中的预览效果,如图 14-15 所示。

　　现在我们要在 Cocos2d-x 中使用代码来装载 comet.plist 文件并显示彗星特效,效果如
图 14-16 所示。读者可以对比图 14-15 和图 14-16 的效果,看看是否一样呢(尽管图 14-16
的特效大了点)?

图 14-15　彗星特效在 Particle Designer 中的
　　　　　 预览效果

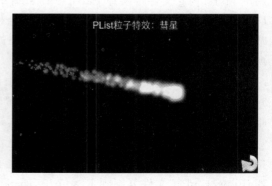

图 14-16　comet.plist 在 Cocos2d-x 中的效果

在 Cocos2d-x 中装载 comet. plist 文件再简单不过了。只要在创建 ParticleSystemQuad 对象时将 comet. plist 文件通过 create 方法传入即可，代码如下：

Cocos2dxDemo/classes/Particles/ParticlePListTest. cpp

```cpp
void ParticlePListTest::onEnter()
{
    BasicScene::onEnter();
    auto size = Director::getInstance()->getWinSize();
    // 装载 comet.plist 文件
    auto particle = ParticleSystemQuad::create("comet.plist");
    addChild(particle);
    // 将粒子效果放大到原来的两倍
    particle->setScale(2);
    particle->setPosition(size.width/2 + 150, size.height/2);
}
```

注意：尽管 comet. plist 文件在 Resources/particles 目录中，而在 XCode 中导入的 particles 项是黄色的，说明是 group。如果是这种情况，直接引用 comet. plist 文件即可，不能写成如下的形式。

```cpp
auto particle = ParticleSystemQuad::create("particles/comet.plist");
```

14.5.2　用 plist 文件实现放大版的群星闪烁

如果对于某些直接通过代码控制的粒子特效，可以将其转成 plist 文件的形式。例如，在 14.3.2 节实现的放大版的群星闪烁，可以在 Particle Designer 中对属性进行设置，将其转换为 plist 文件。

由于 Particle Designer 1.3 中无法更换 png 图像，所以读者可以在 Particle Designer 中随便选择一个特效模板，然后将其另存为一个 plist 文件，记住，要选择 png 图像文件独立存储，在本例中 png 文件名是 stars. png，plist 文件名是 BigFlower. plist。然后用 14.3.2 节使用的 stars. png 文件替换掉 Particle Designer 导出的 stars. png 文件。接下来再用 Particle Designer 装载 BigFlower. plist 文件，这时会发现预览效果已经有变化了。最后按照 14.3.2 节设置的属性值在 Particle Designer 中修改相应的属性，修改后的最终结果如图 14-17 所示。

如果属性设置正确，在 Particle Designer 中的预览效果如图 14-18 所示，读者可以和 14.3.2 节的效果做一个对比，除了显示位置不同外，基本是一致的。有一点偏差是因为有很多随机的因素，但总体的效果是一样的。

现在将调整好的特效另存为 BigFlower. plist（覆盖这个文件），这次可以选择将 png 图像嵌入到 plist 文件。因为 stars. png 文件已经用完了，没有利用价值了。现在将 BigFlower. plist 文件复制到 Resources/particles 目录中，然后在 XCode 中导入该文件。并使用下面的代码装载 BigFlower. plist 文件。

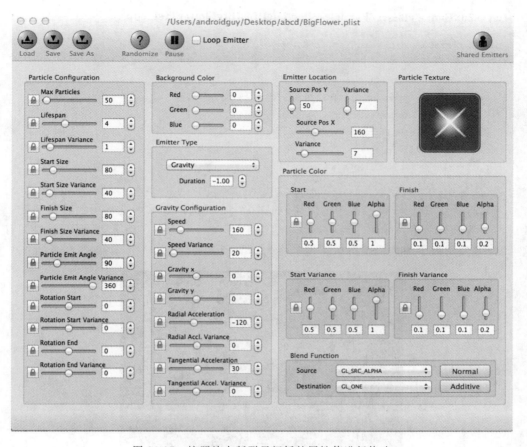

图 14-17　按照放大版群星闪烁的属性值进行修改

图 14-18　放大版的群星闪烁的预览效果

Cocos2dxDemo/classes/Particles/ParticlePListBigFlowerTest. cpp

```
void ParticlePListBigFlowerTest::onEnter()
{
    BasicScene::onEnter();
    auto size = Director::getInstance()->getWinSize();
    // 装载 BigFlower.plist 文件
    auto particle = ParticleSystemQuad::create("BigFlower.plist");
    addChild(particle);
    particle->setPosition(size.width/2, size.height/2);
}
```

下面看看在 iPhone 模拟器中的效果，如图 14-19 所示。效果和直接用代码控制粒子特效属性的效果几乎是一样的。现在可以将这个 BigFlower. plist 存档了，任何人只要拥有了这个文件，使用极少的代码就可以实现群星闪烁的特效了。

图 14-19　使用 BigFlower. plist 文件实现的放大版群星闪烁特效

14.6　燃烧的圣火

在这一节将实现一个燃烧的圣火粒子特效。这个特效的圣火在圣杯中燃烧，而且可以通过滑杆控制圣火四面、点燃，以及风向。图 14-20 是正常的效果。通过滑动右侧的两个滑杆控件，可以控制圣火的透明度和风向。图 14-21 是风向右吹的效果，图 14-22 是圣火熄灭（圣火透明度为 0）的效果。

实现这个例子需要完成两项工作，第一项是在窗口上显示圣杯的图像和火焰燃烧的特效。在 Resources/particles 目录中已经准备了一个 fire. plist 特效文件，可以直接装载该文件。第二项工作是响应滑杆滑动事件。在滑动事件方法中需要根据滑杆控件的当前值设置粒子系统对象的相应属性。

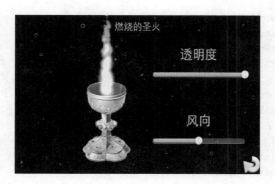

图 14-20　燃烧的圣火默认效果

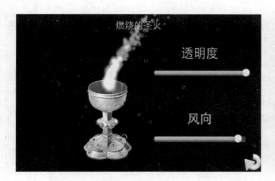

图 14-21　燃烧的圣火风向转变的效果

图 14-22　圣火熄灭的效果

下面先看一下第一项工作的代码。

Cocos2dxDemo/classes/Particles/ParticleGrailFireTest. cpp

```cpp
void ParticleGrailFireTest::onEnter()
{
    BasicScene::onEnter();
    auto size = Director::getInstance()->getWinSize();
    // 在窗口上显示圣杯图像
    auto sprite = Sprite::create("Images/grail.png");
    sprite->setPosition(size.width/2 - 100, size.height/2 - 85);
    addChild(sprite,1);
    // 装载粒子特效文件
    auto particle = ParticleSystemQuad::create("fire.plist");
    addChild(particle, 2, 10);
    particle->setPosition(size.width/2 - 100, size.height/2);

    // 创建用于控制圣火透明度的 ControlSlider 控件
    auto slider1 =
    ControlSlider::create("extensions/sliderTrack.png","extensions/sliderProgress.png",
"extensions/sliderThumb.png");
```

```cpp
    auto text1 = Text::create();
    text1->setString("透明度");
    text1->setFontName("Marker Felt");
    text1->setFontSize(40);

    text1->setColor(Color3B(255,255,255));
    text1->setPosition(Point(size.width / 2 + 200, size.height / 2 + 120));
    addChild(text1);
    // 透明度从 0 到 1,所以最小值设为 0,最大值设为 1
    slider1->setMinimumValue(0);
    slider1->setMaximumValue(1);
    // 初始值为 1
    slider1->setValue(1);
    slider1->setScale(1.2);
    slider1->setPosition(Point(size.width / 2 + 200, size.height / 2 + 60));
    slider1->setTag(1);

    addChild(slider1);
    // 与 ControlSlider 控件绑定事件方法
    slider1->addTargetWithActionForControlEvents(this, cccontrol_selector(ParticleGrailFireTest::
valueChanged), Control::EventType::VALUE_CHANGED);

    auto text2 = Text::create();
    text2->setString("风向");
    text2->setFontName("Marker Felt");
    text2->setFontSize(40);

    text2->setColor(Color3B(255,255,255));
    text2->setPosition(Point(size.width / 2 + 200, size.height / 2 - 80 ));
    addChild(text2);
    // 创建用于控制风向的 ControlSlider 控件
    auto slider2 = ControlSlider::create ( "extensions/sliderTrack.png"," extensions/
sliderProgress.png" ,"extensions/sliderThumb.png");

    // 风向是通过改变 X 轴重力实现的,负值风向向左,正值风向向右
    slider2->setMinimumValue( -600);
    slider2->setMaximumValue(600);
    slider2->setValue(0);
    slider2->setScale(1.2);
    slider2->setPosition(Point(size.width / 2 + 200, size.height / 2 -140));
    slider2->setTag(2);

    slider2->addTargetWithActionForControlEvents(this, cccontrol_selector(ParticleGrailFireTest::
valueChanged), Control::EventType::VALUE_CHANGED);
    addChild(slider2);

}
```

现在来实现滑动监听事件方法的代码。在 valueChanged 方法中根据不同的滑杆控件，分别控制圣火的透明度和 X 轴重力。透明度需要同时修改粒子开始颜色和粒子结束颜色。

Cocos2dxDemo/classes/Particles/ParticleGrailFireTest.cpp

```
void ParticleGrailFireTest::valueChanged(Ref * sender, Control::EventType controlEvent)
{
    auto slider = (ControlSlider *)sender;
    auto particle = dynamic_cast<ParticleSystemQuad *>(getChildByTag(10));
    // 控制圣火透明度
    if(slider->getTag() == 1)
    {
        // 透明度需要同时设置开始颜色和结束颜色

        // 获取开始颜色
        auto startColor = particle->getStartColor();
        // 设置开始颜色当前的透明度
        startColor.a = slider->getValue();
        // 重新设置开始颜色
        particle->setStartColor(startColor);

        // 获取结束颜色
        auto endColor = particle->getEndColor();
        // 设置结束颜色当前的透明度
        endColor.a = slider->getValue();
        // 重新设置结束颜色
        particle->setEndColor(endColor);
    }
    else if(slider->getTag() == 2)
    {
        // 设置 X 轴重力(风向)
        particle->setGravity(Vec2(slider->getValue(), 0));
    }
}
```

14.7　小结

粒子系统是 Cocos2d-x 中最核心的技术之一，通过粒子系统可以实现很多很酷的特效。尽管粒子特效可以通过代码或可视化设计器来实现，但建议读者采用后者来实现，因为直接使用代码来控制粒子系统属性实在是太复杂了。

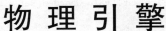

第 15 章

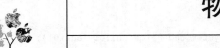

物 理 引 擎

物理引擎是游戏中最重要的元素之一。从本质上说,物理引擎就是一套代码库,用于模拟物理世界的各种场景。不过,很多游戏引擎将物理引擎进行了更近一步的封装,使其更容易使用,而本书介绍的 Cocos2d-x 3.x 也不例外。在 Cocos2d-x 3.x 中将 Box2D 和 Chipmunk 两种物理引擎进行封装,使其拥有了统一的接口,在使用上变得更加方便了。本章将主要介绍这套拥有统一接口的物理引擎的使用方法,并给出了各种特效案例供读者学习。

本章要点

❑ 什么是物理引擎;

❑ 物理引擎在游戏中的地位;

❑ Box2D 和 Chipmunk 的区别;

❑ 如何使用抽象物理引擎;

❑ 碰撞检测;

❑ 碰撞穿越;

❑ 设置 Body 的速度和质量;

❑ 设置物理世界的重力方向;

❑ 通过重力感应器控制 Body 的移动。

15.1 物理引擎概述

首先说明一点,物理引擎在游戏中并不是必需的,它就像游戏引擎一样。不过,如果没有了物理引擎,所有控制精灵的逻辑都需要自己来做,还要了解很多物理学和数学方面的知识,除非你拥有应用物理学或数学的学位,否则完成这些工作的难度是极大的。那么说了这么多,物理引擎到底是个什么东西呢? 其实如果用一句话解释就是物理引擎用来封装模拟现实世界中影响物体运动的因素的算法程序库。这些影响物体运动的因素主要包括重力、速度、质量、碰撞等。那么到底什么是物理引擎呢? 物理引擎有哪些具体的实现呢? 要想了解这些问题的答案,就赶紧阅读本节的内容吧!

15.1.1 什么是物理引擎

在游戏中,精灵的很多运动方式都是模拟现实世界的,尽管有些游戏在现实世界运动规则的基础上做了一些创新,在一定程度上有些夸张,但更多的时候,会给玩家一种真实的感觉,仿佛身临其境(如果能加入虚拟现实就更逼真了)。要实现这些特效,就需要使用大量而复杂的算法,这些算法包括物理学、数学、机械运动学,甚至是生物学的很多知识。在物理引擎诞生之前,这些东西都需要自己来实现,所以如果要实现一款比较复杂的游戏相当费劲。但在经过长时间的积累后,很多游戏开发者就将常用的算法和特效封装的程序库中,例如物体碰撞、子弹发射、模拟有质量的物体的运动等。这就形成了我们今天看到的物理引擎。

尽管物理引擎的功能非常强大,但由于技术设备本身的原因,物理引擎还无法100%模拟现实世界相关运动的效果。如果要完全模拟,将会消耗大量的计算资源,这对于移动设备来说,可能会缩短电池的续航时间。所以,物理引擎通常会采用一些"讨巧"的方法来近似模拟现实世界的运行效果。例如,当物体运动的步长超过自身的尺寸时,就会发生物体互相穿透的效果。所以需要控制物体移动的步长来避免这种穿透现象的发生。

15.1.2 物理引擎在游戏中的地位

虽然并不是所有的游戏都必须使用物理引擎,但对于那些需要模拟物理现象的游戏,例如,拉弹弓、自由落体运动、两个足球的碰撞等,如果使用物理引擎,将非常容易实现。所以,有了物理引擎,将会使游戏开发起来更轻松,更容易实现逼真的效果。那么,物理引擎在游戏中具体可以起到哪些作用呢?

1. 对真实世界的模拟

实现这种功能就需要对牛顿力学原理非常精通了。通过牛顿力学,可以让精灵模仿现实世界物体的运动(当然是利用牛顿力学计算精灵的运动轨迹了)。常用的模拟包括精灵之间的互相碰撞和自由落体。这些模拟的最终效果都和参与模拟的刚体的质量、速度等属性有关。

2. 碰撞检测

对于简单的情况,例如,两个矩形物体互相碰撞,那么不通过物理引擎也可以很容易检测,如果物体更复杂,例如,矩形和圆形、两个圆形或不规则多边形互相碰撞,情况就复杂得多。在这种情况下,就需要请物理引擎来大显身手了。通常只需要定义参与碰撞物体的边界的一些关键点或形状(如五边形的5个顶点,圆形的半径等),物理引擎就会自动地进行碰撞检测,如果两个刚体发生碰撞,那么物理引擎就会采用某些方法通知程序来处理。

3. 关节和连接的模拟

在愤怒的小鸟游戏中,拉弹弓、小鸟弹射这些动作都需要物理引擎来处理。但还有更复杂的情况,也需要用到物理引擎,这就是当小鸟撞到建筑物时,组成建筑物的每一块砖倒塌时是互相作用的。这种效果可以称为连接的模拟。由于物理引擎中的算法都是经过高度优化的,所以开发和运行效率通常要比我们自己来实现高得多。

4. 性能优化

物理引擎对于模拟物理效果的算法进行了深度优化,这些代码都是经过多年无数人推敲打磨过的,通常要比个人实现的算法整体性能要高。

15.1.3 Box2D 和 Chipmunk 的对比

Cocos2d-x 支持两种物理引擎 Box2d 和 Chipmunk(不过同时只能有一个物理引擎有效)。这两个都是二维的物理引擎,下面就看看这两个引擎有何异同。

Chipmunk 是 Cocos2d-x 游戏引擎最早引入的物理引擎,使用 C 语言实现。由于文档较少,其使用程度没有 Box2D 广泛。

Box2D 使用 C++ 实现,而且有 JavaScript、Java 等多种语言的实现,因此,大多数开发人员比较偏爱 Box2D。

单纯从功能上说,Box2D 和 Chipmunk 并没有太大区别,只是在细节上有一些小的区别。例如,Box2D 针对快速移动的物体"穿越"另一物体有特殊的检测方式。除非使用者对某种功能有特殊的要求,否则这两个物理引擎没有本质的区别。

在使用上,Box2D 和 Chipmunk 实现的语言不通,前者使用 C++,后者使用 C。所以,读者可以选择自己相对熟悉的语言,这样会更容易上手。而且 Chipmunk 对 Objective-C 语言接口支持得不错,所以如果为苹果系列设备开发游戏,Chipmunk 可能更好一些,这也是为什么最开始会选择 Chipmunk 的原因。

15.2　Cocos2d-x 3.x 中抽象封装的物理引擎

在 Cocos2d-x 2.x 中,需要直接使用 Box2D 或 Chipmunk 的 API。不过,在 Cocos2d-x 3.x 提供了一套抽象的 API,将这两个物理引擎统一了调用接口。也就是说,通过同样的方式就可以使用这两个物理引擎。不过,同时只能有一个物理引擎处于激活状态。至于如何切换物理引擎,在后面会详细介绍。在本节将介绍一下这个抽象的物理引擎。

15.2.1　抽象物理引擎概述

如果使用过这两个物理引擎,应该很清楚,不管在使用物理引擎的过程中需要设置多少个属性,但有一个基本的步骤必须去做,就是用 Body(刚体)来描述参与运算的可视对象的形状。这是因为物理引擎是通用的,它们不会考虑这些参与运算的东西到底是什么,只会利用他们的形状进行计算,所以要用 Body 来描述它们的形状。这里的可视对象,在 Cocos2d-x 中就是指 Node。但大多数情况是 Sprite 及其子类。也就是说,需要用 Body 来描述 Sprite 中图像的形状。例如,如果显示的是一个足球,则 Body 就是一个圆(需要指定半径),如果显示的是一个站立的小人,则通常将其抽象为一个矩形。如果显示的是一个有规则的图形,Body 就可能被描述为一个多边形。

　　从上面的描述可以看出，这里的主要问题就是如何设置 Body。那么应该如何指定 Body 呢？对于 Box2D 来说（Chipmunk 也采用类似的方法），如果 Body 的形状是一个圆，就需要指定圆的半径（不需要指定圆心坐标）；如果 Body 是一个多边形（包括矩形），就需要用一个顶点坐标数组来描述 Body 的形状。数组类型是 b2Vec2。

　　那么，这些顶点坐标如何确定呢？Box2D 拥有自己的坐标系。这个坐标系的原点就是 Node 的中心。要注意的是，Box2D 坐标系的原点不会随着 Node 的锚点改变而改变。也就是说，不管 Node 的锚点是多少，Box2D 坐标系的原点始终是 Node 的中心。那么如果 Body 是一个矩形，而且 Node 的宽度和高度分别是 width 和 height，就应该用下面的代码描述这个矩形的顶点。

```
b2Vec2 verts[] =
    {
    b2Vec2( - width/2 , - height/ 2),
        b2Vec2( - width / 2, height / 2),
        b2Vec2(width / 2, height / 2),
        b2Vec2(width / 2, - height / 2)
    };
```

　　很明显，这 4 个顶点是从矩形的左下角的顶点开始描述的。在很多时候，需要映射为现实世界的实际单位，例如，将 320×480 的手机屏幕定义为现实世界的 10×15（米或其他单位）。那么可以将这组坐标的值都除以 32。如果不除以任何数，那么 Box2D 坐标系和 OpenGL 坐标系的单位就一样了。

```
// 指定现实世界中的尺寸(10 * 15)
b2Vec2 verts[] =
{
b2Vec2( - width/ 2 /32 , - height/ 2 / 32),
    b2Vec2( - width / 2 / 32, height / 2 / 32),
    b2Vec2(width / 2 / 32, height / 2 / 32),
    b2Vec2(width / 2 / 32, - height / 2 / 32)
    };
```

　　如果 Body 是多边形，那么就需要设置更多的顶点坐标。

　　当然，对于 Box2D，除了指定顶点坐标或半径外，还需要设置很多属性，这里就不详细介绍 Box2D API 的使用了，下面我们来谈谈如何使用 Cocos2d-x 3.x 中提供的抽象物理引擎 API 来设置 Sprite 的 Body。

　　抽象物理引擎 API 有一个核心类 PhysicsBody，该类提供了很多静态的方法，这些方法用于创建不同形状的 Body，也就是 PhysicsBody 对象。下面我们看看 PhysicsBody 提供了哪些创建 PhysicsBody 对象的方法。

```
// 创建一个圆形的 Body(刚体). radius 参数表示圆的半径
static PhysicsBody * createCircle ( float radius, const PhysicsMaterial& material =
PHYSICSBODY_MATERIAL_DEFAULT, const Vec2& offset = Vec2::ZERO);
```

```
// 创建一个矩形的 Body.size 参数表示矩形的尺寸
static PhysicsBody * createBox(const Size& size, const PhysicsMaterial& material =
PHYSICSBODY_MATERIAL_DEFAULT, const Vec2& offset = Vec2::ZERO);
// 创建一个多边形的 Body.points 参数表示多边形顶点的坐标,count 参数表示多边形顶点的个数
static PhysicsBody * createPolygon(const Vec2 * points, int count, const PhysicsMaterial&
material = PHYSICSBODY_MATERIAL_DEFAULT, const Vec2& offset = Vec2::ZERO);
// 创建边缘线段.a 和 b 参数表示边缘线段的两端点的坐标
static PhysicsBody * createEdgeSegment(const Vec2& a, const Vec2& b, const PhysicsMaterial&
material = PHYSICSBODY_MATERIAL_DEFAULT, float border = 1);
// 创建一个矩形的边缘.size 参数表示矩形的尺寸
static PhysicsBody * createEdgeBox(const Size& size, const PhysicsMaterial& material =
PHYSICSBODY_MATERIAL_DEFAULT, float border = 1, const Vec2& offset = Vec2::ZERO);
// 创建一个多边形边缘.points 参数表示多边形顶点坐标,count 参数表示多边形顶点个数
static PhysicsBody * createEdgePolygon(const Vec2 * points, int count, const PhysicsMaterial&
material = PHYSICSBODY_MATERIAL_DEFAULT, float border = 1);
// 创建一个边缘链.points 参数表示边缘链各个端点的坐标.边缘链和多边形边缘的区别就是
// 前者可以是不封闭的边缘,后者一定是一个封边的边缘.
static PhysicsBody * createEdgeChain(const Vec2 * points, int count, const PhysicsMaterial&
material = PHYSICSBODY_MATERIAL_DEFAULT, float border = 1);
```

在这些创建 Body 的方法中有一些参数几乎在每一个方法中都涉及,这些参数及其含义如下:

❑ material:PhysicsMaterial 结构体类型。表示 Body 的材质。PhysicsMaterial 结构体的定义如下:

```
typedef struct PhysicsMaterial
{
    float density;                  //Body 的密度
    float restitution;              //恢复系数
    float friction;                 //摩擦力

    PhysicsMaterial()
    : density(0.0f)
    , restitution(0.0f)
    , friction(0.0f)
    {}

    PhysicsMaterial(float aDensity, float aRestitution, float aFriction)
    : density(aDensity)
    , restitution(aRestitution)
    , friction(aFriction)
    {}
}PhysicsMaterial;
```

从 PhysicsMaterial 的定义可以看出。在 PhysicsMaterial 结构体中有 3 个成员变量,分别表示密度(density)、恢复系数(restitution)和摩擦力(friction)。其中,恢复系数就是指两

个物体碰撞后的反弹程度。这 3 个成员变量的默认值都是 0。在定义创建 Body 的方法时使用了一个默认的 material 参数值,该默认值的定义如下:

```
const PhysicsMaterial PHYSICSBODY_MATERIAL_DEFAULT(0.1f, 0.5f, 0.5f);
```

从该默认值可以看出,密度、恢复系数和摩擦力分别为 0.1、0.5 和 0.5。

❑ offset:偏移量。默认值为 0。该参数一般很少用。表示相对于 Body 坐标系(后面会介绍)的圆、矩形和多边形的偏移量。只用于设置移动 Body。

❑ border:边缘的宽度,默认值是 1。只用于设置固定 Body,如各种类型的边缘。

15.2.2　使用抽象物理引擎创建 Body(刚体)

不管是 Box2D、Chipmunk,还是抽象物理引擎,最重要的就是用一个 Body 将 Sprite 包起来,或在周围建立边缘 Body。所以,本节将主要讨论如何用 Body 包装一个 Sprite,以及建议边缘 Body。

本例将用 Body 来包装如图 15-1 所示的 3 个图。其中,左侧用一个圆形的 Body 包装,中间的火箭用一个矩形 Body 包装,右侧是一个七边形,所以会用一个多边形 Body 包装。窗口四周是一个矩形的边缘 Body。不过,现在边缘 Body 和包装这 3 个图的 Body 都可视。本节的后面会介绍如何让 Body 可视,以便调试这些 Body。

图 15-1　未调试的精灵

如果使用抽象物理引擎,并不需要 include 其他的头文件,只需要 include 标准头文件 (cocos2d.h)即可。但不能直接在使用 Scene::create 方法创建的场景中使用抽象物理引擎,而需要在 Scene::createWithPhysics 方法创建的场景中才能使用抽象物理引擎,因为 createWithPhysics 方法除了创建 Scene 对象外,还对物理引擎进行了初始化,这些对使用抽象物理引擎的程序员来说都是透明的。

除了要使用 Scene::createWithPhysics 方法创建支持抽象物理引擎的 Scene 对象外,还必须指定物理世界的重力。因为不管物理世界的重力方向是怎样的,或是没有重力(真空状态),都必须指定,否则就不能称为物理世界。下面的代码是完整的初始化抽象物理引擎的代码。

PhysicsEngine/classes/PhysicsEngineTest. cpp

```
Scene * PhysicsEngineTest::createScene()
{
    // 创建支持物理引擎的 Scene 对象
    auto scene = Scene::createWithPhysics();
    // 定义垂直和水平方向的重力(都为 0,表示真空状态,没有重力)
```

```
        Vect gravity = Vect(0, 0);
        // 通过 setGravity 方法设置物理世界的重力
        scene->getPhysicsWorld()->setGravity(gravity);
        // 创建 Layer 对象,在该对象中才正式使用 Body 包装图像
        auto layer = PhysicsEngineTest::create();
        // 将 Layer 添加到场景中
        scene->addChild(layer);

        // 返回场景
        return scene;


}
```

下面的代码创建了 3 个 Sprite,分别显示了图 15-1 所示的 3 个图,并分别用圆形 Body、矩形 Body 和多边形 Body 将这 3 个图像包装起来。最后创建了一个矩形的边缘 Body,并和一个 Node 对象关联。在 Cocos2d-x 3.x 中,Node 类提供一些与物理引擎相关的方法,其中一个方法就是 setPhysicsBody,该方法只有一个参数,参数类型是 PhysicsBody *,也就是刚体指针类型。通过该方法,可以将 Body 和一个 Node 关联。

上面阐述的这些工作都会在 PhysicsEngineTest::onEnter 方法中完成,代码如下:

PhysicsEngine/classes/PhysicsEngineTest. cpp

```
void PhysicsEngineTest::onEnter()
{
    Layer::onEnter();
    Size size = Director::getInstance()->getVisibleSize();
    // 创建显示足球的 Sprite 的对象
    auto footBall = Sprite::create("football.png");
    // 将足球放大到原来的 4 倍
    footBall->setScale(4);
    // 设置锚点
    footBall->setAnchorPoint(Vec2(0, 0));
    footBall->cocos2d::Node::setPosition(150, 185);
    // 创建一个圆形的 Body
    auto body = PhysicsBody::createCircle(24 * footBall->getScale(),
                                          PhysicsMaterial(0.1,0,0));
    // 将该 Body 与 Sprite 绑定
    footBall->setPhysicsBody(body);

    addChild(footBall);

    // 创建显示火箭的 Sprite 对象
    auto rocket = Sprite::create("rocket.png");
    // 按原来的 60% 显示图像
    rocket->setScale(0.6);
    // 创建矩形的 Body
```

```
body = PhysicsBody::createBox(rocket->getContentSize() * rocket->getScale());
// 将该 Body 与 Sprite 对象绑定
rocket->setPhysicsBody(body);
rocket->cocos2d::Node::setPosition(350, 200);
addChild(rocket);


// 创建显示七边形的 Sprite 对象
auto polygon = Sprite::create("polygon.png");
// 获取图像原始宽度
auto width = polygon->getContentSize().width;
// 获取图像原始高度
auto height = polygon->getContentSize().height;
// 设置七边形 7 个顶点的坐标
Vec2 points[] = {Vec2(-width/2, 0), Vec2(-width/2 + 15, 60), Vec2(0, height/2), Vec2
(width/2 - 15, 60), Vec2(width/2, 0), Vec2(width/2 - 40, -height/2), Vec2(-width/2 + 40, -
height/2)};
// 创建七边形 Body
body = PhysicsBody::createEdgePolygon(points, 7);
// 将该 Body 与 Sprite 对象绑定.
polygon->setPhysicsBody(body);
polygon->cocos2d::Node::setPosition(600,200);
addChild(polygon);


// 在窗口的四周创建一个矩形的边缘 Body,边框宽度是 3
auto box = PhysicsBody::createEdgeBox(size,PHYSICSBODY_MATERIAL_DEFAULT, 3);
// 创建一个 Node 对象.由于边缘 Body 并不需要显示图像,所以直接用 Node 对象即可
auto edge = Node::create();
// 将该 Body 与 Sprite 对象绑定
edge->setPhysicsBody(box);
edge->setPosition(Point(size.width/2,size.height/2));
addChild(edge);
}
```

阅读这段代码时应了解如下几点。

(1)设置节点的锚点并不会影响 Body 包装 Sprite 的图像,但调整 Sprite 的尺寸后,Body 是不会自动调整尺寸的。因此,需要在指定圆形 Body 的半径、矩形 Body 的尺寸或多边形顶点坐标时要与 Sprite 的缩放比例(Node::getScale 方法返回的值)相乘。这样,当 Sprite 尺寸改变时,Body 的尺寸也会随之改变。

(2)使用 Body 包装图像时,要了解 Body 的坐标系。在前面的章节介绍过 OpenGL 坐标系,该坐标系的坐标原点在左下角。而 Body 的坐标系在中心点。所以,如果绘制一个矩形,假设需要使用 4 个顶点的坐标,并且图像宽度和高度分别是 width 和 height。那么,这 4 个坐标应该是如下形式(从左上角顶点开始,顺时针描述)。了解了 Body 的坐标系,就可以很容易理解前面的七边形的 7 个顶点坐标是如何描述的了。

```
( − width/2, height/2)
(width /2, height/2)
(width/2, − height/2)
( − width/2, − height/2)
```

尽管上面的代码看上去很完美。但如果有一个顶点坐标设置错误了,或圆形半径设置小了,那么就可能会扰乱物理时间的行为。例如,不该碰撞的碰撞了,该碰撞的没碰撞。所以这就需要观察一下 Body 是否是按照自己的预期进行包装的。实现这个功能很简单,只要在 PhysicsEngineTest∷createScene 方法中添加如下的代码即可。

```
scene − > getPhysicsWorld() − > setDebugDrawMask(PhysicsWorld∷DEBUGDRAW_ALL);
```

这行代码开启了抽象物理引擎的调试模式,系统会用红色线条描述 Body,这样 Body 就变成可见的了。现在运行程序,会看到如图 15-2 所示的效果。很明显,所有的 Body 都清晰可见了,如果 Body 没有按着预期对图像进行包装,那么就会一目了然。

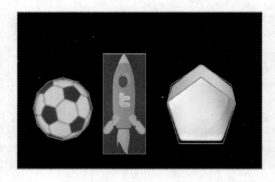

图 15-2　可调试的精灵

如果读者想关闭调试模式,只要将这行代码去掉或修改成如下的代码即可。

```
scene − > getPhysicsWorld() − > setDebugDrawMask(PhysicsWorld∷DEBUGDRAW_NONE);
```

15.3　Android 平台如何使用物理引擎

如果直接使用 Box2D 或 Chipmunk,除了要 include 相应的头文件外,还需要进行一些额外的设置。对于 Android 平台来说,需要修改 Android. mk 文件中的内容。最新版的Cocos2d-x 中,已经将可能会使用到的 Library 和 module 的路径都加到 Android. mk 文件中了,但默认都被注释掉了。例如,下面是 Android. mk 文件的部分内容。

```
# LOCAL_WHOLE_STATIC_LIBRARIES += box2d_static
# LOCAL_WHOLE_STATIC_LIBRARIES += cocosbuilder_static
# LOCAL_WHOLE_STATIC_LIBRARIES += spine_static
# LOCAL_WHOLE_STATIC_LIBRARIES += cocostudio_static
```

```
# LOCAL_WHOLE_STATIC_LIBRARIES += cocos_network_static
# LOCAL_WHOLE_STATIC_LIBRARIES += cocos_extension_static


# $(call import-module,Box2D)
# $(call import-module,editor-support/cocosbuilder)
# $(call import-module,editor-support/spine)
# $(call import-module,editor-support/cocostudio)
# $(call import-module,network)
# $(call import-module,extensions)
```

如果读者现在使用的是 Box2D,那么将黑体字前面的井号(♯)去掉即可。当然,如果直接使用抽象物理引擎,什么都不需要修改。就像使用 Cocos2d-x 中的标准 API 一样使用物理引擎 API 即可。这是因为相关的 Library 都在系统中的相关文件中引用了,不需要使用者再引用一遍了。

15.4 改变 Android 和 iOS 平台默认的物理引擎

如果使用抽象的物理引擎,一般情况下并不需要关心到底使用的是 Box2D,还是 Chipmunk。不过有些时候,由于某种需求,需要指定抽象物理引擎使用的实际物理引擎,这就需要进行一些设置。

对于 iOS 系统来说,可以选择相应的 Target,然后进入右侧的 Build Settings 页面,找到 Apple LLVM 5.1 - Preprocessing 属性组,在 Preprocessor Macros 中设置 Debug 和 Release。两个里面都将 CC_ENABLE_CHIPMUNK_INTEGRATION = 1 改为 CC_ENABLE_CHIPMUNK_INTEGRATION = 0,并添加 CC_ENABLE_BOX2D_INTEGRATION=1,如图 15-3 所示。然后重新编译即可。

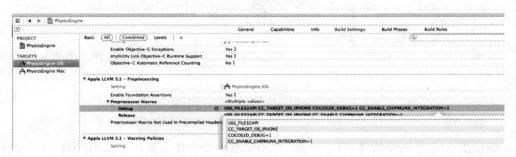

图 15-3 开启 Box2D

对于 Android 系统,需要修改 Application.mk 文件中的内容。该文件默认设置标志的代码如下:

```
APP_CPPFLAGS := -frtti -DCC_ENABLE_CHIPMUNK_INTEGRATION=1 -std=c++11 -fsigned-char
```

现在将-DCC_ENABLE_CHIPMUNK_INTEGRATION=1 最后的 1 改成 0,然后再加

一个如下的标志,最后重新编译即可

```
- DCC_ENABLE_BOX2D_INTEGRATION = 1
```

注意:Cocos2d-x 3. x 只允许同时有一个物理引擎工作,所以不能同时开启 Box2D 和 Chipmunk。

15.5　碰撞检测

碰撞检测是物理引擎中最常用的功能。该功能在射击类游戏中用的最多。物理引擎通常采用了事件触发的方式进行碰撞检测。也就是当物理引擎检测到两个 Body 发送碰撞后,会调用相应的事件方法来通知系统,两个 Body 已经发生了碰撞,或两个 Body 已经分离。

在抽象物理引擎中,也采用了这种方式。两个分别用于接收碰撞和分离事件的方法是 onContactBegin 和 onContactSeperate。这两个方法的原型如下:

```
bool onContactBegin(PhysicsContact& contact);
void onContactSeperate(PhysicsContact& contact);
```

通过 PhysicsContact 类型的参数,可以获取两个碰撞物体的 Body 以及对应的 Node 对象。这一点在本节后面的内容中详细描述。

定义完这两个方法后,还需要创建 EventListenerPhysicsContact 对象,该对象用于设置这两个方法的函数指针。最后,还需要将该事件监听对象添加到当前的场景中。

```
// 创建 EventListenerPhysicsContact 对象
auto contactListener = EventListenerPhysicsContact::create();
// 设置 onContactBegin 函数指针
contactListener -> onContactBegin = CC_CALLBACK_1(CollisionDetection::onContactBegin,
this);
// 设置 onContactSeperate 函数指针
contactListener -> onContactSeperate = CC_CALLBACK_1(CollisionDetection::onContactSeperate,
this);
// 将 EventListenerPhysicsContact 对象添加到当前场景中
auto dispatcher = Director::getInstance() -> getEventDispatcher();
dispatcher -> addEventListenerWithSceneGraphPriority(contactListener, this);
```

要想让 A 和 B 两个物体可以碰撞[①],仅指定这两个事件方法还不行,还需要指定如下几个掩码。

❑ CategoryBitmask:该掩码会与另一个物体的另两个掩码按位与,来确定是否可以碰撞。

❑ ContactTestBitmask:确定两个物体碰撞时是否调用 onContactBegin 方法。

---

① 这里的碰撞是指调用 onContactBegin 方法,以及两个物体允许碰撞(否则会直接弹开)。

❑ CollisionBitmask：确定两个物体是否允许碰撞。

这三个掩码都是 int 类型。假设有两个物体 A 和 B，如果要允许 A 和 B 可以碰撞，那么必须满足下面两个条件。如果 A 和 B 不允许碰撞，那么当 A 和 B 接触后就会弹开。

❑ A 的 CategoryBitmask 掩码和 B 的 CollisionBitmask 按位与的结果为 0。

❑ B 的 CategoryBitmask 掩码和 A 的 CollisionBitmask 按位与的结果为 0。

如果要想让两个物体碰撞后调用 onContactBegin 方法，必须满足如下两个条件。

❑ A 的 CategoryBitmask 掩码和 B 的 ContactTestBitmask 按位与的结果不为 0[①]。

❑ B 的 CategoryBitmask 掩码和 A 的 ContactTestBitmask 按位与的结果不为 0。

这 3 个掩码的默认值如下：

❑ CategoryBitmask ：UINT_MAX

❑ ContactTestBitmask：UINT_MAX

❑ CollisionBitmask：0

其中，UINT_MAX 是 int 类型的最大值，也就是 0xFFFFFFFF。

从这 3 个掩码的默认值可以看出，在默认情况下，A 和 B 既允许碰撞，也允许在碰撞后调用 onContactBegin 方法。那么实际情况是不是这样的，还是先往后面看吧。

如果要想让场景中的所有物体（Sprite）都允许碰撞，并在碰撞后调用 onContactBegin 方法。只需要将 CollisionBitmask 的值设为 UINT_MAX 即可。不过在大多数游戏中是不会这么做的。因为有些 Sprite 根本不需要检测碰撞。例如，在射击类游戏中可能有多个敌机，这些敌机之间通常是不会检测碰撞的。如果是这种情况，只需要将设置相应的掩码即可。但要注意，这种调整，通常是设置 CategoryBitmask 的值，其他两个掩码必须不为 0，否则该 Sprite 就不会和任何其他的 Sprite 发生碰撞了。

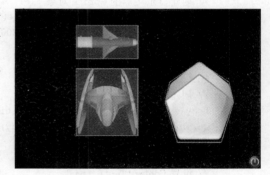

图 15-4　检测碰撞的初始画面

下面将给出一个完整的碰撞检测的例子。在该例子中有一个三个 Sprite，分别显示了导弹、飞船和一个七边形。为了更清楚地观察物体的碰撞，已经开启了调试模式。这 3 个图像显示的初始位置如图 15-4 所示。

为了让这 3 个图像可以发生碰撞，本节的例子为其添加了移动功能。可以通过鼠标或手指移动这 3 个图像来观察相互碰撞的情况。本例允许导弹、飞船和七边形碰撞时调用 onContactBegin 方法，但导弹和飞船之间不允许碰撞，也就是说，导弹和飞船碰撞后会立刻弹开。

下面先看一下本例的初始化代码。

---

① 有一些资料解释说不为 0 时允许碰撞，但经测试，发现为 0 时允许碰撞。可能其他物理引擎是不为 0 时允许碰撞。这一点在使用 Cocos2d-x 或其他物理引擎时要注意。

PhysicsEngine/classes/CollisionDetection. cpp

```cpp
void CollisionDetection::onEnter()
{
    Layer::onEnter();

    // 创建显示导弹的 Sprite 对象
    auto missileSprite = Sprite::create("missile.png");
    missileSprite->setPosition(300, 380);
    // 设置 Tag
    missileSprite->setTag(200);
    addChild(missileSprite);
    // 创建包装导弹的 Body
    auto body = PhysicsBody::createBox(missileSprite->getContentSize());
    missileSprite->setPhysicsBody(body);
    // 设置 CategoryBitmask
    missileSprite->getPhysicsBody()->setCategoryBitmask(0x01);
    // 设置 ContactTestBitmask
    missileSprite->getPhysicsBody()->setContactTestBitmask(0x03);
    // 设置 CollisionBitmask
    missileSprite->getPhysicsBody()->setCollisionBitmask(0x03);


    // 创建显示飞船的 Sprite 对象
    auto warshipSprite = Sprite::create("warship.png");
    warshipSprite->setPosition(300, 200);
    // 设置 Tag
    warshipSprite->setTag(300);
    addChild(warshipSprite);
    // 创建包装导弹的 Body
    body = PhysicsBody::createBox(warshipSprite->getContentSize());
    warshipSprite->setPhysicsBody(body);
    // 设置 CategoryBitmask
    body->setCategoryBitmask(0x01);
    // 设置 ContactTestBitmask
    body->setContactTestBitmask(0x03);
    // 设置 CollisionBitmask
    body->setCollisionBitmask(0x01);

    // 创建用于显示七边形的 Sprite 对象
    auto polygonSprite = Sprite::create("polygon.png");
    auto width = polygonSprite->getContentSize().width;
    auto height = polygonSprite->getContentSize().height;
    Vec2 points[] = {Vec2(-width/2, 0), Vec2(-width/2 + 15, 60), Vec2(0, height/2), Vec2
(width/2 - 15, 60), Vec2(width/2, 0),Vec2(width/2 - 40, -height/2), Vec2(-width/2 + 40, -
height/2)};
    // 创建用于包装七边形的 Body
```

```
    body = PhysicsBody::createEdgePolygon(points, 7);
    polygonSprite->setPhysicsBody(body);
    polygonSprite->setPosition(600,200);
    // 设置 CategoryBitmask
    polygonSprite->getPhysicsBody()->setCategoryBitmask(0x02);
    // 设置 ContactTestBitmask
    polygonSprite->getPhysicsBody()->setContactTestBitmask(0x01);
    // 设置 CollisionBitmask
    polygonSprite->getPhysicsBody()->setCollisionBitmask(0x00);
    // 设置 Tag
    polygonSprite->setTag(400);
    addChild(polygonSprite);
    // 创建用于监听碰撞事件的对象
    auto contactListener = EventListenerPhysicsContact::create();
    // 设置 onContactBegin 函数指针
    contactListener->onContactBegin = CC_CALLBACK_1(CollisionDetection::onContactBegin,
this);
    // 设置 onContactSeperate 函数指针
    contactListener->onContactSeperate = CC_CALLBACK_1(CollisionDetection::onContactSeperate,
this);

    auto dispatcher = Director::getInstance()->getEventDispatcher();
    // 将监听碰撞事件的对象添加到当前场景中
    dispatcher->addEventListenerWithSceneGraphPriority(contactListener, this);
    // 创建用于监听单点触摸事件的对象
    auto listener = EventListenerTouchOneByOne::create();
    listener->setSwallowTouches(true);
    // 设置 onTouchBegan
    listener->onTouchBegan = [=](Touch* touch, Event* event){

        auto target = static_cast<Sprite*>(event->getCurrentTarget());

        // 获取当前点击点所在相对按钮的位置坐标
        Point locationInNode = target->convertToNodeSpace(touch->getLocation());
        Size s = target->getContentSize();
        Rect rect = Rect(0, 0, s.width, s.height);
        // 点击范围判断检测
        if (rect.containsPoint(locationInNode))
        {

            if(target == warshipSprite)
                return true;
            if(target == missileSprite)
                return true;
            if(target == polygonSprite)
                return true;

        }
```

```
        return false;
    };
    // 设置 onTouchMoved
    listener -> onTouchMoved = [](Touch * touch, Event * event){
        auto target = static_cast < Sprite * >(event -> getCurrentTarget());
        // 移动当前按钮精灵的坐标位置
        target -> setPosition(target -> getPosition() + touch -> getDelta());
    };
    // 将单点触摸事件与飞船绑定
    _eventDispatcher -> addEventListenerWithSceneGraphPriority(listener, warshipSprite);
    // 将单点触摸事件与导弹绑定
    _eventDispatcher - > addEventListenerWithSceneGraphPriority ( listener - > clone ( ),
missileSprite);
    // 将单点触摸事件与七边形绑定
    _eventDispatcher - > addEventListenerWithSceneGraphPriority ( listener - > clone ( ),
polygonSprite);
}
```

在这段代码中,导弹、飞船和七边形的 3 个掩码分别如下:

(1) 导弹的掩码:

❑ CategoryBitmask:0x01

❑ ContactTestBitmask:0x03

❑ CollisionBitmask:0x03

(2) 飞船的掩码:

❑ CategoryBitmask:0x01

❑ ContactTestBitmask:0x03

❑ CollisionBitmask:0x01

(3) 七边形的掩码:

❑ CategoryBitmask:0x02

❑ ContactTestBitmask:0x01

❑ CollisionBitmask:0x00

从这 3 个 Body 的掩码可以看出,导弹和飞船的 CategoryBitmask 与 ContactTestBitmask 的按位与是不为 0 的。导弹、飞船和七边形的这两个掩码按位与也不为 0,所以这三个 Body 之间的任何两个相撞,都会调用 onContactBegin 方法。

不过导弹和飞船的 CategoryBitmask 与 CollisionBitmask 按位与不为 0,所以导弹和飞船一碰就会弹开。

下面我们来实现 onContactBegin 和 onContactSeperate 方法。前者当两个 Body 相撞后调用,后者为相撞的两个 Body 分离后调用。

这两个方法的实现代码类似。在 onContactBegin 和 onContactSeperate 方法中会获取两个相撞的 Body,并输出相应的文本。

这两个方法的实现代码如下：

PhysicsEngine/classes/CollisionDetection. cpp

```cpp
bool CollisionDetection::onContactBegin(PhysicsContact& contact)
{
    // 如果两个 Body 的 Tag 为 1,表示 Body 已经相撞
    if(contact.getShapeA()->getBody()->getTag() == 1 ||
            contact.getShapeB()->getBody()->getTag() == 1)
    {
        return true;
    }
    else
    {
        // 第一次相撞,将 Body 的 Tag 设为 1
        contact.getShapeA()->getBody()->setTag(1);
        contact.getShapeB()->getBody()->setTag(1);
    }
    std::ostringstream str;
    // 根据 Body 对应 Sprite 对象的 Tag 判断 A 是哪个 Sprite
    switch(contact.getShapeA()->getBody()->getNode()->getTag())
    {
        case 200:
            str << "导弹";
            break;
        case 300:
            str << "飞船";
            break;
        case 400:
            str << "七边形";
            break;
    }
    str << " 撞到了 ";
    // 根据 Body 对应 Sprite 对象的 Tag 判断 B 是哪个 Sprite
    switch(contact.getShapeB()->getBody()->getNode()->getTag())
    {
        case 200:
            str << "导弹";
            break;
        case 300:
            str << "飞船";
            break;
        case 400:
            str << "七边形";
            break;
    }
    // 输出 A 的 Tag
    log("A Tag % d", contact.getShapeA()->getBody()->getNode()->getTag());
```

```
        // 输出 B 的 Tag
        log("B Tag % d", contact.getShapeB() -> getBody() -> getNode() -> getTag());
        log(" % s", str.str().c_str());

        return true;
    }
    void CollisionDetection::onContactSeperate(PhysicsContact& contact)
    {

        std::ostringstream str;
        // 如果两个 Body 的 Tag 为 0,表示两个相撞的 Body 已经离开
        if(contact.getShapeA() -> getBody() -> getTag() == 0 ||
                    contact.getShapeB() -> getBody() -> getTag() == 0)
        {
            return;
        }
        else
        {
            // 第一次离开,将 Sprite 的 Tag 设为 0
            contact.getShapeA() -> getBody() -> setTag(0);
            contact.getShapeB() -> getBody() -> setTag(0);
        }
        // 根据 Body 对应 Sprite 对象的 Tag 判断 A 是哪个 Sprite
        switch(contact.getShapeA() -> getBody() -> getNode() -> getTag())
        {
            case 200:
                str << "导弹";
                break;
            case 300:
                str << "飞船";
                break;
            case 400:
                str << "七边形";
                break;
        }
        str << " 和 ";
        // 根据 Body 对应 Sprite 对象的 Tag 判断 B 是哪个 Sprite
        switch(contact.getShapeB() -> getBody() -> getNode() -> getTag())
        {
            case 200:
                str << "导弹 ";
                break;
            case 300:
                str << "飞船 ";
                break;
            case 400:
                str << "七边形 ";
```

```
            break;
        }
        str << " 已经分开";
        log(" % s", str.str().c_str());
    }
```

现在运行程序,将拖动导弹、飞船和七边形,在日志窗口会输出类似下面的内容。

```
cocos2d: A Tag 400
cocos2d: B Tag 300
cocos2d: 七边　形撞到了　飞船
cocos2d: 七边形　和　飞船　已经分开
cocos2d: A Tag 400
cocos2d: B Tag 300
cocos2d: 七边形　撞到了　飞船
cocos2d: 七边形　和　飞船　已经分开
cocos2d: A Tag 400
cocos2d: B Tag 300
cocos2d: 七边形　撞到了　飞船
cocos2d: 七边形　和　飞船　已经分开
cocos2d: A Tag 300
cocos2d: B Tag 200
cocos2d: 飞船　撞到了　导弹
cocos2d: 飞船　和　导弹　已经分开
cocos2d: A Tag 400
cocos2d: B Tag 200
cocos2d: 七边形　撞到了　导弹
cocos2d: 七边形　和　导弹　已经分开
```

如果读者将 onEnter 方法中所有设置掩码的代码都去掉(只使用掩码的默认值),再运行程序,会发现 onContactBegin 方法不再被调用了。而本节前面却提到默认既允许碰撞,也会在碰撞后调用 onContactBegin 方法吗?

为了解释这是怎么回事,下面来看一下 setCategoryBitmask 方法的代码。

```
void PhysicsBody::setCategoryBitmask(int bitmask)
{
    _categoryBitmask = bitmask;

    for (auto& shape : _shapes)
    {
        shape->setCategoryBitmask(bitmask);
    }
}
```

从 setCategoryBitmask 方法的代码可以看出,除了要设置 PhysicsBody 类中的 _categoryBitmask 成员变量外,还要设置 Body 中没有个 Shape 的 bitmask。而默认情况下,可能是 Shape 中的 bitmask 设置，所以才不会调用 onContactBegin 方法。解决的方法也很简单，就是使用 setCategoryBitmask 和另外两个设置掩码的方法重新设置一下默认值即可。代码如下：

```
missileSprite->getPhysicsBody()->setCategoryBitmask(UINT_MAX);
missileSprite->getPhysicsBody()->setContactTestBitmask(UINT_MAX);
missileSprite->getPhysicsBody()->setCollisionBitmask(0);
```

现在运行程序，导弹、飞船和七边形就都运行互相碰撞，并且在碰撞后调用 onContactBegin 方法了。

15.6 只撞击一侧边缘的碰撞检测

对于碰撞，也有很多有趣的应用。例如，本节将实现一个足球从下方到上方射出，遇到一个平台后，在从下到上运动时，直接穿过平台。当足球撞到屏幕顶端时会向下运动，这时再遇到平台后（从上到下的运动），就会在平台上弹跳，直到在平台上不动（或微微跳跃）。效果如图 15-5 所示。

其实，要实现这个功能，需要了解如下几个问题的解决方案。

❑ 足球如何发射出去。

❑ 如果从下到上运动时遇到平台，会穿越过去，而从上到下运动时遇到平台，则被平台阻拦。

❑ 足球如何下落。

第一个问题比较好解决，只需要用物理引擎为 Body 指定一个速度，然后 Body 就会带着足球飞出去。最后一个问题只要设置物理世界

图 15-5　在平台上弹跳的足球

沿 Y 轴向下的重力，并且为足球设置一定的质量，当足球碰到上边缘时，就会下落。

对于第二个问题，稍微复杂一些。解决该问题就涉及碰撞检测以及 onContactBegin 方法的返回值。该方法如果返回 true，则两个相撞的 Body 会由于发生碰撞而弹开。如果该方法返回 false，则两个相撞的 Body 会互相穿透对方，继续自己的运动。所以要解决第二个问题，就必须要足球从下到上运动，并与平台相撞时，onContactBegin 方法返回 false。当足球从上到下运动，并与平台相撞时，onContactBegin 方法返回 true。

其实，要实现这个功能也不复杂。通过 onContactBegin 方法的参数可以获取撞击的数据。其中可以获取一个 normal 向量，该向量的 y 成员表示了足球是从下到上撞击平台，还是从上到下撞击平台。如果足球从下到上撞击平台，y 的值是 1，如果足球从上到下撞击平台，那么 y 的值是 -1。所以

PhysicsEngine/classes/FootballInPlatform. cpp

```cpp
bool FootballInPlatform::onContactBegin(PhysicsContact& contact)
{
    // 当 y 为 - 1 时,onContactBegin 方法返回 true,足球和平台相撞
    return contact.getContactData() -> normal.y < 0;
}
```

下面看一下 onEnter 方法是如何初始化的。

PhysicsEngine/classes/FootballInPlatform. cpp

```cpp
void FootballInPlatform::onEnter()
{
    Layer::onEnter();
    // 在平台上弹跳的足球
    Size size = Director::getInstance() -> getVisibleSize();
    // 创建上边缘的 Body
    auto edge1 = Node::create();
    edge1 -> setPhysicsBody(PhysicsBody::createEdgeSegment(Vec2(0, size.height), Vec2(size.
width, size.height)));
    addChild(edge1);

    // 创建下边缘的 Body
    auto edge2 = Node::create();
    edge2 -> setPhysicsBody(PhysicsBody::createEdgeSegment(Vec2(0, 0), Vec2(size.width, 0)));
    addChild(edge2);

    // 创建显示平台的 Sprite 对象
    auto platform = Sprite::create("YellowSquare.png");
    // 将 Sprite 的宽度放大到原来的一倍
    platform -> setScaleX(2);
    // 将 Sprite 的高度缩小到原来的一倍,通过改变长宽尺寸将 Sprite 拉成长方形
    platform -> setScaleY(0.5);
    // 创建用于包装平台的 Body
    auto body = PhysicsBody::createBox(Size(platform -> getContentSize().width * platform
-> getScaleX(), platform -> getContentSize().height * platform -> getScaleY()));
    platform -> setPhysicsBody(body);
    platform -> setPosition(Vec2(size.width/2, size.height/2));
    // 设置该 body 为非移动的,否则平台也会由于重力的影响下落
    body -> setDynamic(false);
    platform -> getPhysicsBody() -> setContactTestBitmask(0x1);
    addChild(platform);

    // 创建显示足球的 Sprite 对象
    auto football = Sprite::create("football.png");
    body = PhysicsBody::createCircle(24);
    football -> setPhysicsBody(body);
```

```
    football->setPosition(size.width/2, 40);
    // 设置足球的速度,150 表示向上运动的速度,如果是负数,则向下运动
    body->setVelocity(Vec2(0, 150));
    // 设置足球的质量
    body->setMass(10);

    body->setContactTestBitmask(0x1);
    addChild(football);
    // 下面的代码添加相应的监听器
    auto contactListener =
EventListenerPhysicsContactWithBodies::create(platform->getPhysicsBody(), football->
getPhysicsBody());
    contactListener->onContactBegin = CC_CALLBACK_1(FootballInPlatform::onContactBegin, this);
    _eventDispatcher->addEventListenerWithSceneGraphPriority(contactListener, this);

}
```

最后,还需要在创建支持物理引擎的场景时设置物理世界的重力,代码如下:

PhysicsEngine/classes/FootballInPlatform. cpp

```
Scene * FootballInPlatform::createScene()
{
    auto scene = Scene::createWithPhysics();
    // 设置向下的重力,如果是正数,则重力方向向上
    Vect gravity = Vect(0, -20);
    ... ...
    return scene;
}
```

15.7 足球撞击特效

本节将实现一个足球撞击的特效。在窗口上有 4 个足球,其中两个足球是静止不动的,另外两个足球以不同方向、不同角度、不同速度向这两个静止的足球运动,4 个足球撞击后,它们会沿着不同方向弹开,效果如图 15-6 所示。

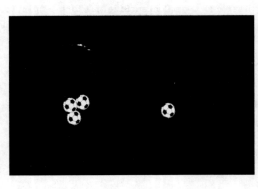

图 15-6　足球撞击效果

要想实现这个效果也很简单,只要设置相应的足球速度即可。如果同时设置 X 和 Y 方法的速度,那么足球就会斜着射出去。这里再说明一点,沿 X 轴方向的速度,如果是正值,向右运动,如果是负值,向左运动。沿 Y 州方向的速度,如果是正值,向上运动,如果

负值,向下运动。

下面看一下具体的实现代码。

PhysicsEngine/classes/PlayingFootball. cpp

```
void PlayingFootball::onEnter()
{
    Layer::onEnter();


    // 下面的代码会创建显示 4 个足球的 4 个 Sprite 对象
    auto footBall1 = Sprite::create("football.png");
    auto body = PhysicsBody::createCircle(24,PhysicsMaterial(0.01f, 0.0f, 0.0));
    footBall1 -> setPhysicsBody(body);
    footBall1 -> setPosition(200, 185);
    addChild(footBall1);

    auto footBall2 = Sprite::create("football.png");
    body = PhysicsBody::createCircle(24, PhysicsMaterial(0.04f, 0.0f, 0.0f));
    footBall2 -> setPhysicsBody(body);
    footBall2 -> setPosition(240,220);
    addChild(footBall2);

    // 从左侧水平向右射出的足球
    auto playBall1 = Sprite::create("football.png");
    body = PhysicsBody::createCircle(24, PhysicsMaterial(0.01f,0.0f, 0.0f));
    playBall1 -> setPhysicsBody(body);
    playBall1 -> setPosition(1,200);
    // 设置向右射出的速度为 300
    playBall1 -> getPhysicsBody() -> setVelocity(Vec2(300, 0));
    addChild(playBall1);
    // 向左下方射出的足球
    auto playBall2 = Sprite::create("football.png");
    body = PhysicsBody::createCircle(24, PhysicsMaterial(0.1f,0.0f, 0.0f));
    playBall2 -> setPhysicsBody(body);
    playBall2 -> setPosition(800,300);

    // 同时设置了 X 和 Y 方向的速度
    playBall2 -> getPhysicsBody() -> setVelocity(Vec2( - 400,  - 150));
    addChild(playBall2);
}
```

如果想让足球运动的更平衡,可以减小更新率,如下所示。

```
scene -> getPhysicsWorld() -> setUpdateRate(2.0f);
```

setUpdateRate 方法的参数值越大,会更好地改善性能,但足球运动的不够平滑。该参数值越小。足球运动的越平滑,但会增加系统资源消耗。该参数的默认值是 1.0。

15.8 骷髅堆中的足球

本节将用物理引擎实现一个特效,该特效会让一个 4 行 10 列的骷髅堆从上到下以一定速度压在一个足球上,然后骷髅堆碰到足球或窗口底部,就会向上弹起,然后碰到上边缘,会再次向下运动,如果想让这些骷髅更容易下落,可以设置向下的重力。本例的效果如图 15-7 所示。

图 15-7　骷髅堆中的足球

本例实现的代码如下:

PhysicsEngine/classes/FootballInSkull. cpp

```cpp
void FootballInSkull::onEnter()
{
    Layer::onEnter();
    Size size = Director::getInstance()->getVisibleSize();
    // 创建矩形边缘 Body,尺寸与窗口尺寸相同
    auto body = PhysicsBody::createEdgeBox(size, PHYSICSBODY_MATERIAL_DEFAULT, 3);
    auto edgeNode = Node::create();
    edgeNode->setPosition(size.width/2, size.height/2);
    edgeNode->setPhysicsBody(body);
    addChild(edgeNode);
    // 创建显示足球图像的 Sprite 对象
    auto football = Sprite::create("football.png");
    football->setPhysicsBody(PhysicsBody::createCircle(24));
    football->setPosition(size.width/2, 24);
    addChild(football);
    // 通过循环产生 40 个骷髅
    for(int i = 0; i < 10;i++)
    {
        for(int j = 0; j < 4;j++)
        {
            auto skullSprite = Sprite::create("skull.png");
```

```
        skullSprite->setPhysicsBody(PhysicsBody::createCircle(32));
        skullSprite->setPosition(Vec2(50 + i * 70, size.height - 40 - j * 70));
        // 为每一个骷髅设置向下的速度
        skullSprite->getPhysicsBody()->setVelocity(Vec2(0, -60));
        addChild(skullSprite);
        }
    }
}
```

15.9　用重力感应控制的足球

　　本节将实现一个用手机中的重力传感器控制足球穿越迷宫的例子。图 15-8 是在调试模式下的效果，中间的是迷宫，外围是一个矩形的边缘 Body。防止足球滚出屏幕。图 15-9 是在非调试模式下显示的效果。当通过上下左右翻转手机时，足球就会上下左右运动，手机倾斜的角度越大，足球滚动越快。读者可以通过这种方法控制足球从迷宫的一个入口进入，从另一个入口出来。要注意的是，本例只能在真实的手机或平板电脑上测试，不能在 Android 和 iOS 模拟器上测试，因为模拟器无法测试重力传感器。

图 15-8　调试状态下的迷宫

图 15-9　正常模式下的迷宫

　　要想实现这个功能，首先要准备一个迷宫的图，本例是 bg1.png，该图的效果如图 15-10 所示。

　　从迷宫图像的效果可知，需要先画出迷宫，然后将图像变成与设计尺寸同样的大小。接下来就需要使用物理引擎沿着迷宫周围和内容的边缘设置边缘 Body，以避免足球穿过这些边缘。下面的代码将完成这些工作。

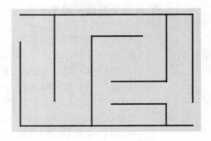
图 15-10　迷宫图像

PhysicsEngine/classes/Ball.cpp

```
void Ball::onEnter()
{
```

```
Layer::onEnter();
/*
   用重力感应控制足球穿过迷宫
*/
Size visibleSize = Director::getInstance()->getVisibleSize();
Vec2 origin = Director::getInstance()->getVisibleOrigin();
// 创建屏幕四周的边缘 Body
auto body = PhysicsBody::createEdgeBox(visibleSize, PHYSICSBODY_MATERIAL_DEFAULT, 3);
auto edgeNode = Node::create();
edgeNode->setPosition(Point(visibleSize.width/2,visibleSize.height/2));
edgeNode->setPhysicsBody(body);
addChild(edgeNode);

// 迷宫上侧边缘的坐标点
Point verts1[] = {
    Point(-146.5f, 155.1f),
    Point(-146.5f, -87.6f),
    Point(-140.9f, -88.1f),
    Point(-140.8f, 155.5f),
    Point(162.8f, 154.6f),
    Point(162.9f, -27.7f),
    Point(12.0f, -29.0f),
    Point(12.0f, -33.9f),
    Point(167.6f, -34.6f),
    Point(168.7f, 154.4f),
    Point(235.0f, 155.1f),
    Point(235.3f, -91.6f),
    Point(238.8f, -93.2f),
    Point(239.8f, -91.5f),
    Point(239.1f, 159.2f),
    Point(-238.3f, 159.0f),
    Point(-238.7f, 155.0f),
    Point(-147.4f, 154.9f)
};
// 迷宫下侧边缘的坐标点
Point verts2[] = {
    Point(-235.8f, 82.9f),
    Point(-235.2f, -154.1f),
    Point(-44.2f, -154.1f),
    Point(-44.3f, 98.6f),
    Point(101.1f, 99.6f),
    Point(101.1f, 95.5f),
    Point(-38.2f, 93.5f),
    Point(-38.8f, -153.6f),
    Point(161.7f, -154.2f),
    Point(161.7f, -97.9f),
    Point(12.0f, -98.3f),
```

```
        Point(12.3f, -94.0f),
        Point(167.0f, -92.2f),
        Point(167.1f, -153.8f),
        Point(239.3f, -154.7f),
        Point(239.0f, -157.8f),
        Point(-239.0f, -158.4f),
        Point(-237.6f, 81.9f)
    };
    // 创建显示迷宫的 Sprite 对象
    auto edgePolygon1 = Sprite::create("bg1.png");
    edgePolygon1->setTag(1);
    // 使用上边缘 Body 包装迷宫
    auto borderUpper = PhysicsBody::createEdgePolygon(verts1, 18);
    edgePolygon1->setPhysicsBody(borderUpper);
    edgePolygon1->setPosition(visibleSize.width/2, visibleSize.height/2);
    addChild(edgePolygon1);
    // 使用下边缘 Body 包装迷宫
    auto edgePolygon2 = Node::create();
    edgePolygon2->setTag(2);
    auto borderBottom = PhysicsBody::createEdgePolygon(verts2, 18);
    edgePolygon2->setPhysicsBody(borderBottom);
    edgePolygon2->setPosition(visibleSize.width/2, visibleSize.height/2);
    addChild(edgePolygon2);

    auto football = Sprite::create("football.png");
    football->setTag(3);
    // 创建包装足球的 Body
    body = PhysicsBody::createCircle(football->getContentSize().width/2);
    football->setPhysicsBody(body);
    football->setPosition(visibleSize.width/2, visibleSize.height - 50);
    addChild(football);
}
```

在 onEnter 方法中,通过创建迷宫上边缘和下边缘 Body 的方式来定义迷宫中的所有墙。

接下来需要做的工作就是通过重力传感器控制足球的运动。在 Cocos2d-x 中使用重力传感器非常容易,只需要重写 onAcceleration 方法即可。在 onAcceleration 方法中通过改变物理世界的重力方向让足球运动。所以,应按如下方式实现 onAcceleration 方法。

PhysicsEngine/classes/Ball.cpp

```
void Ball::onAcceleration(Acceleration* acc, Event* event)
{
    // 将当前的 X 和 Y 轴的重力加速度乘以 100,以便放大相应的值
    Vect gravity(acc->x * 100, acc->y * 100);
    // 将放大后的值作为当前物理世界的重力
    m_world->setGravity(gravity);
}
```

15.10 小结

　　本章通过物理引擎实现了一些特效。不过,物理引擎多用于各种碰撞检测。在本章中,通过设置 Body 的质量、速度等属性,实现了各种特效。不过,物理引擎的功能远不止这些。本章也只是抛砖引玉,读者可以尽情发挥自己的想象力,让物理世界的东西在虚拟世界呈现起来。

第 16 章

骨 骼 动 画

　　骨骼动画是游戏的重要组成部分。骨骼动画主要是指动画的实现原理并不像帧动画一样逐帧播放，也不是自动生成中间帧；而是在同一时间段内，同时控制动画图像资源的不同部分做各种动画。这样会节省很多资源，而且可以实现更复杂的动画效果。本章将详细介绍两种骨骼动画的使用方法。

　　本章要点

　　❏ 什么是骨骼动画；

　　❏ 骨骼动画的优势；

　　❏ Spine 骨骼动画设计器的使用；

　　❏ 如何在 Cocos2d-x 中播放 Spine 骨骼动画；

　　❏ 用 Cocos Studio 设计 Amature 骨骼动画；

　　❏ 在 Cocos2d-x 中播放骨骼动画。

16.1　骨骼动画概述

　　在游戏中，可以使用多种实现动画的方式。例如，动画的简单处理方式包括帧动画、补间动画等。其中，帧动画就是让若干个静态图像在很短的时间内不断切换，从而形成动画的效果。而补间动画就是设置了图像的起始和终止状态（更复杂的补间动画，需要插入更多的关键帧）。然后由系统自动生成中间状态的图像。不管是哪种动画，都只能实现简单的动画效果。尽管帧动画可以实现稍微复杂一些的动画，不过也都是整体的动画效果。

　　在很多游戏中，需要实现逼真的角色活动效果。例如，一个怪物不断地转动头，而且手中不断挥舞着大刀，但身体却没有动。这种动画效果很明显是局部的动画。也就是说，只有头、手和大刀在动。所以，需要将这个游戏角色进行分解，将其分解为头部、身体、四肢（两只手和两只脚，如果有必要，还可以将手和脚进一步分解）和大刀几部分。然后，分别控制这几部分完成各种动作。通过这种方式，可以更灵活地完成复杂的动画效果。由于实现这类动画的前提是将游戏角色"大卸八块"，有点像庖丁解牛一样将牛拆分成不同的部分，所以形象地称其为骨骼动画。

　　骨骼动画有多种格式,但处理动画的基本原理是相同的。本章后面的内容中将详细介绍两种骨骼动画(Spine 和 Armature)的实现方法以及如何在 Cocos2d-x 中使用他们。

16.2　骨骼动画的优势

　　如果要实现一个游戏角色动作,例如,攻击、跳跃、死亡,通常可以使用帧动画和骨骼动画。帧动画和骨骼动画的区别在于前者是游戏角色某一个特定状态的快照,系统通过连续播放一组这样的快照来实现动画效果。动画效果是否平滑决定于每一帧的停留时间以及帧和帧的直接差异程度。所以,复杂的帧动画需要占用大量的内存空间(因为需要装载大量的快照到内存)。

　　骨骼动作比传统的帧动画要求更高的处理器性能,但并不需要像帧动画一样消耗那么多的内存空间。而且骨骼动画还具有更多的优势。

- ❑ 更少的图像资源:骨骼动画的图像资源是一块块小的角色部件(如头、手、胳膊、腰等),再也不需要像帧动画一样为每一个状态提供完整的图像了。这无疑减少了资源的尺寸,同时也能节省出更多的人力物力投入到游戏的其他方面。
- ❑ 更小的体积:帧动画需要提供每一帧图像。而骨骼动画只需要少量的图像资源,并把骨骼的动画数据保存在一个 json 文件里面(后面会提到),它所占用的空间非常小,并能为游戏提供独一无二的动画。
- ❑ 更好的流畅性:骨骼动画使用差值算法计算中间帧,这能让动画总是保持流畅的效果。
- ❑ 装备附件:图片绑定在骨骼上来实现动画。如果需要,可以方便地更换角色的装备以满足不同的需求,甚至改变角色的面貌来达到动画重用的效果。
- ❑ 不同动画可混合使用:不同的骨骼动画可以结合到一起。例如,一个角色可以转动头部、射击,同时也可以在走路。
- ❑ 程序动画:可以通过代码控制骨骼,例如可以实现跟随鼠标的射击,注视敌人,或者上坡时的身体前倾等效果。

16.3　Spine 骨骼动画

　　Spine 是目前比较流行的骨骼动画之一。Cocos2d-x 的 Demo 中使用的就是基于 Spine 的骨骼动画。本讲将详细介绍如何使用 Spine 骨骼动画,以及如何使用 Spine 工具设计骨骼动画。

16.3.1　Spine 骨骼动画简介

Spine 骨骼动画就是 Spine 格式的动画。该格式的动画文件由 Spine 工具创建并生成。

读者可以到如下地址下载 Spine 工具：

http://zh.esotericsoftware.com/spine-download

Spine 是跨平台的骨骼动画设计工具，支持 Windows、Mac OS X 和 Linux 三个平台。读者可根据自己使用的平台下载相应的版本。

尽管 Spine 功能比较强大，但遗憾的是，Spine 是收费的。个人授权折合人民币 400 元左右。如果读者喜欢 Spine，建议购买正版的 Spine，这样会得到 Spine 官方的服务。当然，如果不想购买正版的 Spine，也可以下载 Spine 进行试用。试用版支持 Spine 的所有功能，只是不能保存和导出相应的文件。

Spine 不仅是跨平台的骨骼动画设计工具，还支持多种游戏引擎，其中 Cocos2d-x 就是其支持的游戏引擎之一。Spine 为各种支持的游戏引擎提供了 Library。这些 Library 都是免费开源的，读者可以到下面的地址下载相关的 Library：

https://github.com/EsotericSoftware/spine-runtimes

下面是 Spine 支持的主要游戏引擎和语言。
- AS3
- C
- Cocos2d-iPhone
- Cocos2d-x
- C♯
- Javascript
- Libgdx
- Love
- Lua
- Unity

16.3.2　在 Cocos2d-x 中使用 Spine 骨骼动画

在介绍如何使用 Spine 设计骨骼动画之前，先来看一下在 Cocos2d-x 中如何使用 Spine 生成骨骼动画文件。

Spine 生成的骨骼动画文件由如下三类文件组成。
- atlas 文件：纯文本文件，用于存储如何从大图中截取某一个骨骼图像（坐标、尺寸等信息）。
- json 文件：纯文本文件，主要用于存储骨骼动画以及每个骨骼在整副图中的位置和尺寸。
- 若干个 png 文件：图像文件，根据骨骼的数量和尺寸，Spine 会生成 1 个到 n 个 png 图像文件。命名规则是 filename. png、filename2. png、filename3. png、filenamen. png。如果一个大图无法放下所有的骨骼图像，则会生成更多存储骨骼图像的大图。

本例使用了两套 Spine 骨骼动画文件，文件名如下：

❑ 射击的 Boy：spineboy. atlas、spineboy. json 和 spineboy. png。

❑ 飞龙在天：dragon. atlas、dragon. json、dragon. png 和 dragon2. png

运行程序后，"射击的 Boy"动画会显示在左侧，"飞龙在天"动画会显示在右侧，效果如图 16-1 所示。其中"射击的 Boy"动画由于处于调试状态，所以将骨骼（红色的线）也显示了出来。

当"射击的 Boy"在完成动画的过程中，还会输出相应的日志，所以在使用"射击的 Boy"动画时还需要设置骨骼动画的监听器。

由于 Cocos2d-x 已经继承了 Spine Library，所以可以在 Cocos2d-x 中直接使用 Spine Library 的 API 调用装载和使用 Spine 骨骼动画文件。不过在使用这些 API 之前，需要先包括 spine-cocos2dx. h 文件，然后使用 spine 命名空间，代码如下：

图 16-1　骨骼动画

```
# include < spine/spine – cocos2dx. h>
using namespace spine;
```

下面先介绍几个关于 Spine Library 的关键 API。

1. 装载 Spine 骨骼动画文件

首先需要创建 SkeletonNode 对象，并装载 json 和 atlas 文件。通常使用 SkeletonAnimation∷createWithFile 方法完成这一工作，代码如下：

```
SkeletonNode skeletonNode = SkeletonAnimation ∷ createWithFile ( " spine/spineboy. json",
"spine/spineboy.atlas");
```

2. 播放动画

通常，一个 Spine 骨骼动画文件中不仅仅只有一个动画，所以要指定播放的动画。通过 SkeletonNode∷setAnimation 方法可以播放一个动画，通过 SkeletonNode∷addAnimation 方法添加新的动画，也就是顺序播放的动画。

3. 动画混合

如果有多个动画顺序播放，就需要使效果平滑，否则由一个动画突然切换到另外一个动画，会显得很突然。Spine Library 提供了这个功能，这就是 SkeletonNode∷setMix 方法。例如，下面的代码设置了从"走"到"跳"的平滑切换。

```
skeletonNode – > setMix("walk", "jump", 0.2f);
```

其中，第 1 个参数表示源动作，第 2 个参数表示目标动作，第 3 个参数表示完成平滑过渡所需要的时间，单位是秒。

4. 设置动画的播放快慢

可以通过 SkeletonNode->timeScale 设置播放速度。

5. 监听骨骼动画的播放

如果认为有必要监听骨骼动画播放的事件（如开始播放、播放结束），可以使用 SkeletonNode∷setAnimationListener 方法设置事件监听器。

6. 骨骼动画调试

如果想清楚地看到骨骼是如何运动的，可以将 skeletonNode->debugBones 设为 true，这样骨骼就会显示出来了（这一点和物理引擎的调试类似）。

下面可以根据前面介绍的内容使用 Spine 骨骼动画，首先应在 SpineTest∷onEnter 方法中装载前面提到的两个 Spine 动画，并且为第一个动画设置事件监听器。

Cocos2dxDemo/classes/Action/Spine_Armature/SpineTest. cpp

```cpp
void SpineTest∷onEnter()
{
    BasicScene∷onEnter();
    // 装载"射击的 Boy"骨骼动画文件
    skeletonNode = SkeletonAnimation∷createWithFile("spine/spineboy.json",
    "spine/spineboy.atlas");
    // 指定从走步到射击动画的切换需要 0.2 秒
    skeletonNode->setMix("walk", "shoot", 0.2f);
    // 指定从射击到走步动画的切换需要 0.4 秒
    skeletonNode->setMix("shoot", "walk", 0.4f);
    // 设置骨骼动画监听器
    skeletonNode->setAnimationListener(this, animationStateEvent_selector(SpineTest∷
animationStateEvent));
    // 播放 walk 动画,最后一个参数为 false,表示动画只播放一次(不循环),如果为 true,表示
    // 循环播放动画
    skeletonNode->setAnimation(0, "walk", false);
    // 添加 shoot 动画
    skeletonNode->addAnimation(0, "shoot", false);
    // 添加 walk 动画(循环播放)
    skeletonNode->addAnimation(0, "walk", true);
    // 添加 shoot 动画,最后一个参数表示延迟播放时间是 4 秒
    skeletonNode->addAnimation(0, "shoot", true, 4);

    // 播放速度是 0.3(值越大,动画播放的越快,默认值是 1.0f)
    skeletonNode->timeScale = 0.3f;
    // 设置为调试状态
    skeletonNode->debugBones = true;
    // 为骨骼动画节点添加一些动作
    skeletonNode->runAction(CCRepeatForever∷create(CCSequence∷create(CCFadeOut∷create(1),
                                                   CCFadeIn∷create(1),
                                                   CCDelayTime∷create(5),
                                                   nullptr)));
```

```
    Size windowSize = Director::getInstance()->getWinSize();
    skeletonNode->setPosition(Vec2(windowSize.width / 2 - 300, 20));
    skeletonNode->setScale(0.5);
    addChild(skeletonNode);

    // 装载"飞龙在天"骨骼动画
    auto skeletonNode1 = SkeletonAnimation::createWithFile("spine/dragon.json",
    "spine/dragon.atlas");
    // 播放 flying 动画
    skeletonNode1->setAnimation(0, "flying", true);

    skeletonNode1->timeScale = 0.2f;
    skeletonNode1->setPosition(Vec2(windowSize.width / 2 + 150, 100));
    skeletonNode1->setScale(0.6);
    addChild(skeletonNode1);
}
```

现在看一下骨骼动画事件监听方法的代码。

Cocos2dxDemo/classes/Action/Spine_Armature/SpineTest. cpp

```
void SpineTest::animationStateEvent (SkeletonAnimation * node, int trackIndex, spEventType
type, spEvent * event, int loopCount) {
    spTrackEntry * entry = spAnimationState_getCurrent(node->state, trackIndex);
    const char * animationName = (entry && entry->animation) ? entry->animation->name : 0;

    switch (type) {
        // 开始播放动画
        case ANIMATION_START:
            log("%d start: %s", trackIndex, animationName);
            break;
        case ANIMATION_END:            // 动画播放结束
            log("%d end: %s", trackIndex, animationName);
            break;
        case ANIMATION_COMPLETE: // 动画处于循环播放状态时,每一次循环完成
            log("%d complete: %s, %d", trackIndex, animationName, loopCount);
            break;
        case ANIMATION_EVENT:
            log("%d event: %s, %s: %d, %f, %s", trackIndex, animationName, event->data->
name, event->intValue, event->floatValue, event->stringValue);
            break;
    }
}
```

16.3.3   Spine 简介

Spine 是一款相当好的 2D 动画设计软件,可用于设计非常绚丽的骨骼动画。读者可以

到如下地址下载 Spine 的最新版本：

http://zh.esotericsoftware.com

尽管 Spine 功能非常强大，但 Spine 却是收费的，而且价格不菲（个人版 69 美元，终身授权，免费升级）。不过这并不影响 Spine 的广泛使用。如果只想试试 Spine，可以下载 Spine 的训练版本，该版本拥有 Spine 的全部功能，只是不能保存和导出骨骼动画文件，不过这并不影响使用训练版学习 Spine。

Spine 是跨平台的，目前支持 Windows、Mac OS X 和 Linux。读者可以根据自己使用的操作系统下载所需的版本，这些版本的使用方法和界面完全相同。Spine 主界面如图 16-2 所示（如果是训练版本，会在上方显示 TRIAL VERSION 的红色字样，购买正式版后，则不会显示这行文字）。

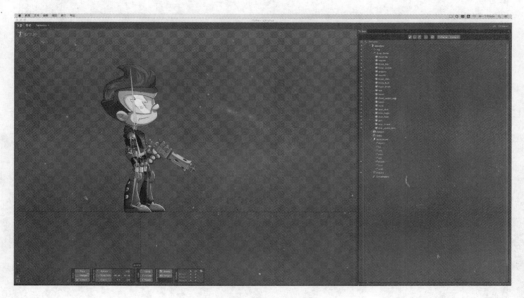

图 16-2　Spine 主界面

界面的正中心是骨骼动画的设计区域，右侧是资源处理区域，下方是控制区域。Spine 分为如下两种显示模式。

❏ Setup：用于设计骨骼动画的初始样式。

❏ Animate：用于制作骨骼动画。

默认是 Setup 模式，通过单击左上角的 Setup/Animate，可以在两种模式之间切换。

16.3.4　用 Spine 导入骨骼动画图像资源

Spine 的功能比较复杂，不过如果仅仅是设计简单的骨骼动画还是很容易的。使用 Spine 有点像使用 Flash 的感觉。先在 Setup 模式设计好骨骼动画的初始样式，并将图像的某部分和相应的骨骼绑定；然后切换到 Animate 模式，为动画设置关键帧；然后导出骨骼动画文件即可。

如果设计一个新的骨骼动画的第一步就是新建一个骨骼动画文件（单击左上角 Spine 图像，会弹出一个菜单，单击 New Project 即可）。然后，将骨骼动画所需的图像文件（事先需要用 Photoshop 等软件将完整的图像分解成多个部分）添加到右侧的资源区域。例如，要想重新设计图 16-2 所示的骨骼动画，首先要将所需的图像放到右侧资源中的 images 节点中。放置资源的方法是先要选中 images 节点，然后在最下方会出现 Path 区域，如图 16-3 所示。单击 Browse 按钮选择图像所在的路径即可。

图 16-3　选择骨骼图像所在的路径

导入图像资源后，images 节点就会加载选中目录中的图像，效果如图 16-4 所示。

现在可以全选图像（先用鼠标单击第一个图像，然后按住 Shift 键，鼠标再单击最后一个图像就会全选）。选中后将这些图像拖到左侧的设计区域，如图 16-5 所示。

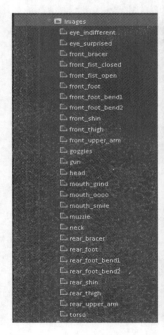

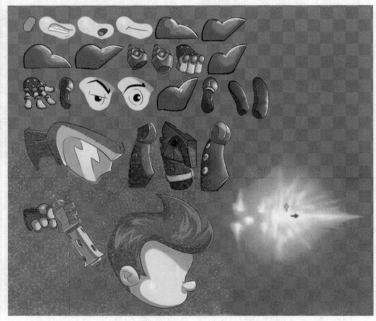

图 16-4　导入图像资源后的
　　　　效果

图 16-5　组成骨骼的图像

拖动图像之后,在右侧的资源区域,所有的图像都会在 Draw_Order 区域生成一个容器(可以称为图像槽)。之所以会生成图像槽,是因为骨骼是与图像槽绑定的,而不是直接与图像绑定的。一个图像槽可以有多个图像,但同时只能有一个图像处于激活状态(显示)。图像槽如图 16-6 所示。

图 16-6　图像槽

16.3.5　完成图像的摆放

装载完图像资源后,需要将这些图像移动到相应的位置,以组成骨骼动画的第一帧图像,为了移动如图 16-5 所示的每一部分图像,需要在 Setup 模式下,在界面下方的控制区域选择 Translate,如图 16-7 所示。然后,选中要移动的图像并移动到相应位置即可。

16.3.6　绑定骨骼

当图像摆放完后,需要画出相应的骨骼,然后将骨骼和图像槽绑定,这样与骨骼绑定的图像槽就会控制图像绕着骨骼的控制点做旋转操作。

要想绘制骨骼,需要在控制区域 Tools 部分选择 Create,Axes 区域选择 Parent,如图

图 16-7　移动图像

16-8 所示。

图 16-8　设置为骨骼创建状态

　　然后选中一个图像，就可以开始绘制骨骼了。图 16-9 是在"枪"的图像中绘制的一个骨骼，骨骼的控制点在枪托末端（那个楔形的东西就是骨骼）。

　　不过现在旋转骨骼，枪还不能跟着动，因为骨骼和枪还没有绑定。现在回到右侧的资源树，分别点击"枪"和"骨骼"，找到相应的节点，然后将"枪"所在的图像槽拖到骨骼下方。骨骼默认生成了一个名字，也可以双击骨骼节点，在弹出的对话框中输入新的骨骼名称，例如"gun_bone"，设置完的效果如图 16-10 所示。

图 16-9　绘制骨骼

图 16-10　将骨骼与图像槽绑定

16.3.7　在骨骼上旋转图像

　　现在回到下方的控制面板，在 Tools 区域选择 Pose，如图 16-11 所示。

图 16-11　利用骨骼摆放图像的位置（旋转）

　　现在，可以通过骨骼的控制点（骨骼的大头一端）旋转图像了。通过这个功能可以将图像旋转到某一位置。

图 16-12　旋转图像

16.3.8　设计骨骼动画

要想设计骨骼动画，需要切换到 Animate 模式。这时会在屏幕的下方显示一个类似于 Flash 的动画设计器，如图 16-13 所示。

最基本的动作就是在这个动画设计器中插入关键帧，然后 Spine 会自动生成中间的帧，这种动画被称为补间动画。

Spine 的补间动画支持旋转、移动和缩放。在下方的控制面板旋转 Rotate，则为创建旋转补间动画。在图像的初始位置单击 Rotate 右侧的小钥匙按钮，会在图 16-13 所示的动画设计器中插入关键帧，然后将"枪"旋转到目标位置，再将时间轴拖动到相应的位置。再次单击 Rotate 右侧的小钥匙按钮，设置下一个关键帧。这就完成了一个最简单的补间动画。图 16-14 用这种方法设置了 3 个关键帧。然后单击时间轴上方的运行按钮，并按下旁边的无限循环按钮，动画就会循环播放。要实现完整的动画，每一部分图像都需要这样做。

图 16-13　动画设计器

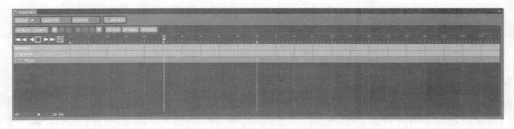

图 16-14　设置骨骼动画

当动画设计完成后,可以通过导出功能导出相应的动画文件,就可以使用前面介绍的方法在 Cocos2d-x 中播放骨骼动画了。

16.4　Armature 骨骼动画

Armature 骨骼动画是 Cocos Studio 生成的一种骨骼动画文件,默认的文件扩展名是 ExportJson 格式的。Cocos Studio 是 Cocos2d-x 官方维护的一款免费的可视化游戏元素编辑器,包括对场景、UI、动画等的编辑。不过,Cocos Studio2.x 由于更新了开发技术,暂时并未提供骨骼动画设计器。如果想使用 Cocos Studio 设计骨骼动画,可以使用 Cocos Studio1.6。不过,该版本只支持 Windows。由于本节的目的是讲解 Armature 骨骼动画的设计和使用,所以仍然使用 Cocos Studio1.6。如果读者想使用其他功能,可以获取更新的 Cocos Studio 版本。

16.4.1　安装和运行 Cocos Studio

下载 Cocos Studio,直接运行 exe 文件即可安装。运行 Cocos Studio 后,会在欢迎界面下方出现 4 个按钮,如图 16-15 所示。这 4 个按钮分别是 Animation Editor、UI Editor、Scene Editor 和 Data Editor。

图 16-15　欢迎界面中显示的按钮

其中,Animation Editor 就是本节要介绍的骨骼动画编辑器,单击该按钮进入骨骼动画编辑器,如图 16-16 所示。读者可以新建一个项目,也可以单击中间的"示例",打开一个已经做好的骨骼动画。

现在单击一个"示例",系统就会打开这个骨骼动画的 demo,效果如图 16-17 所示。

Cocos Studio 中的骨骼动画编辑器和 Spine 类似,也分为"形体模式"和"动画模式"。分别对应于 Spine 的 Setup 和 Animate 模式。默认是"形体模式",通过单击左上角的按钮

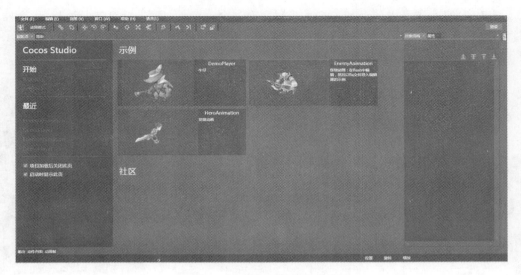

图 16-16　骨骼动画编辑器主界面

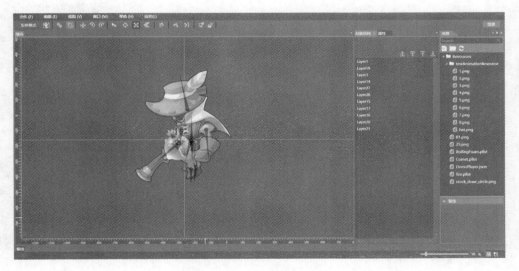

图 16-17　骨骼动画的界面

切换这两种模式。

16.4.2　将图像导入工程

如果要想重新设计一个骨骼动画,首先需要新建一个工程,然后在右侧"资源"区域中选择"Resources"上方三个按钮的中间那个(打开资源所在的文件夹),如图 16-18 所示。

单击该按钮后,会显示如图 16-19 所示的打开文件夹对话框,选择资源所在的目录即可。本例是 images 目录。

导入资源后,展开 Resources,会发现里面有一个 images 目录,继续展开该目录,会发现里面包含的所有图像都以文件名形式显示。单击某一个图像文件名,会在列表下方显示该图像的预览,效果如图 16-20 所示。

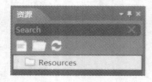

图 16-18 "资源"区域

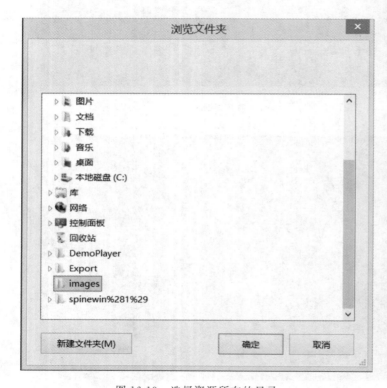

图 16-19 选择资源所在的目录

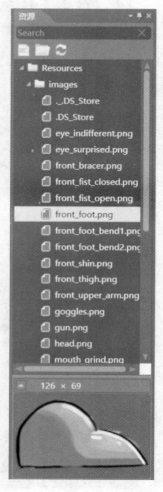

图 16-20 已经导入了图像资源

16.4.3 使用图像资源

读者可以将图像一个一个地拖到左侧的设计区域,也可以全都选中(先用鼠标选择第 1 个图像,然后按住 Shift 键,再用鼠标选中最后一个图像,即可全部选中)后,将它们拖到左侧的区域。不过,Cocos Studio 在这方面稍微差一点,拖动的结果是所有的图像都层叠在一起了,Spine 是自动展开的,所以,要手工将这些图像分开,如图 16-21 所示。

然后就将这些小图按照原图进行拼接,直到拼接成了原图。

图 16-21 将图像展开

16.4.4 创建骨骼

将小图拼接成原图后（这就是骨骼动画的第一帧），需要创建若干个骨骼。在动画编辑器上方有一排按钮，其中图 16-22 就是"创建骨骼"按钮，也可以按 Alt+K。

通常需要将骨骼放到与小图对应的位置，例如，图 16-23 是将骨骼放到了枪托上。如果一开始放错位置，可以移动和旋转骨骼来重新调整骨骼和图像的相对位置。

如果读者要移动或旋转骨骼和图像，可以选中界面上方的两个按钮（如图 16-24 所示），左侧按钮是移动，右侧按钮是旋转。要注意的是，这两个按钮在"形体模式"和"动画模式"中都起作用。

图 16-22 "创建骨骼"按钮　　　　图 16-23 创建骨骼　　　　

图 16-24 移动和旋转按钮

16.4.5 绑定骨骼和图像

这是最重要的一步。只有将骨骼和图像绑定，才能当骨骼运动时带动图像。如果要将哪个图像绑定到骨骼，先要选中该图像，然后单击鼠标右键，在弹出菜单中选择"绑定到骨骼"菜单项，如图 16-25 所示。然后再选中要绑定的骨骼即可（骨骼选中时会变亮）。

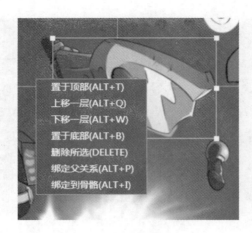

图 16-25　将图像绑定到骨骼

16.4.6　设计骨骼动画

现在切换到"动画模式",在屏幕下方会出现与 Spine 类似的骨骼动画设计器,如图 16-26 所示。

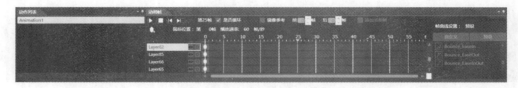

图 16-26　骨骼动画设计器

要设计骨骼动画,首先要将帧移动到指定的位置,默认是 0 帧(开始的位置)。将帧移动到指定的位置后,选中要做动作的图像(或骨骼),然后利用旋转和移动,将其设定为新的位置,这时就会在新的时间线产生一个关键帧,读者可以通过运行按钮预览动画效果。图 16-27 就是为了让枪绕着枪托下端旋转插入的两个关键帧(第 25 帧和第 50 帧)。

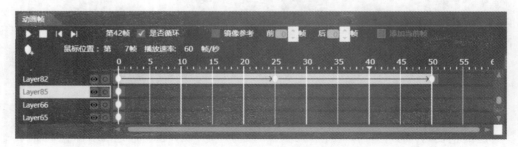

图 16-27　插入关键帧

16.4.7 导出骨骼动画

设计骨骼动画的最后一步就是导出骨骼动画。现在选择"文件">"导出项目"菜单项，会弹出如图 16-28 所示的"导出项目"窗口。大多数选项保持默认值即可。可以单击"浏览"按钮选择骨骼动画文件要存放的目录。最后单击"确定"按钮导出即可。

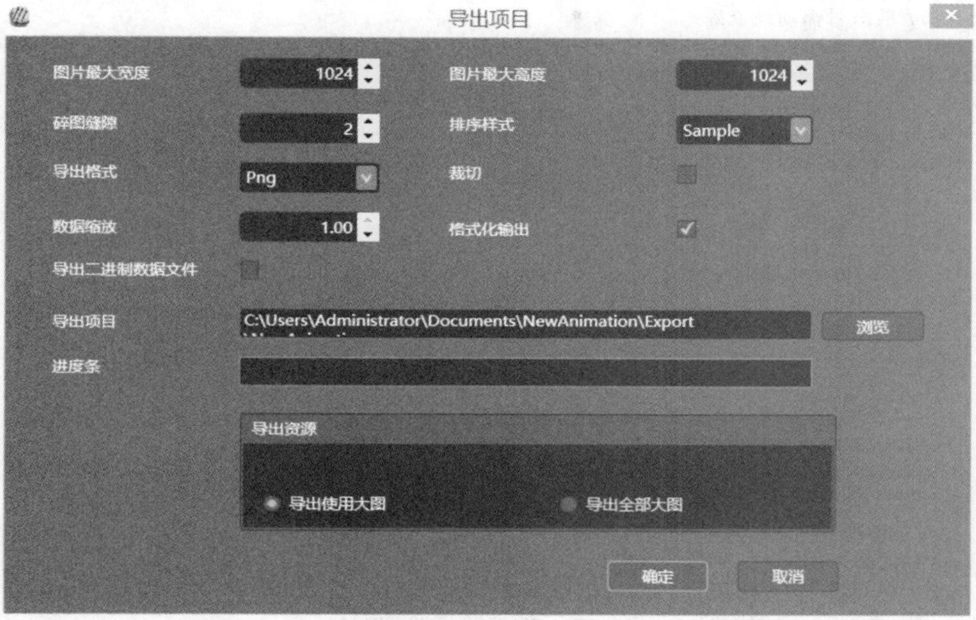

图 16-28 导出骨骼动画文件

16.4.8 在 Cocos2d-x 中使用骨骼动画

本节将播放通过 Cocos Studio 导出骨骼动画文件。本例将使用两个骨骼动画文件：DemoPlayer. ExportJson 和 tauren. ExportJson。播放效果如图 16-29 所示。

要想播放 Cocos Studio 导出的骨骼动画，首先需要 include 如下的头文件。

cocostudio/CocoStudio.h

由于骨骼动画文件涉及一些资源，所以首先需要通过如下方法装载这些资源。

ArmatureDataManager::addArmatureFileInfo(…)

然后，就可以通过 Animation::play 或其他相近的方法播放动画了。

图 16-29 播放骨骼动画

本例中播放骨骼动画的完整代码如下：

Cocos2dxDemo/classes/Action/Spine_Armature/ArmatureTest. cpp

```cpp
void ArmatureTest::onEnter()
{
    BasicScene::onEnter();
    auto size = Director::getInstance()->getWinSize();
    // 装载骨骼动画资源
    ArmatureDataManager::getInstance()->addArmatureFileInfo("armature/DemoPlayer1.png", "armature/
    DemoPlayer1.plist", "armature/DemoPlayer.ExportJson");
    // 装载骨骼动画资源
    ArmatureDataManager::getInstance()->addArmatureFileInfo("armature/DemoPlayer0.png", "armature/
    DemoPlayer0.plist", "armature/DemoPlayer.ExportJson");
    // 创建 Armature 对象,其中 DemoPlayer 为骨骼动画的名字,这个名字不能很随便起,通常与
    // 骨骼动画的保存文件名相同
    Armature * armature1 = Armature::create( "DemoPlayer");
    // 将骨骼动画缩小到原来的 30 %
    armature1->setScale(0.3);
    // 设置骨骼动画的位置
    armature1->setPosition(Point(size.width * 0.5 - 200, size.height * 0.5));
    // 播放动画
    armature1->getAnimation()->play("walk");
    // 将骨骼动画添加到当前的场景中
    addChild(armature1);

    // 装载骨骼动画
    ArmatureDataManager::getInstance()-> addArmatureFileInfo("armature/tauren0.png", "armature/
    tauren0.plist", "armature/tauren.ExportJson");
    Armature * armature2 = Armature::create( "tauren");
        armature2->setPosition(Point(size.width * 0.5 + 200, size.height * 0.5));
    // 播放动画
    armature2->getAnimation()->play("attack");
    addChild(armature2);
}
```

阅读这段代码应注意下面三点。

（1）由于 DemoPlayer.ExportJson 对应的资源太多,一个图像文件没有存下,所以使用了两个图像文件（DemoPlayer0.png 和 DemoPlayer1.png）保存这些图像资源。因此,在装载时需要调用两次 addArmatureFileInfo 方法装载它们。

（2）Cocos Studio 导出的骨骼动画有如下三种格式。

ExportJson：骨骼动画文件。

plist：描述小图在大图中的位置和尺寸。

png：图像资源文件（通常有一个或多个这样的文件）。

（3）从 16.4.6 节的图 16-26 可以看出,左侧的"动作列表"区域有一个默认的 Animation1。实际上,这是默认生成的动画名称。一个骨骼动画可以包含任意多个这样的名称。每一个动画名称对应一套动作,如走路、奔跑、攻击、腾飞等。双击动作名称,可以修改其名称。单

击鼠标右键,可以单击弹出菜单中的"添加动画"菜单项添加一个新的动画。例如,图 16-30 就是 DemoPlayer 对应的各种动画。其中,本例使用的是 walk。Animation∷play 方法的参数值就需要指定这些动画名称中的某一个。

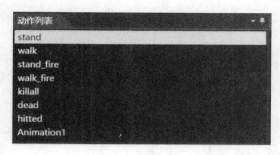

图 16-30　动作列表

当然,播放动画也可以不使用动画名称,而使用动画索引。根据动画索引播放动画的方法是 Animation∷playWithIndex,该方法只有一个参数,就是动画索引。索引从 0 开始。可根据图 16-30 所示依次得出动画的索引。例如,walk 的索引是 1。所以可以用下面的代码播放 walk 动画。

```
armature1->getAnimation()->playWithIndex(1);
```

扩展学习：连续播放多个动画

Cocos2d-x 也允许连续播放多个动画。通过 Animation∷playWithNames 方法可以指定多个动画名称,并连续播放这些动画。该方法的原型如下：

```
void playWithNames(const std::vector<std::string>& movementNames, int durationTo = -1,
bool loop = true);
```

其中,movementNames 用于指定多个动画名称(通过 vector 模板设置)。durationTo 表示两个动画直接切换所需要的帧数,如果该参数值是 -1,表示系统会直接根据 movementNames 中指定的动画处理。loop 参数为 true,表示循环播放动画；loop 为 false,表示只播放一次动画。

如果想通过动画索引指定多个动画,可以使用 Animation∷playWithIndexes 方法,该方法的原型如下：

```
void playWithIndexes(const std::vector<int>& movementIndexes, int durationTo = -1, bool
loop = true);
```

其中,movementIndexes 参数用于设置多个动画索引,其他两个参数和 playWithNames 方法的同名参数含义完全一样。

16.5　小结

本章主要介绍了如何使用 Spine 和 Cocos Studio 设计骨骼动画。前者是收费软件,后者是免费软件,但 Spine 的功能更强大。设计一个绚丽的骨骼动画非常复杂,不过本章介绍的内容仅是一个入门,希望读者通过本章的学习,举一反三,设计出更好的骨骼动画。

第 17 章　Objective-C、Swift、C++ 和 Java 交互

如今的编程语言越来越多,而由于各种各样的原因,在很多项目中都会混搭各种编程语言。这就涉及一个问题:这些编程语言可以互相调用吗? 当然,大多数编程语言之间是可以进行交互的,涉及 Android 和 iOS 两个平台有 4 种语言之间的交互。

本章要点

❑ C++ 与 Objective-C 的交互;

❑ C++ 与 Swift 之间的交互;

❑ Swift 与 Objective-C 之间的交互;

❑ C++ 与 Java 之间的交互。

17.1　C++ 与 Objective-C 的交互

XCode 允许使用 4 种语言(C、C++、Objective-C 和 Swift)开发程序。而且,这 4 种语言是可以交互的。所以,如何基于 Cocos2d-x 的游戏运行在 iOS 或 Mac OS X 上,可以同时使用这 4 种语言编写代码。当然,只是在非常必要时才这么做。例如,从网上发现一个很好的 Library 的源代码,要将其加入自己的游戏程序中,不过源代码却是用 Objective-C 写的。而我们的主要代码都是 C++ 编写的,所以这就要求 C++ 可以访问 Objective-C 编写的 API。当然,代码还可能是用 Swift 编写的,这就要求 C、C++、Objective-C 和 Swift 可以互相访问。本节将介绍这 4 种语言中的 C++ 和 Objective-C 交互。

17.1.1　C++ 调用 Objective-C API

由于 Objective-C 完全兼容 C 语言,所以 C++ 访问 Objective-C 中的 API,就和访问 C 中的 API 一样简单,通常直接使用 include 包含 Objective-C 的头文件即可,但在细节上仍然和 C++ 调用 C 语言有一定的区别。

本节将给出一个例子,让 C++ 调用 Objective-C 类的多个方法,这些方法包含静态方法和成员方法。主要的功能是直接用 Objective-C 的 API 输出日志,返回 NSString * 类型的

字符串以及显示 iOS 风格的对话框。

运行本例后，会弹出一个如图 17-1 所示的对话框，并在日志窗口输出相应的内容。

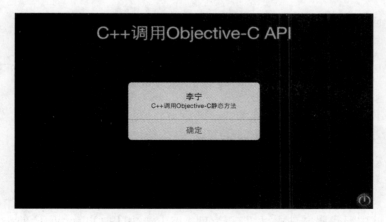

图 17-1　C++调用 Objective-C API 显示的 iOS 风格的对话框

首先来实现 Objective-C 的部分。Objective-C 类名是 TestCPPToObjC，头文件的代码如下：

cocos2dx_local/classes/TestCPPToObjC.h

```
# import < Foundation/Foundation.h>
@ interface TestCPPToObjC : NSObject
// 静态方法
+ (void) writeText:(NSString * )text;
// 静态方法
+ (void) showMessageBox:(NSString * )pMsg title:(NSString * )pTitle;
// 成员方法
- (NSString * ) getName;
@ end
```

属性 Objective-C 的读者应该很清楚，方法前面用"＋"的是静态方法，用"-"的是成员方法。由于本书的主要目的并不是介绍 Objective-C，所以关于 Objective-C 的细节就不详细介绍了，如果读者对 Objective-C 比较陌生，建议阅读相关的文档或书籍。

接下来实现这几个方法，代码如下：

cocos2dx_local/classes/TestCPPToObjC.m

```
# import "TestCPPToObjC.h"
@ implementation TestCPPToObjC
+ (void) writeText:(NSString * )text
{
    NSString * str = @"hello";
    // 输出 str 变量的值
    NSLog(@" % @  % @", str,text);
```

```
}
+ (void) showMessageBox:(NSString * )pMsg title:(NSString * )pTitle
{
    UIAlertView * messageBox = [[UIAlertView alloc] initWithTitle: pTitle
                                                          message: pMsg
                                                         delegate: nil
                                                cancelButtonTitle: @"确定"
                                                otherButtonTitles: nil];

    [messageBox autorelease];
    // 显示 iOS 风格的对话框
    [messageBox show];
}
- (NSString * ) getName
{ return @"李宁";
}
```

尽管在 C++ 中源代码文件中可以直接使用 include 引用 Objective-C 的头文件,但为了便于编译器处理,XCode 将源代码文件分成如下 3 类(XCode6 以上版本还包括 Swift 文件,这在后面会讨论)。

❑ .m 文件:这类文件是 Objective-C 源代码文件,不能在这类文件中编写 C++ 代码,但可以编写 C 语言的代码。

❑ .cpp 文件:这类文件是 C++ 源代码文件,不能在这类文件中编写 Objective-C 代码,但可以编写 C 语言的代码。

❑ .mm 文件:这类文件是 Objective-C 和 C++ 混合源代码文件,在这类文件中可以编写 C++、Objective-C 和 C 语言代码。

从这三类文件可以看出,C 语言在这三类文件中都可以使用;Objective-C 只有在.m 和.mm 文件中才能使用;C++ 只有在.mm 和.cpp 文件中才能使用。根据这些描述,不能在.cpp 文件中直接引用 Objective-C 头文件,应该利用.mm 文件进行中转。因为.mm 文件既可以编写 Objective-C 代码,也可以编写 C++ 代码。

现在我们编写一个用于中转的 Mixture 类。该类在 Mixture.h 文件中声明,在 Mixture.mm 文件中实现。Mixture 类只有一个 method 方法,该方法调用了前面实现的 TestCPPToObjC 类的 3 个方法。首先看一下 Mixture.h 文件的实现。

cocos2dx_local/classes/Mixture.h

```
# ifndef __ cocos2dx_local __ Mixture __
# define __ cocos2dx_local __ Mixture __
# include "cocos2d.h"
USING_NS_CC;
class Mixture : public Sprite{
public:
    void method();
    CREATE_FUNC(Mixture);
```

```
};
# endif /* defined(__cocos2dx_local__Mixture__) */
```

从 Mixture 类的声明可以看出，Mixture 是一个 C++类。而且该类是 Sprite 的派生类。之所以从 Sprite 类派生，是因为可以利用 Create 方法创建 Mixture 对象，并可以利用 Cocos2d-x 的对象池管理 Mixture 对象。

下面来看一下 Mixture.mm 文件的代码。

cocos2dx_local/classes/Mixture.mm

```
# include "Mixture.h"
# if (CC_TARGET_PLATFORM == CC_PLATFORM_IOS)
# include "TestCPPToObjC.h"
# endif
void Mixture::method(){
# if (CC_TARGET_PLATFORM == CC_PLATFORM_IOS)
    // 调用 writeText 方法
    [TestCPPToObjC writeText:@"world"];
    // 调用 showMessageBox 方法
    [TestCPPToObjC showMessageBox:@"C++调用 Objective-C 静态方法" title:@"李宁"];
    // 创建 TestCPPToObjC 类的对象，并调用 getName 方法，以及输出该方法的返回值
    NSLog(@"hello %@",[[TestCPPToObjC new] getName]);
# endif
}
```

由于 method 方法只在 iOS 中调用，所以通过 ♯if 宏指令让该方法中的代码只在 iOS 中有效。在 method 方法中，使用了 Objective-C 的语法调用了 TestCPPToObjC 类中的静态方法和成员方法，也就是说，method 方法的代码是由 C++和 Objective-C 混合而成的。

接下来需要在 HelloWorldScene.cpp 文件中使用下面的代码引用 Mixture.h 文件。

cocos2dx_local/classes/HelloWorldScene.cpp

```
# if (CC_TARGET_PLATFORM == CC_PLATFORM_IOS)
# include "Mixture.h"
# endif
```

由于 Mixture 类只用于 iOS，所以这里仍然需要使用 ♯if，只有在 iOS 平台才引用 Mixture.h 头文件。

接下来，我们就需要在 HelloWorld::init 方法中使用下面的代码添加如图 17-1 所示的菜单项。

cocos2dx_local/classes/HelloWorldScene.cpp

```
auto labelTTFCPPToObjc1 = LabelTTF::create("C++调用 Objective-C API", "fonts/Paint Boy.
ttf", 40);
auto menuLabelCPPToObjc1 = MenuItemLabel::create(labelTTFCPPToObjc1,
                                    CC_CALLBACK_1(HelloWorld::menuCPPToObjc, this));
menuLabelCPPToObjc1 -> setPosition( Point( origin.x + visibleSize.width / 2, origin.y +
```

```
visibleSize.height - menuLabelCPPToObjc1 -> getContentSize().height) );
menu -> addChild(menuLabelCPPToObjc1);
```

最后,需要在菜单项的回调方法 HelloWorld::menuCPPToObjc 中使用下面的代码调用 Mixture::method 方法,执行这段代码后的效果就是图 17-1 所示的效果。

cocos2dx_local/classes/HelloWorldScene. cpp

```
void HelloWorld::menuCPPToObjc(Ref * sender)
{
# if (CC_TARGET_PLATFORM == CC_PLATFORM_IOS)
    auto mixture = Mixture::create();
    mixture -> retain();
    // 调用 method 方法
    mixture -> method();
    mixture -> release();

# endif
}
```

17.1.2 通过 Objective-C 获取 Web 数据

在本节将实现一个实用的例子。如果不喜欢 C++ 或 Cocos2d-x 中访问 Web 的 API,可以直接使用 iOS 中的 Web 访问 API,然后通过前面介绍的方法用 C++ 调用。本节将根据这个方法用 Objective-C 实现一个向服务端发送 Http Get 请求,并同步接收返回数据,最后由 C++ 获取返回数据,并输出到日志窗口。

首先应在 TestCPPToObjC 类中添加一个 httpGetRequest 方法,该方法用于向服务端发送 Http Get 请求,并接收服务端的返回数据。

cocos2dx_local/classes/TestCPPToObjC. h

```
@interface TestCPPToObjC : NSObject
… …
+ (NSString * ) httpGetRequest:(NSString * )pUrl;
@end
```

接下来需要实现 httpGetRequest 方法,代码如下：

cocos2dx_local/classes/TestCPPToObjC. m

```
+ (NSString * ) httpGetRequest:(NSString * )pUrl
{
    // 根据传入的 Url 创建 NSURL 对象
    NSURL * url = [NSURL URLWithString:pUrl];
    // 创建用于发送请求的 NSURLRequest 对象,其中 10 为超时时间,
    // 超过 10 秒服务器还没有响应客户端的请求,连接自动断开
    NSURLRequest * request = [[NSURLRequest alloc]initWithURL:url
                    cachePolicy:NSURLRequestUseProtocolCachePolicy
                                        timeoutInterval:10];
```

```
// 发送同步的 Http Get 请求,并接收来自服务端的响应
NSData * received = [NSURLConnection sendSynchronousRequest:request
                returningResponse:nil error:nil];
// 将返回的数据按 UTF8 格式转换为 NSString 指针类型的变量
NSString * str = [[NSString alloc]initWithData:received
            encoding:NSUTF8StringEncoding];
// 返回服务端响应的数据
return str;

}
```

为了能让 C++ 调用 Objective-C 编写的 httpGetRequest 方法,需要在 Mixture 类中编写同名的方法进行中转,该方法的代码如下:

cocos2dx_local/classes/Mixture.h

```
class Mixture : public Sprite{
public:
    … …
    string httpGetRequest(string url);
};
```

现在来实现 httpGetRequest 方法,代码如下:

cocos2dx_local/classes/Mixture.mm

```
string Mixture::httpGetRequest(string url)
{
# if (CC_TARGET_PLATFORM == CC_PLATFORM_IOS)

    // 需要将 string 类型的参数值转换为 NSString 指针类型
    NSString * requestUrl = [[NSString alloc] initWithUTF8String:url.c_str()];
    // 调用 TestCPPToObjC 类中的 httpGetRequest 方法向服务端发送 Http Get 请求,
    // 并接收服务端的响应数据
    NSString * result = [TestCPPToObjC httpGetRequest:requestUrl];
    // 重新将 NString 指针类型的返回值转换为 string 类型
    string s = string([result UTF8String]);
    return s;
# endif
}
```

Mixture::httpGetRequest 方法的核心就是 Objective-C 类型 NSString * 和 C++ 类型 string 直接的互相转换。

接下来,我们就需要在 HelloWorld::init 方法中使用下面的代码添加一个菜单项。

cocos2dx_local/classes/HelloWorldScene.cpp

```
auto labelTTFCPPToObjc2 = LabelTTF::create("通过 Objective - C API 发送 HTTP Get 请求",
"fonts/Paint Boy.ttf", 40);
```

```
auto menuLabelCPPToObjc2 = MenuItemLabel::create(labelTTFCPPToObjc2, CC_CALLBACK_1(HelloWorld::menuCPPToObjc_HttpGetRequest, this));
    menuLabelCPPToObjc2->setPosition(Point(origin.x + visibleSize.width / 2, menuLabelCPPToObjc1->getPosition().y - menuLabelCPPToObjc1->getContentSize().height));
menu->addChild(menuLabelCPPToObjc2);
```

最后，需要在 HelloWorld::menuCPPToObjc_HttpGetRequest 方法中完成对 Mixture::httpGetRequest 方法的调用，并在日志窗口输出该方法的返回值。

cocos2dx_local/classes/HelloWorldScene.cpp

```
void HelloWorld::menuCPPToObjc_HttpGetRequest(Ref* sender)
{
#if (CC_TARGET_PLATFORM == CC_PLATFORM_IOS)
    auto mixture = Mixture::create();
    mixture->retain();
    // 调用 httpGetRequest 方法，并输出该方法的返回值
    log("%s", mixture->httpGetRequest("http://blog.csdn.net/nokiaguy").c_str());
    mixture->release();

#endif
}
```

现在运行程序，然后选择"通过 Objective-C API 发送 HTTP Get 请求"菜单项，会在 XCode 的日志窗口输入服务端返回的数据，效果如图 17-2 所示。

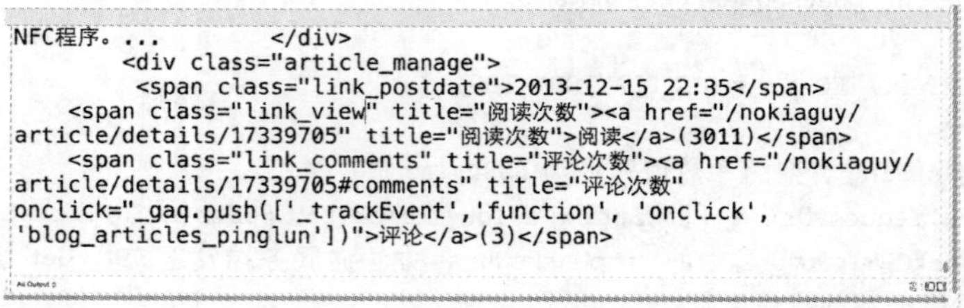
```
NFC程序。...          </div>
        <div class="article_manage">
         <span class="link_postdate">2013-12-15 22:35</span>
     <span class="link_view" title="阅读次数"><a href="/nokiaguy/
article/details/17339705" title="阅读次数">阅读</a>(3011)</span>
     <span class="link_comments" title="评论次数"><a href="/nokiaguy/
article/details/17339705#comments" title="评论次数"
onclick="_gaq.push(['_trackEvent','function', 'onclick',
'blog_articles_pinglun'])">评论</a>(3)</span>
```

图 17-2 输出服务端返回值

17.1.3 Objective-C 调用 C++ API

假设 C++需要调用 Objective-C 类中的一个方法，这个不用多说，因为前面已经讨论了这个问题，不过团队成员之间互相帮助总是需要的。恰巧这个 Objective-C 类的方法中有一个功能又需要使用 C++ 实现，这就又绕回来了。一开始 C++ 是求助于 Objective-C，而 Objective-C 这次又需要求助于 C++了。实际上这个过程如下：

```
C++ > Objective-C > C++
```

实际上 Objective-C 调用 C++可以使用类似于 C++调用 Objective-C 的方法解决，也就是需要一个.mm 文件，然后在这个.mm 文件中定义一个 Objective-C 类，该类调用 C++ API 即

可。下面看一看具体如何来实现。

读者可以按如下步骤来完成这个工作。

第1步：编写一个C++类。

为了做试验，本例只用C++实现一个计算阶乘的方法，并用Objective-C类调用该方法。首先来编写Maths.h文件的内容，代码如下：

cocos2dx_local/classes/Maths.h

```
#ifndef __cocos2dx_local__Maths__
#define __cocos2dx_local__Maths__
class Maths
{
public:
    // 计算阶乘
    int factorial(int n);
};

#endif /* defined(__cocos2dx_local__Maths__) */
```

下面来编写Maths.cpp文件的代码。

cocos2dx_local/classes/Maths.cpp

```
#include "Maths.h"
// 计算阶乘
int Maths::factorial(int n)
{
    if(n == 0)
    {
        return 1;
    }
    else
    {
        return factorial(n - 1) * n;
    }
}
```

第2步：编写ObjCMaths类。

为了让Objective-C可以调用Maths::factorial方法，需要在ObjCMaths.mm文件中编写一个Objective-C类ObjCMaths，然后使用C++语法调用Maths::factorial方法。

下面先编写ObjCMaths.h文件代码。

cocos2dx_local/classes/ObjCMaths.h

```
#import <Foundation/Foundation.h>
@interface ObjCMaths : NSObject
// 计算阶乘
+(int) factorial:(int)n;
```

```
@end
```

现在编写 ObjCMaths. mm 文件的代码。

cocos2dx_local/classes/ObjCMaths. mm

```
# import "ObjCMaths.h"
# import "Maths.h"
@ implementation ObjCMaths
+ (int) factorial:(int)n
{
    Maths maths;
    // 调用 Maths::factorial 方法计算阶乘,并返回计算结果
    return maths.factorial(n);
}
@end
```

第 3 步:在 **TestCPPToObjC** 类中添加一个静态的 **process** 方法,在该方法中会间接调用前面编写的 **Maths::factorial** 方法。

cocos2dx_local/classes/TestCPPToObjC. h

```
@ interface TestCPPToObjC : NSObject
+ (void)process;
@end
```

在 TestCPPToObjC. cpp 文件中,实现 process 方法之前,需要先在该文件的前面使用下面的代码引用前面编写的 ObjCMaths. h 文件。

cocos2dx_local/classes/TestCPPToObjC. m

```
# include "ObjCMaths.h"
```

实现 process 方法,代码如下:

cocos2dx_local/classes/TestCPPToObjC. m

```
+ (void)process
{
    // 通过 ObjCMaths 类的 factorial 方法调用 Maths 类的 factorial 方法计算阶乘
    int n = [ObjCMaths factorial:10];
    // 输出计算结果
    NSLog(@"10! = %d", n);
}
```

第 4 步:编写被 **C++** 调用的 **process** 方法。

用 Objective-C 编写的 process 方法是不能直接被 C++ 调用的(因为在语法层次不兼容),不过可以在. mm 文件中编写一个 C++ 类,然后在 C++ 类的方法中使用 Objective-C 语法调用上一步编写的 process 方法。

这个 C++ 类在 17.1.1 节已经编写完了，这就是 Mixture 类，所以只需要在该类中添加一个 process 方法即可。

cocos2dx_local/classes/Mixture. h

```
class Mixture : public Sprite
{
public:
    …
    void process();
};
```

下面来实现 Mixture∷process 方法。

cocos2dx_local/classes/Mixture. mm

```
void Mixture∷process()
{
# if (CC_TARGET_PLATFORM == CC_PLATFORM_IOS)
    // 调用 TestCPPToObjC∷process 方法
    [TestCPPToObjC process];
# endif
}
```

第 5 步：完成最后的工作。

在这一步我们将添加一个"C++ > Objective-C > C++"菜单项，然后选择该菜单项，调用 Mixture∷process 方法。当然，调用该方法，实际上绕了一大圈，最核心的代码还是使用 C++实现的。

首先，在 HelloWorld∷init 方法中使用下面的代码添加这个菜单项。

cocos2dx_local/classes/HelloWorldScene. cpp

```
auto labelTTFCPPToObjc3 = LabelTTF∷create("C++ > Objective - C > C++", "fonts/Paint Boy.
ttf", 30);
auto menuLabelCPPToObjc3 = MenuItemLabel∷create(labelTTFCPPToObjc3,
CC_CALLBACK_1(HelloWorld∷menuCPPToObjcToCPP, this));
menuLabelCPPToObjc3 -> setPosition( Point( origin. x + visibleSize. width / 2,
        menuLabelCPPToObjc2 -> getPosition(). y -
        menuLabelCPPToObjc2 -> getContentSize(). height) );
menu -> addChild(menuLabelCPPToObjc3);
```

接下来实现 HelloWorld∷menuCPPToObjcToCPP 方法，代码如下：

cocos2dx_local/classes/HelloWorldScene. cpp

```
void HelloWorld∷menuCPPToObjcToCPP(Ref * sender)
{
# if (CC_TARGET_PLATFORM == CC_PLATFORM_IOS)
    auto mixture = Mixture∷create();
    mixture -> retain();
```

```
        // 调用 Mixture::process 方法
        mixture->process();
        mixture->release();
    #endif
}
```

现在运行程序,选择 C++ > Objective-C > C++菜单项,将会在日志窗口输出如下的内容。

```
10! = 3628800
```

17.1.4 .mm 文件到底起什么作用

读者可能会有一些疑问:.mm 文件到底起什么作用?为什么 C++ 与 Objective-C 互相调用要使用两个.mm 文件呢(Mixture.mm 和 ObjCMaths.mm)?使用一个不行吗?

其实,C++ 与 Objective-C 的交互是基于一个原则:编译兼容,链接透明。那么,这个原则到底是什么意思呢?在解释这个原则之前,应该先了解 C、C++ 和 Objective-C 的编译过程。

我们通常说的编译过程并不仅仅包含编译,还包括了链接的过程。只是为了方便,才简称为编译过程。这三种语言尽管从语法上看差异很大,但编译和链接的过程是基本相同的。

这三种语言都支持头文件(.h 文件)。不管在.h、.cpp、.c、.m 还是.mm 文件中,只要使用 include 引用头文件,在编译时系统首先会使用预处理器进行处理。预处理器的功能很多,但有一个最重要的功能,就是将 include 指定的头文件中的所有内容插入到使用引用头文件的源代码文件中。当预处理器完成所有的工作后,会将预处理后的结果作为编译器的输入部分来启动编译器。这里的编译是指对.cpp、.c、.m 和.mm 文件的编译,.h 文件并不参与编译,该文件是给预处理器准备的,和编译没有关系。编译器也完全不知道.h 文件的存在。因为在编译时,预处理器已经将头文件中的内容都插入到源代码文件了。编译器对应的只是处理完的源代码文件(.cpp、.c、.m 和.mm 文件)。

讲到这里,就会遇到我们的第一个问题——假设正在编译一个 C++ 源代码文件(test.cpp),那么 test.cpp 文件用 include 引用的头文件中的代码怎样才符合要求呢?当然,除了语法必须正确外,还有一个重要的要求,就是 test.cpp 文件引用的所有头文件,以及这些头文件引用的其他头文件的代码必须是 C++ 的代码,这也就解释了本节开始提到的原则的前半部分:编译兼容。这里所谓的兼容,是指源代码兼容。也就是说,预处理器插入的代码(从头文件中获取)必须和引用头文件源代码文件中的源代码兼容(属于同一种语言)。由于插入头文件的代码是给编译器准备的,所以就可以简称为"编译兼容"。

既然了解了什么叫编译兼容,那么这也解释了为什么一定要使用.mm 文件作为中转。这是因为.mm 文件允许 Objective-C 和 C++ 代码同时存在(编译器会自动区分的),这样就可以使用两种代码来编写一个方法。不过这并不是关键,真正关键的是与.mm 文件对应的头文件(.h 文件)必须只能用一种语言的代码进行编写。例如,由于 Mixture.h 文件(与 Mixture.mm 文件对应)是被 C++ 直接调用的,所以 Mixture.h 文件中只能用 C++ 来声明

Mixture 类（不能出现任何 Objective-C 代码），只有这样，在 HelloWorldScene.cpp 文件中插入 Mixture.h 文件的代码时，才会符合"编译兼容"的要求。而由于 ObjCMaths.h 文件（与 ObjCMaths.mm 文件对应）需要被 Objective-C 代码调用（TestCPPToObjC.m 中的 process 方法），所以 ObjCMaths.h 文件中只能有 Objective-C 代码，不能有任何 C++ 的代码。

　　前面介绍了这个多头文件的限制。其实，头文件的一个重要作用就是在访问头文件中声明的类和类中的成员方法时，告诉调用者某个类到底有什么成员方法，以及这些成员方法的返回值、参数个数、参数类型等调用时必需的信息，至于其他源代码文件中方法的内部是如何实现的，在编译时才不会去关心。也就是说，在编译每一个源代码文件时，只关心当前正在编译的源代码文件中的实现细节，至于调用其他源代码文件中的方法，只需要获取调用所需的信息即可。

　　每一个源代码文件都是单独编译的，编译后都会生成一个目标文件（例如，Windows 中的.o 文件，其他系统可能会是其他的文件扩展名或没有扩展名）。而所有参与编译的源代码文件都生成与其对应的目标文件后，就开始进入了编译过程的最后一步——链接。

　　所谓链接，就是将编译这一步生成的多个目标文件进行组合。在这一步仍然会做一些检测。例如，同一个全局的变量或方法是否在多个目标文件中定义了，如果结果是 Yes，那么将会产生一个链接错误。当然，这只是一些题外话，本节的主要目的并不是深度解析链接的过程。下面回到正题。虽然 Mixture.h 和 ObjCMaths.h 分别使用 C++ 和 Objective-C 声明了 Mixture 和 ObjCMaths 类。但 Mixture.mm 和 ObjCMaths.mm 文件中的代码却是用两种语言（C++ 和 Objective-C）混合而成的。这就涉及前面提到的原则的后一部分——链接透明。

　　对于程序开发来说，透明就是指"不用管它"。例如，如果说用户访问调用某个服务，只需要关注接口即可，后台的实现对用户都是透明的。也就是说，我们并不需要去管后台的实现，只要调用接口即可。

　　那么，这里的"链接透明"是指什么呢？要回答这个问题，首先要解释为什么 Mixture.h 和 ObjCMaths.h 文件非得用同一种语言编写，而与其对应的 Mixture.mm 和 ObjCMaths.mm 却可以同时使用 C++ 和 Objective-C 编写。这是因为，Mixture.mm 和 ObjCMaths.mm 文件是参与编译的，不管源代码文件使用的是 C++，还是 Objective-C，或是两种语言的混合。编译的结果都是一样的（汇编代码），而链接使用的是 Mixture.mm 和 ObjCMaths.mm 文件生成的目标文件，所以在链接的过程中，实际上是对应的一种语言——汇编。因此，在链接的过程中，源代码文件对于链接器是透明的，也就是说，链接器才不会去管这些汇编代码是由 C++，还是 Objective-C，或是由两种语言混合编译而成的。我面对的只是汇编。所以"链接透明"的含义就是源代码对于链接器是透明的。

　　现在来总结一下：与.mm 文件对应的头文件是为了满足"编译兼容"而存在的。因为头文件的源代码必须和引用头文件的源代码兼容。.mm 文件是为了满足"链接透明"而存在的，这是因为，不管.mm 文件使用什么语言来编写代码，链接器永远对应的是汇编代码，源代码对于链接器是完全透明的。

17.2 C++调用 Swift API

从 XCode6.x 起，Apple 编程语言家族又添新丁，这就是 Swift。Swift 和 Objective-C 都可以调用 Cocoa Framework 中的 API，有点像 JVM 家族的 Java 和 Scala。都可以使用 JDK 中的 API。但它们的语法却有很大的差异。Swift 语法更容易理解，而且编程效率 更高。

既然又多了一个 Swift，那么就涉及 Swift 与现存语言（主要是 C++ 和 Objective-C）的交 互问题。所以现在就需要研究 C++、Objective-C 和 Swift 三种语言之间的交互。本节主要 讨论 C++ 如何间接调用 Swift 的 API。

17.2.1 创建 Swift 文件

XCode 允许多种语言编写的源代码文件存在于同一个工程中，目前已经存在了 cpp、 mm 和 m 文件。现在来添加一个 Swift 源代码文件。

首先选择 File＞New＞File 菜单项，会弹出一个如图 17-3 所示的对话框。按图所示选 择 Swift File 列表项。然后单击 Next 按钮进行一系列的操作（与创建 Objective-C 文件基 本相同）可创建一个 Swift 源代码文件（本例是 TestSwift.swift）。

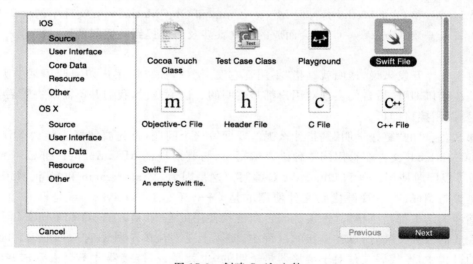

图 17-3 创建 Swift 文件

要注意的是，如果在包含 Objective-C 源代码文件的工程中添加 Swift 源代码文件，在 第一次添加的过程中会弹出如图 17-4 所示的确认对话框，询问是否要添加 Objective-C 桥 接头文件，这类头文件是用于 Swift 调用 Objective-C API 的，这些内容会在后面的部分详 细讨论。这里先单击 Yes 按钮生成这些头文件即可。

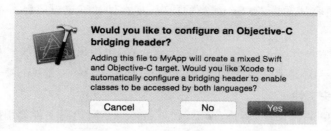

图 17-4 提示是否创建 Objective-C 桥接头文件

通常会生成如下两个桥接头文件,这两个头文件默认除了几行注释外,什么都没有。在本章后面的内容中会添加相应的代码。

❑ <Project Name> iOS-Bridging-Header. h:在 iOS 中使用。

❑ <Project Name> Mac-Bridging-Header. h:在 Mac OS X 中使用。

其中,<Project Name>是当前工程的名称,本例的工程名称是 cocos2dx_local,所以这两个文件的名称如下:

❑ cocos2dx_local iOS-Bridging-Header. h

❑ cocos2dx_local Mac-Bridging-Header. h

要注意的是,cocos2dx_local 和后半部分名称之间是一个空格。

17. 2. 2　编写 Swift 类

本节将编写一个 Swift 类,该类中的 getString 方法最终将被 Objective-C 直接调用,被 C++间接调用。

由于本书的主要目的并不是介绍 Swift,所以本节不会对 Swift 做详细的讨论。如果读者对 Swift 不了解,可以观看我的在线视频课程:http://edu. 51cto. com/course/course_id-1387. html。

现在打开 TestSwift. swift 文件,然后在该文件中输入如下的代码。

cocos2dx_local/classes/HelloWorldScene. cpp

```
import Foundation
@objc class MySwift
{
    // 静态方法(需要用 class 关键字)
    class func 'new'() ->MySwift
    {
        return MySwift()
    }
    func getString() ->String
    {
        return "我是谁"
    }
}
```

为了让读者更容易看懂 MySwift 类的代码,现在做如下三点解释。

1. 静态方法

Swift 和 Objective-C、Java 等面向对象语言一样,也指出静态方法。只不过类中的静态方法需要使用 class 关键字修饰,而不是像 Java 一样的 static 关键字,这一点要注意。

2. 自动生成头文件

不管是 C++、Objective-C,还是 Swift,如果另外一个源代码文件要引用这些语言编写的源代码文件,必须使用头文件。头文件的主要作用就是定义一个被访问元素的表态。例如,方法的返回值、参数类型和参数个数。有了这些信息,就可以调用这个方法。那么,我们在建立 TestSwift.swift 文件时并未看到 TestSwift.h 或其他类似的头文件。实际上,如果 Swift 源代码文件要被 Objective-C 源代码引用,只需要在 Swift 类的外部使用 @objc 修饰 (@objc 不一定要在 class 关键字前面,在类定义的上面也可以),XCode 就会自动为 TestSwift.swift 生成一个头文件。

3. 将 Swift 关键字用于类成员

如果 Swift 中的方法或属性的名称正好与 Swift 关键字的名称相同,那么也不用换方法或属性名,直接在方法或属性名称两侧用"`"括起来即可。要注意,这个符号并不是单引号(通用 PC 键盘上"1"键左侧那个按键)。例如`new`、`class`都可以作为合法的方法或属性名,在访问这些方法和属性时,不需要加"`"。其中,TestSwift 类使用`new`作为创建 TestSwift 对象实例的静态方法。

17.2.3　自动生成的头文件的位置和命名规则

既然 XCode 会自动生成与 TestSwift.swift 文件对应的头文件,那怎么没在工程中看到呢? 实际上,自动生成的头文件并不会自动加载到工程中,而是会作为一个临时的头文件存在于当前工程的导出(Derived)目录中的某个子目录中。那么,当前工程的导出目录在哪里呢?

其实,这个目录很容易获得,首先应该知道 XCode 的导出目录在哪里。XCode 中所有工程的导出目录都在该目录中。现在选择 Xcode>Preferences 菜单项,打开 Preferences 对话框,切换到 Locations 标签页,如图 17-5 所示。其中 Derived Data 下面的路径就是默认的导出目录。

这个目录一般不需要设置,只要保持默认值即可。单击路径右侧箭头图标,就会直接打开 Finder,并定位到导出目录(DerivedData),但并未打开该目录。现在进入 DerivedData 目录,会发现里面可能有很多子目录。子目录的多少和我们曾经使用 XCode 编译过多少工程有关。每一个子目录对应于一个工程的导出目录。导出目录的命名原则如下:

```
<Project Name>-xxxxxxxxxxxxxxxxxxxxx
```

其中,<Project Name>表示工程名,后面的一串 x 表示 XCode 自动生成的字符串。例

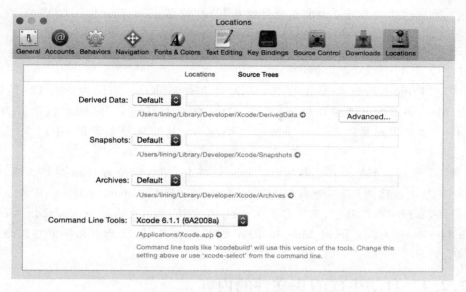

图 17-5　Preferences 对话框

如,本例工程名是 cocos2dx_local,所以对应的导出目录可能是如下的名称。

cocos2dx_local-cltjxrxroxhsolcofzolhsynnhrn

现在,找到以 cocos2dx_local 开头的目录,并进入该目录。该目录下有很多子目录,但不需要管他们。只需要进入如下的目录即可。

Build/Intermediates/cocos2dx_local.build

在 cocos2dx_local. build 目录中通常会有如图 17-6 所示的 3 个子目录。

其中,Debug 是开发 Mac OS X 程序生成的目录;Debug-iphoneos 是在为真机编译工程时使用的导出目录;而 Debug-iphonesimulator 是为 iOS 模拟器编译工程时使用的导出目录。

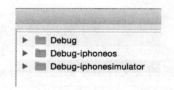

图 17-6　cocos2dx_local. build
目录中的内容

注意:尽管后两个导出目录都包含了 iphone 字样,不过即使为 iPad 编译工程,也会使用这两个目录。也就是说,不会出现 Debug-ipados 和 Debug-ipadsimulator 目录。

现在,进入 Debug/cocos2dx_local Mac. build/DerivedSources 目录,会发现该目录中有一个头文件(cocos2dx_local_Mac-Swift. h)。

读者可以再次进入下面两个目录:

❑ Debug-iphoneos/cocos2dx_local iOS. build/DerivedSources

❑ Debug-iphonesimulator/cocos2dx_local iOS. build/DerivedSources

我们会发现,这两个目录中的头文件名称相同,都是 cocos2dx_local_iOS-Swift. h。从这一点可以推断出这些自动生成的头文件的命名规则如下:

```
< Project Name >_XXX - Swift. h
```

其中,<Project Name>是工程名,XXX 是 Mac 或 iOS。如果为 Mac OS X 编译程序,就是 Mac,如果为 iOS 编译程序,就是 iOS。在网上有的资料(甚至包括官方文档)说头文件的命名规则是<Project Name>-Swift. h。其实这是错误的,中间少了个 Mac 或 iOS。

注意:尽管后两个导出目录都包含了 iphone 字样,不过即使为 iPad 编译工程,也会使用这两个目录。也就是说,不会出现 Debug-ipados 和 Debug-ipadsimulator 目录。另外还要注意一点,在同一个工程中,不管有多少个 swift 文件,都只生成一个 cocos2dx_local_iOS-Swift. h 和一个 cocos2dx_local_Mac-Swift. h 文件,也就是说,这两个文件中可能会有多个类的声明。

17.2.4　自动生成的头文件的内容

XCode 在 cocos2dx_local_iOS-Swift. h 和 cocos2dx_local_Mac-Swift. h 中生成了很多代码和注释,这些内容大多都不需要了解到底是做什么的(因为比较复杂,所以 XCode 选择自动生成这些头文件)。而这两个头文件的最后,就是 MySwift 类的声明,代码如下:

```
@interface MySwift
+ (MySwift ∗ )new;
− (NSString ∗ )method;
− (instancetype)init OBJC_DESIGNATED_INITIALIZER;
@end
```

看到这个类声明,也许大家都有点明白了:TestSwift. swift 中是用 Swift 语法写成的 MySwift 类;而生成的头文件中却使用了 Objective-C 语法声明 MySwift 类。这两个自动生成的头文件根本就是让 Objective-C 代码调用的。也就是说,这两个自动生成的头文件就是给 Objective-C 准备的。

17.2.5　自动生成头文件非得用@objc 吗

17.2.2 节曾经提到,如果让 XCode 自动生成头文件,必须使用@objc 来修饰类。不过非得这么做吗?而且用@objc 修饰类,还需要我们自己编写一个 new 方法创建 MySwift 类,也比较麻烦。

实际上,Swift 和 Objective-C 是同源的。尽管语法存在较大差异,但 Swift 和 Objective-C 源代码编译生成的目标文件是基本相同的。这也就意味着,Swift 可以和 Objective-C 一样,从 Cocoa 类(以 NS 开头的类)派生。而 XCode 会为所有从 Cocoa 派生的 Swift 类自动生成相应的头文件,而且再也不需要自己来编写 new 方法创建对象了。

为了演示这种编写 Swift 类的方式,本节用前面介绍的方法重新建立一个 TestSwift_NS.swift 方法。该文件中定义了一个 MySwift_NS 类,该类从 NSObject 派生(实际上,从任何一个 Cocoa 类派生都可以,例如 NSString),代码如下:

```
import Foundation
class MySwift_NS : NSObject
{
    func getString() -> String
    {
        return "MySwift_NS"
    }
}
```

重新编译 cocos2dx-local 工程后,仍然会在前面提到的两个自动生成的头文件中生成 MySwift_NS 类的声明,代码如下:

```
@interface MySwift_NS : NSObject
- (NSString *)getString;
- (instancetype)init OBJC_DESIGNATED_INITIALIZER;
@end
```

可以看到,新生成的 MySwift_NS 类的声明中没有 new 方法,是不是比原来的 MySwift 简单些呢?通常来讲,读者使用哪种方法都可以,可以根据需要而定。

注意:如果一个 Swift 类既不用 @objc 修饰,也不从 Cocoa 类派生,那么 XCode 是不会为这个 Swift 类中头文件中自动生成声明的。

17.2.6 用 Objective-C 调用 Swift API

既然自动生成的头文件中都是用 Objective-C 语法进行类声明的,那么只有.m 和.mm 文件中才能使用 include 引用这些头文件。可以选择在前面实现的 Mixture.mm 文件中引用 cocos2dx_local_iOS-Swift.h 或 cocos2dx_local_Mac-Swift.h,也可以新建一个.m 文件引用这两个头文件。本节选择新建一个 CallSwift.m 文件(对应的头文件是 CallSwift.h)来引用 cocos2dx_local_iOS-Swift.h。然后 Mixture.mm 再引用 CallSwift.h 文件。

首先,在 CallSwift.h 文件中声明 CallSwift 类,代码如下:

cocos2dx_local/classes/CallSwift.h

```
# import <Foundation/Foundation.h>
@interface CallSwift : NSObject
+ (NSString *)getString;
+ (NSString *)getStringNS;
@end
```

其中,getString 方法负责调用 MySwift 类中的 getString 方法,getStringNS 负责调用 MySwift_NS 中的 getString 方法。下面在 CallSwift.m 文件中实现这两个方法。

cocos2dx_local/classes/CallSwift. m

```
# import "CallSwift. h"
# if (CC_TARGET_PLATFORM == CC_PLATFORM_IOS)
# include "cocos2dx_local_iOS - Swift. h"
# endif
@ implementation CallSwift
+ (NSString * )getString
{
    MySwift * mySwift = [MySwift new];
    // 调用 MySwift 类中的 getString 方法
    return mySwift. getString;
}
+ (NSString * )getStringNS
{
    MySwift_NS * mySwiftNS = [MySwift_NS new];
    // 调用 MySwift_NS 类中的 getString 方法
    return mySwiftNS. getString;
}
@ end
```

尽管 MySwift 和 MySwift_NS 类都是用 Swift 语言编写的类,但在 CallSwift. m 中只能用 Objective-C 语法调用。其中,getString 中使用的 new 方法是直接在 MySwift 类中编写的。而 getStringNS 中的 new 方法是从 NSObject 类继承的。

现在,我们可以在 Mixture. mm 文件中使用下面的代码引用 CallSwift. h 文件。

```
# include "CallSwift. h"
```

接下来,在 Mixture 类中按下面的代码添加 getString 和 getStringNS 方法,这两个方法分别调用 CallSwift 类中的同名方法。

cocos2dx_local/classes/Mixture. h

```
class Mixture : public Sprite{
public:
    …
    string getString();
    string getStringNS();

};
```

接下来,在 Mixture. mm 文件中实现这两个方法,代码如下:

cocos2dx_local/classes/Mixture. mm

```
string Mixture::getString()
{
# if (CC_TARGET_PLATFORM == CC_PLATFORM_IOS)
    NSString * str = [CallSwift getString];
    string result = string([str UTF8String]);
```

```
      return result;
# endif
}
string Mixture::getStringNS()
{
# if (CC_TARGET_PLATFORM == CC_PLATFORM_IOS)
      NSString * str = [CallSwift getStringNS];
      string result = string([str UTF8String]);
      return result;
# endif
}
```

17.2.7　C++调用 Swift API

C++ 实际上是间接调用 Swift API，中间通过 Objective-C 进行衔接。首先，在 HelloWorld::init 方法中使用下面的代码添加第 4 个菜单项：C++调用 Swift API。

cocos2dx_local/classes/HelloWorldScene. cpp

```
auto labelTTFCPPToObjc4 = LabelTTF::create("C++调用 Swift API", "fonts/Paint Boy.ttf", 30);
auto menuLabelCPPToObjc4 = MenuItemLabel::create(labelTTFCPPToObjc4,
                   CC_CALLBACK_1(HelloWorld::menuCPPToSwift, this));
    menuLabelCPPToObjc4 -> setPosition( Point( origin.x + visibleSize.width / 2,
               menuLabelCPPToObjc3 -> getPosition().y -
               menuLabelCPPToObjc3 -> getContentSize().height) );
menu -> addChild(menuLabelCPPToObjc4);
```

本节将使用两个 iOS 的对话框分别显示 getString 和 getStringNS 方法的返回值，所以为了显示 iOS 风格的对话框，并可以由调用者指定显示的信息。还需要在 Mixture 类中添加如下的方法用于显示 iOS 风格的对话框。

cocos2dx_local/classes/Mixture. h

```
class Mixture : public Sprite{
public:
      ……
      // 显示 iOS 风格的对话框
      void showMessageBox(string msg, string title);
};
```

接下来，在 Mixture. mm 文件中实现 showMessageBox 方法，代码如下：

cocos2dx_local/classes/Mixture. mm

```
void Mixture::showMessageBox(string msg, string title)
{
# if (CC_TARGET_PLATFORM == CC_PLATFORM_IOS)
      //iOS 代码
      NSString * m = [[NSString alloc] initWithUTF8String:msg.c_str()];
```

```
        NSString * t = [[NSString alloc] initWithUTF8String:title.c_str()];
        [TestCPPToObjC showMessageBox:m title:t];
    # endif
    }
```

现在来实现最后一部分，就是 HelloWorld∷menuCPPToSwift 方法，该方法用于调用 Mixture∷getString 和 Mixture∷getStringNS 方法，并通过 iOS 风格的对话框显示这两个方法的返回值。

cocos2dx_local/classes/HelloWorldScene. cpp

```
void HelloWorld∷menuCPPToSwift(Ref * sender)
{
# if (CC_TARGET_PLATFORM == CC_PLATFORM_IOS)
    auto mixture = Mixture∷create();
    mixture - > retain();
    // 显示对话框是异步的,所以可能会先显示最后一个对话框
    mixture - > showMessageBox(mixture - > getString(),"C++调用 Swift");
    mixture - > showMessageBox(mixture - > getStringNS(),"C++调用 Swift");
    mixture - > release();
# endif
}
```

运行程序，选择"C++调用 Swift API"菜单项，就会先后显示两个 iOS 风格的对话框。

17.3 Swift 调用 Objective-C API

不仅 Objective-C 可以调用 Swift 的 API，Swift 也可以调用 Objective-C 的 API。前者依赖于 XCode 自动生成的头文件（Objective-C 语法格式）完成这一工作；而后者则是通过第一次创建 Swift 源代码文件生成的桥接头文件（iOS 和 Mac OS X 各自拥有独立的头文件）完成这一工作。本节将详细介绍 Swift 调用 Objective-C API 的详细步骤。

17.3.1 在桥接头文件中引用 Objective-C 的头文件

我们知道，对于 Swift、Objective-C 和 C++ 这样的编程语言，如果在一个源代码文件（假设为 A）中要使用另外一个源代码文件（假设为 B）中的函数或类，首先要做的就是在 A 中定义 B 中要使用的函数或类的原型。因为在编译源代码的过程中，编译器并不需要知道被调用 API 的具体实现，所以声明函数或类的原型即可。

当然，我们可以直接在 A 中声明这些 API 的原型，不过这太麻烦了。幸亏有头文件。只要 include 或 import 即可。因为头文件中的内容就是这些 API 的原型。那么，Swift 源代码文件就比较麻烦。不管是 C++ 风格的头文件，还是 Objective-C 风格的头文件，都没有办法直接在 Swift 源代码文件中引用。因为 XCode 并不同时支持 Swift 和 C++ 或 Swift 和 Objective-C 的源代码文件（.mm 同时支持 C++ 和 Objective-C）。所以，在 Swift 源代码文件

中直接引用头文件这条路完全被堵死了。

不过，XCode 提供了另外一条路，这就是本节要讲的桥接头文件。对于 iOS 系统，桥接头文件是 cocos2dx_local iOS-Bridging-Header. h，对于 Mac OS X 系统，桥接头文件是 cocos2dx_local Mac-Bridging-Header. h。其中，cocos2dx_local 是 XCode 的工程名。不管有多少个 Swift 和 Objective-C 源代码文件，一个 XCode 工程只会自动生成这两个桥接头文件。

桥接头文件的使用方法很简单。如果 Swift 源代码文件要引用哪个 Objective-C 风格的头文件，只需要在相应的桥接头文件中引用即可。例如，本例中，要使用我们以前创建的 ObjCMaths. h 文件，所以在 cocos2dx_local iOS-Bridging-Header. h 文件中直接输入如下的代码即可。

```
# import "ObjCMaths.h"
```

如果还想在 Mac OS X 中也使用这个头文件，就需要在 cocos2dx_local Mac-Bridging-Header. h 文件中也导入这个头文件。

实际上，在底层，Swift 源代码文件仍然将 ObjCMaths. h 文件的内容导入到自己的文件中。不过，这些内容已经不是原来的 Objective-C 风格的内容了。编译器在底层已经做了处理，而且所有的 Swift 源代码文件都会自动引用桥接头文件。所以并不需要显式地在 Swift 源代码文件中引用这两个桥接头文件。

17.3.2　在 Swift 源代码文件中调用 Objective API

既然 Swift 源代码文件会自动引用桥接头文件，那么自然就可以在源代码文件中调用桥接头文件引用的 Objective-C 头文件中声明的 API。经过系统处理后，Swift 源代码文件引入的一定是 Swift 语法，所以调用 Objective-C API 时直接使用 Swift 语法调用即可（当然，也无法使用其他语言的语法，因为 Swift 源代码文件只支持 Swift 语法）。

为了方便，本例仍然使用前面创建的 TestSwift. swift 文件中的 MySwift 类。现在，在该类中添加一个 getFactorial 方法，该方法调用了 ObjCMaths 类中的 factorial 方法。getFactorial 方法完整的代码如下：

cocos2dx_local/classes/TestSwift. swift

```
class myswift
{
    …
    func getFactorial(n:Int32) -> Int32
    {
        return ObjCMaths.factorial(n);
    }
}
```

17.3.3　Objective-C 调用 Swift API

由于我们的最终目的是让 C++ 调用 MySwift. getFactorial 方法，所以还需要在

CallSwift 类中添加一个 getFactorial 方法。CallSwift 类在前面已经介绍过了，这里不再赘述。

首先，应在 CallSwift 类的声明中添加 getFactorial 方法的声明，代码如下：

cocos2dx_local/classes/CallSwift. h

```
@interface CallSwift : NSObject
…
+ (int)getFactorial:(int)n;
@end
```

然后，在 CallSwift. m 文件中实现 getFactorial 方法，代码如下：

cocos2dx_local/classes/CallSwift. m

```
+ (int)getFactorial:(int)n
{
    MySwift * mySwift = [MySwift new];
    return [mySwift getFactorial:n];
}
```

CallSwift. m 实际上是引用了 cocos2dx_local_iOS-Swift. h 头文件才可以调用 MySwift. getFactorial 方法。这个头文件是 XCode 自动生成的。已经将 Swift 语法转换成了 Objective-C 语法，所以才可以用 Objective-C 语法调用 MySwift. getFactorial 方法（这一点在 17.2.3 节已经讲过了，可以重新回顾一下）。

17.3.4 声明和实现 C++ 风格的方法

要想让 C++ 调用 getFactorial 方法，直接和 C++ 代码接触的一定还是 C++ 代码，所以这一节需要在 Mixture 类中声明和实现一个 C++ 语法的 getFactorial 方法。

首先，在 Mixture 类中声明 getFactorial 方法的原型，代码如下：

cocos2dx_local/classes/Mixture. h

```
class Mixture : public Sprite
{
public:
    …
    int getFactorial( int n);
};
```

接下来，在 Mixture. mm 文件中实现 getFactorial 方法，代码如下：

cocos2dx_local/classes/Mixture. mm

```
int Mixture::getFactorial( int n)
{
# if (CC_TARGET_PLATFORM == CC_PLATFORM_IOS)
    int factorial = [CallSwift getFactorial:n];
```

```
    return factorial;
# endif
}
```

17.3.5　C++调用 Swift API

实际上，本节是通过间接的方式通过 C++ 调用 Swift API。首先需要在 HelloWorld∷init 方法中使用下面的代码添加一个菜单项

cocos2dx_local/classes/HelloWorldScene. cpp

```
auto labelTTFCPPToObjc5 = LabelTTF∷create("Swift 调用 Objective - C", "fonts/Paint Boy.
ttf", 30);
auto menuLabelCPPToObjc5 = MenuItemLabel∷create(labelTTFCPPToObjc5,
                            CC_CALLBACK_1(HelloWorld∷menuSwiftToObjc, this));
menuLabelCPPToObjc5 - > setPosition( Point( origin. x + visibleSize. width / 2,
                    menuLabelCPPToObjc4 - > getPosition(). y -
                    menuLabelCPPToObjc4 - > getContentSize(). height) );
menu - > addChild(menuLabelCPPToObjc5);
```

接下来，实现菜单项回调方法 HelloWorld∷menuSwiftToObjc，代码如下：

cocos2dx_local/classes/HelloWorldScene. cpp

```
void HelloWorld∷menuSwiftToObjc(Ref * sender)
{
# if (CC_TARGET_PLATFORM == CC_PLATFORM_IOS)
    auto mixture = Mixture∷create();
    mixture - > retain();
    string msg = to_string(mixture - > getFactorial(12));
    mixture - > showMessageBox(msg,"12!");
    mixture - > release();
# endif
}
```

现在运行程序，然后选择"Swift 调用 Objective-C"菜单项，显示如图 17-7 所示的对话框。

图 17-7　计算 12 的阶乘

从表面上看,本例是 C++ 通过 Objective-C 调用 Swift 的 API。实际上,调用关系就是一个圆。这是因为 MySwift. getFactorial 方法调用了 ObjCMaths. factorial 方法(Objective-C),而 ObjCMaths. factorial 方法是通过调用 Maths∷factorial 方法(C++)实现计算阶乘的功能。因此,本例实际上就是 C++ 调用了 C++,只是中间通过 Swift 和 Objective-C 进行了一系列的调用。当然,在实际的应用中很少这么做,不过本例的目的是想说明 C++、Objective-C 和 Swift 三种编程语言是互通的,任何两种语言都可以直接或间接地交互。下面是本例调用的完整过程。括号中是当前类对应的编程语言。

```
程序开始> HelloWorld(C++)> Mixture(Objective-C,C++)> CallSwift(Objective-C)>
自动生成的 cocos2dx_local_iOS-Swift.h(Objective-C)> TestSwift(Swift)>桥接头文件
(Objective-C)> ObjCMaths(Objective-C,C++)>Maths(C++)
```

根据这一调用链不难发现,只要是 Objective-C 和 C++ 交互,中间就必须通过. mm 文件作为中转。例如,HelloWorld 和 CallSwift 之间是 Mixture(C++ 调用 Objective-C API),桥接头文件和 Maths 之间是 ObjCMaths(Objective-C 调用 C++ API)。因此,. mm 文件存在的主要目的就是允许 C++ 和 Objective-C 两种语言直接进行交互。由于 Swift 是横空出世的,所以目前还没有同时允许 C++、Objective-C 和 Swift 三种语言存在于一个源代码文件的技术。所以 XCode 采取了一种看起来别扭,但很实用的方法:如果 Objective-C 调用 Swift API,会为被调用的 Swift API 自动生成一个 Objective-C 语法格式的头文件;如果 Swift 调用 Objective-C API,会直接使用桥接头文件。不管怎样,通过. mm 文件、自动生成的 Objective-C 格式的头文件和桥接头文件三种技术,完全可以使用 C++、Objective-C 和 Swift 三种语言随心所欲地交互。

17.4 Android 平台多语言交互

经过前面学习了一番复杂的调用后,现在来看看 Android 平台是如何让各种语言实现交互的。Android 没那么复杂。主要只有两种语言:Java 和 C++。因此,交互也变得简单得多,就是 Java 和 C++ 的直接交互。

17.4.1 C++ 调用 Java 类的无参数静态方法

首先要了解的是,如果在 Cocos2d-x 中调用 Java API,首先需要在当前的 C++ 文件中引用 jni. h 和 JniHelper. h。其中,JniHelper. h 中定义了一些有助于访问 Java API 的类。由于本例是针对于 Android 平台,所以应该使用 ♯if 指令限制 C++ 编译器只允许 Android 平台引用这两个头文件,具体的实现代码如下:

cocos2dx_local/classes/HelloWorldScene. cpp

```
♯ if( CC_TARGET_PLATFORM == CC_PLATFORM_ANDROID )
♯ include < jni. h>
♯ include "platform/android/jni/JniHelper. h"
♯ endif
```

接下来可以按如下几步完成 C++调用 Java API 的工作。

第 1 步：编写 Java 类和相应的方法

读者可以用 eclipse 打开 cocos2dx_local 中的 proj. android 工程，并在 org. cocos2dx. cpp 包中建立一个 MyClass 类。然后，在该类中添加一个 getCurrentTime_Static 方法，该方法的功能是获取当前时间，并将格式化后的时间返回。完整的代码如下：

cocos2dx_local/proj. android/src/org/cocos2dx/cpp/MyClass. java

```java
package org.cocos2dx.cpp;
import java.text.SimpleDateFormat;
import java.util.Date;
public class MyClass
{
    public static String getCurrentTime_Static()
    {
        // 将时间格式化为年、月、日、时、分、秒、星期
        SimpleDateFormat dateformat = new SimpleDateFormat(
                "yyyy 年 MM 月 dd 日 HH 时 mm 分 ss 秒 E ");
        String result = dateformat.format(new Date());
        return result;
    }
}
```

第 2 步：使用 JniHelper 调用 Java 类的静态方法

现在，打开 HelloWorldScene.cpp 文件，在其中添加 menuJavaToCPP_NoParam 方法。在该方法中通过相应的 API 调用 getCurrentTime_Static 方法。完整的代码如下：

cocos2dx_local/classes/HelloWorldScene. cpp

```cpp
void HelloWorld::menuJavaToCPP_NoParam(Ref * sender)
{
#if( CC_TARGET_PLATFORM == CC_PLATFORM_ANDROID )
    JniMethodInfo t;
    // 获取 getCurrentTime_Static 方法的信息
    if( JniHelper::getStaticMethodInfo( t,
                                        "org.cocos2dx.cpp.MyClass",
                                        "getCurrentTime_Static",
                                        "()Ljava/lang/String;" ) )
    {
        // 调用 getCurrentTime_Static 方法
        jstring s = ( jstring ) t.env->CallStaticObjectMethod( t.classID, t.methodID);
        t.env->DeleteLocalRef( t.classID );
        // 将 jstring 类型的值转换为 string 类型的值
        string str = JniHelper::jstring2string( s );
        // 输出 getCurrentTime_Static 方法的返回值
        log( "% s", str.c_str());
```

```
        }
    #endif
    }
```

编写 HelloWorld::menuJavaToCPP_NoParam 方法需要了解如下几点。

1）描述 Java 类型的标志

在调用 JniHelper::getStaticMethodInfo 方法获取 Java 类的静态方法信息时，方法信息通过 JniMethodInfo 对象返回。而 getStaticMethodInfo 方法的后三个参数分别表示 Java 类的全名、静态方法名和方法的描述。其中前两项一目了然，对照第 1 步实现的 MyClass 类很容易理解。现在来深入探讨一下 getStaticMethodInfo 方法的最后一个参数。该参数用于描述静态方法的参数个数、参数类型和返回值类型。不过，这些描述不是直接使用 Java 类型，而是使用一种类型标志。Java 中的每一个简单类型以及类、数组等都对应于一个这样的标志。表 17-1 就是这些标志与 Java 数据类型的对应关系。

表 17-1 类型标志与 Java 类型的对应关系

标　　志	Java 类型	标　　志	Java 类型
V	void	J	long
Z	boolean	F	float
B	byte	D	double
C	char	L 类的全名；	Java 类
S	short	［类型标志	Java 数组
I	int	（参数类型）返回值类型	方法

根据表 17-1 的描述，如果要表示 getCurrentTime_Static 方法，正确的写法如下：

()Ljava/lang/String;

要注意的是，如果用标志表示一个类，前面需要用大写的 L，后面跟类的全名。但要注意，需要将其中的"."改成"/"。

下面再举个例子，如果要用类型标志表示 int[] process(int，float，String)方法，正确的写法如下：

(IFLjava/lang/String;)[I

2）C++与 Java 直接的类型映射

不管是 C++调用 Java API，还是 Java 调用 C++ API，都不可回避一个问题，就是如何在 Java 和 C++的类型之间建立一个映射关系。JNI 技术为我们完成了这个映射。例如，JNI 中的 jstring 对应于 C++中的 std::string 类（需要进行转换）。而 Java 中的 java.lang.String 类型将通过 JNI 直接转换为 jstring 类型。这样 Java 和 C++中的字符串将通过 jstring 进行中转。当然，除了 jstring 外，还有很多类似的中转类型，这些中转类型都是以小写 j 开头（除了 void 外），表 17-2 描述了这些中转类型和 Java 类型的对应关系。

表 17-2　INI 类型与 Java 类型的对应关系

JNI 类型	Java 类型	JNI 类型	Java 类型
void	void	jclass	java.lang.Class objects
jboolean	boolean	jstring	java.lang.String objects
jbyte	byte	jobjectArray	Array of objects
jchar	char	jbooleanArray	Array of booleans
jshort	short	jbyteArray	Array of bytes
jint	int	jshortArray	Array of shorts
jlong	long	jintArray	Array of integers
jfloat	float	jlongArray	Array of longs
jdouble	double	jfloatArray	Array of floats
jobject	All Java objects	jdoubleArray	Array of doubles

在调用 getCurrentTime_Static 方法后,将该方法的返回值转换为 jstring。然后,又通过 JniHelper::jstring2string 方法将 jstring 类型的值转换为 std::string 类型的值。不过,有一些类型(如 jint)是不需要转换的,可以直接在 C++ 中使用和传递。

第 3 步:创建菜单项

现在,需要在 HelloWorld::init 方法中使用下面的代码创建一个菜单项,然后将第 2 步编写的 HelloWorld::menuJavaToCPP_NoParam 方法作为该菜单项的回调方法。

```
auto labelTTFCPPToObjc1 = LabelTTF::create("C++调用Java(静态方法,获取当前时间)", "fonts/
arial.ttf", 30);
auto menuLabelCPPToObjc1 = MenuItemLabel::create(labelTTFCPPToObjc1, CC_CALLBACK_1
(HelloWorld::menuJavaToCPP_NoParam, this));
menuLabelCPPToObjc1->setPosition(Point(origin.x + visibleSize.width / 2, origin.y +
visibleSize.height - menuLabelCPPToObjc1->getContentSize().height));
menu->addChild(menuLabelCPPToObjc1);
```

运行程序,选择"C++ 调用 Java(静态方法,获取当前时间)"菜单项,会在 Eclipse 中的 LogCat 视图输出类似如下的内容:

```
2014 年 12 月 30 日 23 时 14 分 12 秒周二
```

17.4.2　C++ 调用有参数的静态 Java 方法

本节的例子将调用 MyClass 类中有参数的静态方法 getGreeting_Static,该方法接收一个 String 类型的参数,返回类型也是 String 类型。getGreeting_Static 方法的代码如下:

cocos2dx_local/proj.android/src/org/cocos2dx/cpp/MyClass.java

```
public static String getGreeting_Static(String name)
{
    String s = "您好 " + name;
    Log.d("getStaticGreeting 方法已经成功被调用", s);
```

```
        return s;
    }
```

接下来，需要在 HelloWorldScene.cpp 文件中使用下面的代码调用 getGreeting_Static
方法，代码如下：

cocos2dx_local/classes/HelloWorldScene.cpp

```
void HelloWorld::menuJavaToCPP_Param(Ref* sender)
{
#if( CC_TARGET_PLATFORM == CC_PLATFORM_ANDROID )
    JniMethodInfo t;
    // 获取 getGreeting_Static 方法的信息
    if( JniHelper::getStaticMethodInfo( t,
                                        "org.cocos2dx.cpp.MyClass",
                                        "getGreeting_Static",
                                        "(Ljava/lang/String;)Ljava/lang/String;" ) )
    {
        // 调用 getGreeting_Static 方法
        jstring s = ( jstring ) t.env->CallStaticObjectMethod( t.classID,
                                        t.methodID, t.env->NewStringUTF("李宁"));
        t.env->DeleteLocalRef( t.classID );
        // 将 jstring 类型的转换为 std::string 类型的值
        std::string str = JniHelper::jstring2string( s );
        // 输出 getGreeting_Static 方法的返回值
        log("%s", str.c_str());
    }
#endif
}
```

调用 getGreeting_Static 与调用 getCurrentTime_Static 的方式类似。只不过在传递字
符串类型参数时需要用 NewStringUTF 方法将 C++ 中的字符串转换为 jstring 类型的值。

最后，需要在 HelloWorld::init 方法中使用下面的代码创建一个菜单项，然后将
HelloWorld::menuJavaToCPP_Param 方法作为该菜单项的回调方法。

```
auto labelTTFCPPToObjc2 = LabelTTF::create("C++调用Java(静态方法,传递参数)",
                                                    "fonts/arial.ttf", 30);
auto menuLabelCPPToObjc2 = MenuItemLabel::create(labelTTFCPPToObjc2,
                                CC_CALLBACK_1(HelloWorld::menuJavaToCPP_Param, this));
menuLabelCPPToObjc2->setPosition( Point( origin.x + visibleSize.width / 2,
                                            menuLabelCPPToObjc1->getPosition().y -
                                    menuLabelCPPToObjc1->getContentSize().height) );
menu->addChild(menuLabelCPPToObjc2);
```

运行程序，选择"C++调用Java(静态方法,传递参数)"菜单项，会在 Eclipse 的 LogCat
视图中输出如下的内容：

您好 李宁

17.4.3 C++调用Java类的非静态方法

前面讲的都是调用Java类的静态方法,这是不需要创建Java对象的。不过本节将介绍如何用C++调用Java类的非静态方法。

如果要调用Java类的非静态方法,必须创建方法所在类的实例。创建Java对象的方法有如下两个:

❑ 由Java创建对象;

❑ 由C++创建对象。

如果使用第1种方法,就需要在Java类中提供一个静态方法,用于返回Java类(如本例中的MyClass类)的对象。如果使用第2种方法,就需要调用JNI的NewObject函数创建Java对象。

下面先讨论第1中方法:由Java创建对象。

要完成这一过程,需要遵循一下几步。

第1步:编写待调用的Java方法

cocos2dx_local/proj. android/src/org/cocos2dx/cpp/MyClass. java

```java
public String getGreeting(String name)
{
    String s = "您好 " + name;
    Log.d("getGreeting方法已经成功被调用", s);
    return s;
}
```

第2步:编写用于获取MyClass对象的静态方法

获取MyClass对象,可以每次调用都创建一个新的MyClass对象,也可以使用Singleton模式返回同一个MyClass对象。本例采用了Singleton模式获取MyClass对象。用于获取MyClass对象的静态方法是getInstance,实现代码如下:

cocos2dx_local/proj. android/src/org/cocos2dx/cpp/MyClass. java

```java
public class MyClass
{
    private static MyClass mMyClass;
    …
    public static MyClass getInstance()
    {
        if (mMyClass == null)
            mMyClass = new MyClass();
        return mMyClass;
    }
}
```

第 3 步：在 C++中调用 getInstance 方法获取 MyClass 对象
cocos2dx_local/classes/HelloWorldScene. cpp

```cpp
void HelloWorld::menuJavaToCPP_Param_Member(Ref * sender)
{
#if( CC_TARGET_PLATFORM == CC_PLATFORM_ANDROID )
    JniMethodInfo t1;
    // 获取 getInstance 方法的信息
    if( JniHelper::getStaticMethodInfo( t1,
                                        "org.cocos2dx.cpp.MyClass",
                                        "getInstance",
                                        "()Lorg/cocos2dx/cpp/MyClass;" ) )
    {
        // 调用 getInstance 方法获取 MyClass 对象
        jobject obj = ( jobject ) t1.env->CallStaticObjectMethod( t1.classID, t1.methodID);
        t1.env->DeleteLocalRef( t1.classID );
        …
        …
    }

#endif
}
```

第 4 步：用 C++调用 getGreeting 方法
cocos2dx_local/classes/HelloWorldScene. cpp

```cpp
void HelloWorld::menuJavaToCPP_Param_Member(Ref * sender)
{
#if( CC_TARGET_PLATFORM == CC_PLATFORM_ANDROID )
    JniMethodInfo t1;
    // 获取 getInstance 方法的信息
    if( JniHelper::getStaticMethodInfo( t1,
                                        "org.cocos2dx.cpp.MyClass",
                                        "getInstance",
                                        "()Lorg/cocos2dx/cpp/MyClass;" ) )
    {
        // 调用 getInstance 方法获取 MyClass 对象
        jobject obj = ( jobject ) t1.env->CallStaticObjectMethod( t1.classID, t1.methodID);
        t1.env->DeleteLocalRef( t1.classID );
        JniMethodInfo t2;
        // 获取 getGreeting 方法的信息
        if( JniHelper::getMethodInfo( t2,
                                      "org.cocos2dx.cpp.MyClass",
                                      "getGreeting",
                                      "(Ljava/lang/String;)Ljava/lang/String;" ) )
        {
```

```
        // 调用 getGreeting 方法
        jstring s = ( jstring ) t2.env->CallObjectMethod( obj,
        t2.methodID, t2.env->NewStringUTF("李宁"));
        t2.env->DeleteLocalRef( t2.classID );
        // 将 jstring 类型的值转换为 std::string 类型的值
        std::string str = JniHelper::jstring2string( s );
        // 输出 getGreeting 方法的返回值
        log(" %s", str.c_str());
    }
}

#endif
}
```

第5步：创建菜单项

现在，需要在 HelloWorld::init 方法中使用下面的代码创建一个菜单项，然后将 HelloWorld::menuJavaToCPP_Param_Member 方法作为该菜单项的回调方法。

cocos2dx_local/classes/HelloWorldScene.cpp

```
auto labelTTFCPPToObjc3 = LabelTTF::create("C++调用 Java(非静态方法,传递参数)",
                                          "fonts/arial.ttf", 30);
auto menuLabelCPPToObjc3 = MenuItemLabel::create(labelTTFCPPToObjc3,
                    CC_CALLBACK_1(HelloWorld::menuJavaToCPP_Param_Member, this));
menuLabelCPPToObjc3->setPosition( Point( origin.x + visibleSize.width / 2,
menuLabelCPPToObjc2->getPosition().y -
menuLabelCPPToObjc2->getContentSize().height) );
menu->addChild(menuLabelCPPToObjc3);
```

如果要采用前面介绍的第2种方法，需要使用 JNI 的 NewObject 方法创建 MyClass 对象，其他的步骤和第1种方法类似。第2种方法只需要修改 HelloWorld::menuJavaToCPP_Param_Member 方法的代码即可。

cocos2dx_local/classes/HelloWorldScene.cpp

```
void HelloWorld::menuJavaToCPP_Param_Member(Ref * sender)
{
#if( CC_TARGET_PLATFORM == CC_PLATFORM_ANDROID )

    JniMethodInfo t;
    // 获取 getGreeting 方法的信息
    if( JniHelper::getMethodInfo( t,
    "org.cocos2dx.cpp.MyClass",
    "getGreeting",
    "(Ljava/lang/String;)Ljava/lang/String;" ) )
    {
        // 调用 NewObject 方法创建 MyClass 对象
        jobject obj = t.env->NewObject(t.classID, t.methodID);
```

```
            // 调用 getGreeting 方法
            jstring s = ( jstring ) t.env->CallObjectMethod( obj,
            t.methodID,t.env->NewStringUTF("李宁"));
            t.env->DeleteLocalRef( t.classID );
            // 将 jstring 类型的值转换为 std::string 类型的值
            std::string str = JniHelper::jstring2string( s );
            // 输出 getGreeting 方法返回的值
            log("%s", str.c_str());
        }
    #endif
}
```

运行程序,选择"C++调用 Java(非静态方法,传递参数)"菜单项,就会在 Eclipse 中的 LogCat 视图中输出相应的信息。

17.4.4 C++调用 Java API 向 SQLite 数据库中插入信息 （获取 Context 对象）

本节将给出一个比较复杂的例子。众所周知,在移动设备上使用的数据库大多都是 SQLite。基于 Cocos2d-x 的游戏也不例外。尽管 Cocos2d-x 可以通过调用基于 C 语言的 SQLite API 来操作数据库,但毕竟很麻烦。因此,可以考虑调用 Java 中操作 SQLite 数据库的 API。因为在 Java 中操作 SQLite 数据库要容易得多。

本节实现的例子是在 Java 所在 SD 卡的根目录建立一个 person.db 数据库(如果已经存在,就打开该数据库文件),然后再创建一个 Info 表和两个字段(personid 和 name),最后向 Info 表中插入两条记录。

要完成这个例子,需要按着如下步骤进行。

第 1 步:设置 Android APP 的权限

由于 person.db 文件建在 SD 卡的根目录,所以需要在 AndroidManifest.xml 文件中使用下面的代码打开向 SD 卡写入数据的权限。

```
<uses-permission android:name = "android.permission.WRITE_EXTERNAL_STORAGE"/>
```

第 2 步:用 Java 实现向数据库插入记录的功能
cocos2dx_local/proj.android/src/org/cocos2dx/cpp/MyClass.java

```
public static void insertPersonInfo(Context context)
{
    // 创建或打开 person.db 文件
    SQLiteDatabase db = context.openOrCreateDatabase("/sdcard/person.db",
            Context.MODE_PRIVATE, null);

    // 使用循环确保当 info 表存在时,会先删除 info 表,然后重新执行 create table 语句
    // 建立一个新的 info 表
    while (true)
```

```
{
    try
    {
        // 创建 info 表
        db.execSQL("create table info(personid integer,name text)");
        // 如果成功创建 info 表,则退出循环
        break;
    }
    catch (Exception e)
    {
        // 创建 info 表失败后,删除该表
        db.execSQL("drop table info");
    }
}
// 插入第 1 条数据
db.execSQL("insert into info(personid, name) values(?,?)", new Object[]
{ 10, "Bill" });
// 插入第 2 条数据
db.execSQL("insert into info(personid, name) values(?,?)", new Object[]
{ 20, "Mike" });
关闭数据库
db.close();
}
```

第 3 步:在 C++ 中调用 insertPersonInfo 方法

实现这一步的基本方法和前面介绍的方式差不多。不过有一个难点,就是 insertPersonInfo 方法有一个 Context 类型的参数,需要在 C++ 端传入一个 Context 对象。那么如何在 C++ 端获得这个 Context 对象呢?

实际上,在 Android 工程中,除了建立的 MyClass 类外,还有一个 AppActivity 类。该类是 Cocos2dxActivity 的派生类。而 Cocos2dxActivity 类中有一个 getContext 方法可以获得当前的 Context 对象。所以在 C++ 端,应先调用 getContext 方法获得 Context 对象后,再调用 insertPersonInfo 方法插入数据。调用 insertPersonInfo 方法的完整代码如下:

cocos2dx_local/classes/HelloWorldScene. cpp

```
void HelloWorld::menuJavaToCPP_InsertData(Ref * sender)
{
#if( CC_TARGET_PLATFORM == CC_PLATFORM_ANDROID )
    JniMethodInfo t1;
    // 获取 getContext 方法的相关信息
    if( JniHelper::getStaticMethodInfo( t1,
                "org.cocos2dx.cpp.AppActivity",
                "getContext",
                "()Landroid/content/Context;" ) )
    {
```

```
JniMethodInfo t2;
// 获取 insertPersonInfo 方法的相关信息
if( JniHelper::getStaticMethodInfo( t2,
            "org.cocos2dx.cpp.MyClass",
            "insertPersonInfo",
            "(Landroid/content/Context;)V" ) )
{
        // 调用 insertPersonInfo 方法,其中 CallStaticVoidMethod 方法的 3 个参数
        // 通过调用 getContext 方法获取 Context 对象
        t2.env -> CallStaticVoidMethod( t2.classID,
        t2.methodID, t1.env -> CallStaticObjectMethod( t1.classID, t1.methodID));
        log("%s", "已经成功插入数据");
}
}

#endif

}
```

第 4 步:建立菜单项

现在需要在 HelloWorld::init 方法中使用下面的代码创建一个菜单项,然后将 HelloWorld::menuJavaToCPP_InsertData 方法作为该菜单项的回调方法。

cocos2dx_local/classes/HelloWorldScene. cpp

```
auto labelTTFCPPToObjc4 = LabelTTF::create("C++ 调用 Java(向 SQLite 数据库插入数据)",
"fonts/arial.ttf", 30);
auto menuLabelCPPToObjc4 = MenuItemLabel::create(labelTTFCPPToObjc4,
    CC_CALLBACK_1(HelloWorld::menuJavaToCPP_InsertData, this));
menuLabelCPPToObjc4 -> setPosition( Point( origin.x + visibleSize.width / 2,
menuLabelCPPToObjc3 -> getPosition().y - menuLabelCPPToObjc3 -> getContentSize().height) );
menu -> addChild(menuLabelCPPToObjc4);
```

现在运行程序,并单击“C++ 调用 Java(向 SQLite 数据库插入数据)”菜单项,如果在 Eclipse 的 LogCat 视图中输出“已经成功插入数据”信息,表面 person.db 数据库文件已经建立,并且已经在 Info 表中插入了两条记录。读者可以使用相关工具,将/sdcard/person.db 文件上传到 PC 上,并用相关工具打开 person.db 文件查看里面的内容。

17.4.5　C++ 调用 Java API 查询 SQLite 数据库中的记录

本节将使用上一节的方法调用 MyClass 类的另外一个方法 queryAllData,该方法用于查询 person.db 数据库文件中 Info 表的所有数据,并通过 JSON 格式返回。

首先在 MyClass 类中实现 queryAllData 方法,代码如下:

cocos2dx_local/proj. android/src/org/cocos2dx/cpp/MyClass. java

```
public static String queryAllData(Context context)
```

```
{
    // 打开 person.db 数据库文件
    SQLiteDatabase db = context.openOrCreateDatabase("/sdcard/person.db",
            Context.MODE_PRIVATE, null);
    try
    {
        // 查询 info 表中的数据,并按 personid 升序排列查询结果
        Cursor cursor = db.rawQuery(
                "select * from info order by personid asc", null);
        String arrayJson = "[";
        while(cursor.moveToNext())
        {
            // json 格式字符串的模板
            String objJson = "{\"personid\":% 0,\"name\":\"% 1\"}";
            // 将占位符分别替换成 personid 和 name 字段的值
            objJson = objJson.replaceFirst("% 0",
            String.valueOf(cursor.getInt(0))).replaceFirst("% 1", cursor.getString(1));
            arrayJson += objJson + ",";

        }
        cursor.close();
        db.close();
        // 生成最后的 json 字符串
        arrayJson = arrayJson.substring(0, arrayJson.length() - 1) + "]";
        return arrayJson;
    }
    catch (Exception e)
    {
        db.close();
        // 如果操作失败(可能查询之前 person.db 文件不存在),返回错误信息
        return "err:" + e.getMessage();
    }
}
```

接下来在 HelloWorldScene.cpp 文件中调用 queryAllData 方法。调用方式与 insertPersonInfo 方法类似。

cocos2dx_local/classes/HelloWorldScene.cpp

```
void HelloWorld::menuJavaToCPP_QueryAllData(Ref * sender)
{
#if( CC_TARGET_PLATFORM == CC_PLATFORM_ANDROID )
    JniMethodInfo t1;
    // 获取 getContext 方法的相关信息
    if( JniHelper::getStaticMethodInfo( t1,
                                        "org.cocos2dx.cpp.AppActivity",
                                        "getContext",
                                        "()Landroid/content/Context;" ) )
```

```
    {

        JniMethodInfo t2;
        // 获取 queryAllData 方法的相关信息
        if( JniHelper::getStaticMethodInfo( t2,
                                    "org.cocos2dx.cpp.MyClass",
                                    "queryAllData",
                                    "(Landroid/content/Context;)Ljava/lang/String;" ) )
        {
            // 调用 queryAllData 方法
             jstring json = ( jstring ) t2.env - > CallStaticObjectMethod( t2.classID, t2.
    methodID, t1.env - > CallStaticObjectMethod( t1.classID, t1.methodID));

            t2.env - > DeleteLocalRef( t2.classID );
            string str = JniHelper::jstring2string( json );
            // 输出查询结果
            log(" % s", str.c_str());

        }
    }

    # endif

}
```

最后需要在 HelloWorld::init 方法中使用下面的代码创建一个菜单项，然后将 HelloWorld::menuJavaToCPP_QueryAllData 方法作为该菜单项的回调方法。

cocos2dx_local/classes/HelloWorldScene. cpp

```
auto labelTTFCPPToObjc5 = LabelTTF::create("C++调用 Java(查询 SQLite 数据库中的数据)",
"fonts/arial.ttf", 30);
auto menuLabelCPPToObjc5 = MenuItemLabel::create(labelTTFCPPToObjc5,
                    CC_CALLBACK_1(HelloWorld::menuJavaToCPP_QueryAllData, this));
menuLabelCPPToObjc5 - > setPosition( Point( origin.x + visibleSize.width / 2,
                                        menuLabelCPPToObjc4 - > getPosition().y -
                            menuLabelCPPToObjc4 - > getContentSize().height) );
menu - > addChild(menuLabelCPPToObjc5);
```

要想查询 Info 表中的记录，首先要先单击上一节建立的"C++调用 Java(向 SQLite 数据库插入数据)"菜单项，然后才能单击本节建立的"C++调用 Java(查询 SQLite 数据库中的数据)"菜单项。单击该菜单项后，在 Eclipse 的 LogCat 视图中输出如下的内容。

```
[{"personid":10,"name":"Bill"},{"personid":20,"name":"Mike"}]
```

感兴趣的读者可以用前面章节介绍的 JSON Library 来解析通过 queryAllData 方法返回的 json 格式的字符串。

17.4.6 Java 调用 C++ API

在前面介绍的都是 C++ 调用 Java API。不过有时 Java 也需要调用 C++ API。例如，如果 C++ 调用了 Java 类中的方法来完成某些功能，但 Java 方法要完成这些功能需要很多步骤，其中某些步骤正好已经由 C++ 实现了，例如，要计算阶乘，这个功能其实在 17.1.3 节已经通过 C++ 的 Maths∶∶factorial 方法实现了。当然，一种解决方案是用 Java 重新实现一遍，不过这样做既没必要，而且在维护时，可能同时需要修改 Java 和 C++ 两个版本。除此之外，还有另一种解决方案，就是当 Java 要计算阶乘时，可以调用 C++ 的 Maths∶∶factorial 方法实现。也就是说，这一过程是 C++ ＞ Java ＞ C++。单单对于阶乘这个功能，实际上 C++ 就是调用了用 C++ 实现的 Maths∶∶factorial 方法实现的，只是由于需要混杂了 Java 的很多代码，所以是通过 Java 间接调用了 Maths∶∶factorial 方法。

其实 Java 调用 C++，也就是 Android 的 NDK 功能。Cocos2d-x 和 Android 结合就是通过 NDK 实现的。因此，只要了解了 NDK，实现这个功能并不困难。

本节将根据前面描述的需求，在 MyClass 类中编写一个 factorial_static 方法（为了方便描述问题，本例并没有编写过于复杂的 Java 方法），该方法其实就是实现了计算阶乘的功能，只是在该方法中使用 Log.d 方法输出了一条日志信息，以表明 factorial_static 方法已经调用。该方法实现的计算阶乘的功能是利用 NDK 计算通过调用 Maths∶∶factorial 方法实现的。要完成这一调用过程，需要完成如下几步。

第 1 步：让 Maths.cpp 参与编译

由于本例需要使用 Maths 类，所以需要用 NDK 的交叉编译器编译 Maths.cpp。不过一开始 Maths.cpp 是专为 iOS 系统建立的，并没有参与 Android 版本的编译，所以首先应该在 Android.mk 文件中的 LOCAL_SRC_FILES 最后添加 Maths.cpp 文件，添加后的代码如下：

```
LOCAL_SRC_FILES := hellocpp/main.cpp \
                   ../../Classes/AppDelegate.cpp \
                   ../../Classes/HelloWorldScene.cpp \
                   ../../Classes/Maths.cpp
```

第 2 步：在 MyClass 类中编写 factorial_static 方法

Java 调用 C++ 的函数，首先要使用 native 关键字定义 C++ 的方法描述。当然，还需要使用 loadLibrary 方法装载 libcocos2dcpp.so。不过这一切在 Cocos2dxActivity 类中都做完了。下面是 factorial_static 方法的完整代码。

cocos2dx_local/proj.android/src/org/cocos2dx/cpp/MyClass.java

```
public class MyClass
{
    public static native int factorial(int n);
    public static int factorial_static(int n)
```

```
{
    Log.d("Java", "factorial_static 方法已经被调用");
    return factorial(n);
}
…
}
```

第 3 步：在 C++ 文件中实现 **factorial** 函数

在 Java 中直接访问 C++ 中的类是不容易的，所以可以用 C++ 的函数作为中转。也就是说，Java 通过 NDK 调用 C++ 的函数，然后 C++ 的函数再调用 Maths∷factorial 方法。

由于 C++ 在链接生成 libcocos2dcpp. so 文件的过程中，是全局搜索类和函数的，所以在任何一个参与编译的 cpp 文件中实现这个 factorial 函数都可以。从第 1 步得知，参与编译的 cpp 文件有如下 4 个。

- ❑ main. cpp
- ❑ AppDelegate. cpp
- ❑ HelloWorldScene. cpp
- ❑ Maths. cpp

读者可以选择在这 4 个 cpp 文件中的任何一个实现 factorial 方法。本例选择了 HelloWorldScene. cpp，实现代码如下：

cocos2dx_local/classes/HelloWorldScene. cpp

```
// 要引用 Maths. h 头文件
#include "Maths. h"
extern "C" {
    JNIEXPORT jint JNICALL Java_org_cocos2dx_cpp_MyClass_factorial(JNIEnv * env, jobject
    obj, jint n);

}
JNIEXPORT jint JNICALL Java_org_cocos2dx_cpp_MyClass_factorial(JNIEnv * env, jobject obj,
jint n)
{
    // 创建 Maths 对象
    Maths maths;
    // 调用 Maths∷factorial 方法计算阶乘
    return maths.factorial(n);
}
```

下面先说一下 NDK 函数的命名规则。首先应明确一点，NDK 函数与调用该函数的 Java 类是绑定的，这也就意味着，NDK 函数名中需要出现调用该函数的 Java 类全名。因此，NDK 函数的命名规则如下：

```
JNIEXPORT return_type JNICALL Java_JavaClassFullName_MethodName(JNIEnv * env, jobject
obj, ….)
```

为了方便,后面的内容仍然称本例实现的 NDK 函数为 factorial。

可能很多读者注意到了,除了实现 factorial 方法外,还使用 extern 关键字将该函数定义为 C 扩展。这是因为尽管 factorial 是按 C++标准定义的函数,不过 NDK 在调用时采用了 C 的方式全局搜索函数。这都不是关键,真正的关键是 C++和 C 在为每一个函数生成标识(函数名+参数+返回值类型的综合描述)时的规则不同,因此,如果按照 C 语言的规则搜索 C++函数是找不到的。所以要通过 extern 关键字让 C++编译器为 factorial 函数生成标识时按照 C 语言的规则,而不是 C++的规则。至于将 factorial 函数的实现放到 extern 的外面,这个倒无所谓。因为,不管是 C 语言,还是 C++语言,编译后生成的二进制文件都是一样的,所以实现部分按照 C++方式编译,或是 C 方式编译都无所谓。

当然,也可以一股脑地放到 extern 中,代码如下:

```
# include "Maths.h"
extern "C" {
JNIEXPORT jint JNICALL Java_org_cocos2dx_cpp_MyClass_factorial(JNIEnv * env, jobject obj,
jint n)
{
    // 创建 Maths 对象
    Maths maths;
    // 调用 Maths::factorial 方法计算阶乘
    return maths.factorial(n);
}


}
```

如果读者想彻底弄清楚 extern 的细节,建议观看我在 51CTO 学院上线的《征服 C++ 11》视频课程的第 96 讲(http://edu.51cto.com/course/course_id-1384.html)。

第 4 步:调用 factorial_static 方法

这一步需要在 HelloWorld::menuJavaToCPPToJava_Factorial 方法中调用 factorial_static 方法,实现计算阶乘的功能,完整的实现代码如下:

cocos2dx_local/classes/HelloWorldScene.cpp

```
void HelloWorld::menuJavaToCPPToJava_Factorial(Ref * sender)
{
# if( CC_TARGET_PLATFORM == CC_PLATFORM_ANDROID )
    JniMethodInfo t;
    if( JniHelper::getStaticMethodInfo( t,
                                        "org.cocos2dx.cpp.MyClass",
                                        "factorial_static",
                                        "(I)I" ) )
    {
        // 调用 factorial_static 方法计算 12 的阶乘
        jint result = t.env -> CallStaticIntMethod( t.classID, t.methodID, 12);
        t.env -> DeleteLocalRef( t.classID );
```

```
        // 输出 12! 的计算结果
        log("12! = % d", result);
    }
# endif
}
```

实际上,本例就是调用了 Maths∶∶factorial 方法实现计算阶乘的功能,不过是通过 MyClass.factorial_static 方法间接调用了 Maths∶∶factorial 方法。

第 5 步:建立菜单项

最后,需要在 HelloWorld∶∶init 方法中使用下面的代码创建一个菜单项,然后将 HelloWorld∶∶menuJavaToCPPToJava_Factorial 方法作为该菜单项的回调方法。

cocos2dx_local/classes/HelloWorldScene.cpp

```
auto labelTTFCPPToObjc6 = LabelTTF::create("C++ > Java > C++(计算 12!)", "fonts/arial.ttf", 30);
auto menuLabelCPPToObjc6 = MenuItemLabel::create(labelTTFCPPToObjc6,
            CC_CALLBACK_1(HelloWorld::menuJavaToCPPToJava_Factorial, this));
menuLabelCPPToObjc6 -> setPosition( Point( origin.x + visibleSize.width / 2,
                                menuLabelCPPToObjc5 -> getPosition().y -
                                menuLabelCPPToObjc5 -> getContentSize().height) );
menu -> addChild(menuLabelCPPToObjc6);
```

现在运行程序,选择"C++ > Java > C++(计算 12!)"菜单项,会在 Eclipse 的 LogCat 视图中输出如下的信息:

```
factorial_static 方法已经被调用
12! = 479001600
```

17.5   小结

如果读者已经看到这一节(当然是按顺序看的),那么要恭喜你终于"逃出生天"了。各种调用真的很费心,不过这些技术的确很有用。当我们拥有多种编程语言的源代码时,如果能最大限度地利用他们,那真是太酷了! 如果读者使用的是 iOS 或 Android 平台,那么本章的技术足以让开发 App 的成本大幅度降低。

第 18 章

项目实战：星空大战

在这一章会利用前面章节介绍的 Cocos2d-x 相关知识和技巧实现一款射击类游戏——星空大战。游戏效果类似于雷电游戏。读者从这款游戏中可以了解到如何将场景、图层、动作、动画等技术应用于游戏中。本章介绍这款游戏核心技术的实现，如果读者想进一步直观了解游戏的实现过程，可以参考这套视频课程：http://edu.51cto.com/course/course_id-1312.html。

18.1 游戏概述

星空大战游戏的玩法非常简单，通过向前飞行的战机不断发射炮弹和导弹，如果击中敌机，敌机就会被摧毁。如果敌机发生的炮弹击中我方的战机，生命值就会降低，如果生命值为 0，战机被摧毁。

为了增加游戏的趣味性，在摧毁敌机的同时，可能还会释放很多增强战机力量的 Drop，如增加超级炸弹的数量，将单路炮弹变成多路等。图 18-1 是游戏的射击画面。

图 18-1　游戏射击场面

18.2 滚动背景

本节主要介绍如何通过滚动背景图,让战机看上去是向前移动的。

18.2.1 滚动游戏背景

为了让敌机看上去是向前移动的,游戏背景就需要向后移动。移动背景的方法很多,这款游戏使用了两个完全一样的背景图垂直交替的方式进行移动。这两个背景图和游戏界面的尺寸相同。一旦当某个背景图移出游戏界面,就会立刻将这个背景图移动到开始的位置,重新移动。

要想移动背景图像,首先需要在 StarwarGameLayer∷init 方法中初始化两个背景图(bg1 和 bg2),代码如下:

```
// StarwarGameLayer.cpp
bg1 = Sprite∷create(PATH_GAME_BACKGROUND_PICTURE);
bg2 = Sprite∷create(PATH_GAME_BACKGROUND_PICTURE);
bg1 -> setAnchorPoint(Vec2(0,0));
bg2 -> setAnchorPoint(Vec2(0,0));
// 将两个背景图安排在垂直方向紧邻的位置
bg1 -> setPosition(0,0);
bg2 -> setPosition(0,size.height);
addChild(bg1,0);
addChild(bg2,0);
```

接下来需要使用一个 moveBackground 方法,用于移动背景图,代码如下:

```
// StarwarGameLayer.cpp
void StarwarGameLayer∷moveBackground(Size &size)
{
    //移动地面背景
    bg1 -> setPosition(bg1 -> getPosition().x,bg1 -> getPosition().y - 0.5);
    bg2 -> setPosition(bg2 -> getPosition().x,bg2 -> getPosition().y - 0.5);
    // 当背景 2 开始移出屏幕时,逐渐改变背景 1 的位置
    if(bg2 -> getPosition().y < 0){
        float temp = bg2 -> getPosition().y + size.height;
        bg1 -> setPosition(bg2 -> getPosition().x,temp);
    }
    // 当背景 1 开始移出屏幕时,逐渐改变背景 2 的位置
    if(bg1 -> getPosition().y < 0){
        float temp = bg1 -> getPosition().y + size.height;
        bg2 -> setPosition(bg1 -> getPosition().x,temp);
    }
    …
}
```

在 moveBackground 方法中会判断两个背景图的位置，然后不断调整这两个背景图的位置。

最后，需要在 update 方法中调用 moveBackground 方法，才能实现背景的不断移动。

```
// StarwarGameLayer.cpp
void StarwarGameLayer::update(float time)
{
    …
    Size size = Director::getInstance()->getWinSize();
    // 移动背景
    moveBackground(size);
    …
}
```

18.2.2 让云彩在背景上移动

为了让效果更逼真，在背景上增加了云彩。实际上，这些云彩和背景一样，也是完全相同的两张背景图，移动方法和背景图类似。首先，需要在 StarwarGameLayer::init 方法中初始化两个云彩的图像（bgCloud1 和 bgCloud2）：

```
bgCloud1 = Sprite::create(PATH_CLOUD_BACKGROUND_PICTURE);
bgCloud2 = Sprite::create(PATH_CLOUD_BACKGROUND_PICTURE);
bgCloud1->setAnchorPoint(Vec2(0,0));
bgCloud2->setAnchorPoint(Vec2(0,0));
bgCloud1->setPosition(Vec2(0,0));
bgCloud2->setPosition(Vec2(0,size.height));
addChild(bgCloud1,0);
addChild(bgCloud2,0);
```

然后，在前面给出的 moveBackground 方法中移动云彩，代码如下：

```
void StarwarGameLayer::moveBackground(Size &size)
{
    …
    //移动云背景
    bgCloud1->setPosition(bgCloud1->getPosition().x,bgCloud1->getPosition().y - 1);
    bgCloud2->setPosition(bgCloud2->getPosition().x,bgCloud2->getPosition().y - 1);
    // 当云 2 开始移出屏幕，云 1 开始移动的相应位置
    if(bgCloud2->getPosition().y < 0){
        float temp = bgCloud2->getPosition().y + size.height;
        bgCloud1->setPosition(bgCloud2->getPosition().x,temp);
    }
    // 当云 1 开始移出屏幕，云 2 开始移动的相应位置
    if(bgCloud1->getPosition().y < 0){
        float temp = bgCloud1->getPosition().y + size.height;
        bgCloud2->setPosition(bgCloud1->getPosition().x,temp);
    }
}
```

18.3 创建战机

本节主要介绍如何创建战机类，以及如何让战机移动、为战机添加武器等。

18.3.1 创建战机类

战机类是 Warship，该类封装了与战机相关的属性和动作。首先，需要在 Warship::init 方法中进行初始化。初始化的工作主要是装载战机的动画，因为战机是可以喷火的，而这些效果是通过帧动画实现的，所以需要先装载这些动画。Warship::init 方法的代码如下：

```cpp
// Warship.cpp
bool Warship::init()
{
    if ( !Sprite::init() )
    {
        return false;
    }
    weaponCount = 1;
    weaponType = 1;
    auto cache = AnimationCache::getInstance();
    // 装载动画(animation1)
    auto animation = cache->getAnimation(ANIM_WARSHIP1);
    animation->setLoops(-1);
    auto animate = Animate::create(animation);
    runAction(animate);
    auto spriteFrame =
    SpriteFrameCache::getInstance()->getSpriteFrameByName(PATH_WARSHIP);
    initWithSpriteFrame(spriteFrame);
    …
}
```

其中，ANIM_WARSHIP1 的值是 animation1，也就是指向了 animation1 动画，该动画在 player.plist 文件中定义，如图 18-2 所示。

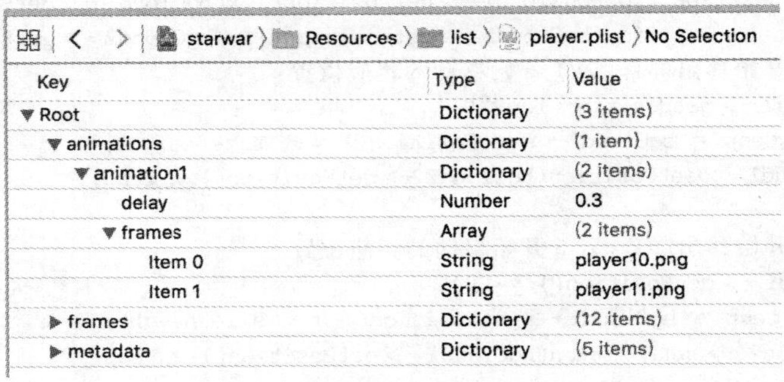

Key	Type	Value
▼ Root	Dictionary	(3 items)
▼ animations	Dictionary	(1 item)
▼ animation1	Dictionary	(2 items)
delay	Number	0.3
▼ frames	Array	(2 items)
Item 0	String	player10.png
Item 1	String	player11.png
▶ frames	Dictionary	(12 items)
▶ metadata	Dictionary	(5 items)

图 18-2　animation1 动画的定义

18.3.2 创建战机图层

为什么战机要创建一个图层呢？主要是需要将相关的元素都放到一个图层中，然后将图层再添加到主游戏图层中。对于战机图层来说，会将已经创建的 Warship 添加到该图层中。

战机图层类是 WarshipLayer，在 WarshipLayer∷init 方法中会将 Warship 添加到该图层中，代码如下：

```cpp
// WarshipLayer.cpp
bool WarshipLayer∷init()
{
    if (!Layer∷init() )
    {
        return false;
    }
    Size size = Director∷getInstance() -> getWinSize();
    warship = Warship∷create();
    warship -> setPosition(size.width / 2, 200);
    // 将 Warship 添加到当前的图层中
    addChild(warship);
    …
    return true;
}
```

18.3.3 让战机移动

这款游戏可以通过手指或鼠标（在模拟器上）来控制战机的移动，因此，需要为 Warship 加入移动当前精灵的功能。由于战机只能通过单点触摸进行移动，所以需要使用 EventListenerTouchOneByOne 来处理单点触摸事件。要处理的事件包括 onTouchBegan（触摸开始）、onTouchMoved（触摸移动）和 onTouchEnded（触摸结束）。通过这 3 个事件，可以实现移动 Warship 的功能。相关的代码如下：

```cpp
// Warship.cpp
bool Warship∷init()
{
    …
    // 用手指拖动飞船
    auto listener = EventListenerTouchOneByOne∷create();


    // 使用 lambda 表达式实现 onTouchBegan 事件回调函数
    listener -> onTouchBegan = [&](Touch * touch, Event * event){
        auto target = static_cast < Sprite * >(event -> getCurrentTarget());
        Point locationInNode = target -> convertToNodeSpace(touch -> getLocation());
```

```
                    Size s = target->getContentSize();

                    Rect rect = Rect(0,0, s.width, s.height);
                    // 判断当前触摸点是否落到了 Warship 中
                    if (rect.containsPoint(locationInNode))
                    {
                            mTouchFlag = true;
                    }
                    return true;
            };
            // 使用 lambda 实现 onTouchMoved 事件回调函数
            listener->onTouchMoved = [&](Touch* touch, Event* event){
                if(Director::getInstance()->isPaused())
                {
                    return;
                }
                  auto target = static_cast<Sprite*>(event->getCurrentTarget());

                  if (mTouchFlag)
                  {
                        target->setPosition(target->getPosition() + touch->getDelta());
                  }

            };
            listener->onTouchEnded = [&](Touch* touch, Event* event){
                mTouchFlag = false;

            };

            _eventDispatcher->addEventListenerWithSceneGraphPriority(listener, this);
            setTag(1);
            hp = WARSHIP_MAX_HP;
            return true;
    }
```

18.3.4　为战机添加光子鱼雷武器

　　战机包含 3 种武器：光子鱼雷、激光束和导弹。本节主要介绍如何为战机添加第一种武器——光子鱼雷。

　　光子鱼雷的效果如图 18-1 所示。如果只是单路光子鱼雷，方向是垂直屏幕向上的，但星空大战游戏支持 5 路光子鱼雷（图 18-1 所示是 3 路光子鱼雷），这就意味着，除了中间一路外，左侧和右侧两路（一共 4 路）都是有角度的。所以用于描述光子鱼雷的 WarshipWeapon1 类需要处理这个角度。为了方便，这 4 路光子鱼雷的角度都是事先准备好的，存储在 angles 数组中。WarshipWeapon1 类的完整实现代码如下：

```
// WarshipWeapon1.cpp
bool WarshipWeapon1::init()
{
    if (!Sprite::init())
    {
        return false;
    }
    // 存储 5 路光子鱼雷的角度,从左算起
    // 第 1 路
    angles[0] = -120;
    // 第 2 路
    angles[1] = -100;
    // 第 3 路(中间的那路),由于光子鱼雷的图像方向默认是水平的,所以这里需要旋转 90 度
    angles[2] = -90;
    angles[3] = -80;                    // 第 4 路
    angles[4] = -60;                    // 第 5 路
    auto spriteFrame =
SpriteFrameCache::getInstance()->getSpriteFrameByName(PATH_WARSHIP_WEAPON1);
    initWithSpriteFrame(spriteFrame);
    auto body = PhysicsBody::createBox(getContentSize());
    // 设置物理引擎,用于进行碰撞检测
    setPhysicsBody(body);
    body->setCategoryBitmask(0x01);
    body->setContactTestBitmask(0x03);
    body->setCollisionBitmask(0x02);

    setTag(1);
    hp = 1;
    isWeapon = true;
    return true;
}
// 设置指定路的光子鱼雷的角度
void WarshipWeapon1::setAngleIndex(int i)
{
    if(i >= 0 && i <= 4)
    {
        setRotation(angles[i]);
    }
    else
    {
        setRotation(angles[2]);
    }
}
```

18.3.5　为战机添加激光束武器

激光束是战机的另外一种武器,也有 5 路,都是垂直向前发射,效果如图 18-3 所示。

图 18-3　战机发射激光束（3 路）

　　激光束由 WarshipWeapon2 类描述，实现方式和光子鱼雷差不多，只是没有角度的变换了，WarshipWeapon2 类的实现代码如下：

```cpp
// WarshipWeapon2.cpp
bool WarshipWeapon2::init()
{
    if (!Sprite::init() )
    {
        return false;
    }

    auto spriteFrame =
SpriteFrameCache::getInstance()->getSpriteFrameByName(PATH_WARSHIP_WEAPON2);
    initWithSpriteFrame(spriteFrame);

    auto body = PhysicsBody::createBox(getContentSize());
    setPhysicsBody(body);
    // 旋转时要在设置 body 后面，否则 body 不会随着 sprite 转动而转动
    setRotation(90);
    body->setCategoryBitmask(0x01); // 0001
    body->setContactTestBitmask(0x03); // 0011
    body->setCollisionBitmask(0x02);
```

```cpp
    setTag(1);
    hp = 2; // 生命指数为 2,也可以认为杀伤力更大
    isWeapon = true;
    return true;
}
```

18.3.6 为战机添加带有自动跟踪功能的导弹

除了光子鱼雷和激光束两种武器外,战机还有一种可以自动制导的导弹,该导弹由 Missile 类描述,该类的源代码如下:

```cpp
// Missile.cpp
bool Missile::init()
{
    if (!Sprite::init())
    {
        return false;
    }
    auto spriteFrame =
SpriteFrameCache::getInstance()->getSpriteFrameByName(PATH_WARSHIP_MISSILE);
    initWithSpriteFrame(spriteFrame);

    auto body = PhysicsBody::createBox(getContentSize());
    setPhysicsBody(body);
    // 旋转时要在设置 body 后面,否则 body 不会随着 sprite 转动而转动
    body->setCategoryBitmask(0x01);
    body->setContactTestBitmask(0x03);
    body->setCollisionBitmask(0x02);

    setTag(1);

    hp = 4;
    maxHP = 4;
    isWeapon = true;
    return true;
}
// 以动画效果移动导弹
void Missile::runAnimAction(FiniteTimeAction * action)
{
    auto cache = AnimationCache::getInstance();
    auto animation = cache->getAnimation(ANIM_WEAPON_MISSILE);
    animation->setLoops(-1);
    auto animate = Animate::create(animation);
    auto spawn = Spawn::create(action, animate, nullptr);
    runAction(spawn);
}
```

18.3.7　让战机发射武器

当武器装配后，就需要让这些武器发挥作用。Warship∷shoot 方法切换光子鱼雷和激光束，该方法的代码如下：

```cpp
// Warship.cpp
void Warship∷shoot()
{
    if(weaponType == 1)
    {
        if(isScheduled(schedule_selector(Warship∷repeatShoot1)))
        {
            // 武器 1 已经启动
            return;
        }
        if(isScheduled(schedule_selector(Warship∷repeatShoot2)))
        {
            // 当启动武器 1 时,如果武器 2 已经启动,需要关闭武器 2
            unschedule(schedule_selector(Warship∷repeatShoot2));
        }
        // 每 0.3 秒发射一次光子鱼雷
        schedule(schedule_selector(Warship∷repeatShoot1),0.3);
    }
    else if(weaponType == 2)
    {
        if(isScheduled(schedule_selector(Warship∷repeatShoot2)))
        {
            // 武器 2 已经启动
            return;
        }
        if(isScheduled(schedule_selector(Warship∷repeatShoot1)))
        {
            // 当启动武器 2 时,如果武器 1 已经启动,需要关闭武器 1
            unschedule(schedule_selector(Warship∷repeatShoot1));
        }
        // 每 0.3 秒发射一次激光束
        schedule(schedule_selector(Warship∷repeatShoot2),0.3);
    }
}
```

在 Warship∷shoot 方法中涉及两个发射武器的方法：Warship∷repeatShoot1 和 Warship∷repeatShoot2，分别用来发射光子鱼雷和激光束。这两个方法的代码如下：

```cpp
// 发射光子鱼雷
```

```
void Warship::repeatShoot1(float dt)
{
    auto size = Director::getInstance()->getWinSize();
    int angles[] = {50, 30, 0, -30, -50};
    int weaponOffset[] = {20, 10, 0, -10, -20};        // Weapon1 水平偏移量
    for(int i = 0; i < weaponCount; i++)
    {
        auto weapon = WarshipWeapon1::create();
        // 根据 weaponCount 的值算出新索引
        // weaponCount: 1 索引从 2 开始 weaponCount: 3 索引从 1 开始 weaponCount: 5 索引从 0 开始
        auto index = i + 2 - weaponCount / 2;
        weapon->setAngleIndex(index);
        auto weaponStartX = getPositionX() - weaponOffset[index];
        auto weaponStartY = getPositionY() + getContentSize().height / 2 + weapon->
getContentSize().height / 2;

        weapon->setPosition(weaponStartX, weaponStartY);

        mWeaponLayer->addChild(weapon);
        auto moveDuration = 2 * (size.height - weaponStartY) / size.height;
        // 计算 Weapon 移动的目标位置
        auto weaponEndX = getPositionX();

        auto weaponEndY = size.height + weapon->getContentSize().height / 2;

        weaponEndX -= tan(angles[index] * PI/180) * (getPositionY() + getContentSize().
height / 2);
        auto actionMove = MoveTo::create(moveDuration, Vec2(weaponEndX, weaponEndY));

        auto actionDone = CallFuncN::create(CC_CALLBACK_1(WeaponLayer::weaponMovedFinished,
mWeaponLayer));

        auto sequence = Sequence::create(actionMove, actionDone, nullptr);
        mWeaponLayer->weaponContainer->addObject(weapon);
        weapon->setVisible(true);
        weapon->runAction(sequence);

    }


}
// 发射激光束
```

```
void Warship::repeatShoot2(float dt)
{
    auto size = Director::getInstance()->getWinSize();
    int weaponOffset[] = {20, 10, 0, -10, -20};       // Weapon2 水平偏移量
    for(int i = 0; i < weaponCount;i++)
    {
        auto weapon = WarshipWeapon2::create();
        // 根据 weaponCount 的值算出新索引
        // weaponCount: 1 索引从 2 开始 weaponCount: 3 索引从 1 开始 weaponCount: 5 索引从 0 开始
        auto index = i + 2 - weaponCount / 2;
        auto weaponStartX = getPositionX() - weaponOffset[index];
        auto weaponStartY = getPositionY() + getContentSize().height / 2 + 6;

        weapon->setPosition(weaponStartX,weaponStartY);

        mWeaponLayer->addChild(weapon);
        auto moveDuration = 2 * (size.height - weaponStartY) / size.height;
        // 计算 Weapon 移动的目标位置
        auto weaponEndX = weaponStartX;

        auto weaponEndY = size.height + weapon->getContentSize().height / 2;

        auto actionMove = MoveTo::create(moveDuration, Vec2(weaponEndX, weaponEndY));

        auto actionDone = CallFuncN::create(CC_CALLBACK_1(WeaponLayer::weaponMovedFinished,
mWeaponLayer));

        auto sequence = Sequence::create(actionMove,actionDone,nullptr);
        mWeaponLayer->weaponContainer->addObject(weapon);
        weapon->setVisible(true);
        weapon->runAction(sequence);
    }
}
```

18.4　创建敌机

本节主要介绍如何创建各种样式的敌机。

18.4.1　创建小敌机

星空大战游戏分为小敌机和大敌机,小敌机如图 18-4 所示,为向下飞行的红色和蓝色敌机。

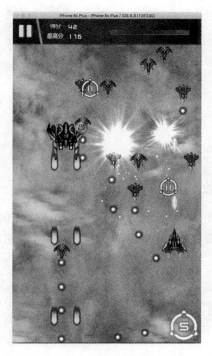

图 18-4　小敌机

　　小敌机通过 SmallEnemy 类描述，敌机的样式需要在 SmallEnemy::init 方法中进行初始化，该方法的代码如下：

```cpp
// SmallEnemy.cpp
bool SmallEnemy::init()
{
    if (!Sprite::init() )
    {
        return false;
    }
    // 随机产生红色和蓝色的敌机
    auto enemyPath = PATH_ENEMY1;
    if(random(0, 100) > 50)
    {
        enemyPath = PATH_ENEMY2;
    }
    auto spriteFrame =
SpriteFrameCache::getInstance()->getSpriteFrameByName(enemyPath);

    initWithSpriteFrame(spriteFrame);
    // 下面的代码设置了物理引擎,以便可以检测敌机与战机武器的碰撞
    auto body = PhysicsBody::createBox(getContentSize());
```

```
        setPhysicsBody(body);
        setRotation(90);
        body->setCategoryBitmask(0x01); // 0001
        body->setContactTestBitmask(0x03); // 0011
        body->setCollisionBitmask(0x02);
        setTag(2);
        hp = 4;
        maxHP = 4;
        return true;
    }
```

18.4.2　创建大敌机

大敌机抗攻击力更强，图 18-4 所示为向下发射双排炮弹的敌机。大敌机由 BigEnemy 类描述，敌机的基本形态需要在 BigEnemy∷init 方法中进行初始化，该方法的代码如下：

```
// BigEnemy.cpp
bool BigEnemy∷init()
{
    if (!Sprite∷init() )
    {
        return false;
    }
    auto enemyPath = PATH_ENEMY6;
    auto spriteFrame =
SpriteFrameCache∷getInstance()->getSpriteFrameByName(enemyPath);
    initWithSpriteFrame(spriteFrame);
    auto body = PhysicsBody∷createBox(getContentSize());
    setPhysicsBody(body);

    body->setCategoryBitmask(0x01);
    body->setContactTestBitmask(0x03);
    body->setCollisionBitmask(0x02);
    hp = 10;
    maxHP = 10;
    setTag(2);
    return true;
}
```

18.4.3　敌机发送炮弹

不管是大敌机，还是小敌机，都会向下发射炮弹，本节主要给出小敌机发射炮弹的方法，大敌机发射炮弹的方法类似。

```
// 开始射击(每 1 秒发射一次炮弹)
void SmallEnemy∷shoot()
```

```
{
    schedule( schedule_selector(SmallEnemy::repeatShoot),1.0);
}
// 使用 MoveTo 动作向下匀速移动炮弹
void SmallEnemy::repeatShoot(float dt)
{
    auto size = Director::getInstance()->getWinSize();

    mUpdateTimeSum += dt;

    auto weapon = SmallEnemyWeapon::create();

    auto weaponStartX = getPositionX();
    auto weaponStartY = getPositionY() - getContentSize().height / 2 - weapon->getContentSize().
height / 2 ;

    weapon->setPosition(weaponStartX,weaponStartY);

    mWeaponLayer->addChild(weapon);
    mWeaponLayer->weaponContainer->addObject(weapon);
    auto moveDuration = (duration - mUpdateTimeSum) * 2 / 3;     // 计算移动的时间,要比
                                                                // Enemy 移动的时间短,因
                                                                // 为 Weapon 移动的更快


    // 计算 Weapon 移动的目标位置
    auto weaponEndX = getPositionX();
    float value = rand_0_1();
    // Weapon 向左下角偏移
    if(value < 0.15)
    {
        weaponEndX = rand() % (int)weaponEndX;
    }
    else if(value > 0.85) // Weapon 向右下角偏移
    {
        weaponEndX = weaponEndX + rand() % (int)(size.width - weaponEndX);
    }

    auto weaponEndY = - weapon->getContentSize().height / 2;


    auto actionMove = MoveTo::create(moveDuration, Vec2(weaponEndX, weaponEndY));

    auto actionDone = CallFuncN::create(CC_CALLBACK_1(WeaponLayer::weaponMovedFinished,
mWeaponLayer));

    auto sequence = Sequence::create(actionMove,actionDone,nullptr);
```

```
weapon->setVisible(true);
weapon->runAction(sequence);

}
```

18.5 小结

　　由于星空大战的完整源代码非常庞大,本章不可能完全给出,感兴趣的读者可以直接阅读本书提供的源代码。